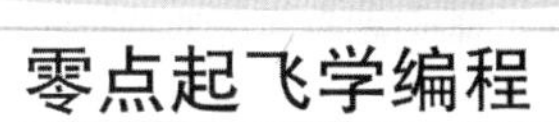


# 零点起飞学HTML+CSS

项宇峰　等编著

清华大学出版社
北　京

## 内 容 简 介

本书系统地介绍了网站制作中各种常用的HTML标签和CSS属性，以及网站各个部分和各种布局的实现方法，还提供了大量实例来引导读者学习，力求让读者获得真正实用的知识。本书涉及面广，从HTML到CSS样式，再到脚本语言，涵盖网站开发的很多重要知识。**本书附带1张光盘，收录了本书配套多媒体教学视频及涉及的源文件，便于读者高效、直观地学习。**

全书共有21章，分为3篇。第1篇讲解了网站开发基础、超链接、图像、表格、多媒体元素、框架、列表、表单；第2篇讲解了CSS样式、属性、脚本、事件；第3篇讲解了网站开发实例，详细介绍了创建博客的过程和方法，以及网站常用模块的设计方法，让读者通过实例来提高实战水平。

本书适合所有想学习HTML与CSS网站开发技术的初、中级读者快速入门，也适合大中专院校的师生和培训班的学员作为教材使用。



图书在版编目（CIP）数据

零点起飞学HTML+CSS / 项宇峰等编著. —北京：清华大学出版社，2013.7
（零点起飞学编程）
ISBN 978-7-302-31742-5

Ⅰ. ①零…　Ⅱ. ①项…　Ⅲ. ①超文本标记语言－程序设计　②网页制作工具　Ⅳ. ①TP312 ②TP393.092

中国版本图书馆CIP数据核字（2013）第051289号

责任编辑：夏兆彦
封面设计：欧振旭
责任校对：徐俊伟
责任印制：沈　露

出版发行：清华大学出版社
网　　址：http://www.tup.com.cn，http://www.wqbook.com
地　　址：北京清华大学学研大厦A座　　邮　　编：100084
社 总 机：010-62770175　　邮　　购：010-62786544
投稿与读者服务：010-62776969，c-service@tup.tsinghua.edu.cn
质 量 反 馈：010-62772015，zhiliang@tup.tsinghua.edu.cn
印 刷 者：北京鑫丰华彩印有限公司
装 订 者：三河市李旗庄少明印装厂
经　　销：全国新华书店
开　　本：185mm×260mm　　印　张：24.5　　字　　数：612千字
（附光盘1张）
版　　次：2013年7月第1版　　印　　次：2013年7月第1次印刷
印　　数：1～4000
定　　价：55.00元

---

产品编号：051515-01

# 前　　言

随着 Web 技术的不断发展，网站越来越成为人们浏览信息的一个重要媒介。同样地，随着网站的兴起，越来越多的人开始关注网站的开发。如今互联网已经从 Web 1.0 向 Web 2.0 过渡了，传统的使用表格布局的页面带来的缺点表现得越来越明显了。随着 Web 2.0 的发展，使用 HTML 和 CSS 进行网页布局的技术显得越来越重要，而且这也将会是未来发展的趋势。

作为网站制作人员的必修课，笔者结合自己多年的网站开发经验和心得体会，精心编写了本书。通过系统的讲解和详细的示例，相信能使对网页设计有兴趣的读者成为专业人士。希望各位读者能在本书的引领下成为一名网站制作的高手。本书结合目前流行的网站制作实例，深入浅出地讲解了网站制作中经常要用到的各种 HTML 标签和 CSS 样式的属性，并以大量实例贯穿于全书的讲解之中，最后还详细介绍了博客网站的开发实例，使读者在实战中更深入地了解网站的开发。学习完本书后，读者应该可以具备独立开发网站的能力。

## 本书有何特色

### 1. 配多媒体教学视频

本书提供配套的多媒体教学视频辅助教学，高效、直观，学习效果好。

### 2. 门槛低，容易入门

本书选取了网页开发最常见的技术进行讲解，不要求读者有太多基础，只要读者熟悉 Windows 操作系统即可顺利学习本书内容。

### 3. 内容全面、系统

本书详细介绍了网站开发所需要的知识，包括 HTML、CSS、脚本语言等，使读者可以全面了解网站开发所需的知识。

### 4. 讲解由浅入深，循序渐进

本书的编排采用循序渐进的方式，内容梯度从易到难，讲解由浅入深，适合各个层次的读者阅读，并均有所获。

### 5. 写作细致，处处为读者着想

本书内容编排、概念表述、语法讲解、示例讲解、源代注释等都很细致，作者讲解时不厌其烦，细致入微，将问题讲解得很清楚，扫清了读者的学习障碍。

### 6. 贯穿大量的开发实例和技巧

本书在讲解知识点时贯穿了大量短小精悍的典型实例，并给出了大量的开发技巧，力求让读者获得真正实用的知识。

### 7. 给出了综合项目案例

本书在最后3章以实例的形式详细介绍了HTML+CSS网站制作的过程，使读者更为直观地了解网站的制作技巧。

### 8. 提供教学PPT，方便老师教学

本书适合大中专院校和职业学校作为职业技能的教学用书，所以专门制作了教学PPT，以方便各院校的老师教学时使用。

## 本书内容安排

### 第1篇　HTML网站开发（第1～11章）

本篇主要内容包括：网站开发基础、HTML基础、网站中的文本样式标签、超链接、图像的使用、表格的使用、多媒体元素、框架、列表元素、表单元素、网站布局。通过本篇的学习，读者可以对HTML语言有更深入的了解，为网页的结构制作打下坚实的基础。

### 第2篇　CSS样式（第12～18章）

本篇主要内容包括：CSS样式基础知识、CSS背景属性、文本属性、边框属性、列表属性、CSS伪类和伪元素、脚本、事件、语法规范和文档类型声明、XHTML模块化和结构化。通过本篇的学习，读者可以掌握使用CSS对网站进行布局的方法。

### 第3篇　网站开发实例（第19～21章）

本篇主要内容包括：博客雏形设计实例、网站常用模块实例以及完整博客网站的设计。通过本篇的学习，读者可以全面应用前面章节所学的开发技术进行网站的开发，达到可以独立开发网站的水平。

## 本书光盘内容

- ❑ 本书重点内容的配套教学视频；
- ❑ 本书实例涉及的源代码。

## 本书读者对象

- ❑ HTML与CSS入门人员；
- ❑ 网页专业设计人员；

- 网页维护人员；
- 网站建设和开发人员；
- 网站制作爱好者；
- 网站制作培训机构人员；
- 大中专院校的学生。

## 本书阅读建议

- 建议没有基础的读者，从前之后顺次阅读，尽量不要跳跃。
- 书中的实例和示例建议读者都要亲自上机动手实践，学习效果更好。
- 课后习题都动手做一做，以检查自己对本章内容的掌握程度，如果不能顺利完成，建议回过头来重新学习一下本章内容。
- 学习每章内容时，建议读者先仔细阅读书中的讲解，然后再结合本章教学视频，学习效果更佳。

## 本书作者

本书由项宇峰主笔编写。其他参与编写的人员有毕梦飞、蔡成立、陈涛、陈晓莉、陈燕、崔栋栋、冯国良、高岱明、黄成、黄会、纪奎秀、江莹、靳华、李凌、李胜君、李雅娟、刘大林、刘惠萍、刘水珍、马月桂、闵智和、秦兰、汪文君、文龙、陈冠军、张昆。

阅读本书的过程中若有疑问，请和我们联系。请发 E-mail 到 book@wanjuanchina.net 或 bookservice2008@163.com，或者到 www.wanjuanchina.net 的图书论坛上留言，以获得帮助。

编著者

# 目　录

## 第 1 篇　HTML 网站开发

# 第 2 篇　CSS 样式

# 第 1 篇　HTML 网站开发

# 第 1 章　网站开发基础

建立网站是宣传自己、发布信息的有效手段。因此网站的建设越来越被人们关注，要学好制作网站，首先就要了解网站的开发基础。本章将会详细讲解网站开发的基础知识，包括网站的基本概念、编辑网页需要用到的语言以及常见的一些颜色单位、长度单位等。

## 1.1　网站的基本概念

网站是按照一定的规则，使用 HTML 等工具制作的用于展示特定内容的相关网页的集合。网页是指在浏览器上进入一个网址后，看到的浏览器上的页面。网页是由文字、图片、声音等多媒体通过超链接的方式有机地组合起来的。这样说或许会有点难以理解，下面我们来举例说明。

大家都知道新浪这个网站，在浏览器里输入网址：http://www.sina.com/。这时就可以看到一个画面，这个画面就是一个网页。无论它有多长，它都是一个网页。在新浪里，可以很形象地看到，网页包括各式各样丰富的内容，包括文本、表格、图片、动画、音频等。

**【示例 1.1】**下面给出了在浏览器里看到的网页，如图 1.1 所示。

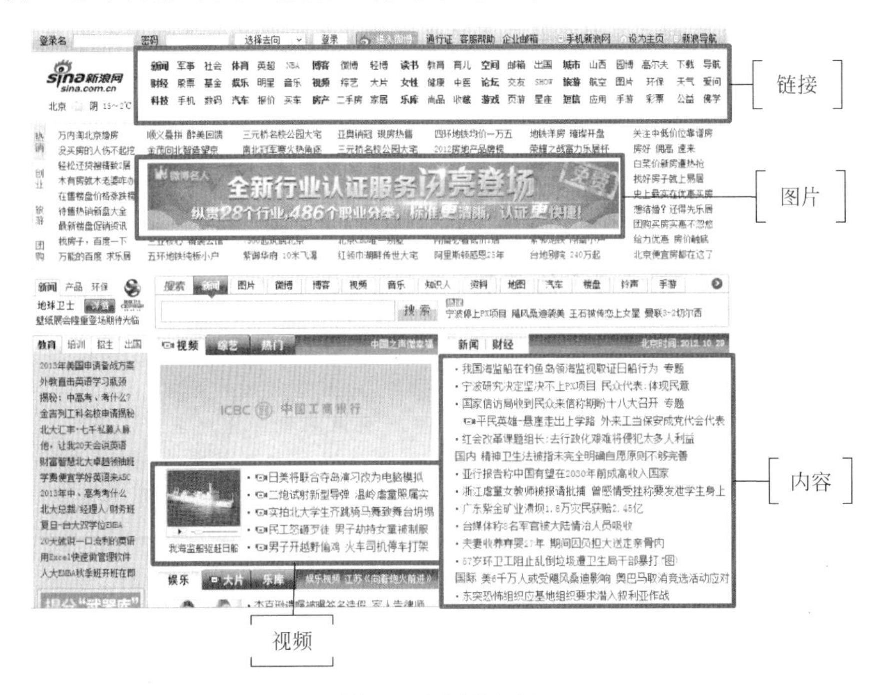


图 1.1　网页效果图

说明：在新浪里，可以看到许多各式各样的内容，只要是在 http://www.sina.com/这个网址上的，都是属于新浪的网站。

## 1.2　网站的基本架构

内容、页面、超链接是一个网站具备的基本要素。内容是网站的主要部分，是用来丰富网站的；页面是用来存放内容的，一个页面可以存放一个内容，也可以存放多个内容；超链接是用来把多个页面链接起来，形成一个完整的网站。

**【示例 1.2】**下面给出了一个网站的基本构架，如图 1.2 所示。

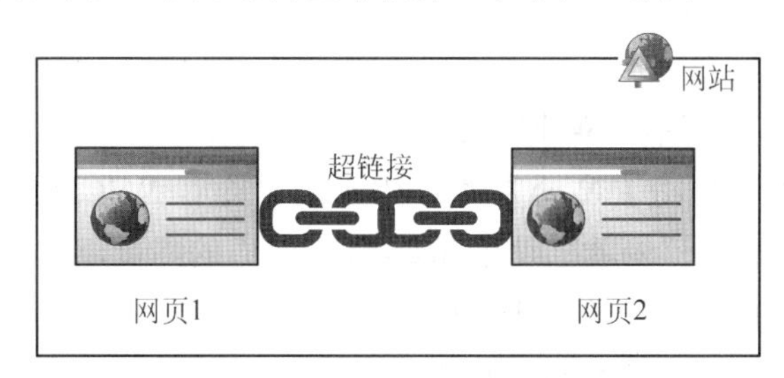


图 1.2　网站基本架构示意图

如上图所示，一个网站可以包含多个网页，一个网页又可以包含多个内容。网页之间通过超链接连接起来就形成了一个网站。

网页包括静态页面和动态页面。很多人都认为，静态页面就是网页上的东西不会动，动态页面就是网页上的东西是会动的，这种观点是错误的。所谓静态页面，是指网页上的内容无法自动更新，要通过手动在网页的代码里添加修改。一般网页后缀是.html 和.htm 的属于静态页面。下面通过例子来说明静态网页的格式。

**【示例 1.3】**下面给出了静态网页的格式，如图 1.3 所示。

动态页面是指网页上的内容可以自动更新，不用手动在网页的代码里添加和修改。网页名后缀除了.html 和.htm 之外可以浏览的大多属于动态页面，像后缀是.asp 和.aspx 等。下面通过例子说明动态网页的格式。

**【示例 1.4】**下面给出了动态网页的格式，如图 1.4 所示。

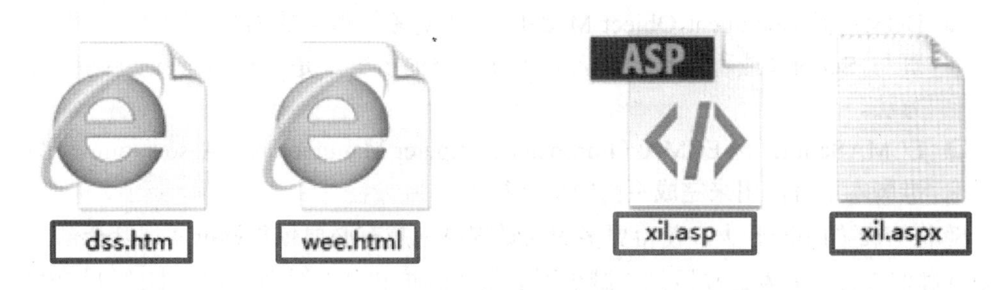


图 1.3　静态网页格式

图 1.4　动态网页格式

# 1.3　Web 浏览器

Web 浏览器中文名称是网络浏览器或网页浏览器，是用来浏览网站的一个工具。Web 全称为 World Wide Web，缩写 WWW，中文名字为万维网。当我们在输入网址时可以发现，几乎所有的网址前面都是以 www 开头的，也就是说这类网址是通过万维网协议的网站。当然，Web 浏览器不仅可以浏览网站，还可以浏览本地的图片或页面等。

## 1.3.1　Web 浏览器标准

无论做什么事情都需要标准，玩游戏有游戏规则，上班有员工守则，网站也不例外。由于浏览器有很多不同的版本，Web 设计师常常需要为多版本多浏览器的开发制作而苦恼。为了解决这个问题，提出了 Web 标准。Web 标准是在 W3C（万维网联盟）的组织下建立起来用来规范页面的一个标准。使用 Web 标准制作的网页，可以使页面具有更好的扩展性和间接性，可以完成页面结构与表现的分离。Web 标准是网站所有标准的集合，包括结构、表现和行为三部分。其具体内容如下：

### 1. 结构标准语言

在 Web 标准中规定的结构标准语言有两种：一种为 XML 语言，一种为 HTML 语言（将在下一节进行讲解）。

### 2. 表现标准语言

在 Web 标准中，表现标准语言使用 CSS，目前推荐使用的是 W3C 制定的 CSS2。使用 CSS 与 HTML 结构语言相结合，能够实现网页表现与结构相分离，对网站的维护和管理等都带来了极大的方便。

### 3. 行为标准

在 Web 标准中，行为标准分为两个部分：一部分是 DOM，另一部分为 ECMAScript。使用 Web 标准中提供的行为，可以很好地完成页面的交互，其具体内容如下.

- DOM：是 Document Object Model（文档对象模型）的缩写。DOM 是用于建立网页与 Script（或程序语言）之间相互沟通的桥梁，是一种访问网页中标准组件的方法。
- ECMAScript：是 ECMA（European Computer Manufacturers Association）制定的标准脚本语言，用来完成页面的交互行为。

随着 Web 的不断壮大，使得更多的人觉得越来越有必要依靠标准实现其全部的潜力。让设计师们更好地开发制作网站，减少不必要的维护和开发时间。在本书的讲解内容里，也会按照 Web 标准来对每个内容进行讲解，以提高本书的实用性。

### 1.3.2 常见Web浏览器

在网络上存在着各式各样的很多浏览器，在这些浏览器中，有几个是主要做网站使用的标准浏览器，包括：IE、Firefox、Opera、Safari、Google Chrome等。下面来详细介绍这些浏览器。

#### 1. Internet Explorer

Internet Explorer（IE）是微软公司推出的一款Web浏览器，也是当今最流行的Web浏览器。它于1995年诞生于世，1998年在使用人数上超过了Netscape。IE浏览器到目前为止，最新的版本是IE9。

#### 2. Firefox

Firefox是由Mozilla发展而来的新式浏览器。它诞生于2004年，越来越多的人使用，使它成为因特网上第二大最流行的浏览器。Firefox在众多浏览器中属于最符合Web标准的浏览器。

#### 3. Opera

Opera是挪威人发明的Web浏览器。它快速小巧、符合工业标准、适用于多种操作系统，使一系列小型设备诸如移动电话和掌上电脑都会选择它作为Web浏览器。在使用上，Opera浏览器被称为是第三大最流行的浏览器，它的兼容性好，是接近Web标准的浏览器。

#### 4. Safari

Safari是苹果Mac OS X平台的Web浏览器，它是苹果公司制作出来的Web浏览器，所以在很多方面，它都不像上面所说的那几种浏览器。Safari支持Windows XP和Windows Vista操作系统，这也使得用Vista系统的大多数人选择使用Safari。这是一款新型的浏览器，越来越多的人在使用它。从浏览器标准上看，Safari有自己的一套网站标准，与其他浏览器不同，这往往也造成设计师为了网站能兼容Safari，增加了难度。

#### 5. Google Chrome

中文名为“谷歌浏览器”，是一个由Google公司开发的网页浏览器。与苹果公司的Safari相抗衡，浏览速度在众多浏览器中走在前列，属于高端浏览器。采用BSD许可证授权并开放源代码，开源计划名为Chromium。该浏览器是基于其他开放原始码软件所撰写，包括WebKit和Mozilla，目标是提升稳定性、速度和安全性，并创造出简单且有效的使用者界面。

**注意：** 现在设计师们检测网站的时候，一般会用IE、Firefox、Opera、Safari这4个浏览器作为标准。

# 1.4　HTML 和 XHTML

网页的内容和结构是利用各种各样的语言来进行编写的。其中，最为基础的是 HTML、XHTML 语言。在上面的小节中也有提到过，HTML 是用来制作静态页面的。XHTML 是 HTML 的升级，更加符合 Web 标准。在本节中将会详细介绍 HTML 和 XHTML。

## 1.4.1　了解 HTML 和 XHTML

HTML 英文全称为 Hyper Text Markup Language，中文名称为超文本标记语言。HTML 是一种标记语言，也就是由标记标签组成的语言，是目前网络上应用得最广泛的语言，也是构成网站页面的主要基本语言。随着 Web 技术的逐渐成熟，到了 HTML 4.01 这一代已经很接近 Web 标准了。

XHTML 英文全称为 EXtensible HyperText Markup Language，中文名称为可扩展超文本标记语言。XHTML 是一种为适应 XML 而重新改造的 HTML，在语法上更加严格一些。比起 HTML，在后期的网站维护扩展上，能更好地省力省时地做好网站的维护和扩展工作。而更加规范的语言编写使 XHTML 成为一个 Web 标准。

XHTML 的推出是用来取代 HTML 的，但是就目前的状况来说，由于 HTML 标记语言的使用已经根深蒂固，所以现在大部分人都还在使用 HTML，只是让 HTML 更加规范化、标准化。另外，XHTML 与 HTML 4.01 几乎是相同的，这也让 XHTML 在短时间内无法完全取代 HTML。

## 1.4.2　HTML 和 XHTML 的编辑工具

用于 HTML 和 XHTML 的编辑工具有很多，其中最常用的就是 Dreamweaver。Dreamweaver 被人们认为是网页制作的三剑客之一。使用 Dreamweaver 进行 HTML 和 XHTML 的编辑能够节省网站开发的时间，提高工作人员的工作效率。下面来讲述 Dreamweaver 的使用方法。

打开 Dreamweaver 软件，这时会出现一个程序启动界面。页面分为三栏，第一栏为打开最近项目，这里将呈现出之前用过的历史页面。最下面的“打开”，是打开文件夹，选择要打开的页面。第二栏为创建新项目，这里是选择要编写语言的环境来新建一个页面。本书讲述的是 HTML 方面的内容，这时应该选择第一个“HTML”。第三栏为主要功能，这里是介绍 Dreamweaver 软件自带的功能。如图 1.5 所示，给出了打开 Dreamweaver 软件时出现的程序启动界面（这里以 Dreamweaver CS6 为例）。

在“新建”里面选择“HTML”并单击打开，就会进入程序工作页面。在这个页面中可以采用四种不同的视图方式：代码视图、拆分视图、设计视图、实时视图。这里设计师通常会选择代码窗口来编写代码，然后用设计来对代码效果进行查看。而不直接选择设计窗口，用自带的插件来完成页面的制作。因为使用设计窗口来设计的页面，往往会产生很多的废代码和不符合 Web 标准的代码。如图 1.6 所示，给出了程序工作页面。

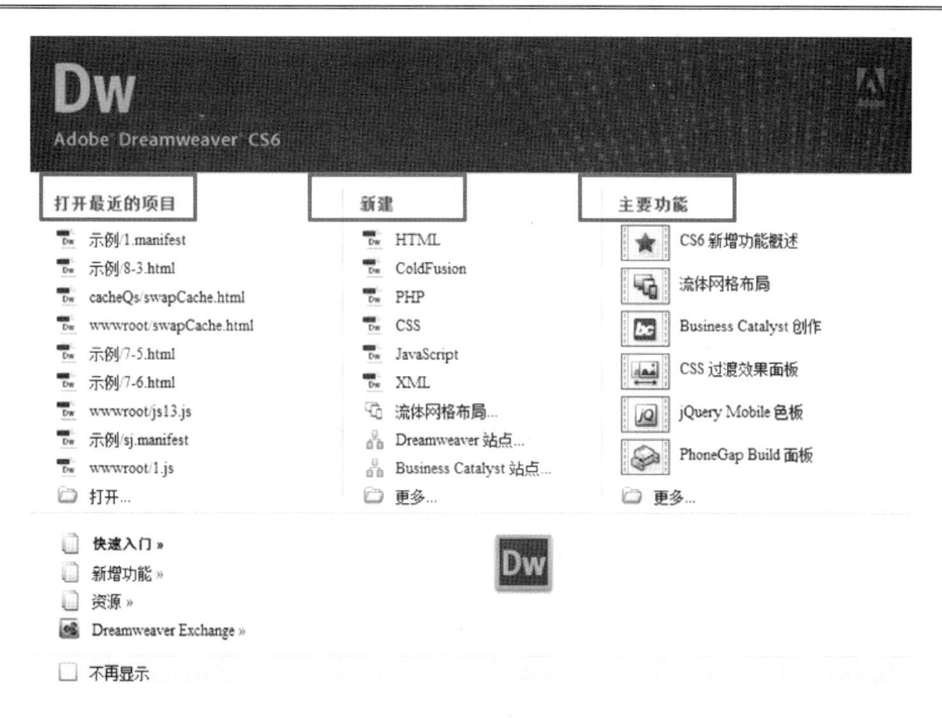


图 1.5　Dreamweaver 程序启动界面效果图

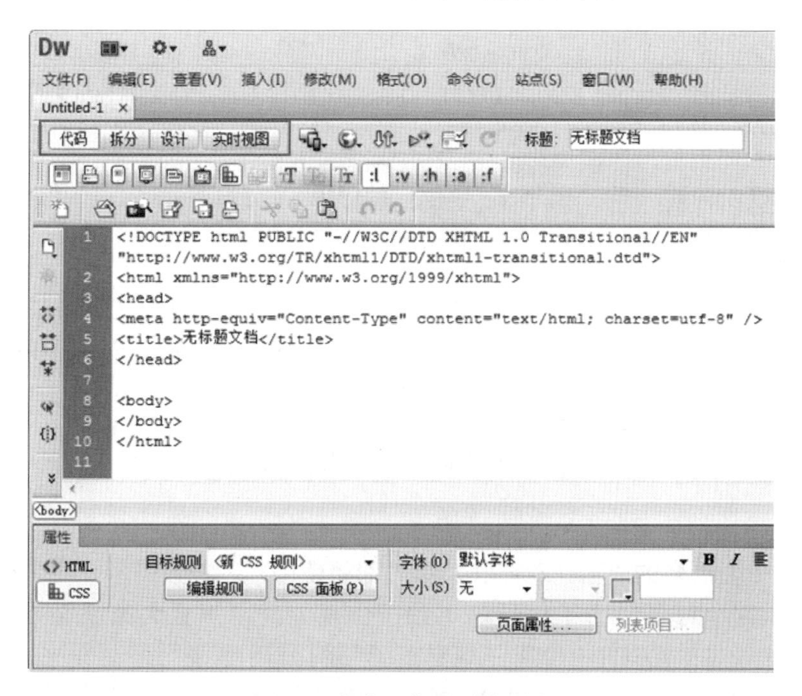


图 1.6　程序工作页面效果图

## 1.5　常见颜色单位

在网站中，颜色的应用是很重要的，一些好的网站，往往在颜色上都是很漂亮的。每个颜色都有一个唯一的单位，会用十六进制颜色值来编写，想在网页中里显示出各种颜色，只需要在代码里引用相应的颜色单位就可以了。下面我们来列出一些常见的颜色单位，如表 1.1 所示。

表 1.1　颜色单位表

| 名　称 | 十六进制颜色值 | 颜　色 |
| --- | --- | --- |
| Aqua | #00FFFF | 浅绿色 |
| Black | #000000 | 黑色 |
| Blue | #0000FF | 蓝色 |
| Fuchsia | #FF00FF | 紫红色 |
| Gray | #808080 | 灰色 |
| Green | #008000 | 绿色 |
| Lime | #00FF00 | 淡黄绿色 |
| Maroon | #800000 | 褐紫红色 |
| Navy | #000080 | 深蓝色 |
| Olive | #808000 | 橄榄色 |
| Purple | #800080 | 紫色 |
| Red | #FF0000 | 红色 |
| Silver | #C0C0C0 | 银灰色 |
| Teal | #008080 | 蓝绿色 |
| White | #FFFFFF | 白色 |
| Yellow | #FFFF00 | 黄色 |

从表格中可以看到一些常见的颜色单位，使用中，都会使用十六进制颜色值来填写颜色值。在后面的示例中，将会频繁地看到这种颜色值的写法。

**注意：** HTML 4.0 标准仅支持 16 种颜色名，它们是 Aqua、Black、Blue、Fuchsia、Gray、Green、Lime、Maroon、Navy、Olive、Purple、Red、Silver、Teal、White 和 Yellow。

# 1.6　常见 ASCII 代码

在计算机中，所有的数据在存储和运算时都要使用二进制数表示。而具体用哪些二进制数字表示哪个符号，为了使通信不致于出现混乱，那么大家就必须使用相同的编码规则。而 ASCII 代码的出现统一规定了常用符号用哪些二进制数来表示。下面给出了常见的 ASCII 代码编号表，如表 1.2 所示。

表 1.2　常见的特殊符号的ASCII代码表

| 代　码 | 字　符 | 代　码 | 字　符 |
| --- | --- | --- | --- |
| 33 | ! | 97 | a |
| 35 | # | 122 | z |
| 37 | % | 123 | { |

续表

| 代　　码 | 字　　符 | 代　　码 | 字　　符 |
| --- | --- | --- | --- |
| 42 | * | 124 | \| |
| 48 | 0 | 125 | { |
| 64 | @ | 126 | ～ |
| 65 | A | 127 | DEL |
| 90 | Z | 27 | ESC |
| 92 | \ | 40 | ( |
| 32 | (space) | 41 | ) |
| 169 | © | | |

表中，最为常用的是©版权和空格，这两者在网页中，几乎是随处可见的。

## 1.7　常见长度单位

长度单位是网页设计中最常用的一个单位。在编写网页的时候，为了让整个页面更加漂亮，在设计的时候通常需要为元素的位置、尺寸精确地定义一些值，以使其达到预期的效果。下面给出了常见的长度单位列表，如表 1.3 所示。

表 1.3　常见的长度单位列表

| 单　　位 | 描　　述 |
| --- | --- |
| % | 百分比 |
| in | 英寸 |
| cm | 厘米 |
| mm | 毫米 |
| em | 1em 等于当前的字体尺寸，2em 等于当前字体尺寸的两倍 |
| ex | 一个 ex 既是一个字体的 x-height（x-height 通常是字体尺寸的一半。） |
| pt | 磅（1pt 等于 1/72 英寸） |
| pc | 12 点活字（1pc 等于 12 点） |

表中的单位，经常在说明宽度和高度的单位时使用，在后面的例子里，会经常用到。

**技巧：** 设计师用来控制框架和图片最常用的单位是 px，控制字体最常用的单位就是 em。其次就是相对的单位%。

## 1.8　本 章 小 结

本章详细讲解了网站的基本知识、Web 浏览器和 HTML 开发工具。本章没有什么难点，都是开发网站需要了解的最基本的知识。通过本章的学习，读者可以对网站有一个具体的概念，并掌握网站的基础知识，为以后的网站制作做铺垫。下一章我们将详细讲解网站的基本结构和基本标签。

## 1.9 本章习题

【习题 1-1】在电脑上安装 Dreamweaver CS6 软件，安装后运行 Dreamweaver，出现图 1.6 所示的运行界面。

【习题 1-2】创建一个静态网页和一个动态网页，如图 1.7 所示。

图 1.7　静态网页和动态网页

# 第 2 章　HTML 基础

在上一章我们已经了解了 HTML 是制作网站的最基础的语言，因此要制作好一个网站，就要详细地了解 HTML。我们在畅游网络时，通过浏览器看到的网页就是由 HTML 语言编写的。HTML 是一种建立网页文件的语言，通过标记式的指令（Tag）将文字、图片、声音、视频等连接并显示出来。因此对于网站设计师来说，要想做好一个网站，掌握 HTML 标记语言是最基本的要求。本章我们就来讲解 HTML 基础，包括 HTML 页面结构和它的一些基本标签。

## 2.1　HTML 页面结构

HTML 页面结构是 HTML 最基本的内容。一个完整的页面包括四个部分：<html>元素、头部元素、主体元素、标题元素。下面我们来详细讲解这些内容。

### 2.1.1　<html>元素

<html>元素是 HTML 文档中必须使用的元素，用来标识网页的整体内容，所有的文档内容都要写在<html>元素里。它表示该网页是以超文本标识语言（HTML）编写的，<html>元素语法结构如下所示：

```
<html>文档内容</html>          <!-- 标识网页的整体内容 -->
```

其中，<html>为起始标签，</html>为结束标签。有了起始标签就一定要写结束标签，以提高网站的完整性和可读取性。每个网页中，包含的内容都要写在起始标签和结束标签之间。<html>这对标签的开始和结束，意味着网页的开始和结束。

### 2.1.2　头部元素<head>

<head>元素也是 HTML 文档中必须使用的元素，是网页的头部标签，其作用是定义页面头部的信息。在 Web 浏览器中，头部信息是不被显示在正文中的。在<head>标签中可以包含标题元素，来说明网页的标题，也可以包含<meta>元素（将在下一节讲解）。<head>元素语法结构如下所示：

```
<head>头部内容</head>          <!-- 标识网页的头部标签 -->
```

其中，<head>为起始标签，</head>为结束标签。紧接着<html>标签下来就是<head>标签。虽然<head>标签不被正文显示出来，但是它包含很多重要的标记。浏览器在读取网站时，都会从<head>读起。

### 2.1.3　主体元素<body>

主体元素<body>为网页的正文标签，用来定义页面所有显示的内容。页面的信息主要通过页面主体元素来传递。写在<body>标签里的内容都会被浏览器显示出来。<body>标签里包括许多内容，以后要讲的标签里，很多都是写在<body>里面的，<body>元素语法结构如下所示：

```
<body>页面主体</body>          <!-- 标识网页的正文标签 -->
```

其中，<body>为起始标签，</body>为结束标签。<body>标签写在<head>标签下面，而</body>闭合标签后面就是</html>闭合标签。

### 2.1.4　标题元素<title>

标题元素<title>写在<head>标签里面，用来定义页面的标题。我们已经知道在<head>标签里的内容不被正文所显示，因此<title>标签里的内容是显示在浏览器窗口的标题栏里的，<title>元素语法结构如下所示：

```
<title>页面标题</title>         <!-- 标识网页的标题标签 -->
```

其中，<title>为起始标签，</title>为结束标签。

**【示例 2.1】**下面是<head>标签里标题的显示效果。代码如下：

```
<title>正在使用标题 title 元素</title>       <!-- 标识网页的标题标签 -->
```

效果如图 2.1 所示。在打开窗口时不难发现，页面最顶端的标题栏可以看到<title>标签的显示效果。

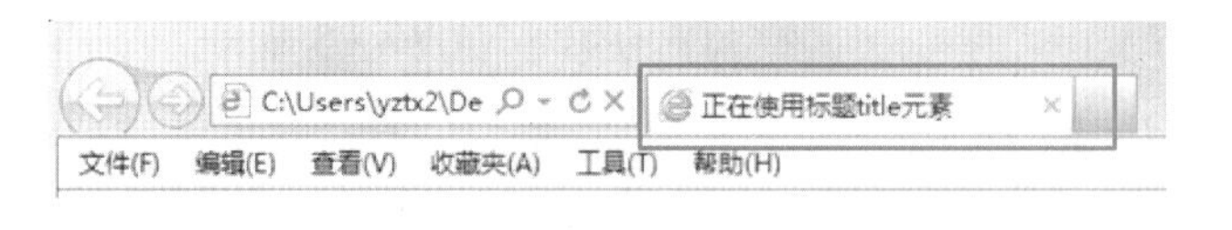


图 2.1　标题显示效果图

## 2.2　元信息标签<meta>

元信息标签<meta>是一个辅助性标签，可以对整个页面进行综合性的设置。位于 HTML 文档头部标签<head>和标题标签<title>之间，提供的信息是用户看不见的。meta 标签的用处很多，通常用来为搜索引擎定义页面主题；还可以用于设置页面，使其可以根据定义的时间间隔刷新页面等。这些作用主要通过 meta 的两种属性来表示：name 和 http-equiv。

## 2.2.1　页面描述信息 name

name 属性是用来描述网页，以便于搜索引擎查找、分类。这其中最重要的是 description（搜索引擎网站简介）和 keywords（分类关键字），所以应该给每页加一个 meta 值。这样可以方便每个页面都被准确、快速地搜索出来。name 属性是写在 meta 标签里面的，meta 和 name 中间隔了一个英文的空格。语法结构如下所示：

```
<meta name="#" contect="内容">        <!-- 描述网页 -->
```

其中，#可以为 Generator、Keywords、Description、Author、Robots。使用不同的属性值，对应的 contect 的双引号里填写的内容不同。下面来介绍上述的这几个属性值：

name="Generator"用来说明网页生成工具（如 Microsoft FrontPage 4.0）等。相应的 contect 里填写网页所生成的工具。语法结构如下所示：

```
<meta name="Generator" contect="网页生成工具">  <!-- 说明网页生成工具 -->
```

name="Keywords"是向搜索引擎说明网页的关键词。相应的 contect 里填写网页想被搜索到的其他关键字。语法结构如下所示：

```
<meta name="Keywords" contect="网页关键词"> <!-- 向搜索引擎说明网页的关键词 -->
```

name="Description"用来告诉搜索引擎网页的主要内容。相应的 contect 里填写网页所要表达的主要内容，不宜太长。语法形式如下所示：

```
<meta name="Description" contect="网页主要内容">
                                   <!-- 告诉搜索引擎网页的主要内容 -->
```

name="Author"用来告诉搜索引擎网页制作的作者。相应的 contect 里填写网页作者的名字。语法形式如下所示：

```
<meta name="Author" contect="作者名字"> <!-- 告诉搜索引擎网页制作的作者 -->
```

name="Robots"用来定义网页的检索情况和网页上的连接查询情况。语法形式如下所示：

```
<meta name="Robots" contect= "#">
                         <!-- 定义网页的检索情况和网页上的连接查询情况 -->
```

其中，contect="#"里面可以替换多个属性值来设定不同的检索和查询情况。下面为 contect="#"里面的多个属性值的说明：

- all：文件将被检索，且页面上的链接可以被查询；
- none：文件将不被检索，且页面上的链接不可以被查询；
- index：文件将被检索；
- follow：页面上的链接可以被查询；
- noindex：文件将不被检索，但页面上的链接可以被查询；
- nofollow：文件将不被检索，页面上的链接可以被查询。

注意：contect="#"中，#里面只能为一个属性值，不能填写多个属性值。

## 2.2.2　HTTP标题信息http-equiv

http-equiv和HTTP的头部元素类似，它反馈给浏览器一些有用的信息，来帮助页面正确和精确地显示页面内容，是网页里必不可少的标签属性。它和name一样，都是写在meta后面。语法结构如下所示：

```
<meta http-equiv="Content-Type" content="text/html; charset=gb2312">
                              <!-- 说明网页制作所使用的文字以及语言 -->
```

其中，http-equiv="Content-Type"设定页面使用的字符集来说明页面制作使用的文字和语言，content="text/html;charset=gb2312"指明了网页所写的内容文字为中文简体，英文是ISO-8859-1 字符集。http-equiv 属性除了可以用来说明网页制作所使用的文字以及语言之外，还有其他的别的属性值。下面介绍常用的几种属性值。

http-equiv="Refresh"是用来定时让网页在指定的时间内，跳转到指定的页面。其中，n是网页指定的跳转时间，以秒来计算，由设计师自己设定。url里面放的是跳转的页面，跳转的页面可以是网上的链接，也可以是目录下的页面链接，由设计师自己设定。代码如下：

```
<meta http-equiv="Refresh" contect="n;url=http://www.souhu.com/">
                          <!-- 让网页在指定的时间内，跳转到指定的页面 -->
```

http-equiv="Expires"是用来指定网页在缓存中的过期时间，一旦过期则必须到服务器上重新调用。需要注意的是到期时间必须使用GMT时间格式。设定的时间写在contect里面。代码如下：

```
<meta http-equiv="Expires" contect="Tus,12 May 2013 12:20:00 GMT">
                                   <!-- 设定网页在缓存中的过期时间 -->
```

http-equiv="Pragma"是用来设定禁止浏览器从本地机的缓存中调阅页面内容，设定后浏览者将无法脱机使用该页面内容。contect="no-cache"是固定的属性值，在这里不用再做其他设置。代码如下：

```
<meta http-equiv="Pragma" contect="no-cache">
                        <!-- 设定禁止浏览器从本地机的缓存中调阅页面内容 -->
```

http-equiv="set-cookie"是用来设定如果网页过期，存盘缓存（也称cookie）将被删除。需要注意的是contect里面也是必须使用GMT时间格式。设定的时间写在contect里面。代码如下：

```
<meta http-equiv="set-cookie" contect="Tus,12 May 2013 12:20:00 GMT">
                    <!-- 设定如果网页过期，存盘缓存（也称 cookie）将被删除 -->
```

http-equiv="Window-target"是用来设定显示窗口的，强制页面在当前窗口以独立页面显示。Content="_top"里，还可以有_blank、_self、_parent属性值，通过不同的设置来设定页面在当前窗口的哪个位置出现。具体的属性值说明将在第 4 章 4.3 节具体讲述。代码如下：

```
<meta http-equiv="windows-Target" contect="_blank">
```

```
<!-- 设定显示窗口的，强制页面在当前窗口以独立页面显示 -->
```

**技巧：** 通常在 Dreamweaver 里，会自动生成 meta 标签。基本上，我们使用 meta 标签最多的是<meta http-equiv="Content-Type" content="text/html; charset=gb2312">。

# 2.3 段落排版标签

在网页中的内容是由段落组合而成的。要想使网页中的文字和图片等变得整齐美观，可以使用段落排版标签来进行排版。段落排版标签主要有段落标签和换行标签。

## 2.3.1 段落标签<p>

<p>标签为段落标签，用于在文字、表格、图片之间留一空白行或将内容包含在<p>和</p>之间构成一个段落。<p>标签是双标签，有起始标签和结束标签。语法结构如下所示：

```
<p>内容</p>        <!--段落标签 -->
```

其中，<p>为起始标签，</p>为结束标签。段落内容包含在<p>标签里面。

**【示例 2.2】**下面是<p>标签的具体使用效果，为了使效果更加明显，这里在段落外加了一段文字，代码如下：

```
<p>从这里开始使用段落标签</p>          <!-- 增加一对段落标签-->
段落标签段落标签段落标签段落标签段落标签段落标签段落标签
```

效果如图 2.2 所示。

图 2.2 <p>标签使用效果图

## 2.3.2 换行标签<br>

<br>标签是换行标签，如果希望另起一行书写文字而又不希望另起一个自然段的时候，就可以使用换行标签。<br>标签是个单标签，需要加上一个“/”来关闭。使用一个<br>换行一次，要想使用多次换行可以使用多个<br>。两个<br/>标签生成的换行效果和<p>段落标签的浏览效果是一样的。区别在于<br/>标签可以同时加入几个，而<p>标签不行。<br>

标签是写在<body>标签里面的。

**【示例 2.3】**下面是<br>标签的具体使用效果，为了使效果更加明显，这里用一个<br/>标签和两个<br/>标签做比较，代码如下：

```
从这里开始<br/>         <!--增加一个换行标签，文字将在这里换行-->
换一行显示<br/><br/>       <!--增加两个换行标签 -->
换两行显示
```

效果如图 2.3 所示。

图 2.3　<br/>标签使用效果图

**技巧：**一般为了视觉效果更好一些，设计师会用两个<br/>标签来隔开两段文字。这样可以让段落变得更加明显。虽然<br/>标签没有段落的意思，但是设计师把<br/>标签分隔出来的文字当做段落来使用。

# 2.4　水平分隔线<hr>

<hr>称为水平分隔线。当页面内容比较繁琐时，使用它在段与段之间插入一条水平分隔线来使页面显得层次分明，既美观又便于阅读。本节我们将详细讲解如何设置水平分割线。

## 2.4.1　插入水平分隔线<hr>

<hr>标签是用来插入水平分隔线的。<hr>标签是单标签，它没有闭合标签，所以需要加上一个“/”来关闭，和换行标签<br>的使用方法一样。

**【示例 2.4】**下面是<hr/>标签的使用效果，为了使效果更加明显，这里在<hr/>标签上、下各插入一段文字，代码如下：

```
从这里开始制作水平分隔线
<hr/>         <!-- 增加水平线标签 -->
水平分隔线显示
```

效果如图 2.4 所示。

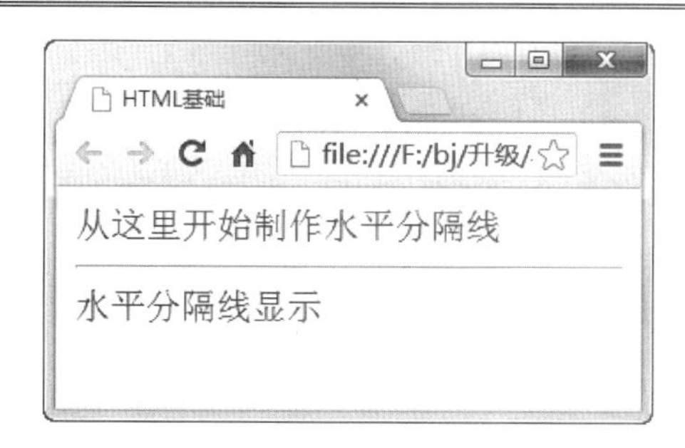


图 2.4　<hr/>标签使用效果图

## 2.4.2　设置水平分隔线粗细

设置水平分隔线的粗细可以使用 size 属性。在不写 size 属性值的情况下，默认为 2px。size 属性写在<hr/>标签里面，中间用一个英文的空格隔开。

**【示例 2.5】**下面是<hr/>标签里 size 属性的使用效果，代码如下：

```
从这里开始设置水平分隔线
<hr/>          <!-- 增加水平分隔线标签 -->
设置水平分隔线粗细为 8px
<hr size="8px" />         <!-- 增加 8px 粗的水平分隔线 -->
设置水平分隔线粗为 16px
<hr size="16px" />        <!-- 增加 16px 粗的水平分隔线 -->
设置水平分隔线
```

效果如图 2.5 所示。

图 2.5　<hr/>标签里 size 属性值使用效果图

## 2.4.3　设置水平分隔线长度

设置水平分隔线的长度可以使用 width 属性。在不写 width 属性值的情况下，默认为 100%，即水平分隔线效果会一直延长到网页的两边。width 属性同样写在<hr/>标签里面，中间用一个英文的空格隔开。

**【示例 2.6】**下面是<hr/>标签里 width 属性的使用效果，代码如下：

```
设置水平分隔线长度
<hr/>          <!-- 增加水平分隔线 -->
设置水平分隔线的长度为 100px
<hr width="100px"/>      <!-- 增加长为 100px 的水平分隔线 -->
设置水平分隔线的长度为 300px
<hr width="300px"/>      <!-- 增加长为 300px 的水平分隔线 -->
设置水平分隔线的长度
```

效果如图 2.6 所示。

图 2.6　<hr />标签里 width 属性值使用效果图

## 2.4.4　设置水平分隔线显示位置

设置水平分隔线的显示位置可以使用 align 属性。在不写 align 属性值的情况下，默认为居中。align 属性写在<hr/>标签里面，中间用一个英文的空格隔开。align 属性有三个值，分别是：left（居左）、center（居中）、right（居右）。

**【示例 2.7】**下面是<hr/>标签里 align 属性三个值的使用效果，为了使效果更加明显，这里将加上上面的 width 属性，代码如下：

```
设置长为 100px 的水平分隔线的显示位置居左
<hr width="100px" align="left" />    <!-- 增加长为 100px 且居左的水平分隔线 -->
设置长为 300px 的水平分隔线的显示位置居中
<hr width="300px" align="center" /> <!-- 增加长为 300px 且居中的水平分隔线 -->
设置长为 400px 的水平分隔线的显示位置居右
<hr width="200px" align="right" />   <!-- 增加长为 200px 且居右的水平分隔线 -->
设置水平分隔线的显示位置
```

效果如图 2.7 所示。

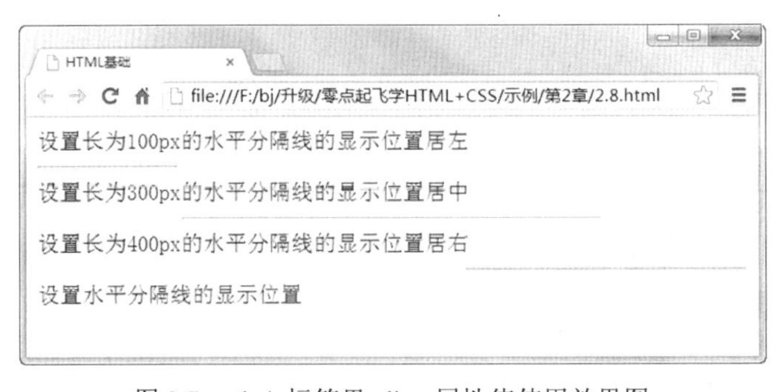


图 2.7　<hr/>标签里 align 属性值使用效果图

## 2.4.5　设置水平分隔线颜色

设置水平分隔线的颜色可以使用 color 属性。在不写 color 属性值的情况下，边框默认为浅灰色#ACA899。color 属性写在<hr/>标签里面，中间用一个英文的空格隔开。

**【示例 2.8】** 下面是<hr/>标签里 color 属性的使用效果，代码如下：

```
设置水平分隔线的颜色
<hr/>          <!-- 增加水平分隔线 -->
设置水平分隔线的颜色为红色
<hr color="#ff0000" />          <!-- 增加颜色为红色的水平分隔线 -->
设置水平分隔线的颜色为黄色
<hr color="#ffff00" />          <!-- 增加颜色为黄色的水平分隔线 -->
设置水平分隔线的颜色为黑色
<hr color="#ffff00" />          <!-- 增加颜色为黄色的水平分隔线 -->
设置水平分隔线的颜色
```

效果如图 2.8 所示。

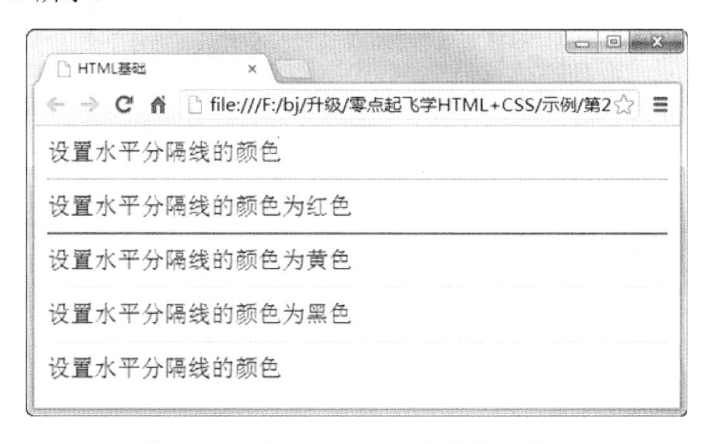


图 2.8　<hr />标签里 color 属性值使用效果图

注意：color="#ff0000"虽然可以不用双引号，但为了规范写法，必须习惯使用了双引号。

## 2.4.6　取消水平分隔线阴影

取消水平分隔线的阴影可以使用 noshade 属性，noshade 没有属性值，使用它就说明要取消水平分隔线阴影。在默认情况下，水平分隔线是有阴影的。noshade 属性写在<hr/>标签里面，中间用一个英文的空格隔开。

**【示例 2.9】** 下面是<hr/>标签里 noshade 属性的使用效果。为了强化效果，这里使用了 size 属性对取消阴影与没有取消阴影水平线进行对比，代码如下：

```
没有取消阴影的水平分隔线
<hr size="8px" />          <!-- 增加粗为 8px 的水平分隔线 -->
取消水平分隔线的阴影
<hr size="8px" noshade />          <!-- 增加粗为 8px 且无阴影的水平分隔线 -->
```

```
制作水平分隔线
```

效果如图 2.9 所示。

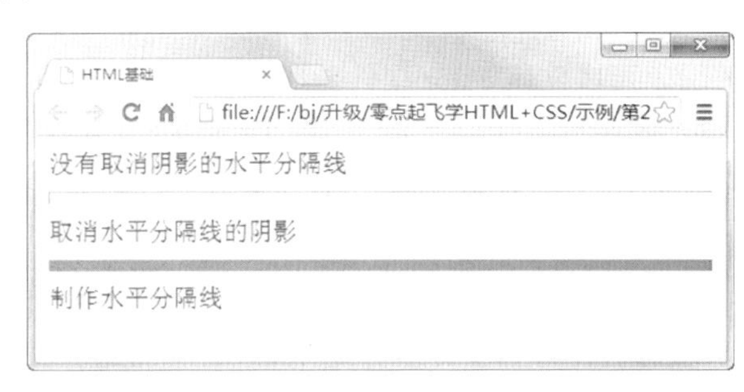


图 2.9　<hr />标签里 noshade 属性值使用效果图

## 2.5　注 释 标 签

HTML 语言中有专门的注释标签<!-- -->，可以在源码中插入注释，注释内容不会显示在浏览器中。使用<!-- -->标签是一个很好的习惯，有时候代码多了，我们就会忘记之前写过的代码的含义。有了注释我们就可以很方便地对代码进行阅读和维护，所以要养成使用<!-- -->标签的良好习惯，注释标签语法结构如下：

```
<!--注释内容-->
```

在这里，<!-- -->已经是一个完整的标签，<!--为开始标签，-->为闭合标签。在 Dreamweaver 里，注释的内容会呈现出灰色，以表示正文不会出现此内容。

【示例 2.10】下面是**<!-- -->**标签的使用效果，代码如下：

```
下面是注释标签，是看不到的
<!--这里是注释内容-->
```

效果如图 2.10 所示。

图 2.10　<!-- -->标签使用效果图

**注意：**<!-- -->标签在左边有一个感叹号，但是在右边是没有的。

## 2.6　设置网站背景色

如果想改变网站背景色，可以使用 bgcolor 属性来设置，它的取值可以是十六进制颜色代码。bgcolor 属性用于对页面整体颜色进行控制，从而达到改变背景色的目的。

**【示例 2.11】**下面是 bgcolor 属性在<body>标签下的使用效果，代码如下：

```
<body bgcolor="#000000">                <!-- 增加页面背景颜色为黑色 -->
使用背景颜色
<hr size="10px" color="#ffff00" />  <!-- 增加粗为 10px 且颜色为黄色的水平分隔线 -->
</body>
```

效果如图 2.11 所示。

图 2.11　bgcolor 属性在<body>标签下使用效果图

注意：bgcolor="#ffff00"，颜色代号前后要加上英文的双引号。

## 2.7　结束标签

在前面已经提到过任何标签都要加结束标签的，起始标签和结束标签必须是一起的。虽然有些标签不加关闭标签也是可以使用的，但是建议要有写关闭标签的良好习惯。

HTML 未来的版本将不允许省略任何结束标签。通过结束标签来关闭 HTML 是一种经得起未来考验的 HTML 编写方法。清楚地标记某个标签在哪里开始，并在哪里结束，不论对设计者还是对浏览器来说，都会使代码更容易被理解。这种良好的书写习惯，让网页在浏览器里更能体验出完整性和规范性。

技巧：在编写每个标签时，在写下起始标签的同时，也写下结束标签，这样就不会在编辑过程中，忘了写结束标签了。

## 2.8　本章小结

本章主要讲解 HTML 基础，详细讲解了 HTML 的页面结构和它的一些基本标签。本章重点和难点在于读者要熟悉各个标签的具体用法。通过本章的学习，大家可以对 HTML 基础有比较深的了解和掌握。这一章对于初学者来说是很重要的，它是编写网站的基础。在下一章我们将会讲解 HTML 中的文本样式标签。

# 2.9　本 章 习 题

【习题 2-1】下面给出一个简单网页的代码，请分别标出 HTML 文件的头部元素、标题元素和主体元素，代码如图 2.12 所示。

```
<!DOCTYPE html PUBLIC "-//W3C//DTD XHTML 1.0 Frameset//
EN" "http://www.w3.org/TR/xhtml1/DTD/xhtml1-
frameset.dtd">
<html xmlns="http://www.w3.org/1999/xhtml">
<head>
<meta http-equiv="Content-Type" content="text/html;
charset=utf-8" />
<title>习题2-1</title>
</head>
<body>
学习HTML
</body>
</html>
```

图 2.12　网页代码示意图

【习题 2-2】给出一个简单网页，设置插入水平分隔线，并设置它的粗细为 8px、长度为 100px、颜色为黄色，效果如图 2.13 所示。

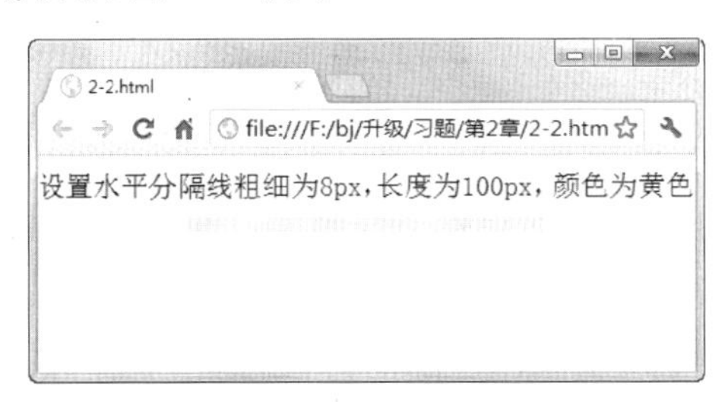


图 2.13　插入水平分隔线效果图

【习题 2-3】给出一个简单网页，设置网站背景颜色为蓝色，并对网页中的内容进行换行，效果如图 2.14 所示。

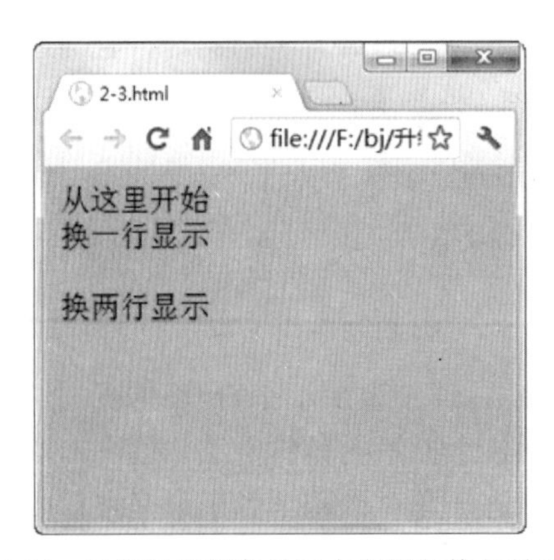


图 2.14　设置背景颜色并对内容进行换行效果图

# 第 3 章　网站中的文本样式标签

一个网站是由文字、图片、视频、音频等元素组成的，而且文字是网站构成和表现网站的重要元素。通过浏览文字可以看到网站所要传达的信息。一个好的网站，文字样式的设置是非常重要的，它直接影响网站的整体效果。在制作网站时，网站设计师都会使用设置好的文本来修饰网站。本章将会讲解如何用文本标签来设置文本样式。

## 3.1　设置标题字体

标题是一段内容的简介。通过标题，我们就可以了解文章内容所要表达的重点，所以标题是网站中的必要部分。有了标题后，为了可以吸引到更多的浏览者阅读网站内容，就得对标题字体做出修饰，使标题更明显和漂亮，更容易被浏览者注意到。

标题的字体标签以几种固定的字号来显示标题。它的设置是通过<h>来实现的，将要显示的标题文字包含在<h>和</h>里面即可。其语法结构如下所示：

```
<h#>标题文字</h#>            <!--标题标签-->
```

其中，<h>为起始标签，</h>为结束标签。其中，#可以为 1、2、3、4、5、6，这是标题的有效值范围，它只有<h1><h2><h3><h4><h5><h6>这六种样式。如果想每个标题都达到同样的效果，只需要重复地使用标题的样式。

**【示例 3.1】**下面是<h>标签的一个具体实例，代码如下：

```
<h1>正在使用标题标签</h1>          <!--添加标题-->
```

效果如图 3.1 所示。

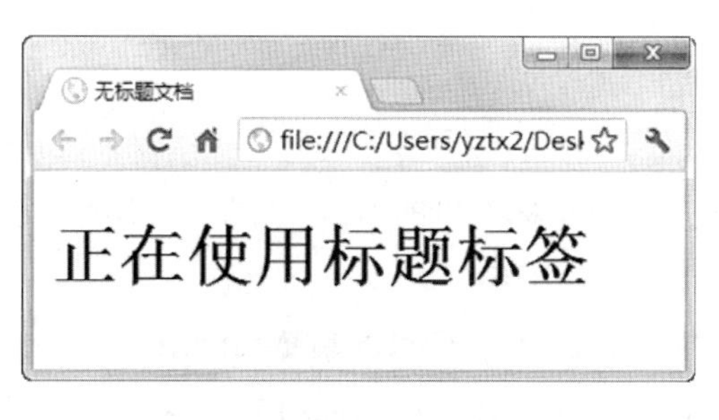


图 3.1　标题标签<h1>效果图

使用<h1><h2><h3><h4><h5><h6>可以用来区分标题的大小。通常情况下，默认第一个标题为<h1>，其字体是最大的，当后面多增加一个标题，后面的标题字体就会变小，依此类推。

【示例 3.2】下面是多个标题的书写格式和效果体现。代码如下：

```
<h1>这里是 h1 标题</h1>          <!--添加标题 1-->
<h2>这里是 h2 标题</h2>          <!--添加标题 2-->
<h3>这里是 h3 标题</h3>          <!--添加标题 3-->
<h4>这里是 h4 标题</h4>          <!--添加标题 4-->
<h5>这里是 h5 标题</h5>          <!--添加标题 5-->
<h6>这里是 h6 标题</h6>          <!--添加标题 6-->
```

效果如图 3.2 所示。

图 3.2　使用多个标题标签效果图

# 3.2　设置网页文字样式

标题字体定义之后，就要开始定义网页中文字的样式，<font>标签是专门定义网页文字的标签。它可以定义文字的字体、字号、颜色等属性。在这一节将详细讲解<font>标签里的字体大小<size>属性和字体风格<face>属性。

## 3.2.1　设置文本大小

设置字体大小可以使用<font>标签里的<size>属性，<size>属性用来设定文本字号，取值范围是 1～7。其语法结构如下所示：

```
<font size="">文本内容</font>     <!--设置字体大小-->
```

其中，<font>是起始标签，</font>为结束标签。在 font 后加一个空格再写上<size>标签。其中，size 默认值为 3。size=7 是最大的字体，数字越小字体也就会越小。

【示例 3.3】下面是不同 size 属性值的使用比较，代码如下：

```
<font size=1>设置字体大小为 1</font><br /><br />        <!--设置字体大小为 1-->
<font size=2>设置字体大小为 2</font><br /><br />        <!--设置字体大小为 2-->
```

```
<font size=3>设置字体大小为 3</font><br /><br />        <!--设置字体大小为 3-->
<font size=4>设置字体大小为 4</font><br /><br />        <!--设置字体大小为 4-->
<font size=5>设置字体大小为 5</font><br /><br />        <!--设置字体大小为 5-->
<font size=6>设置字体大小为 6</font><br /><br />        <!--设置字体大小为 6-->
<font size=7>设置字体大小为 7</font>                     <!--设置字体大小为 7-->
```

效果如图 3.3 所示。

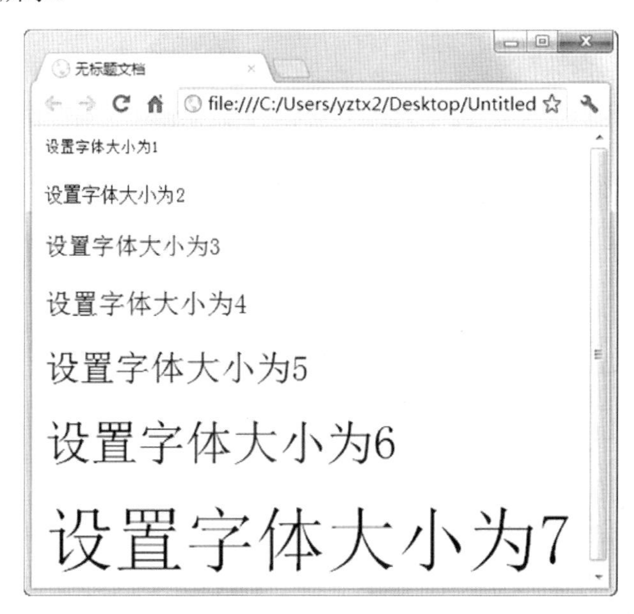


图 3.3　使用不同 size 属性值的效果图

## 3.2.2　设置文本字体

<font>标签中的<face>属性是用来设定文本所使用的字体，它和<size>标签一样都是写在<font>里面的。通过设置不同的字体，可以使网站更加漂亮，更加的吸引浏览者。其语法形式如下所示：

```
<font face="">文本内容</font>          <!--设置字体风格-->
```

<face>标签写法和<size>标签一样，这里就不再多讲。“”里所填写的风格也可以是多个，中间用英文逗号隔开。使用多个风格是为了让浏览器在读取网站字体风格时找不到第一种风格，可以再选择第二种风格，依此类推。通常情况下，设计师不会在<face>里面写太多的风格，一般都是三到四个风格。

**【示例 3.4】**下面是具有多个风格的字体效果，代码如下：

```
<font face="黑体">设置文本字体为黑体</font><br/><br/><!--设置字体风格为"黑体"-->
<font face="宋体">设置文本字体为宋体</font>              <!--设置字体风格为"宋体"-->
```

效果如图 3.4 所示。

**注意：**一般常用的中文字体风格有宋体、黑体，常用的英文字体风格有 Arial、Times New Roman。

图 3.4　使用多个 face 风格的效果图

# 3.3　文本布局标签

一个网页中的文本不仅要设置好它的样式，还要对文本进行布局。通过对文本的布局来达到网站内容清晰整洁的效果。做好文本布局，可以让浏览者更好地接受网站的内容。这一节将学习常用的文本布局标签。

## 3.3.1　缩进标签<blockquote>

<blockquote>是段落缩进标签，用来对文本内容进行缩进。<blockquote>标签是对一整段内容的缩进，而不是首行的缩进，它会在整段的左右两边都进行缩进。一般<blockquote>标签的缩进是用来表示引用的内容。其语法结构如下所示：

```
<blockquote>一段文本内容</blockquote>          <!--设置文本内容的缩进-->
```

其中<blockquote>为起始标签，</blockquote>为结束标签。<blockquote>标签是写在<body>里面的。把引用的文本内容放在<blockquote>标签里，便可以直接使用。<blockquote>标签有自动换行功能，它会把引用的文本内容作为一个独立段落来处理，所以前后不需要再写段落的标签。

**【示例 3.5】**下面是<blockquote>标签的使用效果，其中只有第二段使用了缩进元素，代码如下：

```
HTML 英文全称为 Hyper Text Markup Language，中文名称为超文本标记语言。HTML 是一种
标记语言，也就是由标记标签组成的语言，是目前网络上应用得最广泛的语言，也是构成网站页面
的主要基本语言。
<blockquote>         <!--设置文本内容的缩进，开始-->
HTML 英文全称为 Hyper Text Markup Language，中文名称为超文本标记语言。HTML 是一种
标记语言，也就是由标记标签组成的语言，是目前网络上应用得最广泛的语言，也是构成网站页面
的主要基本语言。
</blockquote>        <!--设置文本内容的缩进，结束-->
HTML 英文全称为 Hyper Text Markup Language，中文名称为超文本标记语言。HTML 是一种
标记语言，也就是由标记标签组成的语言，是目前网络上应用得最广泛的语言，也是构成网站页面
的主要基本语言。
```

效果如图 3.5 所示。

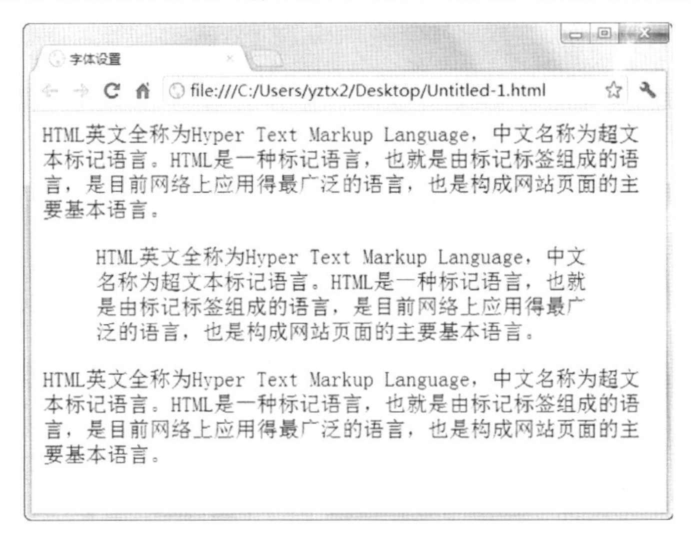


图 3.5　使用<blockquote>标签效果图

## 3.3.2　保留格式标签<pre>

<pre>标签可定义预格式化的文本，用来保留文本中的空格和换行。就算在代码中不使用空格和换行的标签，而是手动对它进行空格和换行，浏览器显示出来的效果也和代码中的效果相同。其语法如下所示：

```
<pre>文本内容</pre>          <!--设置保留代码里产生的空格和换行-->
```

<pre>标签的用法和<blockquote>标签的用法是一样的，这里就不再多讲。

**【示例 3.6】**下面是使用<pre>标签的效果，代码如下：

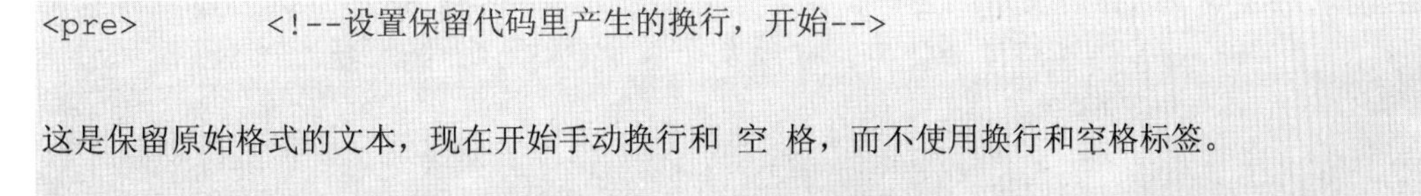

```
<pre>          <!--设置保留代码里产生的换行，开始-->


这是保留原始格式的文本，现在开始手动换行和 空 格，而不使用换行和空格标签。

这是文本行的效果。
</pre>          <!--设置保留代码里产生的换行，结束>
```

效果如图 3.6 所示。

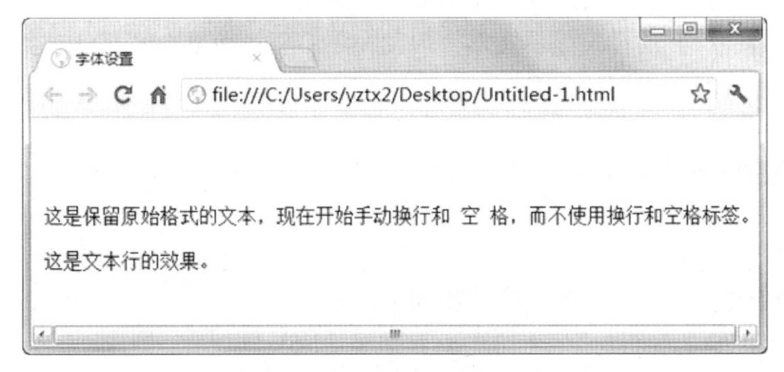


图 3.6　<pre>标签换行和空格效果图

### 3.3.3　使用内联行<span>

内联行<span>是在不改变原来格式的情况下，对放在内容里的某些字进行修饰，或对内容中某些段落的修饰。其语法结构如下所示：

```
<span>内容</span>            <!—使用内联标签-->
```

其中，<span>是起始标签，</span>为结束标签。值得注意的是，<span>标签本身是没有意义的，只有结合 CSS 样式才可以看出特有的效果。由于<span>标签是内联标签，所以在样式使用方面，它会比其他的样式具有更多的优先权。

**【示例 3.7】**下面是<span>标签的使用效果，为了让<span>标签显示出效果，这里将使用 title 样式，即鼠标放在文字上面可以显示下面的注释，代码如下：

```
<span title="正在使用标题">标题</span>            <!—使用内联标签显示 title 样式-->
```

效果如图 3.7 所示。

图 3.7　使用<span>标签效果图

**说明**：<span>标签的使用相当的广泛，而它的使用要结合 CSS 一起才可以发挥作用。对于<span>标签的详细使用，可以参考一下 CSS 方面的书籍。

## 3.4　基于物理样式的文本标签

物理样式，是指标签本身就说明了所修饰文字效果的样式。使用物理样式的好处是，浏览器会严格遵照标签的样式显示文本。因此在不希望浏览器改变样式的情况下，可以使用物理样式来设置文本内容。

### 3.4.1　加粗标签<b>

加粗标签<b>就是把正常显示的字体表现为比较粗、比较明显的字体。通常需要强调的文字，会使用粗体来表现。其语法结构如下所示：

```
<b>加粗文字</b>          <!--设置粗体字-->
```

其中，<b>是开始标签，</b>为结束标签。加粗<b>标签可以出现在内容的任何地方，只要有需要强调的文字，都可以在前后加上加粗<b>的标签，而不会自行换行或出现其他与原来字体样式不同的效果。这使得加粗<b>标签变得很方便实用。

**【示例 3.8】**下面是加粗<b>标签在内容字体上的使用效果，代码如下：

```
<b>这是使用了粗体的文字</b><br/>          <!--设置粗体字-->
这是没有使用粗体的文字
```

效果如图 3.8 所示。

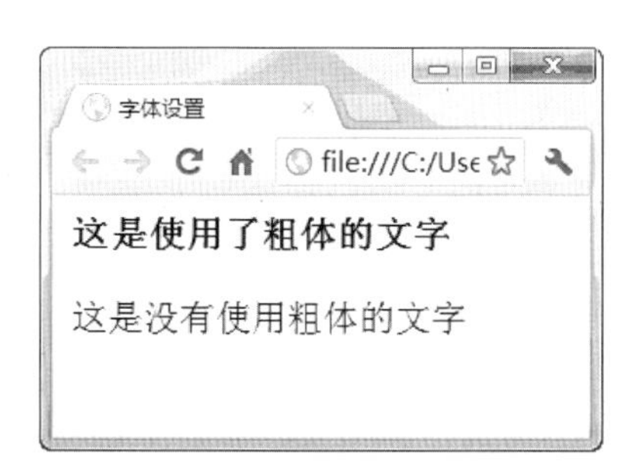


图 3.8　使用加粗<b>标签的效果图

## 3.4.2　斜体标签<i>

斜体就是把正常显示的字体表现为偏斜的字体。通常需要强调的文字，也会以斜体来表现，来达到想要的强调的效果。其语法结构如下所示：

```
<i>斜体文字</i>          <!--设置斜体字-->
```

斜体<i>标签和粗体<b>标签的使用方法一样，这里就不再多做讲解。

**【示例 3.9】**下面是斜体<i>标签在内容字体上的使用效果，代码如下：

```
<i>这是斜体字体</i><br/><br/>      <!--设置斜体字-->
这是正常字体
```

效果如图 3.9 所示。

图 3.9　使用斜体<i>标签的效果图

为了使强调的文字更加的生动和明显，这里将把斜体<i>标签嵌套到粗体<b>标签里面，让两种效果同时使用。

**【示例 3.10】**下面是同时使用粗体<b>标签和斜体<i>标签的效果，代码如下：

```
<b><i>这是粗体和斜体字体</i></b><br/>        <!--设置粗体和斜体字-->
这是正常字体
```

效果如图 3.10 所示。

图 3.10　使用粗体<b>和斜体<i>标签的效果图

技巧：由于斜体<i>效果没有那么明显，很多时候粗体<b>和斜体<i>都会一起使用。

### 3.4.3　下划线标签<u>/<ins>

下划线<u>标签就是在文字下增加一条细线，对文字进行标记，以区别于其他的文字。其语法结构如下所示：

```
<u>需要标注下划线的文字</u>           <!--设置字体下划线-->
```

下划线<u>标签和之前说的两种标签的使用方法一样，这里不再阐述。

**【示例 3.11】**下面是使用下划线<u>标签的效果，代码如下：

```
<u>这是带下划线的字体</u><br/>        <!--设置字体下划线-->
这是正常字体
```

效果如图 3.11 所示。

图 3.11　使用下划线<u>标签的效果图

<ins>标签是对文字进行标记，让其显示出下划线的效果。对比于<u>标签，定义不同，而显示的效果是相同的。设计师在标注一篇文章的时候，通常需要对文章进行修改，修改文章的最基本操作就是插入和删除文字。而在大多数情况下，这些修改操作的过程都需要显示出来。这时就要用到<ins>标签，利用它来告诉别人，什么地方进行了修改。语法形式如下所示：

```
<ins>需要标注下划线的文字</ins>           <!--使用 ins 设置字体下划线-->
```

这里<ins>标签和<u>标签的使用方法是一样的。

**【示例 3.12】** 下面是使用下划线<ins>标签的效果，代码如下：

```
<ins>这是下划线 ins 字体    </ins><br/><br/>            <!--使用 ins 设置字体下划线-->
这是正常字体
```

效果如图 3.12 所示。

图 3.12　使用下划线<ins>标签的效果图

和<u>标签不同的是，<ins>标签多出了两个属性值：cit 和 datetime。这两个属性值只是为了让设计师在代码里可以很容易看到其修改的详细信息，在效果上体现不出这两个属性值的效果。cit 属性指出原文档或者信息的链接，该属性通常用来指出这篇文章在此处被改动的原因。datetime 属性指出做修改的时间。

**【示例 3.13】** 下面是使用下划线<ins>标签两个属性的效果，代码如下：

```
您所看到的是<ins cite="www.souhu.com" datetime=="2012-7-17">已经修改过的
</ins>文本                                              <!--使用 ins 设置字体下划线-->
```

效果如图 3.13 所示。

图 3.13　使用下划线<ins>标签两个属性的效果图

### 3.4.4　删除线标签<del>/<s>

<del>是删除线标签，它会在文字中间增加一条细线，对文字进行标记，区别于其他的文字。通常用于对需要删除的文字做标记。其语法结构如下所示：

```
<del>需要删除的文本内容</del>        <!--使用 del 设置字体删除线-->
```

其中，<del>为起始标签，</del>为结束标签。用法和下划线<u>标签用法相同。

**【示例 3.14】** 下面是使用删除线<del>标签的效果，代码如下：

```
<del>这是设置的标注删除线的字体</del> <br/><br/>    <!--使用del设置字体删除线-->
这是正常字体
```

效果如图 3.14 所示。

图 3.14　使用删除线<del>标签的效果图

<s>标签也是删除线标记，与<del>标签在定义上有所不同，不过显示的效果是一样的。浏览器把<del>标签的删除标记默认成为文字加上删除线，而<s>标签则是明确规定了是对文字加上删除线，浏览器不用去理会有没有删除的意义。语法形式如下所示：

```
<s>文字</s>          <!--使用s设置字体删除线-->
```

这里<s>标签和<del>标签的使用方法是一样的。

**【示例 3.15】**下面是使用删除线<s>标签的效果，代码如下：

```
<s>这是删除线s的字体</s> <br/><br/>             <!--使用s设置字体删除线-->
这是正常字体
```

效果如图 3.15 所示。

图 3.15　使用删除线<s>标签的效果图

**说明：**常用的下划线标签为<u>标签，常用的删除线标签为<del>标签。

### 3.4.5　等宽字体效果<tt>

在<tt>标签里，文字间是以等宽字体来显示的。其语法结构如下所示：

```
<tt>等宽显示的文字</tt>          <!--设置等宽显示效果-->
```

其中，<tt>为起始标签，</tt>为结束标签。<tt>标签的用法和下划线<u>标签用法相同，这里不再详述。

**【示例 3.16】**下面是使用等宽字体效果<tt>标签的效果，代码如下：

```
<tt>这是等宽显示字体的效果</tt><br/>          <!--设置打印机效果-->
这是正常字体
```

效果如图 3.16 所示。

图 3.16　使用等宽显示字体<tt>标签的效果图

## 3.4.6　设置上标<sup>

有时候在数学表达式中，经常会出现上标文字，即一段文字以小字体的方式显示在另一段文字的右上角。在 Dreamweaver 中并不能直接写出上标的格式，如果想写上标，可以使用<sup>标签。其语法结构如下所示：

```
<sup>表示为上标的文字</sup>                <!--设置文字上标效果-->
```

其中，<sup>为开始标签，</sup>为结束标签。

**【示例 3.17】**下面是使用上标<sup>标签的效果，代码如下：

```
这是上标标签<sup>sup</sup>的用法<br/><br/>          <!--设置文字上标效果-->
13<sup>2</sup>
```

效果如图 3.17 所示。

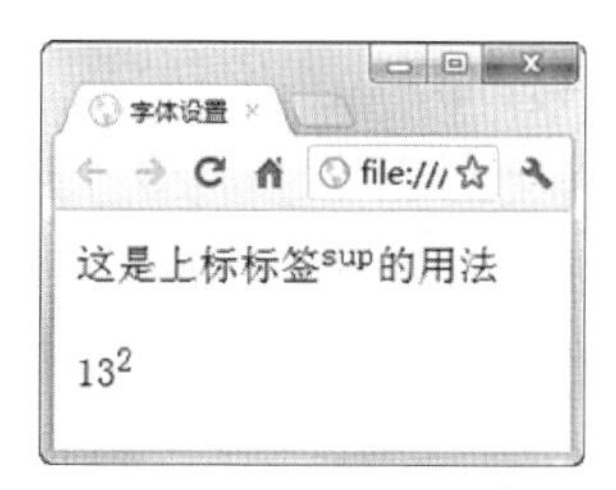


图 3.17　使用上标<sup>标签的效果图

## 3.4.7　设置下标<sub>

下标是一段文字以小字体的方式显示在另一段文字的右下角。下标<sub>标签和上标<sup>标签的写法是一样的，用法也是一样的。其语法结构如下所示：

```
<sub>表示为下标的文字</sub>            <!--设置文字下标效果-->
```

其中，<sub>为开始标签，</sub>为结束标签。

**【示例 3.18】**下面是使用下标<sub>标签的效果，代码如下：

```
<sub>这是下标标签 sub 的用法</sub> <br/><br/>          <!--设置字体下标效果-->
13<sub>2</sub>
```

效果如图 3.18 所示。

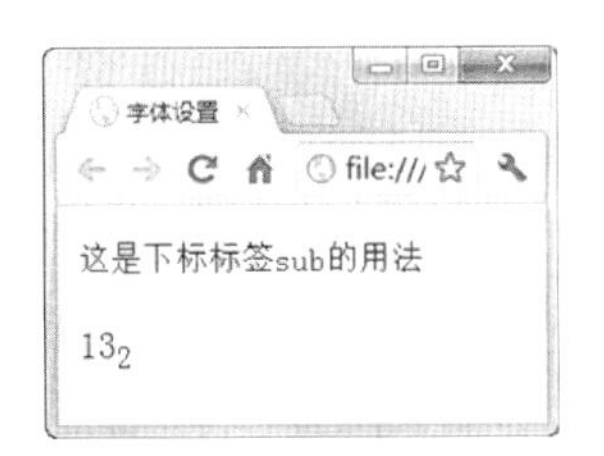


图 3.18 使用下标<sub>标签的效果图

# 3.5 基于逻辑样式的文本标签

和物理样式不同，逻辑样式是指要浏览器自己理解标签的意思，然后再显示出标签的效果。因此在不同的浏览器下，标签显示的效果也是不同的。不过它可以让浏览器自己选择一种最佳的显示效果。下面我们来详细讲解这些标签。

## 3.5.1 引用标签<samp>

引用标签<samp>是指引用同样的宽度来显示字体，和<tt>标签的使用效果相似。区别于<tt>标签，<samp>标签是用来定义样本的文本的，它会遵循输入的文本格式来显示文本。语法形式如下所示：

```
<samp>文本内容</samp>                    <!--设置引用标签-->
```

其中，<samp>为起始标签，</samp>为结束标签。

**【示例 3.19】**下面是使用<samp>标签的效果。由于此标签在不同浏览器里显示的效果不同，下面将用相同的代码、不同浏览器来做分析比较。代码如下：

```
<code>这是引用标签的显示效果</code><br/><br/>          <!--设置引用标签-->
这是正常字体
```

效果如图 3.19、图 3.20 所示。

图 3.19 使用谷歌浏览器引用<samp>标签的效果图

图 3.20 使用 IE 浏览器引用<samp>标签的效果图

可以看到，在 IE 里<samp>标签显示的字体是比平时的字体要小一些。而在谷歌浏览器里，<samp>标签显示的字体和平时的字体一样大。由于浏览器对理解<samp>这个标签的定义不同，所以就显示出不同的效果。

## 3.5.2　变量名称定义标签<var>

<var>标签表示变量的名称，是为网页上出现的变量名称制订的格式。<var>标签里的内容通常都是以斜体显示的。其语法形式如下所示：

```
<var>变量名称</var>          <!--设置变量字体-->
```

其中，<var>为起始标签，</var>为结束标签。

**【示例 3.20】**下面是使用<var>标签的效果，代码如下：

```
<var>这是变量标签的显示效果</var><br/><br/>          <!--设置变量字体-->
这是正常字体
```

效果如图 3.21 所示。

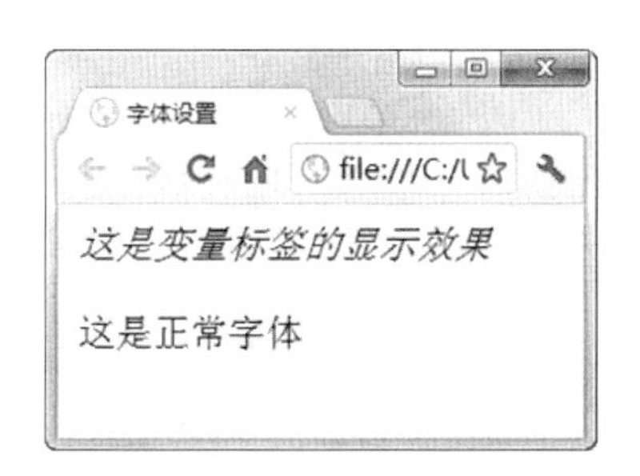


图 3.21　使用变量<var>标签的效果图

变量<var>标签由于显示的效果和斜体标签显示的效果是一样的，所以在一般情况下都比较少用到此标签。

## 3.5.3　文献参考标签<cite>

<cite>标签通常表示它所包含的文本对某个参考文献的引用，例如书籍或者杂志的标题。通常将内容显示为斜体效果。其语法结构如下所示：

```
<cite>文献参考名称</cite>          <!--设置对文献参考的字体效果-->
```

其中，<cite>为起始标签，</cite>为结束标签。

**【示例 3.21】**下面是使用<cite>标签的效果，代码如下：

```
<cite>这是文献参考标签的显示效果</cite><br><br/>
                                    <!--设置对引用的内容出处的字体效果-->
这是正常字体
```

效果如图 3.22 所示。

**说明：**上面介绍了几个都是显示出斜体效果的标签，虽然效果相同，但是它们所代表的意义是不同的。

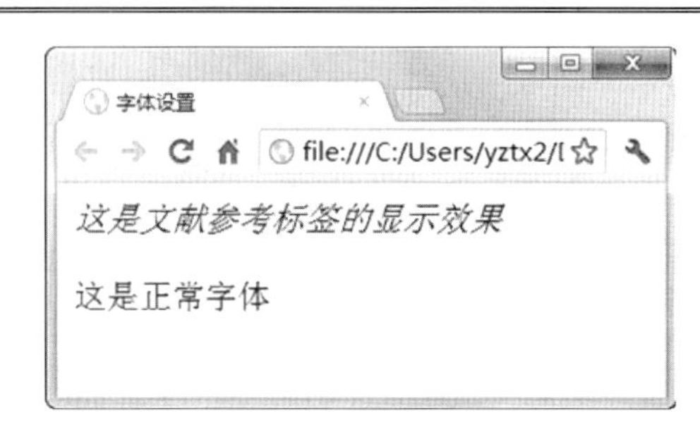


图 3.22　使用文献参考<cite>标签的效果图

### 3.5.4　设置小号字体<small>

<small>标签是让浏览器呈现小号字体效果，包含在<small>标签内的内容将会根据浏览器的设置来显示小号的字体。这里的小号字体相当于 font 里面的 size 为 1 时的字体。其语法结构如下所示：

```
<small>文本文字</small>          <!--设置小号字体-->
```

其中，<small>为起始标签，</small>为结束标签。

**【示例 3.22】**下面是使用<small>标签的效果，为了让效果更佳，这里加入了 size=1 的属性，来和<small>标签做对比，代码如下：

```
<small>这是小号字体的显示效果</small> <br /><br /><!--使用 small 设置小号字体-->
<font size="-1">这是 size=1 的显示效果</font>        <!--使用 font 设置小号字体-->
```

效果如图 3.23 所示，可以看出它们的效果是一样的。

图 3.23　使用<small>标签的效果图

### 3.5.5　设置大号字体<big>

<big>标签和<small>标签的用法一样，它是让浏览器显示比页面中其他字体大一号的字体。<big>标签还可以同时进行多个嵌套，但需要注意的是<big>标签在进行多个嵌套的情况下，在最里层的字体会自动再变大一号。其语法结构如下所示：

```
<big>文本文字</big>          <!--设置大一号字体-->
```

其中，<big>为起始标签，</big>为结束标签。

**【示例 3.23】**下面是使用<big>标签的效果，代码如下：

```
<big>这是大一号字体的显示效果</big><br/><br/>        <!--设置大一号字体-->
这是正常字体
```

效果如图 3.24 所示。

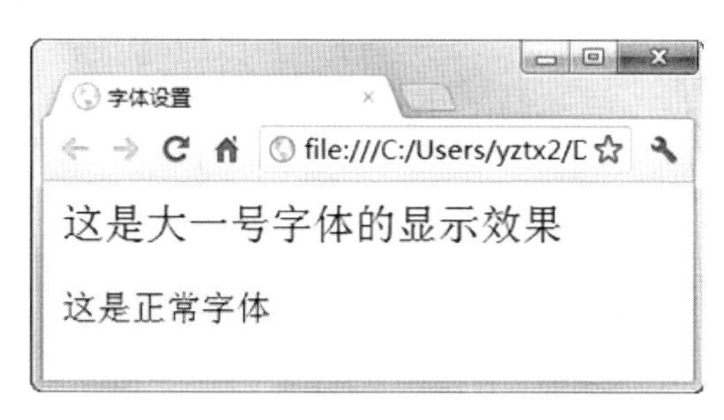


图 3.24　使用<big>标签的效果图

**【示例 3.24】** 下面是使用<big>标签进行两个嵌套的效果，代码如下：

```
<big>您现在看到的是<big>嵌套大一号字</big>的显示效果</big><br><br/>
                                                        <!--设置嵌套大一号字体-->
这是正常字体
```

效果如图 3.25 所示，可以看出最里层的字体要比外层的还要大一号。

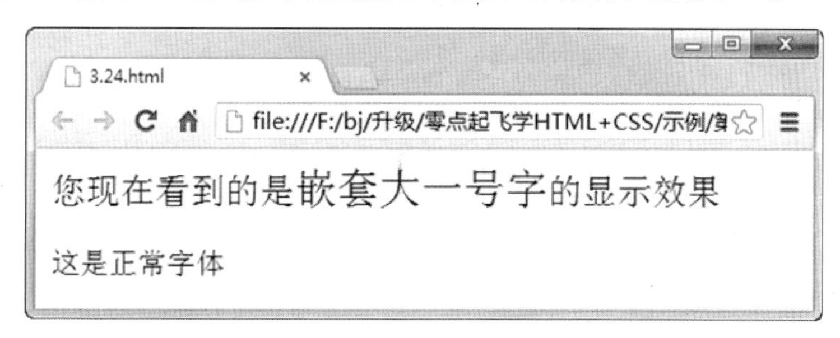


图 3.25　使用<big>标签进行两个嵌套的效果图

## 3.6　本 章 小 结

本章对网页中设置文本样式的标签进行了讲解。详细介绍了如何设置标题样式、网页文字样式以及基于物理样式和逻辑样式的文本标签。文本标签是网页中最基本、也是最重要的标签。因此读者要认真学习本章内容，为以后制作完整网站打好基础。在下一章，我们将会讲解超链接的使用。

## 3.7　本 章 习 题

【习题 3-1】将网页中的文字设置为宋体，并且将字体大小设置为 15px，效果如图 3.26 所示。

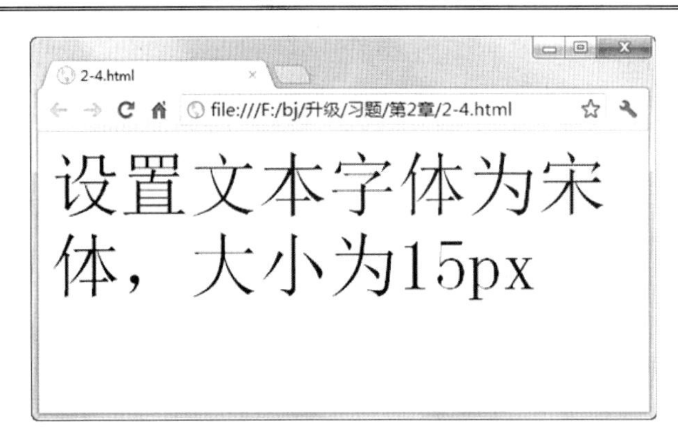


图 3.26　设置文字字体和大小效果图

【习题 3-2】将网页中的第二段文字进行段落缩进，并将第一段中的文字加粗和设置为斜体，效果如图 3.27 所示。

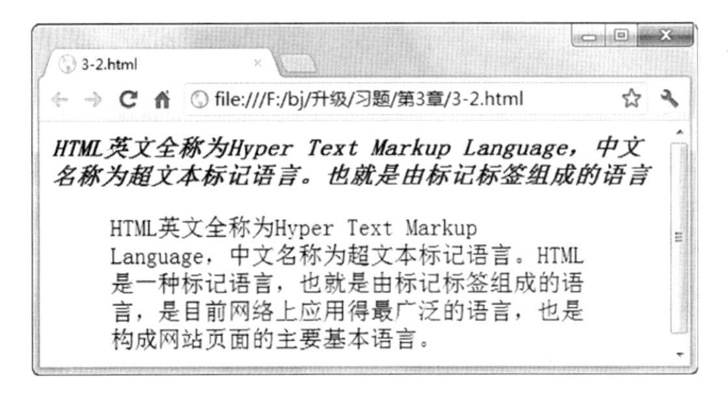


图 3.27　设置段落缩进和加粗加、设置为斜体效果图

# 第 4 章　超　链　接

超链接是 HTML 文档的显著特点，是区别于其他文档的重要标记。超链接是指一个网页指向一个目标的连接关系，这个目标可以是另一个网页或者相同网页上的不同位置，也可以是一张图片、一个文件等。它是一个网站的精髓，可以将各个网页链接起来，从而使网站更加丰富多彩。本章我们就来详细讲解超链接的相关知识。

## 4.1　创建超链接

创建超链接的标签是<a>，以<a>开始，以</a>结束。<a>标签是网站超链接的核心。文字包含在<a>标签内，会作为超链接标记，或者称为标记点。<a>标签不能当空标签使用，起码要带一个属性值。一般情况下，<a>标签里会带一个 href 属性（将在下一节讲解）。其语法结构如下所示：

```
<a href="属性值">超链接名称</a>          <!–创建超链接-->
```

<a>标签，当链接目标是另一个页面或文件时，就称为超链接。当链接目标是同一个页面或文件的某个位置时，就称为锚记点。使用超链接可以丰富很多的网页内容，把网页、图像、音频等各种内容超链接到一起，才可以构成丰富多彩的网站。

## 4.2　href 属性

<a>标签里的 href 属性用来指定超链接目标的地址。它是超链接里非常重要的一个属性，也是最基本的属性。下面我们来介绍 href 属性的几种用法。

### 4.2.1　连接到同一页面其他位置

超链接不仅可以链接其他网页、文件等，还可以链接到同一页面上的其他位置。像这种在同一页面上的链接，叫做锚记点。<a>标签里的 name 属性，通过和 href 属性合作，可以使链接链到当前页面的指定位置。一般在网页内容很多的情况下，便会使用此链接，只需要单击相关的链接即可，而无须不停地滚动页面来查找相关的内容。name 属性和 href 属性一样，都写在<a>标签里，中间用一个英文的空格隔开。其语法结构如下：

```
<a name="n">...</a>     <!--设置链接读取名字-->
```

其中，n 是填写一个用来给 href 属性链接读取的名字。这段语法是放在要链接到的内容位置上的，值得注意的是，n 名字不要使用中文，使用中文会很有可能使页面出现乱码或者链接不到，最好是简短易懂的英文。

这里的 href 属性是用来链接带有 name 属性的内容的。值得注意的是，用于锚记点链接的 href 属性，在链接内容前面要加多一个#号。其语法结构如下：

```
<a href="#n">...</a>            <!--设置链接地址-->
```

为了可以看到链接效果，这里将用两幅图来作为示例。

**【示例 4.1】** 下面是结合 name 属性和 href 属性的使用，来实现锚记点链接的效果，新建 HTML 文档 4.1.html 来创建链接，代码如下：

```
<a href="#name1">单击链接到本页的一首诗《满江红》</a><br /> <!--设置链接地址-->
<br /><br /><br /><br /><br /><br /><br /><br /><br /><br />
<br /><br /><br /><br /><br /><br /><br /><br /><br /><br />
<br /><br /><br /><br /><br /><br /><br /><br /><br /><br />
<a name="name1">满江红</a><br /><br />                <!--设置链接读取名字-->
怒发冲冠，凭栏处，潇潇雨歇。 <br /><br />
抬望眼，仰天长啸，壮怀激烈。<br /><br />
三十功名尘与土，八千里路云和月。<br /><br />
 莫等闲，白了少年头，空悲切！<br /><br />
靖康耻，犹未雪；臣子恨，何时灭？<br /><br />
驾长车，踏破贺兰山催。<br /><br />
壮志饥餐胡虏肉，笑谈渴饮匈奴血。<br /><br />
待从头，收拾旧山河，朝天阙！<br />
```

效果如图 4.1、图 4.2 所示，当单击链接时，就会跳转到 name 所指定的位置。

图 4.1　链接页面效果图

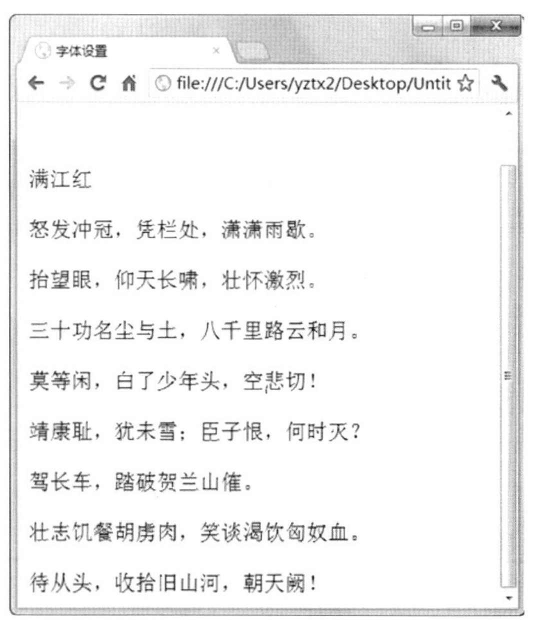


图 4.2　单击链接后跳转到的页面效果图

技巧：这种链接方法经常被用来链接页面内容过多的网页上的导航。

## 4.2.2　本地相对路径

相对路径就是指由这个文件所在的路径引起的跟其他文件（或文件夹）的路径关系。简单地说就是当前目录与上下级目录之间的关系。分为同级目录、上级目录和下级目录。

### 1．同级链接

同级链接就是在同一级目录里，页面和页面间的链接可以直接填写页面的名称。就是说只需要输入页面的名称就可以实现链接。

**【示例 4.2】**下面是使用 href 属性实现同级链接的具体效果，这里使用的链接都是用示例的页面文件名称作为链接。新建 HTML 文档 4.2.html 来创建链接到同级目录 4.1.html，代码如下：

```
<a href="4.1.html">链接到示例 4.1</a>      <!--设置链接地址-->
```

效果如图 4.3、图 4.4 所示，当单击图 4.4 中的链接时，就会跳转到 4.1.html 的运行页面。

图 4.3　两个页面在同一级目录下

图 4.4　使用 href 属性实现同级链接效果图

### 2．下级链接

下级链接就是两个页面在同一个文件夹下，但不在同一级目录里，而是被链接的页面在用来链接页面的文件夹里。

**【示例 4.3】**下面是使用 href 属性实现下级链接的效果。这里使用的链接都是用示例的页面文件作为链接，为了达到下级链接的效果，在图 4.3 的文件夹下新建了一个文件夹，命名为 xjml。把示例 4.1 放在 xjml 文件夹里，新建 HTML 文档 4.4.html 来创建链接，代码如下：

```
<a href="xjml/4.1.html">链接到下级目录里的示例 4.1</a>      <!--设置链接地址-->
```

效果如图 4.5、图 4.6 所示。

可以看到，链接下级菜单只需要把目录一起填写在 href 属性里面就可以了。值得注意的是，文件名和文件之间是用/来区分开的。无论是多少个目录，都可以是这样链接的。

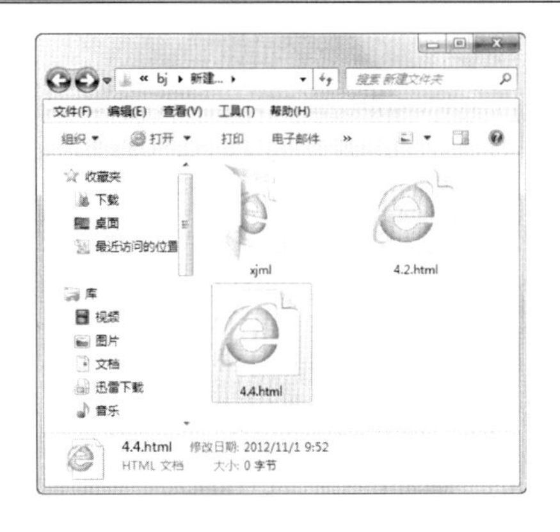

图 4.5　两个页面不在同一级目录下　　　　图 4.6　使用 href 属性实现下级链接效果图

### 3. 上级链接

上级链接和下级链接刚好相反，是指互相链接的两个页面在同一个文件夹，但是不在同一级目录下，用来链接的页面在被链接页面的文件夹里。

**【示例 4.4】** 下面是使用 href 属性实现上级链接的具体效果，这里使用的链接都是用示例的页面文件作为链接。为了达到上级链接的效果，在这里新建 HTML 文档 4.5.html 创建链接到 4.1.html，把 4.5.html 放在新建文件夹 sjml 里面。把 4.1.html 和 sjml 文件夹放在同一级目录下，代码如下：

```
<a href="../4.1.html">链接到上级示例 4.1</a>          <!--设置链接地址-->
```

效果如图 4.7、图 4.8 所示。

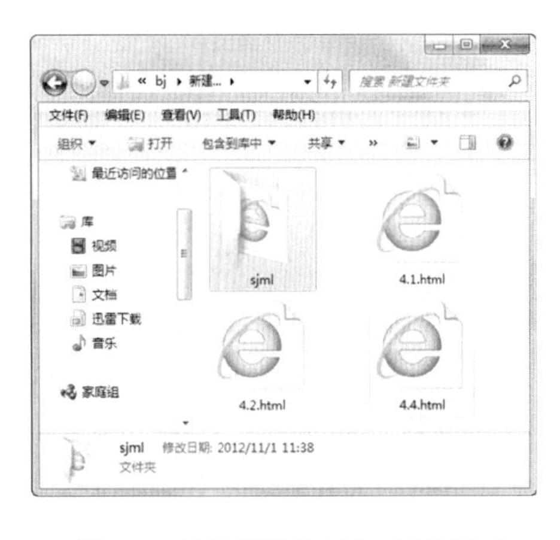

图 4.7　两个页面不在同一级目录下　　　　图 4.8　使用 href 属性实现上级链接效果图

可以看到两点加/能跳转到上一级的目录菜单，这在链接上起到很大的帮助。不过在链接中，不要使用太多的跳转，这样会引起不必要的混乱。

注意：在网站里，不要使用中文名字来命名文件名，应该全部都使用英文的文件名。因为在链接里，使用中文的文件名，常常会使链接出现乱码，导致出错。

### 4.2.3　空间网址绝对路径：URL

URL 是指空间地址，是英文 Uniform Resource Locator 的缩写，意思是“统一资源定位符”，就是把别人的网站链接到自己的网站上，也就是链接对象与被链接对象不在同一个网站上。URL 指明了需要访问的网站的绝对位置，这个绝对位置就是绝对路径。此链接通常是用来做友情链接和合作伙伴等。URL 的链接地址一般都是放在 href 属性里面的。

**【示例 4.5】**下面是使用 href 属性实现 URL 链接的具体效果，新建 HTML 文档 4.6.html 创建链接到搜狐网站。代码如下：

```
<a href="http://www.sohu.com/">链接到搜狐网站</a>            <!--设置链接地址-->
```

效果如图 4.9 所示，单击链接就会跳转到搜狐网站。

图 4.9　使用 href 属性实现 URL 链接效果图

这里引用了搜狐的网址来做示例，可以看到，在网址后面加了 / 号，虽然不加也可以链接到指定网址，但是为了规范符合 web 标准，必须习惯使用网址后面加了 / 号。值得注意的是，URL 链接要整个网址都放下去，不能少了像 http://这样的头。因为少了头部之后，浏览器会认为是在同个目录下的链接，而不会自动认为是另外的一个网址，这样就会造成链接错误。

## 4.3　target 属性

<a>标签中的 target 属性是用来控制链接目标的打开方式。它一共有 4 种方式，分别是_blank、_parent、_self、_top。下面分别来加以说明。

### 4.3.1　在新窗口打开_blank

_blank 属性值是使浏览器总在一个新打开的窗口中载入目标文档。这样在打开新的链接的同时，之前打开的网页还存在。通常情况下，网站会在做友情链接、合作伙伴等地方使用_blank 属性。其语法结构如下：

```
<a href="#" target="_blank">…</a>          <!--设置链接地址和打开链接的方式-->
```

其中，#里填写的是链接的地址，target="_blank"是一个固定的格式。

**【示例 4.6】**下面是使用_blank 属性值的具体效果，代码如下：

```
<a href="http://www.sohu.com/" target="_blank">链接到搜狐</a>
                                          <!--设置链接地址和打开链接的方式-->
```

效果如图 4.10 所示。

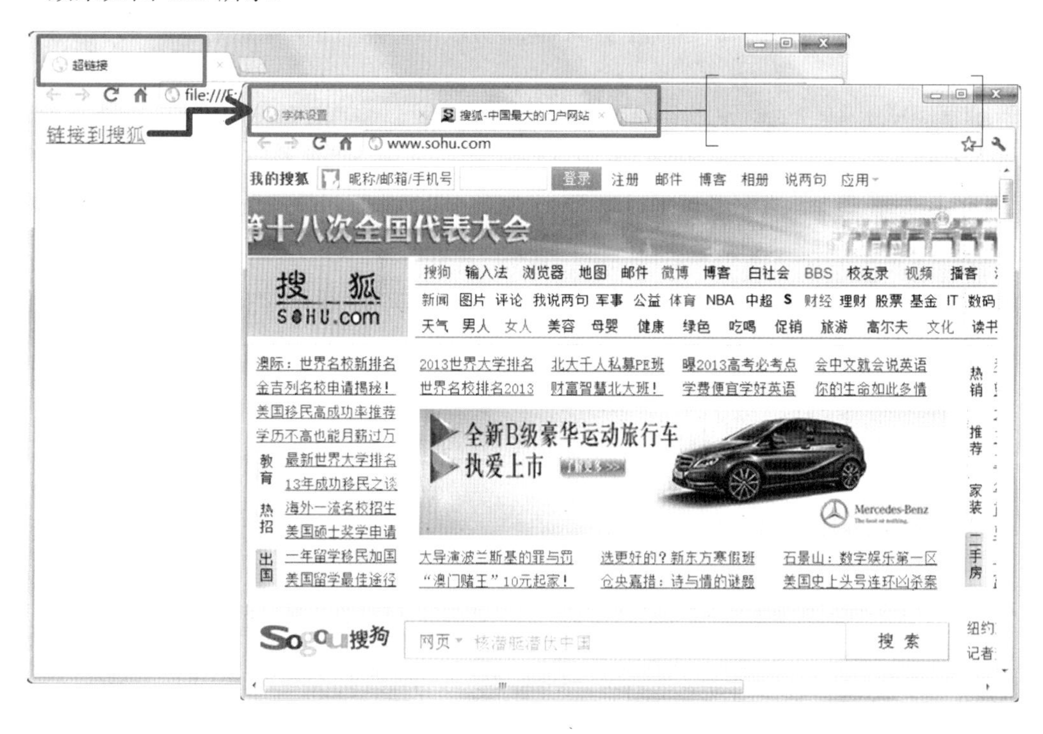


图 4.10　使用_blank 属性值效果图

## 4.3.2　在父窗口中打开_parent

_parent 属性值是使文档载入父窗口或者包含超链接引用的框架的框架集（框架将会在第 8 章中讲解）。即页面会在父窗口上打开，原来的页面会被覆盖。其语法结构如下：

```
<a href="#" target="_parent">…</a>        <!--设置链接地址和打开链接的方式-->
```

**【示例 4.7】**下面是使用_parent 属性值打开链接的效果，代码如下：

```
<a href="http://www.sohu.com/" target="_parent">链接到搜狐</a>
                                          <!--设置链接地址和打开链接的方式-->
```

打开链接前的效果如图 4.11 所示。其中，链接的地址会在本页中打开，覆盖掉本来的页面，而不会在另一页面打开，效果如图 4.12 所示。

**说明：**_parent 属性值的用法在网页中较少被使用到。

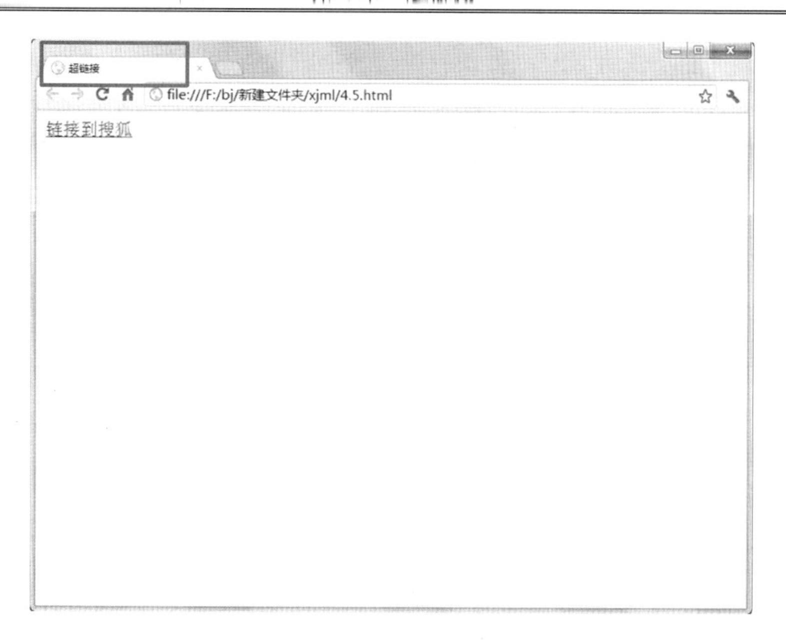


图 4.11　使用_parent 属性值打开链接前效果图

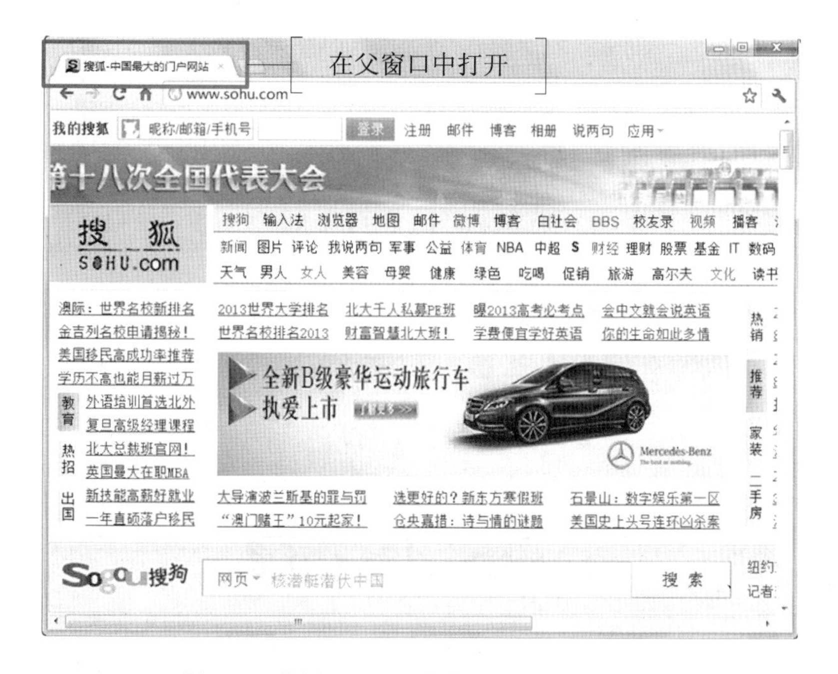


图 4.12　使用_parent 属性值打开链接后效果图

## 4.3.3　在当前窗口中打开_self

_self 属性值表示在当前页面打开链接网页。在没有指定打开方式的情况下，它是默认值。其语法结构如下：

```
<a href="#" target="_self">…</a>          <!--设置链接地址和打开链接的方式-->
```

**【示例 4.8】** 下面是使用_self 属性值打开链接的效果，代码如下：

```
<a href="http://www.baidu.com/" target="_self">链接到百度</a>
                                        <!--设置链接地址和打开链接的方式-->
```

效果如图 4.13、图 4.14 所示。

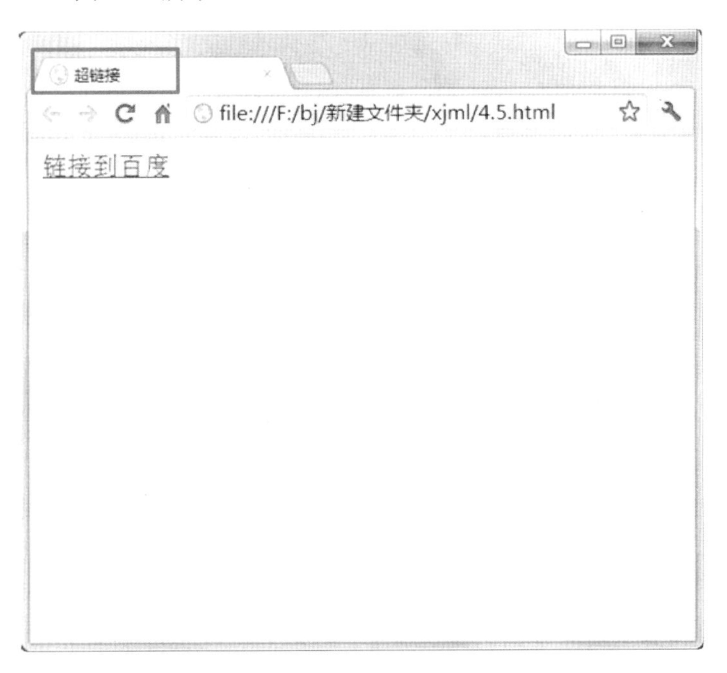


图 4.13 使用_self 属性值打开链接前效果图

图 4.14 使用_self 属性值打开链接后效果图

由图 4.14 可以看出，_self 属性值的效果和_parent 属性值的效果在不使用框架的情况下是一样的，它们在网页中都较少被使用到。

### 4.3.4　在整个窗口中打开_top

_top 属性值是指打开的链接会出现在最顶层的窗体（如一个窗口中含很多的框架、框架集，在这些元素中，top 表示包含它们的母窗体，即最开始的那个），即整个窗口中打开。其语法结构如下：

```
<a href="#" target="_top">…</a>          <!--设置链接地址和打开链接的方式-->
```

由于在不使用框架的情况下，_top 属性值的效果和_self 属性值、_parent 属性值的效果一样，这里不再举例说明。

## 4.4　本 章 小 结

本章主要讲解了超链接的使用方法。详细讲解了超链接中两个重要的属性：href 属性和 target 属性。超链接是网站制作中的一个重要部分，读者需要认真学习。下一章我们将讲解网页制作中图像的使用方法。

## 4.5　本 章 习 题

【习题 4-1】为网页添加一个简单的“百度”文字链接，链接到百度网站，效果如图 4.15 所示。

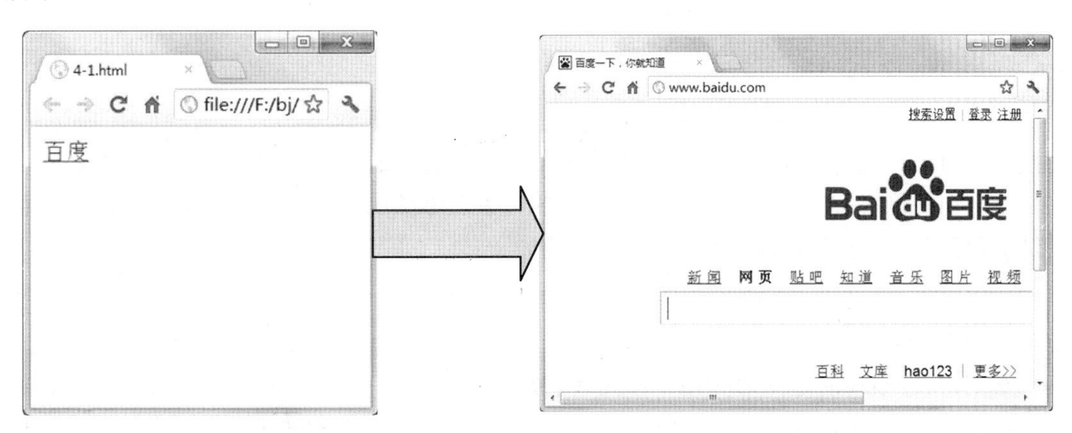


图 4.15　百度链接效果图

【习题 4-2】在网页中创建一个链接，并以新窗口的方式打开，效果如图 4.10 所示。

# 第 5 章　图像的使用

图像是网站制作中应用最多的元素，它可以让网页变得丰富多彩。如果一个网页中只有一大堆文字而没有图像，那么浏览者多半会失去阅读的兴趣。而图像在网页中的应用不仅仅是“插入图片”那么简单，除了美观外，还有很多相关的图像属性来支持页面中图像的应用。本章我们就来详细讲解图像在网站中的应用。

## 5.1　图像的格式

在网页中，图片一般包括 gif、jpg、png、bmp 这 4 种格式，比较常用的就是 gif 格式和 jpg 格式。gif 格式是一种压缩位图格式，支持透明背景图像，适用于多种操作系统，“体型”很小，而且它可以制作简单的动画；jpg 格式图片的好处在于，它清晰度高，而且可以很好地压缩图片的大小，改善加载速度；png 格式的图片是透明的、容量小的图片；bmp 格式的图片清晰度不高，容量较大。

由于网站需要，想使用透明效果的和想网站空间小一点的，一般会用.gif 后缀和.png 后缀的图片。如果是想让网站的图片清晰度高一点，一般使用.jpg 后缀的图片。.bmp 图片由于清晰度不高，容量较大，也比较少使用。

## 5.2　设置背景图像

有时候为了美观，设计师会在网页的背景里插入图片，这就是背景图像。background 属性就是用来设置背景图像的。当图像大小不能填满背景时，它可以使背景图像根据网页的大小自动复制多个图像来覆盖满一个网页的背景。链接的图像可以是 jpg 格式的，也可以是 gif 格式的。background 属性的语法结构如下：

```
<body background="#">        <!--设置网页背景图像-->
</body>
```

其中，#号填写的是图片的路径。具体的路径写法会在下面一节详细讲述。

**【示例 5.1】**下面是使用 background 属性实现网页背景图像的效果，新建了一个文件夹（images），再把图片 5.1.jpg 放在文件夹里。代码如下：

```
<body background="images/5.1.jpg">      <!--设置网页背景图像-->
</body>
```

效果如图 5.1 所示。

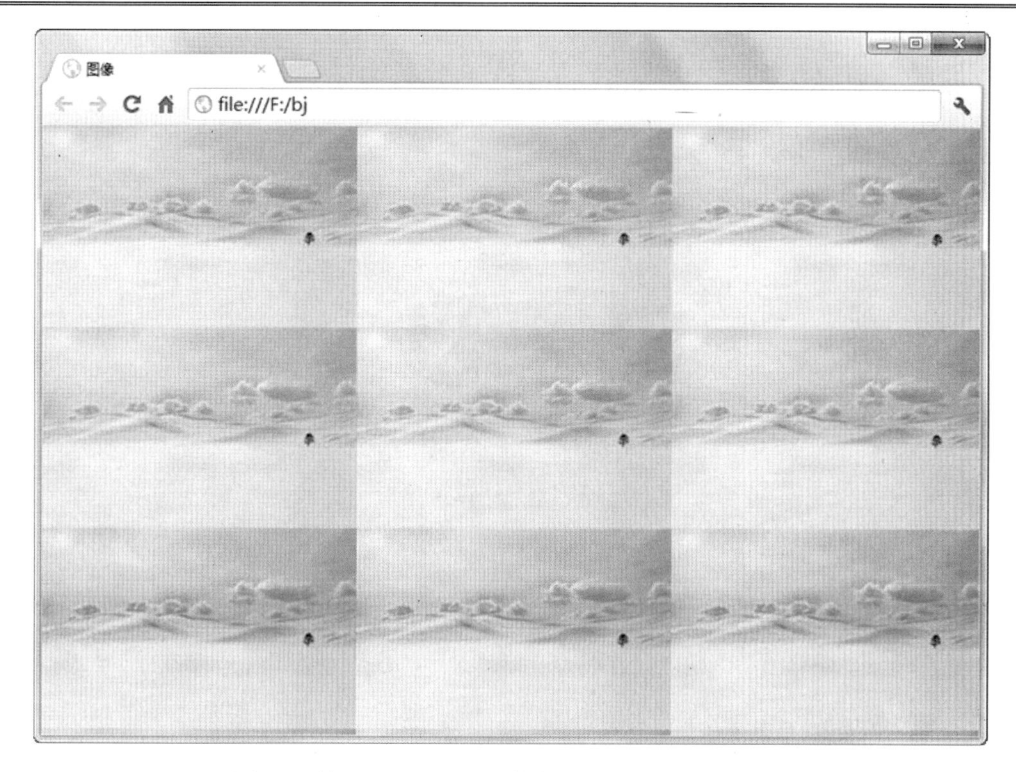


图 5.1　使用 background 属性实现网页背景图像效果图

注意：使用的背景图片尽量不要太大，最好能不超过 10KB。因为要把网页的背景全部下载下来是需要时间的，如果图片太大，会影响网站的浏览速度。

# 5.3　图像标签<img>

在网页中，如果整个页面都是文字，那样会显得很单调，浏览者看多了只会觉得枯燥乏味。这时候我们只需要在网页中加入图片进行进一步的修饰，就会给网页带来很大的生机。<img>标签的作用就是在网页中插入图片。<img>标签是单标签，所以在使用时需要在<img>标签里加一个“/”号。<img>标签中含有很多属性，本节就来讲解<img>标签中的一些重要属性。

## 5.3.1　选择路径 src

路径就是告诉浏览器图片的具体位置。想要插入图片，就需要插入正确的路径。<img>标签中的 src 属性就是用来为图片插入正确的路径的。其语法结构如下：

```
<img src="图片路径" />          <!--设置插入图片-->
```

这里的路径写法和超链接的路径写法是一样的。

**【示例 5.2】**下面是使用 src 属性来插入图片的效果，代码如下：

```
<img src="../images/5.2.jpg" /><br/>          <!--设置插入图片-->
上面是插入的图片
```

效果如图 5.2 所示。

图 5.2　使用 src 属性来插入图片效果图

## 5.3.2　替换文本 alt

替换文本 alt 属性是告诉浏览器在图片无法显示或不存在的时候，提供文字描述，以告诉浏览者这个图片所代表的含义。alt 属性是要在有 src 属性的情况下才有用的，一般写在 src 属性后面。其语法结构如下：

```
<img src="路径" alt="文字描述" />          <!--设置插入图片并增加图片替换文本-->
```

其中，文字描述就是图片的替换文本。

**【示例 5.3】**下面是使用 alt 属性来说明图片的效果，在 images 文件夹下是没有 5.3.jpg 的图片的。代码如下：

```
<img src="images/5.3.jpg" alt="这里是图 5.3" />
                                    <!--设置插入图片并增加图片替换文本-->
```

效果如图 5.3 所示。

图 5.3　使用 alt 属性来说明图片效果图

## 5.3.3　图片宽度 width

在网页中插入图片时使用 width 属性，是可以设置插入的图片的宽度的。在设置了图片宽度以后，图片会根据指定的宽度适当地调整图片的高度。width 属性和 alt 属性用法一样。其语法结构如下：

```
<img src="路径" width="宽度" />        <!--设置插入图片并设置图片的宽度-->
```

**【示例 5.4】**下面是使用 width 属性来显示图片宽度的效果，代码如下：

```
<img src="../images/5.4.jpg" width="400px" />
                                    <!--设置插入图片并设置图片的宽度为 400px-->
```

效果如图 5.4 所示。

图 5.4　使用 width 属性来显示图片宽度效果图

注意：在网站使用中如果图片过大，可以通过 width 属性来对图片进行适当的缩小。

## 5.3.4　图片高度 height

和设置图片的宽度一样，在网页中插入图片的时候也是可以设置图片的高度的。height 属性就是用来设置图片的高度。在设置了图片高度，没设置图片宽度的时候，图片会根据指定的高度适当地调整图片的宽度。height 属性和 width 属性的用法一样。其语法结构如下：

```
<img src="路径" height="高度" />       <!--设置插入图片并设置图片的高度-->
```

**【示例 5.5】**下面是使用 height 属性来显示图片高度的效果，代码如下：

```
<img src="../images/5.4.jpg" height="300px" width="300px"/>
                          <!--设置插入图片并设置图片的高度为 300px,宽度为 300px-->
```

效果如图 5.5 所示。

图 5.5　使用 height 属性来显示图片高度效果图

## 5.3.5　图片排版 align

插入图片后，我们还可以对图片进行排版，让它出现在想出现的地方。<img>标签中的 align 属性就可以设定图片出现的位置。其语法结构如下：

```
<img src="路径" align="#"/>      <!--设置插入图片并对图片设置绝对底部对齐-->
```

其中，在 align 属性里的值常用的有 5 个，如表 5.1 所示。

表 5.1　align的属性值

| 属性值 | 描　　述 |
|---|---|
| bottom | 设置图片出现的位置是与文字最底部对齐 |
| left | 设置图片出现的位置是左对齐 |
| right | 设置图片出现的位置是右对齐 |
| middle | 设置图片出现的位置是居中对齐 |
| top | 设置图片出现的位置是顶端对齐 |

### 1．底部对齐

底部对齐 bottom 是把图片设置在每行的最底端位置。当图片是插在文字中，可以设置图片和同一行的文字的底部对齐，适用于文字和图片并存在同一行上。其语法形式如下：

```
<img src="路径" align="bottom"/>     <!--设置插入图片并对图片设置底部对齐-->
```

**【示例 5.6】**下面是使用 align= "bottom"来设置图片底部对齐的效果。在本例中加入了一些文字，以使效果更加明显，代码如下：

```
下面是一张图<br />
这 是 一 张 <img  src="../images/5.5.jpg"  width="140"  height="120"   align=
"bottom"/>以文字底部对齐的图 <br />    <!--设置插入图片并对图片设置底部对齐-->
<br />
这是一张以文字底部对齐的图
```

效果如图 5.6 所示。

图 5.6　使用 align= "bottom"设置图片底部对齐效果图

注意：在默认属性中，图片的对齐方式是 bottom。

### 2. 左对齐

左对齐 left 是把图片设置在每行的最左边位置，此属性值适用于图片放在文字前头。当图片是放在文字前头时，图片效果居左后，后面的文字无论有多少行，只要不超过图片的高度，都会放在图片的右边。其语法结构如下：

```
<img src="路径" align="left"/>        <!--设置插入图片并对图片设置以左对齐-->
```

**【示例 5.7】**下面是使用 align= "left"来设置图片左对齐的效果，代码如下：

```
这里是一张图<br />
    <img src="../images/5.1.jpg" width="140" height="120"  align="left"/>
    这是一张以左对齐的图<br />这是一张以左对齐的图<br />这是一张以左对齐的图<br />
    这是一张以左对齐的图<br />
  这是一张以左对齐的图
```

效果如图 5.7 所示。

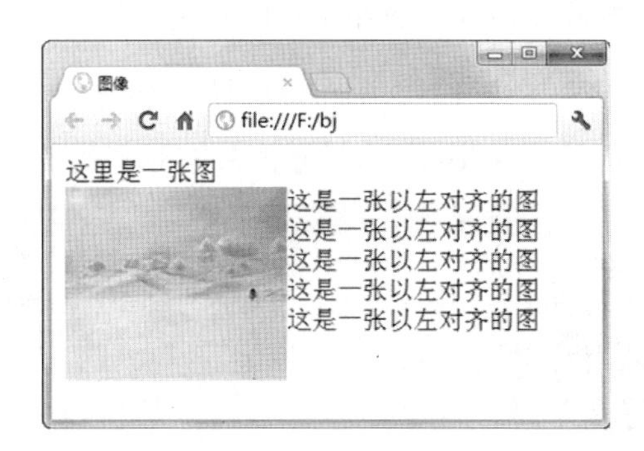


图 5.7　使用 align= "left"设置图片左对齐效果图

### 3. 居中对齐

居中对齐 middle 是把图片设置在以高度为相对位置的居中。当图片是插在文字中，可以设置图片居中在同一行的文字上。其语法结构如下：

```
<img src="路径" align="middle"/>    <!--设置插入图片并对图片设置居中对齐-->
```

**【示例 5.8】** 下面是使用 align= "middle"来设置图片居中对齐的效果，代码如下：

```
下面是一张图<br />
     这是一张<img src="../images/5.4.jpg" width="140" height="120"  align=
     "middle"/>以居中对齐的图<br />    <!--设置插入图片并对图片设置居中对齐-->
     <br />
   这是一张居中对齐的图
```

效果如图 5.8 所示。

图 5.8　使用 align= "middle"设置图片居中对齐效果图

说明：绝对居中 align= "absmiddle"和相对居中 align= "middle"的显示效果基本上是一样的，只是在定义上有所不同。

### 4. 右对齐

右对齐 right 是把图片设置在每行的最右边位置。当图片右对齐后，后面的文字无论有多少行，只要不超过图片的高度，都会放在图片的左边。其语法结构如下：

```
<img src="路径" align="right"/>    <!--设置插入图片并对图片设置以右对齐-->
```

**【示例 5.9】** 下面是使用 align= "right"来设置图片右对齐的效果，代码如下：

```
这里是一张图<br />
     <img src="images/5.1.jpg" width="140" height="120"  align="right"/>
     这是一张以右对齐的图<br />这是一张以右对齐的图<br />这是一张以右对齐的图<br />
     这是一张以右对齐的图<br />    <!--设置插入图片并对图片设置以右对齐-->
     <br />
   这是一张以右对齐的图
```

效果如图 5.9 所示。

图 5.9　使用 align= "right"设置图片右对齐效果图

### 5. 顶端对齐

顶端对齐 top 是把图片设置在每行的最顶部位置。当图片是插在文字中，可以设置图片和同一行的文字以顶端对齐显示。其语法结构如下：

```
<img src="路径" align="top"/>          <!--设置插入图片并对图片设置顶端对齐-->
```

**【示例 5.10】**下面是使用 align= "top"来设置图片顶端对齐的效果，代码如下：

```
这里是一张图<br />
    这是一张<img src="../images/5.5.jpg" width="140" height="120"  align=
    "top"/>顶端对齐的图<br />          <!--设置插入图片并对图片设置顶端对齐-->
    <br />
  这是一张顶端对齐的图
```

效果如图 5.10 所示。

图 5.10　使用 align= "top"设置图片顶端对齐效果图

## 5.3.6　设定边框 border

图片在使用的时候，有时会由于有背景图片的关系，使得图片与背景图片难以区分，这时可以给图片添加一个边框来区分或者突显图片。<img>标签里的 border 属性，就是用来设置图片的边框。但是 border 属性只能对边框的粗细进行设置，不能做其他样式的改变（在第 13 章将会详细讲述边框其他样式的用法）。其语法结构如下：

```
<img src="路径" border="n" />    <!--设置插入图片并对图片设置边框-->
```

其中，n 是用来填写边框的大小，而默认的边框颜色则为黑色。

**【示例 5.11】** 下面是使用 border 属性为图片添加边框的效果，代码如下：

```
<img src="../images/5.1.jpg" border="4px"/>
                                    <!--设置插入图片并对图片设置边框粗细为 4px-->
```

效果如图 5.11 所示。

图 5.11　使用 border 属性为图片添加边框效果图

## 5.3.7　图像间距

由上面的例子可以看出，通常浏览器不会在图片和其周围的文字之间留出很多空间，会显得拥挤。有时候为了美观，会让文字和图像之间留出更大的空白。这时候就需要设置图片的水平间距和垂直间距。<img>标签中可以通过 hspace 和 vapace 属性来分别设置图片的水平和垂直间距。其语法结构如下：

```
<img src="路径" hspace="n" />        <!--设置插入图片并对图片设置水平间距-->
<img src="路径" vspace="n" />        <!--设置插入图片并对图片设置垂直间距-->
```

其中，n 是用来填写水平和垂直间距的大小。下面通过例子来了解这两个属性。

**【示例 5.12】** 下面是使用 hspace 属性为图片设置水平距离的效果。需要注意的是此属性对 IE7 并不产生作用，而在谷歌、Fircfox 浏览器里可以产生作用。代码如下：

```
这是一张图片<br/>
左边距离 60px<img src="../images/5.5.jpg" hspace="60px"/>右边距离 60px
                                    <!--设置插入图片并对图片设置水平间距 60px -->
```

效果如图 5.12、图 5.13 所示。

图 5.12　IE 浏览器显示水平间距设置效果

图 5.13　谷歌浏览器显示水平间距设置效果

**【示例 5.13】**下面是使用 vspace 属性为图片设置垂直间距的效果。与 hspace 属性不同的是，vspace 属性在 IE 和谷歌浏览器里都可以正常显示。代码如下：

```
上边距离 60px<br />
<img src="../images/5.5.jpg" vspace="60 px " /><br />
                                  <!--设置插入图片并对图片设置垂直间距 60px -->
下边边距离 60px
```

效果如图 5.14、图 5.15 所示。

图 5.14　IE 浏览器显示垂直间距设置效果

图 5.15　谷歌浏览器显示垂直间距设置效果

# 5.4　图像超链接

在第 4 章的时候，已经讲解过超链接的用法。但很多时候使用文本内容超链接是不够的，页面里的菜单、栏目等很多地方都需要用到图像的链接。创建图像超链接和页面的超链接在方法上是比较相似的，都是使用<a>标签，但图像超链接比页面的超链接多出了很多的用法。图像超链接是把<img>标签嵌套在<a>标签里面。本节就来讲解图像超链接的用法。

## 5.4.1　本地图像链接

本地图像链接就是链接的图像和被链接的图像在同一个网站里面。制作图像超链接也是用 href 属性来实现的，其用法和第 4 章所讲的用法一样，这里将不再阐述。本地图像链接语法结构如下：

```
<a href="被链接图像的路径"><img src="链接图像地址" /></a>
                                        <!--设置插入图片并对图片设置链接-->
```

其中，<img>标签是被包含在<a>标签里面的。

**【示例 5.14】**下面是使用 href 属性实现本地图像链接的效果，这里使用的链接图片是 5.2.jpg，被链接图片是 5.4.jpg。代码如下。

```
<a href="../images/5.4.jpg"><img src="../images/5.2.jpg" /></a>
                                        <!--设置插入图片并对图片设置链接-->
```

效果如图 5.16、图 5.17 所示。

图 5.16  使用 href 属性实现图像链接图像的链接前效果图

图 5.17　使用 href 属性实现图像链接图像的链接后效果图

**技巧：**可以看到当把鼠标放在图片上时，图 5.16 里的图像左下方就会出现被链接的图像的路径。

## 5.4.2　站外图像链接

站外图像链接就是链接的图像和被链接的图像不在同一个网站里面。站外图像链接和第 4 章讲的 URL 链接很相似，只是把链接地址改成站外图片地址就可以了。其语法结构如下：

```
<a href="被链接图像的地址"><img src="链接图像地址" /></a>
                                  <!--设置插入图片并对图片设置链接-->
```

**【示例 5.15】**下面是使用 href 属性实现站外图像链接的具体效果，这里使用的链接图片是 5.1.jpg，被链接图像是网上的一个图片。代码如下：

```
<a href="http://www.baidu.com.cn/upimg/allimg/071025/1326160.jpg"><img src=
"../images/5.1.jpg"/></a>              <!--设置插入图片并对图片设置链接-->
```

效果如图 5.18、图 5.19 所示。

图 5.18　使用 href 属性实现站外图像链接的链接前效果图

图 5.19　使用 href 属性实现站外图像链接的链接后效果图

注意：使用 URL 链接时，链接到图像的网址不用在后面加/号。

## 5.4.3　创建图像矩形热点区域

如果想在一个图片上做多个链接怎么办呢？热点链接就可以解决这个问题。热点链接就是把一幅图片划分成不同的热点区域，再对不同的区域进行超链接。其中要用到 3 种标签：<img>、<map>、<area>。<img>定义图像属性，<map>用于生成图像地图，<area>则是将地图划分成不同热点区域。热点区域可分为矩形热点区域、椭圆热点区域、多边热点区域这三种。这里要讲的是矩形热点区域，它是指热点区域的形状是矩形的，这是热点区域中最常用的形状。其语法形式如下：

```
<img src="图片路径" usemap="#图的名称" />
                              <!--设置插入图片并对图片设置热点区域-->
```

```
<map name="图的名称">                                   <!--设置热点区域开始-->
  <area shape="rect" coords="矩形坐标" href="被链接地址">
</map>                                                 <!--设置热点区域结束-->
```

这个是设置热点区域的固定格式。可以看到，热点区域是要用<area>标签来进行设置。而使用热点区域一定要把<area>标签嵌套在<map>标签里面。在<img>标签里为热点区域加一个usemap属性来命名热点区域，在<map>标签里加一个name属性来绑定图片的热点区域。

其中，usemap="#图的名称"，在名称前要记得加#号才可以使用。shape="rect"，shape属性用来定义热点区域的形状，当热点区域是矩形时，要使用 rect。coords="矩形坐标"，coords 属性是用来规定热点区域出现的位置，这里有四个值分别是矩形的左上角 x、y 坐标和右下角 x、y 坐标，可以根据出现的位置不同进行更改。href="被链接地址"，href 属性用来填写热点区域的超链接地址。

**【示例 5.16】**下面是使用矩形热点区域的效果，代码如下：

```
<img src="../images/5.1.jpg" usemap="#Map" />
                                         <!--设置插入图片并对图片设置热点区域-->
<map name="Map">                         <!--设置热点区域开始-->
  <area shape="rect" coords="21,35,100,95" href="5.2.jpg">
</map>                                   <!--设置热点区域结束-->
```

效果如图 5.20 所示。

图 5.20　使用矩形热点区域效果图（Dreamweaver）

在上图可以看到，图片中蓝色部分为热点区域所在位置。这是在 Dreamweaver 里才可以看到的，在浏览器中是看不到这个蓝色部分的，但把鼠标放在热点区域上，可以发现鼠标样式发生改变，如图 5.21 所示。

## 5.4.4　创建图像圆形热点区域

圆形热点区域和矩形热点区域在实现效果上是一样的，不同的是圆形热点区域的形状为圆形。圆形热点区域只需要在矩形热点区域的基础上，把 shape="rect"改成 shape="circle"，再对 coords 属性进行位置控制就可以了。其语法形式如下：

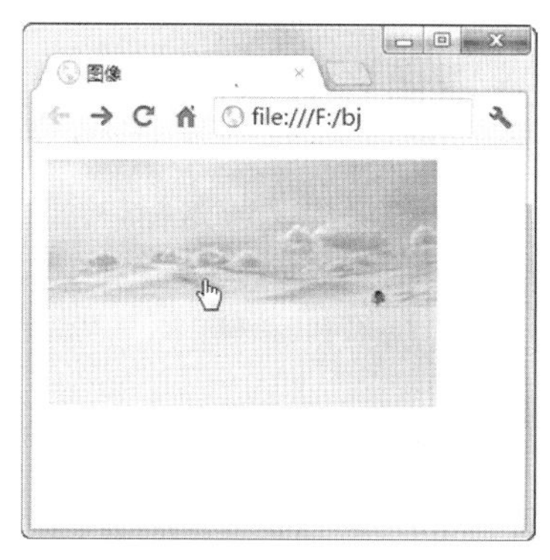


图 5.21　使用矩形热点区域效果图（浏览器）

```
<img src="图片路径" usemap="#图的名称" /><!--设置插入图片并对图片设置热点区域-->
<map name="图的名称">                    <!--设置热点区域开始-->
  <area shape="circle" coords="圆形坐标" href="被链接地址">
</map>                                   <!--设置热点区域结束-->
```

其中，coords="圆形坐标"，圆形坐标共有三个值，前两个值是圆心的 x、y 坐标，第三个值是指圆形的半径。

**【示例 5.17】**下面是使用圆形热点区域的效果，这里为了让效果明显，会直接使用 Dreamweaver 来进行效果预览。代码如下：

```
<img src="../images/5.4.jpg" usemap="#Map" />
                                  <!--设置插入图片并对图片设置热点区域-->
<map name="Map">                  <!--设置热点区域开始-->
  <area shape="circle" coords="60,80,40" href="5.2.jpg">
</map>                            <!--设置热点区域结束-->
```

效果如图 5.22 所示。

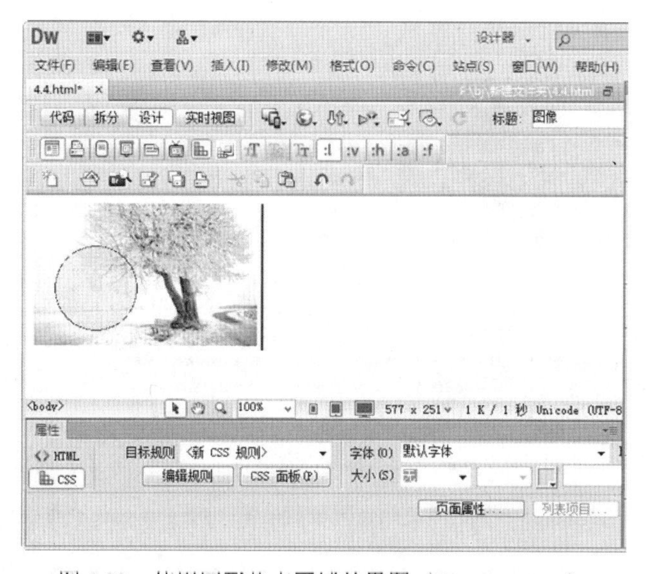


图 5.22　使用圆形热点区域效果图（Dreamweaver）

可以看到，图片中的热点区域为圆形。这是在 Dreamweaver 里看到的，在浏览器中看到的效果和图 5.21 一样，这里不再举例。

## 5.4.5　创建图像多边热点区域

多边热点区域顾名思义就是指热点区域的形状为多边形。多边热点区域只需要在矩形热点区域的基础上，把 shape="rect"改成 shape="poly"，再对 coords 属性进行位置控制就可以了。其语法格式如下：

```
<img src="图片路径" usemap="#图的名称" /><!--设置插入图片并对图片设置热点区域-->
<map name="图的名称">                    <!--设置热点区域开始-->
  <area shape="poly" coords="多边形坐标" href="被链接地址">
</map>                                  <!--设置热点区域结束-->
```

其中，其中，coords="多边形坐标"，多边形坐标可以有任意个值。想创建多少点来组成边，就填写多少个坐标值。只需要把多边形的每一个转折点坐标依次写上即可。

**【示例 5.18】**下面是使用多边热点区域的具体效果，这里为了让效果明显，会直接使用 Dreamweaver 来进行效果预览。代码如下。

```
<img src="../images/5.5.jpg" usemap="#Map" />
                               <!--设置插入图片并对图片设置热点区域-->
<map name="Map">               <!--设置热点区域开始-->
  <area shape="poly" coords="33,43,28,79,89,82,113,43" href="5.2.jpg">
</map>                         <!--设置热点区域结束-->
```

效果如图 5.23 所示。

图 5.23　使用多边热点区域效果图（Dreamweaver）

可以看到，图片中的热点区域为多边形。这里的 coords="33,43,28,79,89,82,113,43"，每创建一个点需要两个坐标值，因此创建的多边形是四边形。这是在 Dreamweaver 里看到的，在浏览器中看到的效果和图 5.23 一样，这里不再举例。

注意：或许热点区域在图片使用上会带来很多方便的地方，但是请尽量少用，因为热点区域可能会因为分辨率和显示器的不同，而出现移位。

### 5.4.6　图像占位符

图像占位符，就是在网页中插入一个“空”的图像，该图像是一个虚拟的图像，并没有真正的源文件。图像占位符的作用是在网页上占据一个位置，当还没准备好要插入的图片的时候，可以先用图像占位符占一个位置，以作标记。其语法结构如下：

```
<img name="占位符名字" src="" width="占位符宽度" height="占位符高度"
background-color="占位符背景颜色" />        <!--设置图像占位符-->
```

其中，name 是占位符的名字。width 和 height 是用来控制占位图的宽度和高度的。为了在 Dreamweaver 里可以很明显地看出占位图，必须使用 background-color 来给占位图添加背景颜色。当想用图片来代替占位符，只要直接在 src=""里填写图片的链接地址就可以了。

**【示例 5.19】**下面是使用图像占位符的效果。这里为了让效果明显，会使用 Dreamweaver 来进行效果预览。代码如下：

```
<img name="image" src="" width="250" height="150" background-color=
"#CCCCCC" / >                                    <!--设置图像占位符-->
```

效果如图 5.24 所示。

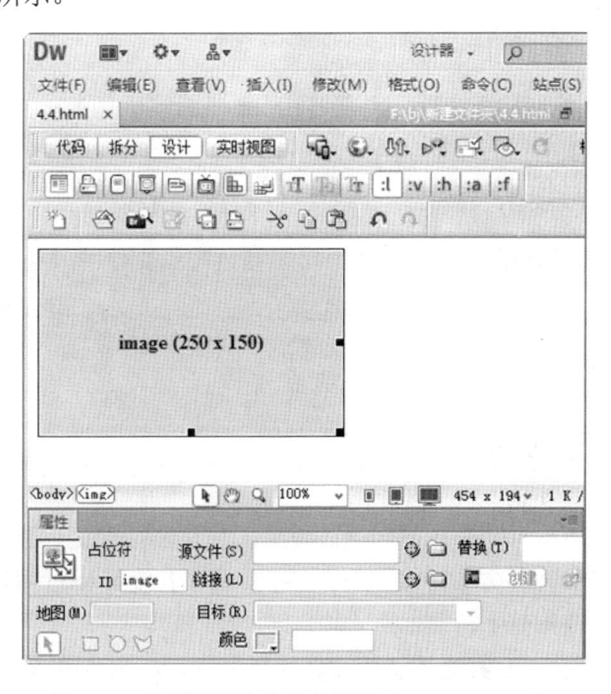


图 5.24　使用图像占位符效果图（Dreamweaver）

🔔**技巧**：在占位符上显示了名字和宽度、高度，让设计师在更换图片时更好操作。

占位符在浏览器上是显示不出来的，只能看到宽度和高度的一个显示不出来的图，如图 5.25 所示。

图 5.25　使用图像占位符效果图（浏览器）

# 5.5　插入视频文件

使用<img>标签不但可以插入图片，还可以插入视频格式的文件。本节来讲解如何使用路径来插入视频，以及如何设置循环播放次数和播放方式。

## 5.5.1　使用路径 dynsrc

插入视频文件和插入图像一样，也需要在<img>标签里加入一个路径来实现。dynsrc 属性就是用来填写视频文件的路径。其语法结构如下。

```
<img dynsrc="视频文件路径" />      <!--插入视频文件-->
```

**【示例 5.20】** 下面是使用 dynsrc 属性来实现播放视频文件的效果。代码如下：

```
<img dynsrc="../images/Wildlife.wmv" />          <!--插入视频文件-->
```

效果如图 5.26 所示。

## 5.5.2　循环播放次数 loop

插入视频后，如果不对其进行循环播放设置，浏览器会默认只播放一次。但有时候我们希望插入的视频能够一直循环播放下去。这时候就可以使用 loop 属性用来设置视频播放的循环次数。其语法结构如下：

```
<img dynsrc="视频文件路径" loop="n" />        <!--插入视频文件并设置播放次数-->
```

图 5.26　使用 dynsrc 属性来实现播放视频文件效果图

其中，n 是用来填写循环播放的次数。当 n=-1 时，表示无限循环。值得注意的是，n 除了填写-1 这个负数之外，其他数值均为正数。

**【示例 5.21】**下面是使用 loop 属性来实现循环播放视频文件的效果。代码如下：

```
<img dynsrc="../images/Wildlife.wmv" loop="3"/>
                                    <!--插入视频文件并设置循环播放次数为 3 次-->
```

当设置了 loop 属性后，视频播放完一遍以后，会自动进行循环播放。

## 5.5.3　播放方式 start

通过<img>标签中的 start 属性可以设置视频文件的播放方式。共有两种播放方式，一种是网页载入时就开始播放；一种是当鼠标移动到视频上时播放。其语法形式如下：

```
<img dynsrc="视频文件路径" start="n" />          <!--插入视频文件并设置播放格式-->
```

其中，n 有两个值，当 start="fileopen"时，可以设置视频文件是在网页载入时即播放，这是默认值。当 start="mouseover"时，可以设置当鼠标移到视频上时播放。由于前面的示例中已经可以看到 start="fileopen"的效果，这里将用 start="mouseover"来做示例。

**【示例 5.22】**下面是使用 start 属性来设置当鼠标移动到视频上时播放的效果，代码如下：

```
<img dynsrc="../images/ Wildlife.wmv " start="mouseover" />
                                          <!--插入视频文件并设置播放格式-->
```

效果如图 5.27、图 5.28 所示。

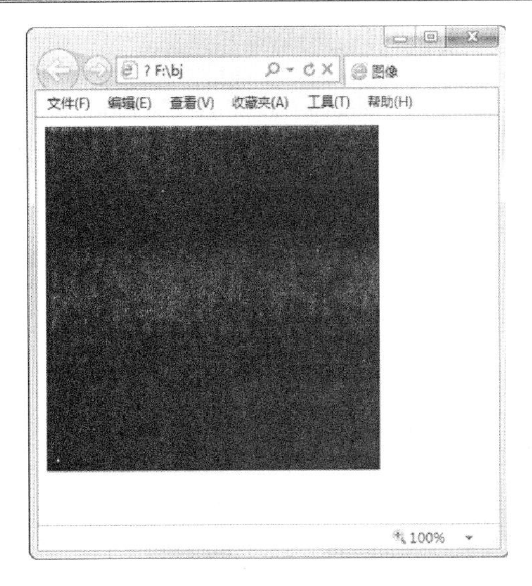


图 5.27　视频载入后，鼠标没经过时的效果图

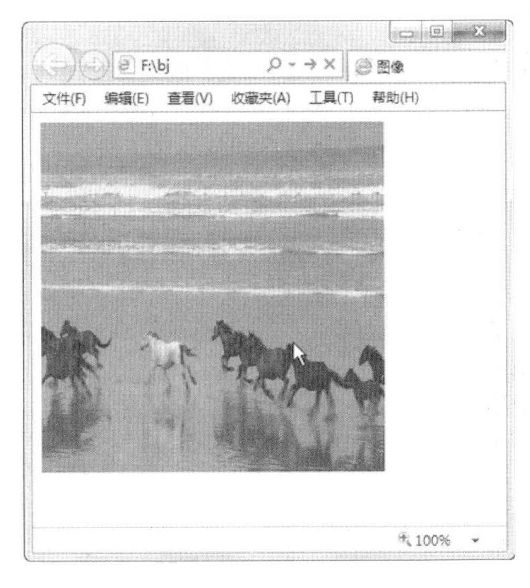


图 5.28　视频载入后，鼠标经过时的效果图

注意：在插入视频文件时，尽量不要插入过大的视频和音频文件，这样会拖慢网站的打开速度。

## 5.6　本 章 小 结

本章主要介绍了图像在网站中的用法。详细介绍了图像中主要标签的使用方法，重点介绍了图像超链接。还有一个重点就是使用<img>标签来播放视频文件，这也就使网站页面内容变得丰富多彩。下一章将讲解表格在网站中的使用。

## 5.7　本 章 习 题

【习题 5-1】图像的格式一般分为几种，分别有什么特点？

【习题 5-2】在网页中插入一张背景图片，效果如图 5.1 所示。

【习题 5-3】在网页中插入一张图片，并设置它的高度为 100px，宽度为 200px，边框为 2px，效果如图 5.29 所示。

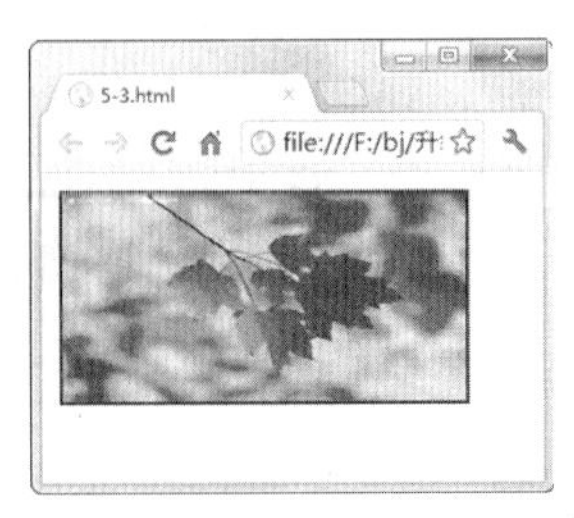


图 5.29　插入图片效果图

【习题 5-4】在网页中插入一张图片，并创建一个链接，链接到搜狐网站，效果如图 5.30 所示。

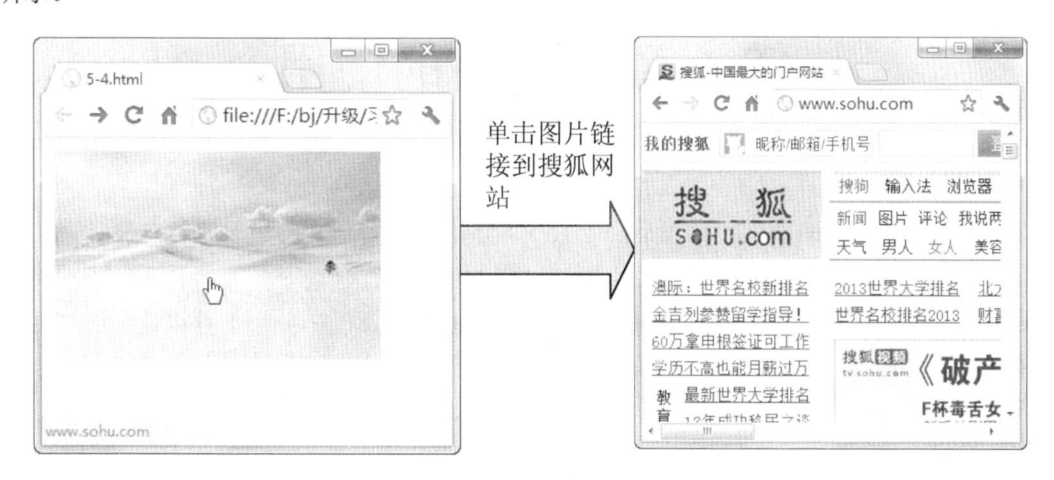


图 5.30　创建图片链接

【习题 5-5】在网页中插入视频文件，并设置循环播放视频和当鼠标移到视频上时播放视频。效果如图 5.31 所示。

图 5.31　插入视频文件

# 第 6 章　表格的使用

要想设计有创意的网页，最强大的工具之一就是表格。表格是网页制作中常用的页面布局工具。通过表格的嵌套运用可以对网页进行细化管理，使各个元素的排列互不冲突，使页面的排版和布局更加简洁漂亮。虽然最新的 Web 设计标准中并不推荐设计师们使用表格对网页进行布局，但是表格以其简单易用、控制精确的优点，仍然是初学者学习的一个重要工具之一。本章将详细讲解表格的具体内容。

## 6.1　表格的基本构成

表格是由行和列组成的，它们是用不同的标签来进行控制的。表格的基本构成包括<table>、<tr>、<td>这三个标签。要创建表格，就要使用<table>标签，以<table>标签开始，以</table>标签结束。要创建行，就要使用<tr>标签，以<tr>标签开始，以</tr>标签结束，包括在<table>标签里面。要创建列，就要使用<td>标签，以<td>标签开始，以</td>标签结束，包括在<tr>标签里面。这三个标签就构成了最简单的一行一列表格。其语法结构如下：

```
<table>                    <!--表格起始标签-->
   <tr>                    <!--行起始标签-->
       <td>内容</td>        <!--列起始标签和结束标签-->
   </tr>                   <!--行结束标签-->
</table>                   <!--表格结束标签-->
```

在表格里，每一个文本内容都是要添加在<td>标签里面的。只有添加在<td>标签里面，才可以被正确地读取。在表格里，列是最小的单位，有表格必须有行，有行必须有列。而在标签里，可以增加不同的样式来美化表格。

## 6.2　设置表格<table>

<table>标签用来设置表格，每个<table>标签里又包含很多的行和列。上面介绍了表格的基本构成，这一节我们就来详细讲解这些基本构成的使用方法。

### 6.2.1　设置行标签<tr>

创建表格的行要使用<tr>标签，它要写在<table>标签里面。<tr>标签不能单独使用，在行里面至少要存在着一个列，才能填写网页内容。每次想添加多一行，都需要添加多一个<tr>标签，这样才可以形成一行。在上一节介绍了<tr>标签的基本语法，由于<tr>标签不能单独使用，这里将不用示例来对其进行讲述。

## 6.2.2　设置列标签<td>

列标签<td>也叫做单元格数据标签，用来设置表格的列。<td>标签里可以添加文本内容、图像和 HTML 标签，故称为单元格数据标签。<td>标签写在<tr>标签里面。表格中的每行都至少包含一列，如果需要增加多列，只需要在<tr>标签里添加多个<td>标签就可以了。其语法结构如下：

```
<table >                        <!--表格开始-->
   <tr>                         <!--表格行开始-->
      <td> 表格内容</td>         <!--表格列-->
   </tr>                        <!--表格行结束-->
</table>                        <!--表格结束-->
```

**【示例 6.1】**下面是使用<tr>标签和<td>标签制作 2 行 2 列表格的效果，为了能显示出表格边框，这里使用 border 属性来指定边框的宽度（将在下面详细介绍），代码如下：

```
<table border="1">                  <!--表格开始-->
  <tr>                              <!--表格行开始-->
    <td>第 1 行第 1 列</td>          <!--表格列-->
     <td>第 1 行第 2 列</td>         <!--表格列-->
  </tr>                             <!--表格行结束-->
  <tr>                              <!--表格行开始-->
    <td>第 2 行第 1 列</td>          <!--表格列-->
     <td>第 2 行第 2 列</td>         <!--表格列-->
  </tr>                             <!--表格行结束-->
</table>                            <!--表格结束-->
```

效果如图 6.1 所示。

图 6.1　制作 2 行 2 列表格效果图

## 6.2.3　设置表头单元格<th>

创建表格有时候还需要用到另一个标签<th>，<th>标签是用来设置表头单元格的格式的。使用<th>标签的文本居中对齐并显示为粗体。<th>标签也同样写在<tr>标签里面。其语法结构如下：

```
<table>                               <!--表格开始-->
    <tr>                              <!--表格行开始-->
        <th>表头内容</th>             <!--表头单元格-->
    </tr>                             <!--表格行结束-->
</table>                              <!--表格结束-->
```

其中，表头单元格<th>标签在这里相当于列<td>标签的作用。

**【示例 6.2】**下面是使用<th>标签来实现表头单元格设置的效果。为了能显示出表格边框，这里使用 border 属性来指定边框的宽度，代码如下：

```
<table border="1">                    <!--表格开始-->
    <tr>                              <!--表格行开始-->
        <th>标题 1</th>               <!--表头单元格-->
        <th>标题 2</th>
        <th>标题 3</th>
    </tr>                             <!--表格行结束-->
</table>                              <!--表格结束-->
```

效果如图 6.2 所示。

图 6.2  使用<th>标签来实现表头单元格效果图

**注意**：*表格里<table>标签里可以没有表头单元格<th>标签，但是不能没有单元格数据<td>标签。*

# 6.3 表格属性

表格是网页中的必不可少的重要元素，它有着丰富的属性，可以进行相关的设置，使得表格更加漂亮。本节将讲述<table>标签的属性内容，这些属性不止可以放在<table>标签里，也可以放在<tr>标签和<td>标签里。

## 6.3.1 表格宽度 width

width 属性可以设置表格的宽度，也可以设置每列的宽度。放在<table>标签里，可以用来设置表格的总宽度；放在<td>标签里，就可以用来设置每列的宽度。其语法结构如下：

```
<table width="表格宽度">                          <!--表格开始-->
    <tr>                                          <!--表格行开始-->
        <td width="列宽度">表格内容</td>          <!--表格列-->
    </tr>                                         <!--表格行结束-->
</table>                                          <!--表格结束-->
```

**【示例 6.3】**下面是使用 width 属性来设置表格宽度的效果，代码如下：

```
<table width="400px" border="1">    <!--表格开始，设置表格整体宽度为 400px-->
  <tr>                                            <!--表格行开始-->
    <td width="100">列宽度为 100px</td>           <!--设置列宽度为 100px-->
     <td width="200">列宽度为 200px</td>          <!--设置列宽度为 200px-->
  </tr>                                           <!--表格行结束-->
</table>                                          <!--表格结束-->
```

效果如图 6.3 所示。

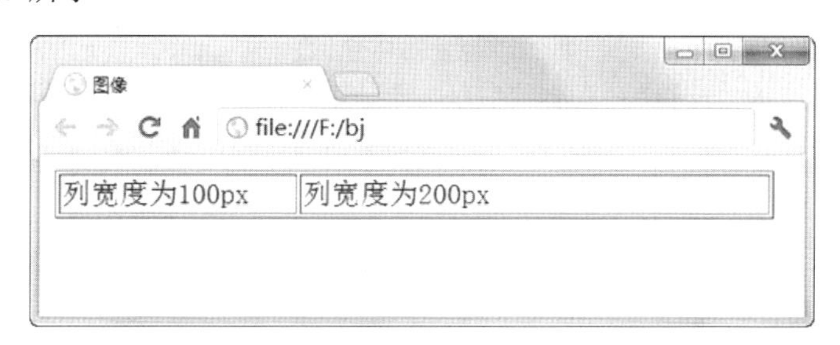


图 6.3　使用 width 属性来设置表格宽度效果图

## 6.3.2　表格高度 height

height 属性不仅可以设置表格的总高度，还可以设置每行和每列的高度。放在<table>标签里，可以用来设置表格的总高度；放在<tr>标签和<td>标签里，就可以用来设置每行和每列的高度。需要注意的是所有行的高度的和就是表格的高度。其语法结构如下：

```
<table height="表格高度">                 <!--表格开始-->
    <tr>                                  <!--表格行开始-->
        <td height="列高度"></td>         <!--表格列-->
    </tr>                                 <!--表格行结束-->
</table>                                  <!--表格结束-->
```

**【示例 6.4】**下面是使用 height 属性来设置表格和列高度的效果，代码如下：

```
<table height="400px" border="1">              <!--表格开始，设置表格整体宽度-->
  <tr >                                        <!--表格行开始-->
    <td height="100px">列高度为 100px</td>     <!--设置列高度-->
    <td height="100px">列高度为 100</td>
  </tr>                                        <!--表格行结束-->
  <tr>                                         <!--表格行开始-->
    <td height="30px">列高度为 30px</td>
    <td height="30px">列高度为 30px</td>       <!--设置列高度-->
  </tr>                                        <!--表格行结束-->
</table>                                       <!--表格结束-->
```

效果如图 6.4 所示。

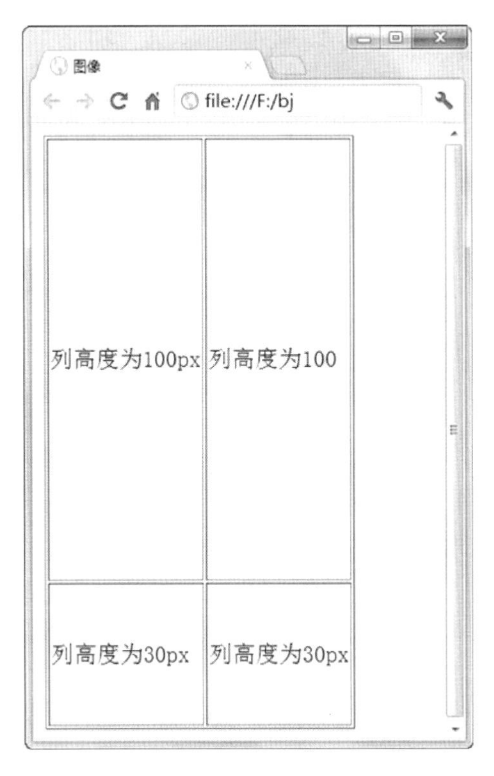


图 6.4　使用 height 属性来设置表格高度效果图

## 6.3.3　设置背景图片 background

在上一章已经讲过在页面上设置背景图片 background 属性的用法。当把 background 属性放在<table>标签里的时候，就可以用来设置表格的背景图；放在<tr>标签里的时候，就可以用来设置行的背景图；放在<td>标签里的时候，就可以用来设置列的背景图。其语法结构如下：

```
<table background="背景图路径">          <!--表格开始，并设置表格背景色-->
    <tr>                                <!--表格行开始-->
        <td>表格内容</td>                <!--表格列开始和结束-->
    </tr>                               <!--表格行结束-->
</table>                                <!--表格结束-->
```

同样的，可以按照这种方法，把 background 属性写在<tr>标签和<td>标签里面。值得注意的是，当 background 属性写在<tr>标签里的时候，图片不会一直延续到每个列，而是每个列的背景图都会重新再读取显示。这种显示效果在谷歌浏览器里可以很清晰地看出来，但是在 IE 里，却看不到行的背景图。这也是 background 属性的兼容性不够的问题。下面将给出两个浏览器的效果图来进行比较。

**【示例 6.5】**下面是使用 background 属性来实现表格背景图的效果，为了让行和列有所比较，这里会使用一个 2 行 2 列的表格，在表格里行和列都分别插入不同的图片，图片会继续使用第 5 章的图，它们放在 images 的文件夹里。代码如下：

```
<table width="600"  border="1">            <!--表格开始，设置表格宽和背景图片-->
  <tr>                                      <!--表格行开始-->
    <td width="100" height="80" background="images/5.2.jpg"></td>
                                            <!--设置列宽度、高度和插入背景图片-->
    <td width="200"> </td>                 <!--设置列宽度-->
  </tr>                                         <!--表格行结束-->
    <tr background="images/5.4.jpg">   <!--表格行开始，设置行的背景图片-->
    <td height="100"></td>                      <!--设置列宽度-->
    <td> </td>
  </tr>                                         <!--表格行结束-->
  <tr>
  <td width="100" height="100">
  </td>
  </tr>
</table>                                        <!--表格结束-->
```

效果如图 6.5、图 6.6 所示。

图 6.5　使用 background 属性来实现表格背景图效果图（IE 浏览器）

图 6.6　使用 background 属性来实现表格背景图效果图（谷歌浏览器）

## 6.3.4　表格间距 cellspacing

表格间距是指表格中列与列之间的距离，通过 cellspacing 属性来进行设置，cellspacing 属性只能在<toble>标签里面定义。使用 cellspacing 属性来设置间距以后，可以使表格的内容看起来不会太过于紧凑，使网页内容更加的清晰、整洁。其语法结构如下：

```
<table cellspacing="间距的大小">        <!--表格开始-->
    <tr>                                <!--表格行开始-->
        <td></td>                       <!--表格列-->
    </tr>                               <!--表格行结束-->
</table>                                <!--表格结束-->
```

**【示例 6.6】** 下面是使用 cellspacing 属性来实现表格间距的效果，这里用了一个 2 行 2 列的表格，代码如下：

```
<table width="400px" cellspacing="10px" >
                                        <!--表格开始，设置表格整体宽度和间距-->
  <tr>                                              <!--表格行开始-->
    <td width="200px">表格中的间距为 10px</td>      <!--设置列宽度-->
    <td width="200px">表格中的间距为 10px</td>      <!--设置列宽度-->
  </tr>                                             <!--表格行结束-->
  <tr>                                              <!--表格行开始-->
    <td>表格中的间距为 10px</td>
    <td>表格中的间距为 10px</td>
  </tr>                                             <!--表格行结束-->
</table>                                            <!--表格结束-->
```

效果如图 6.7 所示。

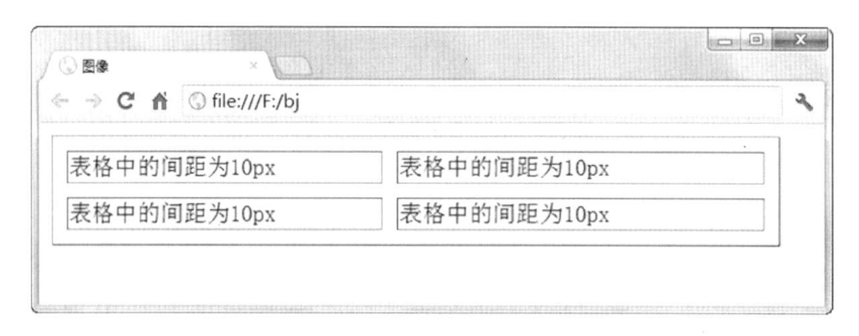


图 6.7　使用 cellspacing 属性来实现表格的间距

图 6.7 中，在框框里面的就是一个表格，表格里空出了 10px 的间距再显示行和列的边框。

**技巧：** 一般在制作网站时，想要切出来的图在网页中显示不会变形，然后可以很好地对齐，在表格<table>标签里要加一个属性 cellspacing="0"。

## 6.3.5　设置单元格内的距离 cellpadding

单元格内的距离是指单元格内容与单元格边界之间的距离。<table>标签中的

cellpadding 属性就是用来设置单元格内的距离，cellpadding 属性只能在<table>标签中定义，用于对整个表格单元格内的距离进行控制。其语法结构如下：

```
<table cellpadding="距离大小" >          <!--表格开始-->
    <tr>                                <!--表格行开始-->
        <td>表格内容</td>               <!--表格列-->
    </tr>                               <!--表格行结束-->
</table>                                <!--表格结束-->
```

【示例 6.7】下面是使用 cellpadding 属性来实现单元格内容与边界的距离的效果。这里创建了两个 1 行 2 列的表格来进行比较，代码如下：

```
<table width="350px" cellpadding="6px" border="1">
                        <!--表格开始，设置表格整体宽度，内容与边界的距离为 6px-->
    <tr>                                              <!--表格行开始-->
        <td>单元格内的距离</td>                       <!--表格列-->
        <td>单元格内的距离</td>                       <!--表格列-->
    </tr>                                             <!--表格行结束-->
</table><br/><br/>                                    <!--表格结束-->
<table width="350px" cellpadding="20px" border="1">
                        <!--表格开始，设置表格整体宽度，内容与边界的距离为 20px-->
    <tr>                                              <!--表格行开始-->
        <td>单元格内的距离</td>                       <!--表格列-->
        <td>单元格内的距离</td>                       <!--表格列-->
    </tr>                                             <!--表格行结束-->
</table>
```

效果如图 6.8 所示，可以看出，cellpadding 属性值越大，单元格内容与单元格边界之间的距离就越大。

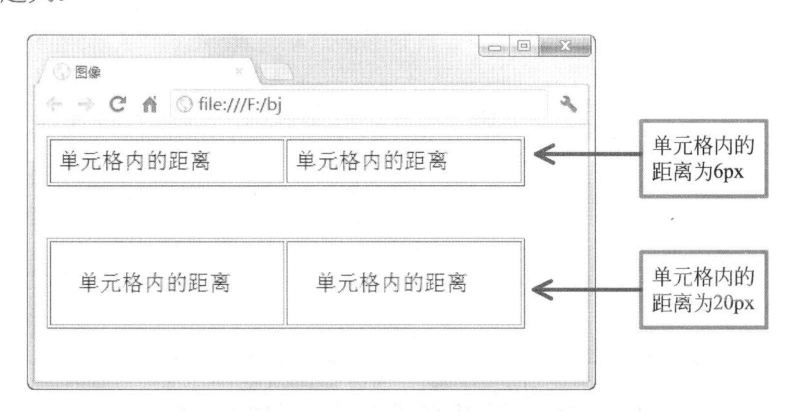


图 6.8　使用 cellpadding 属性来实现单元格内容与边界距离效果图

## 6.4　表 格 边 框

在前面的小节中我们都用到了边框。边框是表格中很重要的一个部分，不使用它的话，表格看起来会很杂乱。因此使用它不仅可以排版网站，还可以美化网站。本节就来讲解边框的各种用法。

## 6.4.1　边框宽度 border

设置边框首先要设置它的宽度。<table>标签中的 border 属性就是用来控制表格边框的宽度的。其语法结构如下：

```
<table border="表格边框宽度" >              <!--表格开始-->
   <tr>                                    <!--表格行开始-->
      <td>表格内容</td>                     <!--表格列-->
   </tr>                                   <!--表格行结束-->
</table>                                   <!--表格结束-->
```

需要注意的是，这里的边框会默认为黑色，而不是透明色。

**【示例 6.8】**下面是使用 border 属性为表格实现边框宽度的效果，这里使用了两个不同宽度边框的表格进行比较，代码如下：

```
<table width="300px" border="1px" >        <!--表格开始，设置表格边框-->
   <tr>                                    <!--表格行开始-->
      <td>表格边框为 1px</td>               <!--表格列-->
       <td>表格边框为 1px</td>              <!--表格列-->
   </tr>                                   <!--表格行结束-->
</table><br/><br/>                         <!--表格结束-->
<table width="300px" border="5px" >        <!--表格开始，设置表格边框-->
   <tr>                                    <!--表格行开始-->
      <td>表格边框为 5px</td>               <!--表格列-->
       <td>表格边框为 5px</td>              <!--表格列-->
   </tr>                                   <!--表格行结束-->
</table>                                   <!--表格结束-->
```

效果如图 6.9 所示。

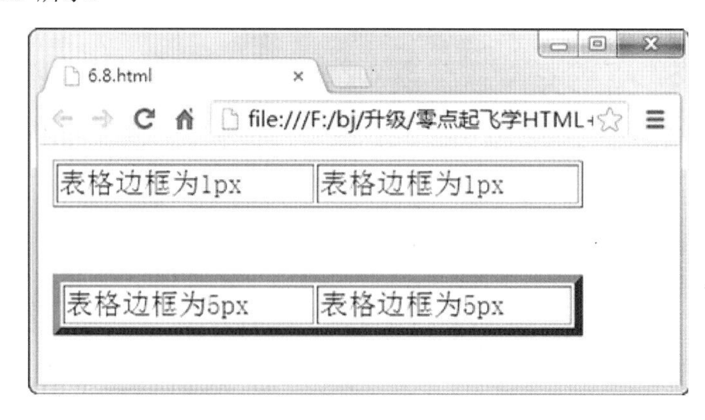


图 6.9　使用 border 属性为表格实现边框宽度效果图

可以看到，在浏览器里，边框自动产生了一个立体效果的背景，对于背景的使用将在下面讲解。

**技巧：**一般在制作网站时，想要切出来的图在网页中显示不会变形，然后可以很好地对齐，在表格<table>标签里不止要加一个属性 cellspacing="0"，还要加上 border="0"。

## 6.4.2　边框颜色 bordercolor

边框颜色就是在设置边框时边框所产生的颜色。在上一小节可以看出，边框的默认颜色为黑色，我们可以通过 bordercolor 属性来设置边框的颜色。bordercolor 属性写在<table>标签里面，bordercolor 属性是要在 border 属性的存在下才可以产生效果。其语法结构如下：

```
<table border="边框宽度" bordercolor="边框颜色" >      <!--表格开始-->
    <tr>                                                <!--表格行开始-->
        <td>表格内容</td>                               <!--表格列-->
    </tr>                                               <!--表格行结束-->
</table>                                                <!--表格结束-->
```

其中，bordercolor="边框颜色"，填写颜色的方法和填写背景颜色的方法是一样的。这里填写的颜色将代替上一小节设置宽度时所产生的立体背景。

**【示例 6.9】**下面是使用 bordercolor 属性来实现表格边框颜色的效果，代码如下：

```
<table  width="300" border="5px" bordercolor="#00ffff" >
                              <!--表格开始，设置边框宽度为 5px 和边框颜色为蓝色-->
    <tr>                                                <!--表格行开始-->
        <td>边框颜色为蓝色</td>                         <!--表格列-->
        <td>边框颜色为蓝色</td>
    </tr>                                               <!--表格行结束-->
</table>                                                <!--表格结束-->
```

效果如图 6.10 所示。

图 6.10　使用 bordercolor 属性实现表格边框颜色效果图

## 6.4.3　亮边框颜色 bordercolorlight

亮边框颜色是指左边框和上边框的颜色，可以通过 bordercolorlight 属性来进行设置。需要注意的是使用 bordercolorlight 属性就不能使用 bordercolor 属性，因为这是一个重复性的动作，就算使用也无法产生效果。其语法结构如下：

```
<table border="边框宽度" bordercolorlight=左上边框颜色"" >    <!--表格开始-->
    <tr>                                                      <!--表格行开始-->
        <td>表格内容</td>                                     <!--表格列-->
    </tr>                                                     <!--表格行结束-->
```

```
</table>                                                  <!--表格结束-->
```

其中，bordercolorlight=""是用来填写左边框和上边框的颜色的，填写颜色的方法和填写背景颜色的方法是一样的。由于这里填写的颜色只有左边框和上边框，所以右边框和下边框的颜色会变成默认的颜色。

**【示例 6.10】**下面是使用 bordercolorlight 属性来实现设置表格亮边框颜色的效果，代码如下：

```
<table  width="300" border="10px" bordercolorlight="#00ffff" >
                        <!--表格开始，设置边框宽度为 10px，亮边框颜色为蓝色-->
    <tr>                                                  <!--表格行开始-->
        <td>亮边框颜色</td>                               <!--表格列-->
        <td>亮边框颜色</td>                               <!--表格列-->
    </tr>                                                 <!--表格行结束-->
    <tr>                                                  <!--表格行开始-->
        <td>亮边框颜色</td>                               <!--表格列-->
        <td>亮边框颜色</td>                               <!--表格列-->
    </tr>                                                 <!--表格行结束-->
</table>                                                  <!--表格结束-->
```

效果如图 6.11 所示。

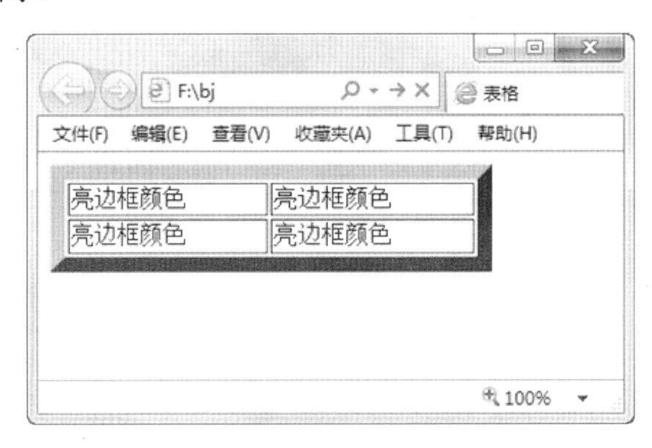


图 6.11　使用 bordercolorlight 属性实现表格亮边框颜色效果图

## 6.4.4　暗边框颜色 bordercolordark

暗边框和亮边框刚好相反，它是指右边框和下边框。因此暗边框颜色就是指右边框和下边框的颜色，可以通过 bordercolordark 属性来进行设置。同样的，使用 bordercolordark 属性就不能使用 bordercolor 属性。其语法结构如下：

```
<table border="边框宽度" bordercolordark="暗边框颜色">    <!--表格开始-->
    <tr>                                                  <!--表格行开始-->
        <td>表格内容</td>                                 <!--表格列-->
    </tr>                                                 <!--表格行结束-->
</table>                                                  <!--表格结束-->
```

其中，填写颜色的方法和填写背景颜色的方法是一样的。由于这里填写的颜色就只有右边框和下边框，所以左边框和上边框的颜色会变成默认的颜色。

【示例 6.11】下面是使用 bordercolordark 属性来实现表格暗边框颜色的效果，代码如下：

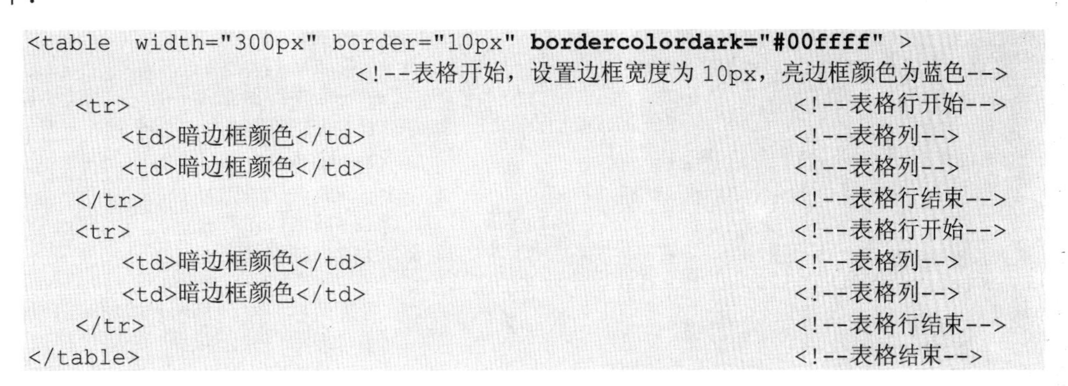

```
<table  width="300px" border="10px" bordercolordark="#00ffff" >
                        <!--表格开始，设置边框宽度为 10px，亮边框颜色为蓝色-->
    <tr>                                                        <!--表格行开始-->
        <td>暗边框颜色</td>                                     <!--表格列-->
        <td>暗边框颜色</td>                                     <!--表格列-->
    </tr>                                                       <!--表格行结束-->
    <tr>                                                        <!--表格行开始-->
        <td>暗边框颜色</td>                                     <!--表格列-->
        <td>暗边框颜色</td>                                     <!--表格列-->
    </tr>                                                       <!--表格行结束-->
</table>                                                        <!--表格结束-->
```

效果如图 6.12 所示。

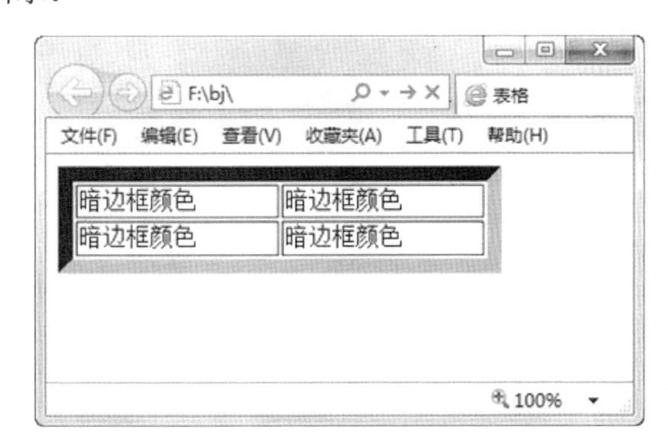


图 6.12　使用 bordercolordark 属性实现表格暗边框颜色效果图

**技巧：**通过对不同边框的设置，可以让边框看起来更有立体感。

## 6.4.5　不显示外边框 void

有时候，我们不希望表格显示外边框，只显示内边框，这时可以通过 void 属性值来设置不显示表格的整个外边框。需要注意的是，void 属性值要通过 frame 属性来进行设置。其语法结构如下：

```
<table border="边框宽度" frame="void" >         <!--表格开始-->
    <tr>                                        <!--表格行开始-->
        <td>表格内容</td>                       <!--表格列-->
    </tr>                                       <!--表格行结束-->
</table>                                        <!--表格结束-->
```

其中，frame="void"这是固定格式，说明了不显示整个外边框。

【示例 6.12】下面是使用 frame="void"属性值来设置不显示表格外边框的效果。这里创建了两个边框宽度都为 5px 的表格来进行比较，其中一个表格不显示外边框，一个显示外边框，代码如下：

```
<table width="300px" border="5px" frame="void" >
                                        <!--表格开始，设置边框粗细，不显示表格整个边框-->
   <tr>                                              <!--表格行开始-->
      <td>不显示外边框</td>                          <!--表格列-->
      <td>不显示外边框</td>                          <!--表格列-->
   </tr>                                             <!--表格行结束-->
   <tr>                                              <!--表格行开始-->
      <td>不显示外边框</td>                          <!--表格列-->
      <td>不显示外边框</td>                          <!--表格列-->
   </tr>                                             <!--表格行结束-->
</table><br/><br/>                                   <!--表格结束-->
<table width="300px" border="5px">
                                        <!--表格开始，设置边框粗细，显示表格整个边框-->
   <tr>                                              <!--表格行开始-->
      <td>显示外边框</td>                            <!--表格列-->
      <td>显示外边框</td>                            <!--表格列-->
   </tr>                                             <!--表格行结束-->
   <tr>                                              <!--表格行开始-->
      <td>显示外边框</td>                            <!--表格列-->
      <td>显示外边框</td>                            <!--表格列-->
   </tr>                                             <!--表格行结束-->
</table>                                             <!--表格结束-->
```

效果如图 6.13 所示。

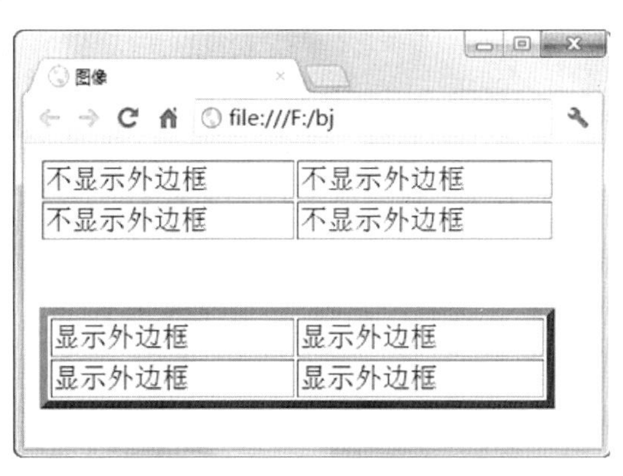


图 6.13　使用 frame= "void"属性值设置不显示表格外边框效果图

**注意：** void 属性值只是设置不显示外边框，内边框照样显示。

## 6.4.6　显示上下边框 hsides

想要只显示表格的上下边框，可以使用 hsides 属性值来设置。hsides 属性值同样要通过 frame 属性来进行设置。其语法结构如下：

```
<table border="边框宽度" frame= "hsides" >    <!--表格开始-->
   <tr>                                       <!--表格行开始-->
      <td>表格内容</td>                       <!--表格列-->
   </tr>                                      <!--表格行结束-->
</table>                                      <!--表格结束-->
```

其中，frame="hsides"这是固定格式，说明了显示上下边框。

**【示例 6.13】** 下面是使用 frame="hsides"属性值来设置显示表格上下边框的效果。这里创建了两个边框宽度都为 8px 的表格来进行比较，其中一个表格只显示上下边框，一个显示整个边框，代码如下：

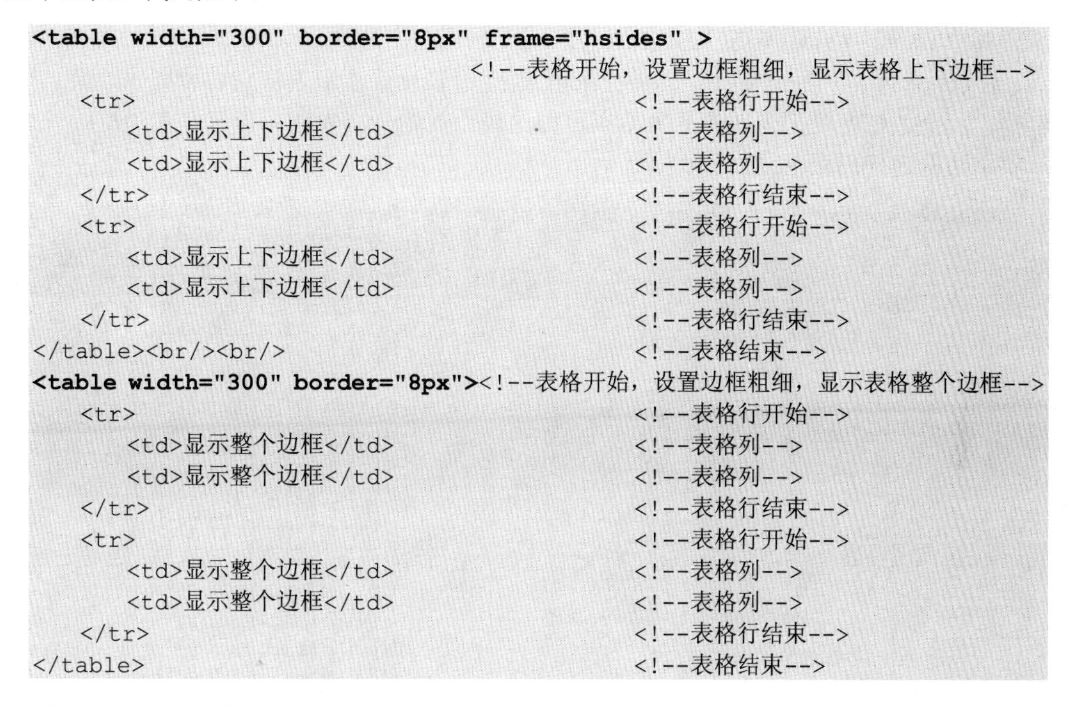

```
<table width="300" border="8px" frame="hsides" >
                                        <!--表格开始，设置边框粗细，显示表格上下边框-->
    <tr>                                            <!--表格行开始-->
        <td>显示上下边框</td>                       <!--表格列-->
        <td>显示上下边框</td>                       <!--表格列-->
    </tr>                                           <!--表格行结束-->
    <tr>                                            <!--表格行开始-->
        <td>显示上下边框</td>                       <!--表格列-->
        <td>显示上下边框</td>                       <!--表格列-->
    </tr>                                           <!--表格行结束-->
</table><br/><br/>                                  <!--表格结束-->
<table width="300" border="8px"><!--表格开始，设置边框粗细，显示表格整个边框-->
    <tr>                                            <!--表格行开始-->
        <td>显示整个边框</td>                       <!--表格列-->
        <td>显示整个边框</td>                       <!--表格列-->
    </tr>                                           <!--表格行结束-->
    <tr>                                            <!--表格行开始-->
        <td>显示整个边框</td>                       <!--表格列-->
        <td>显示整个边框</td>                       <!--表格列-->
    </tr>                                           <!--表格行结束-->
</table>                                            <!--表格结束-->
```

效果如图 6.14 所示。

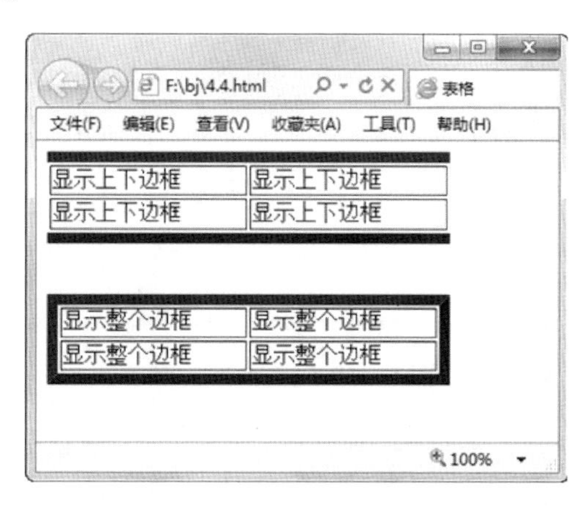


图 6.14　使用 frame="hsides"属性值设置显示表格上下边框效果图

## 6.4.7　显示左右边框 vsides

上一小节中设置表格只显示上下边框，同样的，还可以设置表格只显示左右边框。vsides 属性值就可以用来显示表格的左右边框。vsides 属性值也是通过 frame 属性来进行设置。其语法结构如下：

```
<table border="边框宽度" frame="vsides" >        <!--表格开始-->
    <tr>                                         <!--表格行开始-->
        <td>表格内容</td>                        <!--表格列-->
    </tr>                                        <!--表格行结束-->
</table>                                         <!--表格结束-->
```

其中 frame="vsides"这是固定格式，说明了显示左右边框。

【示例 6.14】下面是使用 frame="vsides"属性值来设置显示表格左右边框的效果。这里创建了两个边框宽度都为 8px 的表格来进行比较，其中一个表格只显示左右边框，一个显示整个边框，代码如下：

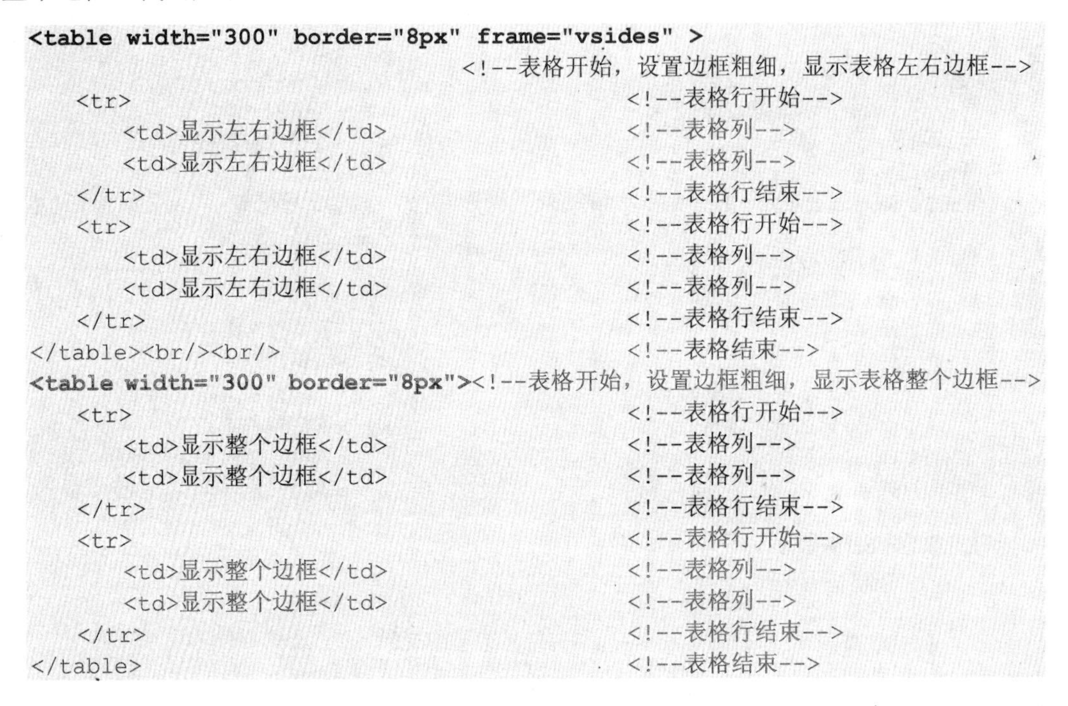

```
<table width="300" border="8px" frame="vsides" >
                          <!--表格开始，设置边框粗细，显示表格左右边框-->
    <tr>                                         <!--表格行开始-->
        <td>显示左右边框</td>                    <!--表格列-->
        <td>显示左右边框</td>                    <!--表格列-->
    </tr>                                        <!--表格行结束-->
    <tr>                                         <!--表格行开始-->
        <td>显示左右边框</td>                    <!--表格列-->
        <td>显示左右边框</td>                    <!--表格列-->
    </tr>                                        <!--表格行结束-->
</table><br/><br/>                               <!--表格结束-->
<table width="300" border="8px"><!--表格开始，设置边框粗细，显示表格整个边框-->
    <tr>                                         <!--表格行开始-->
        <td>显示整个边框</td>                    <!--表格列-->
        <td>显示整个边框</td>                    <!--表格列-->
    </tr>                                        <!--表格行结束-->
    <tr>                                         <!--表格行开始-->
        <td>显示整个边框</td>                    <!--表格列-->
        <td>显示整个边框</td>                    <!--表格列-->
    </tr>                                        <!--表格行结束-->
</table>                                         <!--表格结束-->
```

效果如图 6.15 所示。

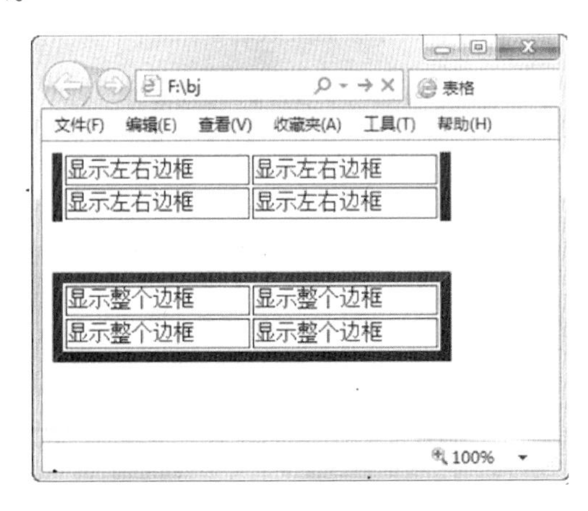


图 6.15　使用 frame="vsides"属性值设置显示表格左右边框效果图

**说明**：vsides 属性值所说的左右边框是指外边框的左右边框。

## 6.4.8　单独显示表格上、下、左、右边框

在表格的边框设置中，也可以只显示表格的上边框、下边框、左边框或者右边框。其中 above 属性值用来显示表格的上边框；below 属性值用来显示表格的下边框；lhs 属性值用来显示表格的左边框；rhs 属性值用来显示表格的右边框。这四个属性值都要通过 frame 属性来进行设置。其语法结构如下：

```
<table border="边框宽度" frame= "above" >    <!–设置表格只显示上边框-->
<table border="边框宽度" frame= "below" >    <!–设置表格只显示下边框-->
<table border="边框宽度" frame= "lhs" >      <!–设置表格只显示左边框-->
<table border="边框宽度" frame= "rhs" >      <!–设置表格只显示右边框-->
```

下面来分别举例说明这四个属性值的用法。

**【示例 6.15】**下面是使用 frame="above"属性值来设置只显示表格上边框的效果。为了让效果更明显，这里把表格边框颜色设置为红色，代码如下：

```
<table width="300px" border="5px" bordercolor="#ff0000" frame="above" >
   <!--表格开始，设置边框宽度为 5px，边框颜色为红色，设置只显示表格上边框-->
   <tr>                                                  <!--表格行开始-->
      <td>显示表格上边框</td>                              <!--表格列-->
      <td>显示表格上边框</td>                              <!--表格列-->
   </tr>                                                 <!--表格行结束-->
   <tr>                                                  <!--表格行开始-->
      <td>显示表格上边框</td>                              <!--表格列-->
      <td>显示表格上边框</td>                              <!--表格列-->
   </tr>                                                 <!--表格行结束-->
</table>                                                 <!--表格结束-->
```

效果如图 6.16 所示。

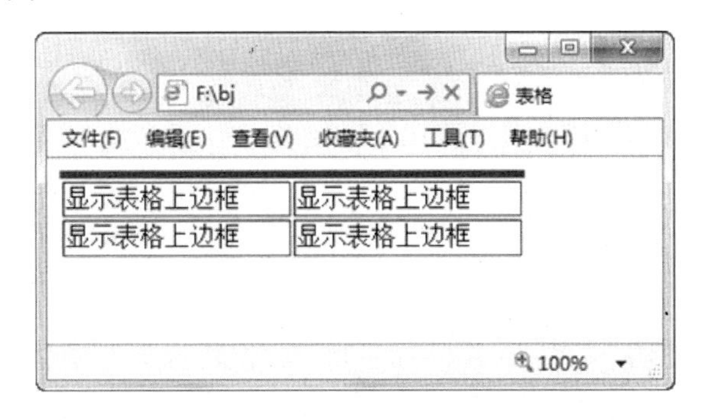


图 6.16　使用 frame="above"属性值设置只显示表格上边框效果图

**【示例 6.16】**下面是使用 frame="below"属性值来设置只显示表格下边框的效果。为了让效果更明显，这里把表格边框颜色设置为红色，代码如下：

```
<table width="300px" border="5px" bordercolor="#ff0000" frame="below" >
   <!--表格开始，设置边框宽度为 5px，边框颜色为红色，设置只显示表格下边框-->
   <tr>                                                  <!--表格行开始-->
      <td>显示表格下边框</td>                              <!--表格列-->
      <td>显示表格下边框</td>                              <!--表格列-->
```

```
    </tr>                                                  <!--表格行结束-->
    <tr>                                                   <!--表格行开始-->
        <td>显示表格下边框</td>                             <!--表格列-->
        <td>显示表格下边框</td>                             <!--表格列-->
    </tr>                                                  <!--表格行结束-->
</table>                                                   <!--表格结束-->
```

效果如图 6.17 所示。

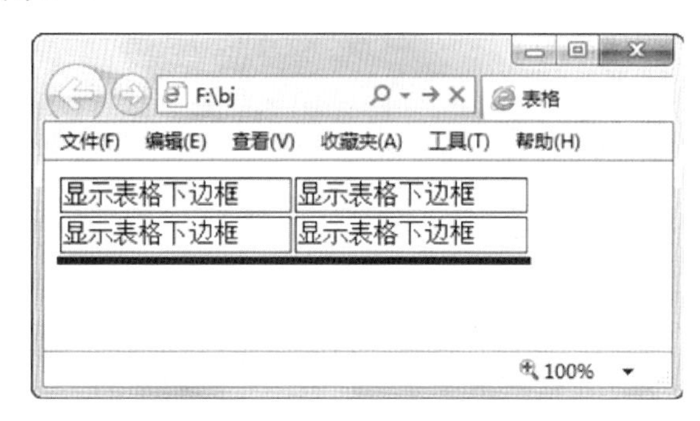


图 6.17　使用 frame="below"属性值设置只显示表格下边框效果图

**【示例 6.17】**下面是使用 frame="lhs"属性值来设置只显示表格左边框的效果。为了让效果更明显，这里把表格边框颜色设置为红色，代码如下：

```
<table width="300px" border="5px" bordercolor="#ff0000" frame="lhs">
     <!--表格开始，设置边框宽度为 5px，边框颜色为红色，设置只显示表格左边框-->
    <tr>                                                   <!--表格行开始-->
        <td>显示表格左边框</td>                             <!--表格列-->
        <td>显示表格左边框</td>                             <!--表格列-->
    </tr>                                                  <!--表格行结束-->
    <tr>                                                   <!--表格行开始-->
        <td>显示表格左边框</td>                             <!--表格列-->
        <td>显示表格左边框</td>                             <!--表格列-->
    </tr>                                                  <!--表格行结束-->
</table>                                                   <!--表格结束-->
```

效果如图 6.18 所示。

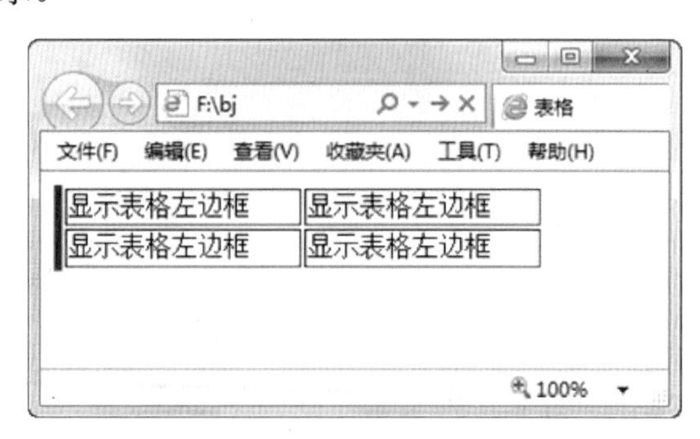


图 6.18　使用 frame="lhs"属性值设置只显示表格左边框效果图

**【示例 6.18】**下面是使用 frame="rhs"属性值来设置只显示表格右边框的效果。为了让效果更明显，这里把表格边框颜色设置为红色，代码如下：

```
<table width="300px" border="5px"  bordercolor="#ff0000" frame="rhs" >
   <!--表格开始，设置边框宽度为 5px，边框颜色为红色，设置只显示表格右边框-->
   <tr>                                                 <!--表格行开始-->
      <td>显示表格右边框</td>                           <!--表格列-->
      <td>显示表格右边框</td>                           <!--表格列-->
   </tr>                                                <!--表格行结束-->
   <tr>                                                 <!--表格行开始-->
      <td>显示表格右边框</td>                           <!--表格列-->
      <td>显示表格右边框</td>                           <!--表格列-->
   </tr>                                                <!--表格行结束-->
</table>                                                <!--表格结束-->
```

效果如图 6.19 所示。

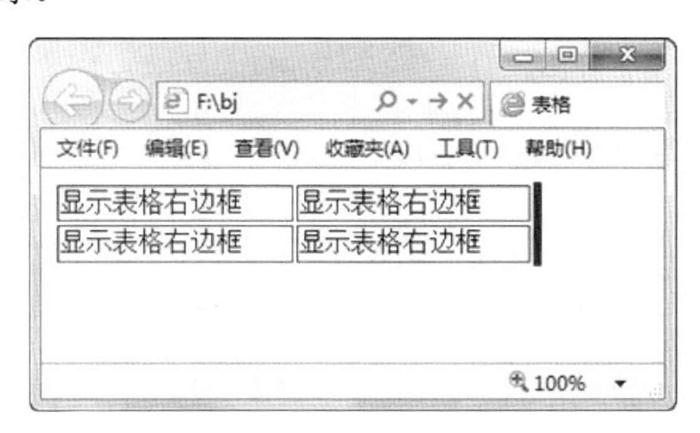


图 6.19　使用 frame="rhs"属性值设置只显示表格右边框效果图

**技巧：**在网站使用上，很少用到上面这 4 种边框的属性设置，一般都只会用到 border 属性。

# 6.5　设置对齐方式

表格都是由行组成的，行也可以设置对齐方式。通过对行的对齐方式的设定，可以使表格更加整齐。行的对齐方式包括水平对齐方式和垂直对齐方式。本节来详细介绍这两种对齐方式。

## 6.5.1　水平对齐方式 align

align 属性可以设置行的水平对齐，就是使行里面的内容都水平对齐，其中默认为水平居左对齐。align 属性共有三个值，分别是：居中对齐、居右对齐、居左对齐。

### 1．居中对齐

居中对齐可以通过 align="center"来进行设置。此属性值放在<tr>标签里面，用来设置行的对齐方式。除了可以写在<tr>标签里面，还可以写在<table>标签和<td>标签里面。写在<table>标签里面，用来控制整个表格的水平居中对齐，写在<td>标签里面，用来控制每个列里面的内容水平居中对齐。用法和写在<tr>标签里面一样。其语法形式如下：

```
<table>                          <!--表格开始-->
   <tr align="center">           <!--表格行开始-->
      <td>表格内容</td>           <!--表格列-->
   </tr>                         <!--表格行结束-->
</table>                         <!--表格结束-->
```

【示例 6.19】下面是使用 align="center"属性值来设置显示行内容的水平居中对齐的效果。为了效果更明显，创建一个 2 行 3 列的表格。其中第一行居中对齐，第二行没有设置居中对齐。代码如下：

```
<table width="450px" border="1px" >
                          <!--表格开始，设置表格边框为 1px，表格宽度为 450px-->
   <tr align="center">           <!--表格行开始，设置行内容的水平居中对齐-->
      <td >水平居中</td>          <!--表格列-->
      <td >水平居中</td>
      <td >水平居中</td>
   </tr>                         <!--表格行结束-->
  <tr >                          <!--表格行开始，未设置行内容的水平居中对齐-->
      <td >水平居中</td>          <!--表格列-->
      <td >水平居中</td>
      <td >水平居中</td>
   </tr>                         <!--表格行结束-->
</table>                         <!--表格结束-->
```

效果如图 6.20 所示。

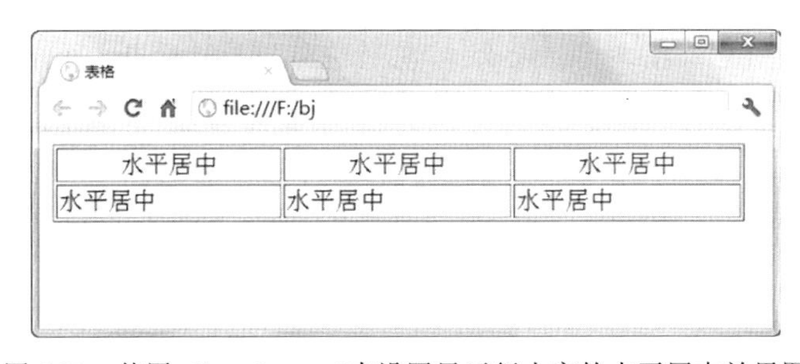


图 6.20　使用 align="center"来设置显示行内容的水平居中效果图

## 2. 居左对齐

通过 align="left"可以设置行里面的内容都居左对齐。此属性值除了可以写在<tr>标签里面，还可以写在<table>标签和<td>标签里面。这和居中的属性值用法是一样的。其语法结构如下：

```
<table>                          <!--表格开始-->
   <tr align="left ">            <!--表格行开始-->
      <td>表格内容</td>           <!--表格列-->
   </tr>                         <!--表格行结束-->
</table>                         <!--表格结束-->
```

【示例 6.20】下面是使用 align="left"属性值来设置显示行内容的水平居左对齐的效果。为了效果更明显，创建一个 2 行 3 列的表格。其中第一行居左对齐，第二行设置居中对齐。代码如下：

```
<table width="450px" border="1px" >
                           <!--表格开始，设置表格边框为 1px，表格宽度为 450px-->
   <tr align="left">                 <!--表格行开始，设置行内容的水平居左对齐-->
     <td >水平居左</td>              <!--表格列-->
       <td >水平居左</td>
       <td >水平居左</td>
   </tr>                             <!--表格行结束-->
  <tr align="center">                <!--表格行开始，设置行内容的水平居中对齐-->
       <td >水平居中</td>            <!--表格列-->
       <td >水平居中</td>
       <td >水平居中</td>
   </tr>                             <!--表格行结束-->
</table>                             <!--表格结束-->
```

效果如图 6.21 所示。

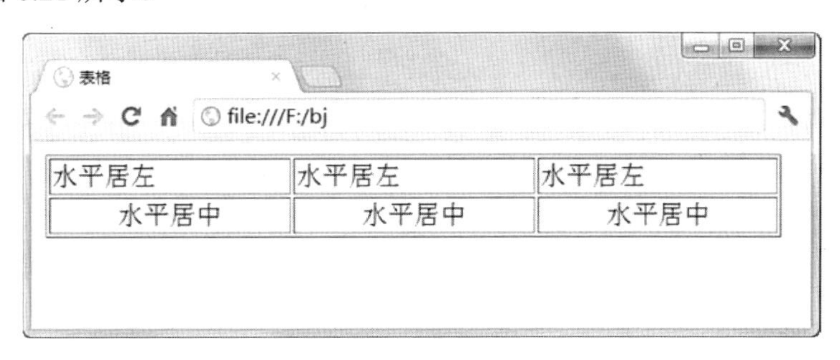


图 6.21　使用 align="left"来设置显示行内容的水平居左效果图

技巧：由于默认的 align 属性是水平居左，所以在使用时，如果不是个别需要，可以不写此属性值。

### 3. 居右对齐

通过 align="right"可以设置行里面的内容都居右对齐。此属性值和居中对齐的属性值一样，除了可以写在<tr>标签里面，还可以写在<table>标签和<td>标签里面。其语法结构如下：

```
<table>                        <!--表格开始-->
   <tr align="right">          <!--表格行开始-->
      <td>表格内容</td>        <!--表格列-->
   </tr>                       <!--表格行结束-->
</table>                       <!--表格结束-->
```

**【示例 6.21】**下面是使用 align="right"属性值来设置显示行内容的水平居右对齐的效果。为了效果更明显，创建一个 2 行 3 列的表格。其中第一行居右对齐，第二行设置居中对齐。代码如下：

```
<table width="450px" border="1px" >
                        <!--表格开始，设置表格边框为 1px，表格整体宽度为 450px-->
   <tr align="right">          <!--表格行开始，设置行内容的水平居右对齐-->
     <td >水平居右</td>        <!--表格列-->
```

```
      <td >水平居右</td>
      <td >水平居右</td>
    </tr>                          <!--表格行结束-->
  <tr align="center">              <!--表格行开始，设置行内容的水平居中对齐-->
        <td >水平居中</td>         <!--表格列-->
        <td >水平居中</td>
        <td >水平居中</td>
    </tr>                          <!--表格行结束-->
</table>                           <!--表格结束-->
```

效果如图 6.22 所示。

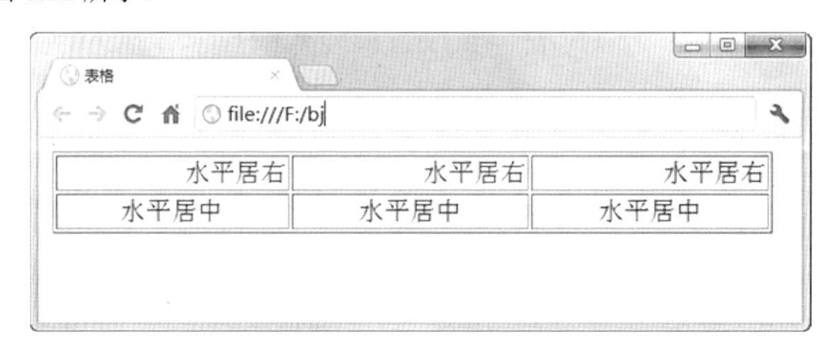


图 6.22　使用 align="right"来设置显示行内容的水平居右效果图

## 6.5.2　垂直对齐方式 valign

valign 属性可以设置行的垂直对齐方式，就是使行里面的内容都垂直对齐，其中默认为垂直居中对齐。valign 属性也有三个值，分别是：居中对齐、居上对齐、居下对齐。垂直对齐的设置和水平对齐的设置方法是一样的，这里不再一一阐述。这三种垂直对齐方式语法结构如下：

```
<tr valign="middle">          <!--表格行开始，设置垂直居中对齐-->
<tr valign="top">             <!–设置居上对齐-->
<tr valign="bottom">          <!–设置居下对齐-->
```

其中，这三个属性值除了可以写在<tr>标签里面，还可以写在<td>标签里面。写在<td>标签里面，用来控制每个列里面的内容垂直对齐方式。用法和写在<tr>标签里面一样。下面通过例子来分别说明这三个属性值的用法。

**【示例 6.22】**下面是使用 valign="middle"、valign="top"和 valign="bottom"这三个属性值来设置显示行内容的三种垂直对齐方式的效果。为了使效果更明显，创建了 3 行 3 列的表格。其中，第一行垂直居上对齐，第二行居中对齐，第三行居下对齐。代码如下：

```
<table border="1px" height="200px" width="300px">
    <!--表格开始，设置表格边框为 1px，表格整体宽度为 300px，表格整体高度为 200px-->
  <tr valign="top">                  <!--表格行开始，设置行内容的垂直居上对齐-->
        <td>居上对齐</td>            <!--表格列-->
        <td>居上对齐</td>
          <td>居上对齐</td>
  </tr>                              <!--表格行结束-->
  <tr valign="middle">               <!--表格行开始，设置行内容的垂直居中对齐-->
```

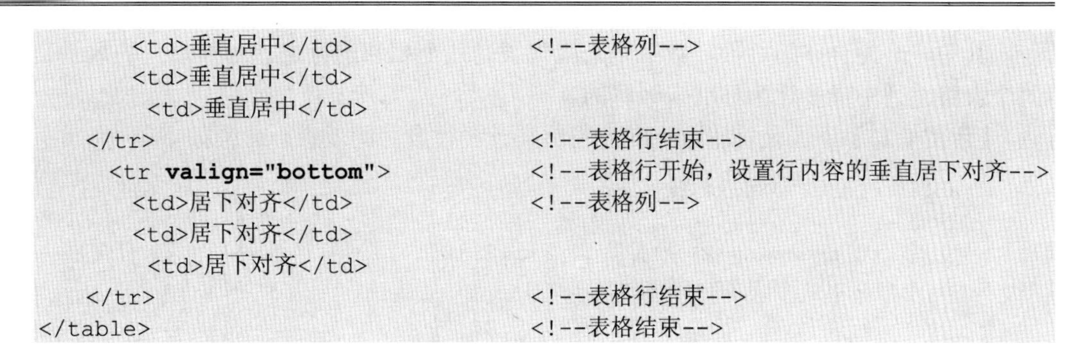

```
        <td>垂直居中</td>                   <!--表格列-->
        <td>垂直居中</td>
          <td>垂直居中</td>
    </tr>                                   <!--表格行结束-->
      <tr valign="bottom">                  <!--表格行开始，设置行内容的垂直居下对齐-->
        <td>居下对齐</td>                   <!--表格列-->
        <td>居下对齐</td>
          <td>居下对齐</td>
    </tr>                                   <!--表格行结束-->
</table>                                    <!--表格结束-->
```

效果如图 6.23 所示。

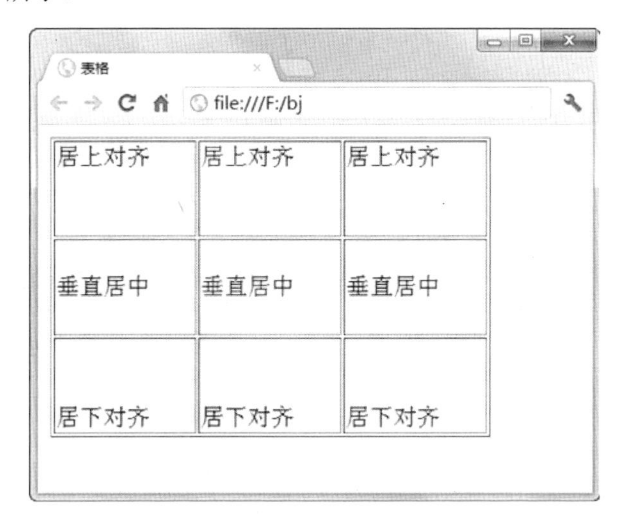


图 6.23　设置行内容的垂直对齐三种方式的效果图

注意：align 属性和 valign 属性在 HTML 中，现在已经很少被使用了，因为在 Web 的规定中，将要淘汰 align 属性和 valign 属性的用法。

## 6.6　行和列的合并

在一个表格里，有时候我们想设置的表格中，并不一定每行每列的行数和列数都是一样的。这时候我们就需要进行行和列的合并。本节就来讲解行和列合并的方法。

### 6.6.1　行的合并 rowspan

rowspan 属性可以进行行的合并，就是把几列中的几行合并成一行。其语法结构如下：

```
<table>                          <!--表格开始-->
    <tr>                         <!--表格行开始-->
        <td rowspan="n"> </td>   <!--表格列-->
    </tr>                        <!--表格行结束-->
</table>                         <!--表格结束-->
```

其中，n 为合并的行数，数字是几就代表是几个相邻的行进行合并。行的数量是通过同个表格里列中最多行为标准来计算的。

【示例 6.23】下面是使用 rowspan 属性来设置行合并的效果。代码如下：

```
<table  width="350px" border="1">                    <!--表格开始，设置表格边框-->
    <tr>                                             <!--表格行开始-->
        <td rowspan="2">合并第 1、2 行</td>           <!--表格列，设置行合并-->
        <td>第 1 行第 2 列</td>                       <!--表格列-->
    </tr>                                            <!--表格行结束-->
    <tr>                                             <!--表格行开始-->
        <td >第 2 行第 2 列</td>                      <!--表格列-->
    </tr>                                            <!--表格行结束-->
    <tr>                                             <!--表格行开始-->
        <td >第 3 行第 1 列</td>                      <!--表格列-->
        <td >第 3 行第 2 列</td>
    </tr>                                            <!--表格行结束-->
</table>                                             <!--表格结束-->
```

效果如图 6.24 所示。

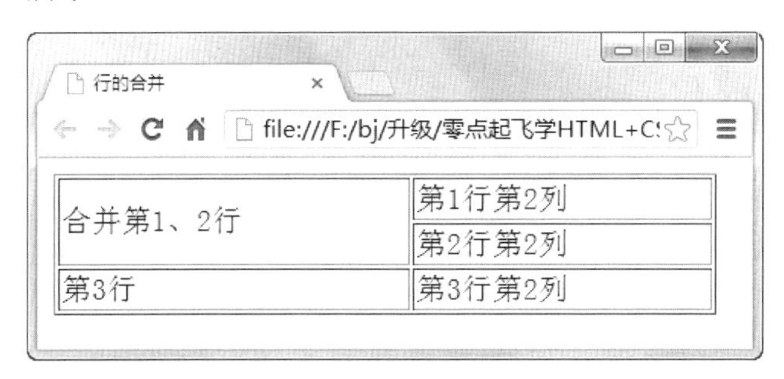


图 6.24　使用 rowspan 属性来设置行合并效果图

## 6.6.2　列的合并 colspan

colspan 属性可以进行列的合并，就是把几行中的几列合并成一列。其语法结构如下：

```
<table>                                      <!--表格开始-->
    <tr>                                     <!--表格行开始-->
        <td colspan="n">表格内容</td>         <!--表格列-->
    </tr>                                    <!--表格行结束-->
</table>                                     <!--表格结束-->
```

其中，n 为合并列的列数。列的数量是通过同个表格里行中最多列为标准来计算的。因为此属性的列是跨过行的，所以在被跨过的行里，列的计算应该加上设置了跨多行的列数。

【示例 6.24】下面是使用 colspan 属性来设置列合并的效果。代码如下：

```
<table border="1" width="300px">             <!--表格开始，设置表格边框为 1px-->
    <tr>                                     <!--表格行开始-->
        <td >行 1</td>                        <!--表格列-->
        <td >行 2</td>                        <!--表格列-->
        <td >行 3</td>                        <!--表格列-->
```

```
    </tr>                                          <!--表格行结束-->
    <tr>                                           <!--表格行开始-->
        <td colspan="2">列 1 和列 2 合并</td>      <!--设置列合并-->
        <td >行 3</td>
    </tr>                                          <!--表格行结束-->
     <tr>                                          <!--表格行开始-->
      <td colspan="3">列 1、列 2 和列 3 合并</td>  <!--设置列合并-->
    </tr>                                          <!--表格行结束-->
</table>                                           <!--表格结束-->
```

效果如图 6.25 所示。

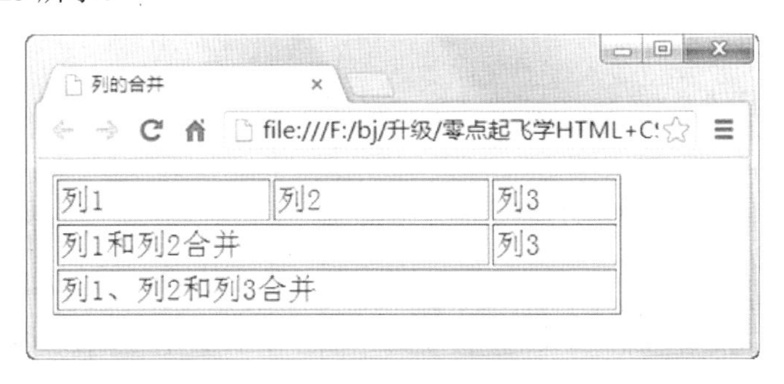


图 6.25　使用 colspan 属性来设置列合并效果图

**技巧：** 计算好行数和列数，可以使表格显示效果清晰整洁和容易控制，而不会出现变形的状况出现。

# 6.7　表格分组

当表格在比较复杂的网页中使用时，可以将表格分为表头、主体、行尾这三大部分。在浏览器的读取中，会先读取主体部分，这也就使比较复杂的网页在浏览器中不怕因为头部太慢而影响到主体部分的显示。本节将讲述表格分组的方法。

## 6.7.1　表头标签<thead>

表头是指表格中的标题部分，和页面中 head 部分定义上有些相似之处。表头标签<thead>用于组合表格的表头内容。表头标签<thead>的使用，可以让网页中过长的表格在显示时，每页的最前面都可以显示出表头标签<thead>的内容。其语法结构如下：

```
<table>                         <!--表格开始-->
    <thead>                     <!--表头开始-->
        <tr>                    <!--表格行开始-->
            <td>表格内容</td>   <!--表格列-->
        </tr>                   <!--表格行结束-->
    </thead>                    <!--表头结束-->
</table>                        <!--表格结束-->
```

其中，<thead>标签是用来标识行的，所以在使用上，<thead>标签要写在<tr>标签外面，也就是把<tr>标签嵌套在<thead>标签里面。由于表头、主体、行尾需要结合起来使用，所以<thead>标签的使用会在 6.7.3 小节一起举例说明。

### 6.7.2　主体标签<tbody>

主体标签<tbody>用于组合表格的主体内容。语法形式如下：

```
<table>                              <!--表格开始-->
   <tbody>                           <!--主体标签开始-->
      <tr>                           <!--表格行开始-->
         <td>表格内容</td>           <!--表格列-->
      </tr>                          <!--表格行结束-->
   </tbody>                          <!--主体标签结束-->
</table>                             <!--表格结束-->
```

其中，由于<tbody>标签是用来标识行的，所以在使用上，<tbody>标签要写在<tr>标签外面，也就是把<tr>标签嵌套在<tbody>标签里面。由于表头、主体、行尾需要结合起来使用，所以<tbody>标签的使用会和<thead>标签一样，在 6.7.3 小节一起举例说明。

### 6.7.3　行尾标签<tfoot>

行尾标签<tfoot>适用于对表格中的表注（页脚）内容进行分组。行尾标签<tfoot>的使用，可以让网页中过长的表格在显示时，每页的最后面都可以显示出尾注标签<tfoot>的内容。语法形式如下：

```
<table>                       <!--表格开始-->
   <tfoot>                    <!--尾注标签开始-->
      <tr>                    <!--表格行开始-->
         <td></td>            <!--表格列-->
      </tr>                   <!--表格行结束-->
   </tfoot>                   <!--尾注标签结束-->
</table>                      <!--表格结束-->
```

其中，由于<tfoot>标签是用来标识行的，所以在使用上，<tfoot>标签要写在<tr>标签外面，也就是把<tr>标签嵌套在<tfoot>标签里面。由于表头、主体、行尾是作为表格的标识标签，在示例中使用的是简单的表格，所以在显示效果上，会看不出表头、主体、尾注的显示效果。

**【示例 6.25】**下面是使用表头、主体、行尾标签来显示表格的效果，代码如下：

```
<table border="1px" width="300px">      <!--表格开始，设置表格边框-->
   <thead>                              <!--表头开始-->
      <tr>
         <td>时间</td>
         <td>人数</td>
      </tr>
   </thead>                             <!--表头结束-->
   <tbody>                              <!--主体标签开始-->
```

```
        <tr>
            <td>2012 年 11 月</td>
            <td>100 人</td>
        </tr>
    </tbody>                                        <!--主体标签结束-->
    <tfoot>                                         <!--行尾标签开始-->
        <tr>
            <td colspan="2">注释：</td>
        </tr>
    </tfoot>                                        <!--行尾标签结束-->
</table>                                            <!--表格结束-->
```

效果如图 6.26 所示。

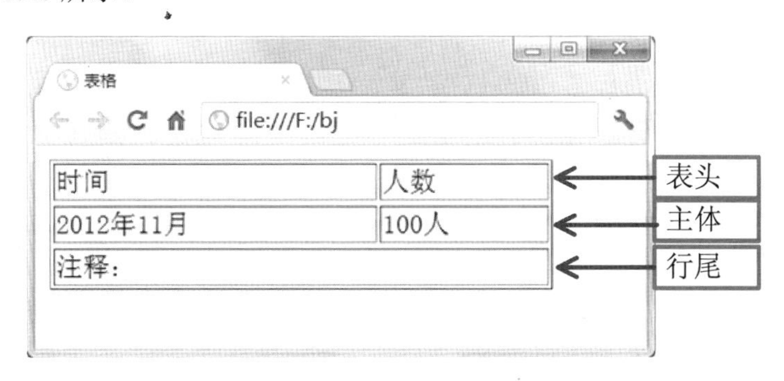


图 6.26　使用表头、主体、尾注标签显示表格效果图

**说明：**这种表头、主体、尾注的注释方法，在设计师制作网站时，是比较少用到的。

## 6.8　表格标题标签<caption>

表格标题是一个表格的内容的总结，通常被居中显示在表格的上方。<caption>标签是用来定义表格的标题的，它必须紧随<table>标签之后，并且每个表格只能定义一个标题。其语法结构如下：

```
<table>                                     <!--表格开始-->
    <caption>表格标题</caption>             <!--表格标题标签-->
    <tr>                                    <!--表格行开始-->
            <td></td>                       <!--表格列-->
    </tr>                                   <!--表格行结束-->
</table>                                    <!--表格结束-->
```

其中，<caption>标签没有嵌套住表格里面的标签，而是独立地放在<table>标签下面。

**【示例 6.26】**下面是使用<caption>标签来显示表格标题的效果，代码如下：

```
<table border="1px" width="300px">
                            <!--表格开始，设置表格边框为 1px，宽度为 300px-->
    <caption>表格标题</caption>                     <!--表格标题标签-->
    <tr>                                            <!--表格行开始-->
        <td>表格内容</td>                           <!--表格列-->
```

```
        <td>表格内容</td>
    </tr>                                        <!--表格行结束-->
    <tr>                                         <!--表格行开始-->
        <td>表格内容</td>                        <!--表格列-->
        <td>表格内容</td>
    </tr>                                        <!--表格行结束-->
</table>                                         <!--表格结束-->
```

效果如图 6.27 所示。

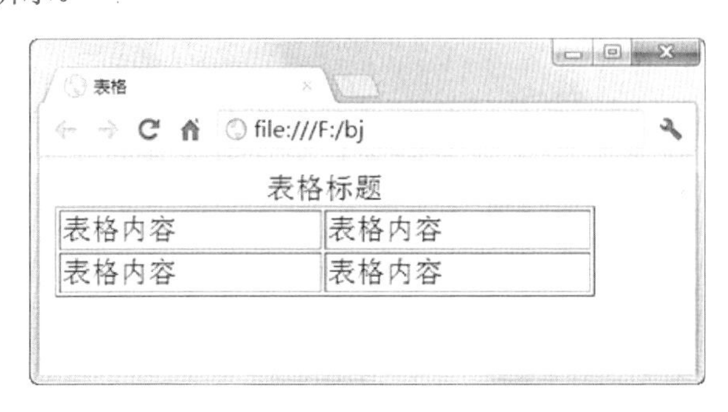


图 6.27　使用<caption>标签来显示表格标题效果图

## 6.9　本 章 小 结

本章学习了表格的各种使用方法。详细讲解了表格的各种属性的设置以及表格边框、对齐方式等的使用方法。表格是网页中的一个重要元素，也是应用最多的一个元素，因此读者要认真学习表格的使用。下一章我们将讲解多媒体元素。

## 6.10　本 章 习 题

【习题 6-1】在网页中插入一个 3 行 3 列的空表格，效果如图 6.28 所示。

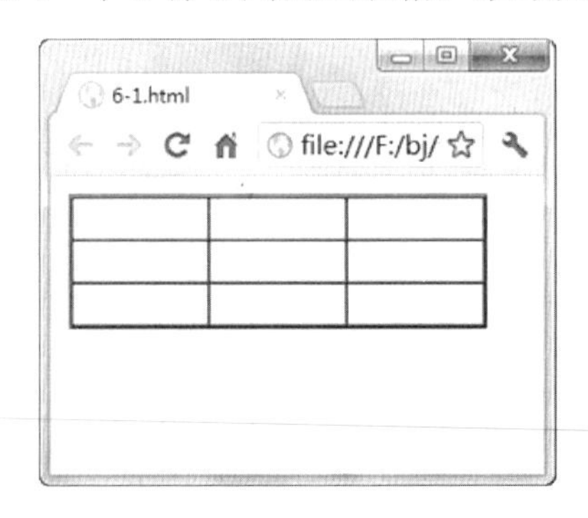


图 6.28　插入表格效果图

【习题 6-2】在网页中插入一个 3 行 3 列、边框粗细为 2px、颜色为蓝色的空表格，设置第一行的宽度为 100px、高度为 100px，并在表格中插入一张背景图片，效果如图 6.29

所示。

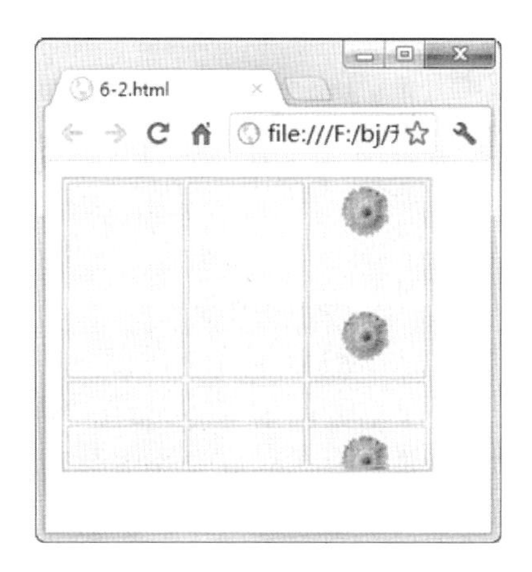


图 6.29　设置表格宽和高并插入背景图片效果图

【习题 6-3】在网页中插入一个 3 行 3 列的表格，在表格中添加文字，并设置对齐方式为水平垂直居中，效果如图 6.30 所示。

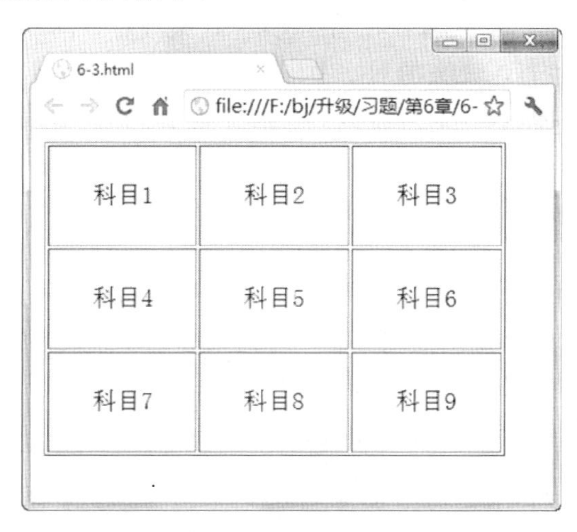


图 6.30　设置表格对齐方式效果图

【习题 6-4】在网页中插入一个 3 行 3 列的表格，并合并第一行和第二行的前两列，效果如图 6.31 所示。

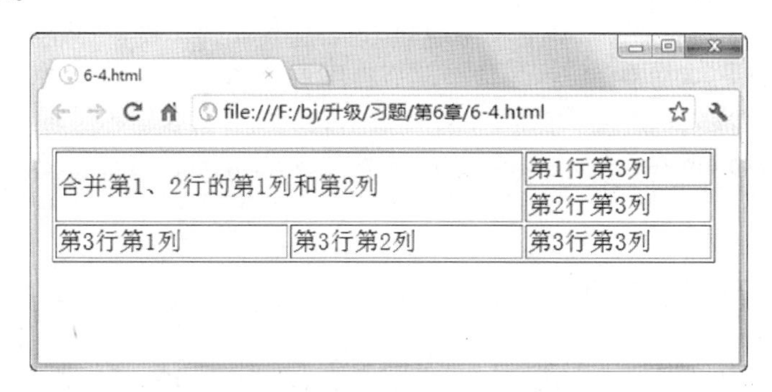


图 6.31　合并单元格效果图

# 第7章　多媒体元素

多媒体元素是指flash动画、视频、音频等有声音有动画的文件。在网页开发和设计过程中，在网页中插入多媒体元素，不单可以丰富网页的内容，还可以使网页更加生动，更吸引人。本章我们将详细讲述多媒体元素在网页中的使用。

## 7.1　活动字幕<marquee>

活动字幕也称为滚动看板、滚动字幕，是指在网页中会上下活动或左右活动的字幕，可以是文字也可以是图片，可以通过<marquee>标签来设置。活动字幕的使用使得整个网页更有动感，显得很有生气。现在的网站中也越来越多地使用活动字幕来加强网页的互动性。本节将详细讲述<marquee>标签的基本属性。

### 7.1.1　<marquee>标签概述

<marquee>标签是用来设置活动字幕的，只需要把<marquee>标签放在想产生滚动效果的地方就可以了。<marquee>标签是双标签，有起始标签和结束标签。在<marquee>标签里可以填写文本内容，也可以链接图片。语法形式如下：

```
<marquee>文本内容/链接图片</marquee>  <!--设置滚动字幕-->
```

其中，文本内容/链接图片放在<marquee>标签中，可以出现多个内容。<marquee>标签没有限制滚动的内容，但是会限制滚动字幕的大小。滚动字幕的大小用宽度 width 属性和高度 height 属性进行定义。其中，单用<marquee>标签是不可以使内容产生滚动效果的，<marquee>标签需要通过设置属性值才可以产生各种滚动的效果。下面将详细讲解<marquee>标签里的属性值。

**说明：** 滚动字幕<marquee>标签有个不好的地方，就是无论内容有多少，都是要等到全部内容滚动完之后才会重新开始新的滚动，这样造成了滚动到后面时会产生空白区域。所以现在已经用 JavaScript 脚本逐渐地取代了<marquee>标签的用法。

### 7.1.2　滚动方式 behavior

behavior 属性可以用来设置滚动字幕的滚动方式。behavior 属性具有三个值：scroll、slide、alternate，分别表示三种滚动方式。其语法结构如下：

```
<marquee behavior="scroll/slide/alternate">文本内容/链接图片</marquee>
                                        <!--设置滚动字幕滚动方式-->
```

其中，behavior 属性的三个值，scroll 表示滚动循环播出；slide 表示滚动播放一次；alternate 表示在两端来回滚动。默认情况下为 behavior="scroll"滚动播出。下面将逐一介绍。

### 1．滚动循环播出 scroll

behavior="scroll"表示滚动字幕循环滚动播出，即当字幕一次滚动完后，又会重新再回到原来的位置滚动播出。

【示例 7.1】下面是使用 behavior="scroll"来显示滚动字幕循环滚动播出的效果，代码如下：

```
<marquee behavior="scroll" width="200px" height="100px">滚动字幕循环滚动播出
</marquee>                                <!--设置滚动字幕循环滚动播出-->
```

效果如图 7.1 所示。

图 7.1　使用 behavior="scroll"效果图

由图 7.1 可以看出，1 和 2 中文字的位置是不一样的，它是一直在滚动循环播出的。

技巧：滚动循环播出在网站制作中，是很经常出现的一种滚动形式，通常会用于滚动的图片等。

### 2．滚动播放一次

有时候会希望滚动字幕只播放一次，这时可以使用 behavior="slide"来进行设置，它表示滚动字幕滚动到一方后停止滚动。

【示例 7.2】下面是使用 behavior="slide"来显示滚动字幕滚动一次具体效果，代码如下：

```
<marquee behavior="slide" width="200px" height="100px">滚动播放一次</marquee>
                                        <!--设置滚动字幕只滚动一次-->
```

效果如图 7.2 所示。

图 7.2　使用 behavior="slide"效果图

由图 7.2 可以看出，2 中滚动字幕滚到左边后就会停止，而不会再循环滚动。

### 3. 两端来回滚动

behavior="alternate"可以设置滚动字幕在网页两端来回滚动，即滚动字幕滚动到一方后向相反方向滚动。

**【示例 7.3】**下面是使用 behavior="alternate"来设置字幕来回滚动的效果，代码如下：

```
<marquee behavior="alternate" width="200px" height="100px">字幕来回滚动
</marquee>                                        <!--设置滚动字幕来回滚动-->
```

效果如图 7.3 所示。

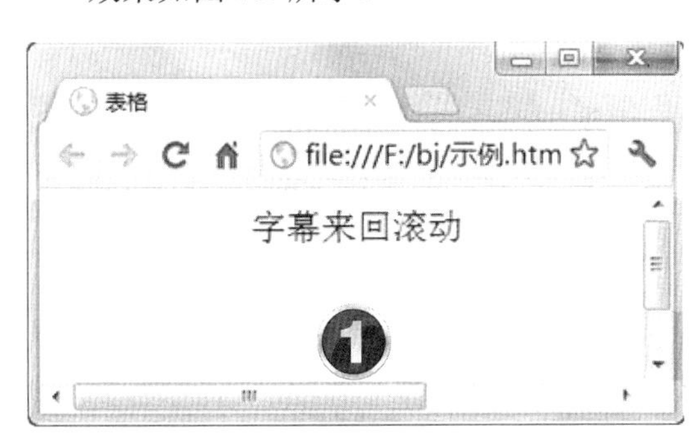

图 7.3　使用 behavior="alternate"效果图

由图 7.3 可以看出，1 中字幕是由右向左滚动，2 中字幕是由左向右滚动。

## 7.1.3　滚动字幕背景颜色 bgcolor

为了让滚动字幕效果更好看，可以设置滚动字幕的背景颜色。<marquee>标签里的 bgcolor 属性就是用来设置滚动字幕的背景颜色。其语法结构如下：

```
<marquee bgcolor="背景颜色">文本内容/链接图片</marquee>
                                                  <!--设置滚动字幕背景颜色-->
```

之前已经讲过背景颜色的填写格式，这里就不再多说。

**【示例 7.4】**下面是使用 bgcolor 属性为滚动字幕添加背景颜色的效果，代码如下：

```
<marquee bgcolor="#cccccc" width="300px" height="50px">滚动字幕添加灰色背景
颜色</marquee>                                   <!--设置滚动字幕背景颜色-->
```

效果如图 7.4 所示。

图 7.4　使用 bgcolor 属性为滚动字幕添加背景颜色效果图

技巧：一般滚动字幕的使用，都比较少设置其背景颜色。

## 7.1.4　字幕滚动方向 direction

字幕滚动方向是指字幕从哪个方向开始滚动，可以通过<marquee>标签里的 direction 属性来进行设置。direction 属性有四个值：left、right、up、down，分别用来设置字幕从右向左滚动、从左向右滚动、从下向上滚动、从上向下滚动，默认情况下为 direction="left" 从右到左滚动。其语法结构如下：

```
<marquee direction="left/right/up/down">文本内容/链接图片</marquee> <!-- 设置滚动字幕滚动方式-->
```

下面我们来分别举例说明。

**【示例 7.5】**下面是使用 direction="left"来设置滚动字幕从右向左滚动的效果，代码如下：

```
<marquee direction="left" width="300px" height="50px">滚动字幕从右向左滚动
</marquee>                                <!--设置滚动字幕从右到左滚动-->
```

效果如图 7.5 所示。

图 7.5　使用 direction="left"设置从右向左滚动效果图

**【示例 7.6】**下面是使用 direction="right"来设置滚动字幕从左向右滚动的效果，代码如下：

```
<marquee direction="right" width="300px" height="50px">滚动字幕从左向右滚动
</marquee>                                <!--设置滚动字幕从左到右滚动-->
```

效果如图 7.6 所示。

图 7.6　使用 direction="right"设置从左向右滚动效果图

**【示例 7.7】**下面是使用 direction="up"来设置滚动字幕从下向上滚动的效果，代码如下：

```
<marquee direction="up" width="300px" height="150px">滚动字幕从下向上滚动
</marquee>                                    <!--设置滚动字幕从下向上滚动-->
```

效果如图 7.7 所示。

图 7.7　使用 direction="up"设置从下向上滚动效果图

【示例 7.8】下面是使用 direction="down"来设置滚动字幕从上向下滚动的效果，代码如下：

```
<marquee direction="down" width="300px" height="150px">滚动字幕从上到下滚动
</marquee>                                    <!--设置滚动字幕从上到下滚动-->
```

效果如图 7.8 所示。

图 7.8　使用 direction="down"设置从上向下滚动效果图

## 7.1.5　字幕滚动速度 scrollamount

scrollamount 属性是用来设置滚动字幕滚动时的速度。我们可以根据我们的需要来设置滚动的快慢。其语法结构如下：

```
<marquee scrollamount="n">文本内容/链接图片</marquee>
                                              <!--设置滚动字幕移动速度-->
```

其中，n 用来填写滚动的速度，n 的最小值是 1，1 是滚动字幕最慢的速度，数值越大滚动就越快。

**【示例 7.9】**下面是使用 scrollamount 属性来设置字幕滚动速度，代码如下：

```
<marquee  scrollamount="1"  width="300px"  height="150px"> 字 幕 滚 动 速 度
</marquee>                                        <!--设置滚动字幕速度-->
```

由于在截图上看不出效果，这里不再截图，读者可以根据代码自己演示。scrollamount 属性的属性值越大，移动的速度就会越快，通常情况下，都会设置为 1 或 2。

### 7.1.6　滚动字幕停顿时间 scrolldelay

通过 scrolldelay 属性可以设置滚动字幕每滚动一下停顿的时间。其语法结构如下：

```
<marquee scrolldelay="n">文本内容/链接图片</marquee>
                                          <!--设置滚动字幕停顿时间-->
```

其中，n 是用来填写滚动停顿的时间，单位是毫秒。当值越大的时候停顿的时间就越长。在使用效果上和 scrollamount 属性有些相似，都是让滚动字幕的滚动变慢，这里不再举例。

### 7.1.7　设置滚动字幕水平和垂直空白区域

滚动字幕水平和垂直空白区域是指滚动字幕与放置滚动字幕的方框的左右和上下的距离，可以通过 hspace 属性来设置滚动字幕水平空白区域，通过 vspace 属性来设置滚动字幕垂直空白区域。其语法结构如下：

```
<marquee hspace="n" >文本内容/链接图片</marquee>
                                        <!--设置滚动字幕水平空白区域-->
<marquee vspace="n" >文本内容/链接图片</marquee>
                                        <!--设置滚动字幕垂直空白区域-->
```

其中，n 是用来填写左右距离的大小，单位为像素（px），无需再为 n 添加单位，不然会造成无法显示距离。下面来分别举例说明。

**【示例 7.10】**下面是使用 hspace 属性来显示滚动字幕左右距离的具体效果，由于水平距离是要放在方框里才可以显示出效果的，这里将为示例添加一个边框为 1px 的表格。代码如下：

```
<table border="1">
<tr>
<td>
<marquee width="300px" bgcolor="#00ffff" height="150px" hspace="15" >水平
空白区域为 10px</marquee> <!--设置滚动字幕水平空白区域-->
</td>
</tr>
</table>
```

效果如图 7.9 所示。

图 7.9　使用 hspace 属性设置水平距离效果图

**【示例 7.11】**下面是使用 vspace 属性来设置滚动字幕垂直距离的效果，代码如下：

```
<table border="1">
<tr>
<td>
<marquee width="300px" bgcolor="#00ffff" height="150px" vspace="15" >垂直
空白区域为 15px</marquee>                    <!--设置滚动字幕上下空白区域-->
</td>
</tr>
</table>
```

效果如图 7.10 所示。

图 7.10　使用 vspace 属性设置上下距离效果图

## 7.1.8　字幕滚动次数 loop

loop 属性可以设置字幕的滚动次数。通过设置，可以使滚动字幕按设置的次数进行循环滚动，也可以进行无限循环滚动。其语法结构如下：

```
<marquee loop="n" >文本内容/链接图片</marquee>    <!--设置滚动字幕滚动次数-->
```

其中，n 是用来填写循环的次数的。当 n=–1 时，是无限次循环；当 n 是正数时，则按照填写的次数进行循环滚动。

【示例 7.12】下面是使用 loop 属性来设置字幕滚动次数，代码如下：

```
<marquee width="300px" height="150px" loop="-1" >滚动次数</marquee>
                                        <!--设置滚动字幕滚动次数-->
```

由于在截图上看不出效果，这里不再截图，读者可以根据代码自己演示。

### 7.1.9　设置鼠标滑过 onMouseOver

鼠标滑过 onMouseOver 属性是用来控制鼠标滑过滚动字幕时停止滚动的效果。此效果必须要有两个属性值来进行定义。其语法结构如下：

```
<marquee onMouseOut ="this.start()" onMouseOver="this.stop() " >文本内容/
链接图片</marquee>          <!--设置鼠标滑过滚动字幕时停止滚动效果-->
```

其中，onMouseOut ="this.start()"是用来设置鼠标移出该区域时继续滚动，onMouseOver="this.stop() "是用来设置鼠标移入该区域时停止滚动。通过这两个属性值的同时使用，才可以使鼠标滑过滚动字幕时停止滚动，而当鼠标移开滚动字幕时又开始滚动。

【示例 7.13】下面是使用 onMouseOver 属性来显示鼠标滑过时滚动字幕停止滚动的效果，代码如下：

```
<marquee width="300px" height="50px" onMouseOut="this.start()" onMouseOver=
"this.stop() " >鼠标滑过效果</marquee>  <!--设置鼠标滑过滚动字幕时停止滚动效果-->
```

效果如图 7.11 所示，可以看出，当鼠标移动到字幕时，字幕停止滚动。

图 7.11　使用 onMouseOver 属性设置鼠标滑过时滚动字幕的效果图

**技巧**：滚动字幕的图片插入，和之前讲的在文本中插入图片是一样的，只要把文本换成图片链接即可。

## 7.2　插入多媒体元素

前面已经提过，多媒体就是指 flash 动画、视频、音频等有声音有动画的元素。插入多媒体元素是指在网页中插入 flash 动画、视频、音频等。插入多媒体元素，可以使网站更加生动，更加吸引人。本节将详细讲解如何在网页中插入音乐和 flash 动画多媒体元素。

## 7.2.1　插入音乐

在浏览网页时，经常可以看见某个网页里会添加音乐文件。在网页中插入音乐可以使用<embed>标签来进行设置。<embed>标签也包含有许多属性，下面将详细讲解<embed>标签里的属性的设置。

### 1．设置路径 src

和插入图片一样，插入音乐文件也需要插入正确的音乐文件的路径。src 属性可以用来设置音乐文件路径，和插入图片的用法是一样的。其语法结构如下：

```
<embed src="音乐文件路径"></embed>          <!--设置多媒体音乐路径-->
```

其中，具体路径的写法和图片路径的写法是一样的，这里就不再多讲。

**【示例 7.14】**下面是使用 src 属性为网页插入音乐文件的效果，这里使用的音乐放在 images 文件夹里。代码如下：

```
<embed src="images/ Sleep Away.mp3"></embed>  <!--设置多媒体音乐路径-->
```

效果如图 7.12 所示。

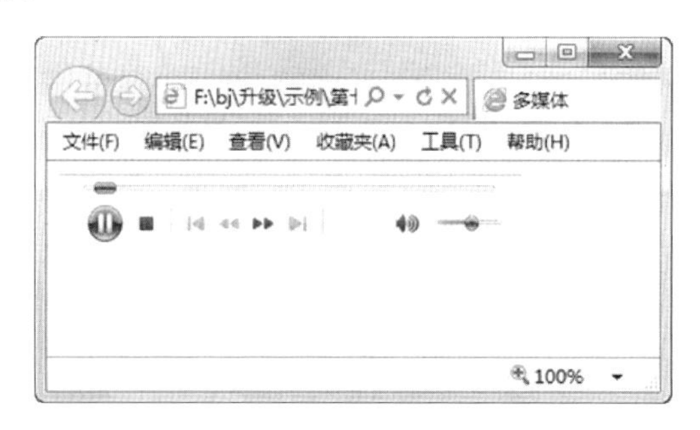


图 7.12　使用 src 属性插入音乐文件效果图

**说明：**mp3 是浏览器所支持的格式，所以一打开网页就会自动显示出播放器进行播放。

### 2．自动播放 autostart

autostart 属性用来设置音乐文件在页面打开时是否进行自动播放。它有两个值：true 和 false。其语法结构如下：

```
<embed src="音乐文件路径" autostart="true/false"></embed>
                                        <!--设置多媒体音乐是否自动播放-->
```

其中，当 autostart="true"时，表示音乐文件在页面打开时进行自动播放；当 autostart="false"时，表示音乐文件在页面打开时不进行自动播放。在没有设置的情况下，默认为自动播放。

**【示例 7.15】**下面是使用 autostart 属性为网页设置自动播放的效果，这里设置音乐文件不自动播放。代码如下：

```
<embed src="images/Sleep Away.mp3" autostart="false"></embed>
                                    <!--设置多媒体音乐不进行自动播放-->
```

效果如图 7.13 所示，可以看到当网页打开时，音乐文件没有自动播放。

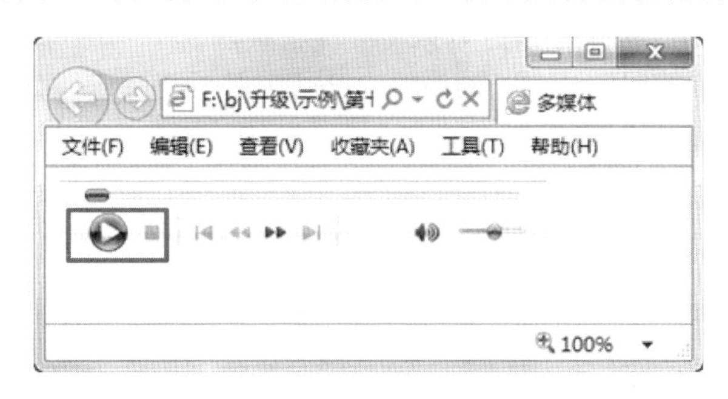


图 7.13　使用 autostart 属性设置自动播放效果图

### 3．循环播放 loop

这里的 loop 和活动字幕的 loop 作用不太一样。这里的 loop 只能设置音乐文件是否进行循环播放，不能设置循环播放的次数。这里的 loop 属性只有两个值：true 和 false。其语法结构如下：

```
<embed src="音乐文件路径" loop="true/false"></embed>
                                    <!--设置多媒体音乐是否循环播放-->
```

其中，当 loop="true"时，表示音乐文件进行循环播放；当 loop="false"时，表示音乐文件不进行循环播放。在没有设置的情况下，默认为 loop="false"不进行循环播放。

**【示例 7.16】**下面是使用 loop 属性来设置循环播放的效果，这里设置音乐文件循环播放。代码如下：

```
<embed src="images/ Sleep Away.mp3" loop="true"></embed>
                                    <!--设置多媒体音乐自动播放-->
```

效果如图 7.14 所示，当音乐文件一遍播放完后，会自动循环播放。

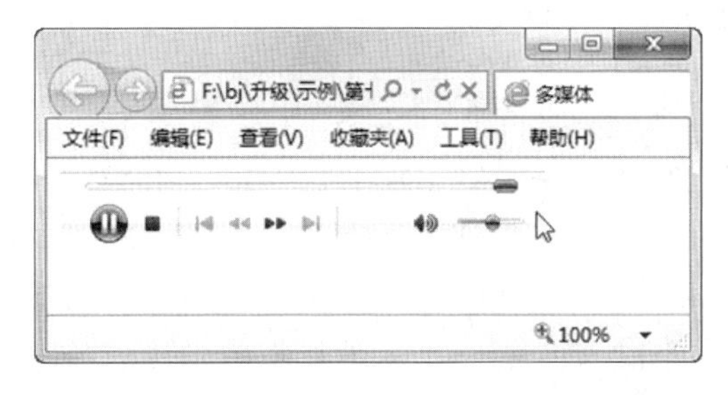


图 7.14　使用 loop 属性设置循环播放效果图

### 4．隐藏播放版面 hidden

hidden 属性可以用来设置是否隐藏音乐文件的播放器。隐藏了播放器后，音乐还会继续播放，但却看不见播放器。hidden 属性有两个属性值：true 和 false。其语法结构如下：

```
<embed src="音乐文件路径" hidden="true/false"></embed>
                                        <!--设置多媒体音乐是否隐藏播放版面-->
```

其中，当 hidden="true"时，表示隐藏音乐文件的播放器，但是音乐文件还是会继续播放；当 hidden="false"时，表示不隐藏音乐文件的播放器。

**【示例 7.17】**下面是使用 hidden 属性隐藏音乐文件的播放器的效果，这里设置隐藏音乐文件的播放器。代码如下：

```
<embed src="images/ Sleep Away.mp3" hidden="true"></embed>
                                        <!--设置多媒体音乐隐藏播放版面-->
```

效果如图 7.15 所示，能听见音乐，却看不见播放器。

图 7.15　使用 hidden 属性隐藏播放器效果图

## 7.2.2　插入 flash

<object>标签用来插入 flash 文件。插入 flash 文件和插入音乐文件不同，flash 文件的插入比插入音乐文件要复杂，需要通过多个标签和属性的设置来完成。本小节就来详细介绍插入 flash 的<object>标签及其属性设置。

<object>标签用来插入多媒体文件。它可以出现在网页的头部 head 或内容部分 body 里面。<object>标签通过两个属性值来对插入的 flash 进行属性设置。其语法结构如下：

```
<object  classid="clsid:D27CDB6E-AE6D-11cf-96B8-444553540000"  codebase=
"http://download.macromedia.com/pub/shockwave/cabs/flash/swflash.cab#ve
rsion=9,0,28,0" width="" height=""> </object>      <!--插入 flash 文件-->
```

其中，classid="clsid:D27CDB6E-AE6D-11cf-96B8-444553540000"，是固定形式，通过和 codebase 属性一起使用，提供给 flash 一个基本标准的 URL。codebase="http://download.macromedia.com/pub/shockwave/cabs/flash/swflash.cab#version=9,0,28,0"，也是固定形式，它指定了一个路径，此路径的目录包含了 classid 属性所填写的对象。width 属性和 height 属性填写的是要插入的 flash 的宽度和高度。由于单独使用<object>标签无法使用 flash 文件，所以在这里将不做举例说明，示例会在下面的标签里一起讲述。

## 7.2.3　显示 flash

插入了 flash 以后，还要通过<param>标签来显示 flash，此标签被嵌套在<object>标签里面。<param>标签有两个属性，用来设置 flash 的显示效果。其语法结构如下：

```
<!--开始插入 flash 文件-->
<object  classid="clsid:D27CDB6E-AE6D-11cf-96B8-444553540000"  codebase=
"http://download.macromedia.com/pub/shockwave/cabs/flash/swflash.cab#ve
rsion=9,0,28,0" width="" height="">
<param name="" value="" />
</object><!--结束插入 flash 文件-->
```

其中，<param>标签是单标签，所以需要加 / 号来关闭<param>标签。name 是用来定义参数的唯一的名字，value 是用来定义前面定义的参数的值，这两个属性是需要同时在<param>标签里出现的。在插入 flash 时，需要设置<param>标签里 name 的必须存在的两个参数，这两个参数是要放在一起使用的。

**【示例 7.18】**下面是使用<object>标签和<param>标签来插入 flash 和显示 flash 的效果，使用的 flash 文件放在 images 文件夹。代码如下：

```
<!--开始插入 flash 文件-->
<object  classid="clsid:D27CDB6E-AE6D-11cf-96B8-444553540000"  codebase=
"http://download.macromedia.com/pub/shockwave/cabs/flash/swflash.cab#ve
rsion=9,0,28,0" width="450" height="300">
  <param name="movie" value="images/ww.swf" />
  <param name="quality" value="high" />
</object>
<!--结束插入 flash 文件-->
```

效果如图 7.16 所示。

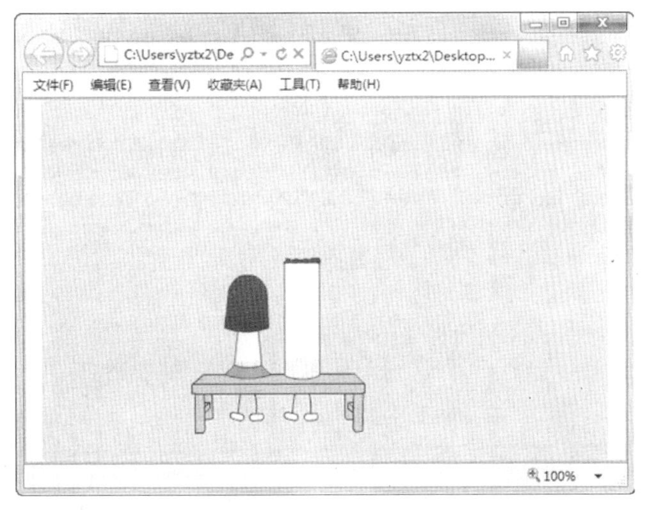


图 7.16　使用<object>标签和<param>标签插入 flash 效果图

注意：单独使用<object>标签和<param>标签，会出现一个问题，需要一个 holder swf 来加载 flash 文件，以保证 IE 中能正常显示到 flash 文件。

## 7.2.4　<embed>标签

由于<object>标签和<param>标签存在的兼容性的问题，需要引入另一个插入 flash 的标签——<embed>标签。此标签的显示效果和上面所说的<object>标签加<param>标签的效果是一样的。由于<embed>标签本身的兼容性也不好，这时候就可以在<object>标签中再插入<embed>标签来达到兼容。一般在使用上，都是将<embed>标签写在<object>标签里面、<param>标签后面。其语法结构如下：

```
<!--开始插入 flash 文件-->
<object  classid="clsid:D27CDB6E-AE6D-11cf-96B8-444553540000"  codebase=
"http://download.macromedia.com/pub/shockwave/cabs/flash/swflash.cab#ve
rsion=9,0,28,0" width="" height="">
  <param name="movie" value=" " />
  <param name="quality" value="high" />
  <embed  src="  "  quality="high"  pluginspage="http://www.adobe.com/
shockwave/download/download.cgi?P1_Prod_Version=ShockwaveFlash"
type="application/x-shockwave-flash" width="" height=""></embed>
</object>
<!--结束插入 flash 文件-->
```

其中，pluginspage="http://www.adobe.com/shockwave/download/download.cgi?P1_Prod_Version=ShockwaveFlash" type="application/x-shockwave-flash"这两个属性值和<object>标签里的 classid 属性、codebase 属性是同样的用法，<object>标签和<param>标签有的参数，<embed>标签也要有相应的属性。

**【示例 7.19】**下面是使用<object>标签、<param>标签和<embed>标签插入 flash 的效果，代码如下：

```
<!--开始插入 flash 文件-->
<object  classid="clsid:D27CDB6E-AE6D-11cf-96B8-444553540000"  codebase=
"http://download.macromedia.com/pub/shockwave/cabs/flash/swflash.cab#ve
rsion=9,0,28,0" width="450" height="300">
  <param name="movie" value="images/ww.swf" />
  <param name="quality" value="high" />
  <embed src="images/ww.swf" quality="high" pluginspage="http://www.adobe.
com/shockwave/download/download.cgi?P1_Prod_Version=ShockwaveFlash"
type="application/x-shockwave-flash" width="450" height="300"></embed>
</object>
<!--结束插入 flash 文件-->
```

效果如图 7.17 所示。

图 7.17　使用<object>标签、<param>标签和<embed>标签插入 flash 效果图

# 7.3　插入背景音乐

在上一节介绍了在网页中插入音乐文件的方法，同样的也可以在网页中插入背景音乐。使用<bgsound>标签就可以插入背景音乐。背景音乐文件支持的格式为 wav，midi，mp3 等后缀的文件。本节将详细讲述<bgsound>标签里的各个属性。

## 7.3.1　背景音乐路径 src

和插入音乐文件一样，src 属性也可以设置背景音乐的路径，不过要放在<bgsound>标签里才能用来设置背景音乐的路径。其语法结构如下：

```
<bgsound  src="背景音乐路径" />          <!--设置背景音乐路径-->
```

可以看到，<bgsound>标签是单标签，所以要使用 / 号来关闭标签。对于路径的填写，和之前说过的图片路径的填写方法是一样的，这里就不再多讲。需要注意的是<bgsound>标签可以放在<head>里面，也可以放在<body>里面。

**【示例 7.20】**下面是使用 src 属性为网页插入背景音乐的效果，这里将<bgsound>标签放在<body>里面。代码如下：

```
<bgsound src="images/Sleep Away.mp3" />     <!--设置背景音乐-->
插入背景音乐
```

效果如图 7.18 所示，打开网页后就能听见背景音乐，而没有音乐播放器。

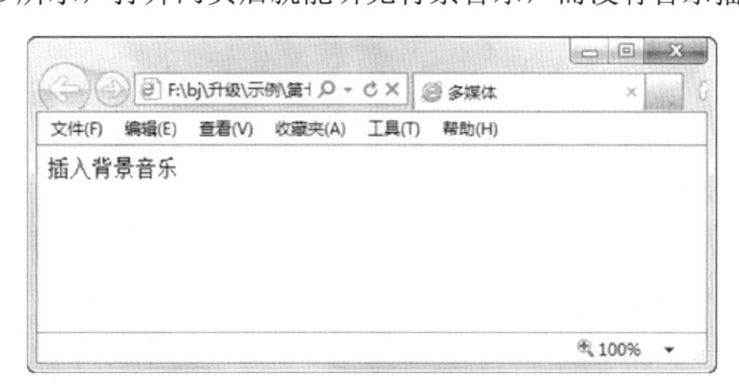


图 7.18　使用 src 属性插入背景音乐效果图

## 7.3.2　自动播放 autostart

通过 autostart 属性可以来设置打开网页时背景音乐是否自动播放。autostart 属性有两个值：true 和 false。其语法结构如下：

```
<bgsound src="背景音乐路径" autostart="true/false" />
                                        <!--设置背景音乐是否自动播放-->
```

其中，当 autostart="true"时，表示打开网页时背景音乐进行自动播放；当 autostart="false"

时，表示打开网页时背景音乐不进行自动播放。由于背景音乐不进行自动播放就很难再使背景音乐播放，所以一般情况下，autostart="true "。

**【示例 7.21】**下面是使用 autostart 属性设置背景音乐自动播放的具体效果，这里设置背景音乐为自动播放。代码如下：

```
<bgsound src="images/ Sleep Away.mp3" autostart="true" />
                                        <!--设置背景音乐自动播放-->
自动播放背景音乐
```

效果如图 7.19 所示，打开网页后，背景音乐就会自动播放。

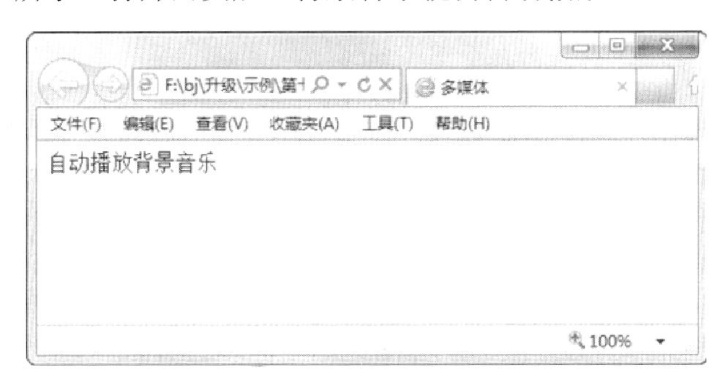


图 7.19　使用 autostart 属性设置背景音乐自动播放效果图

## 7.3.3　循环播放 loop

通过 loop 属性同样也可以设置背景音乐的循环播放次数。但这里的 loop 属性和之前所说 loop 属性的属性值有些不同。其语法结构如下：

```
<bgsound src="背景音乐路径" loop=n/infinite />   <!--设置背景音乐循环播放->
```

其中，n 用来填写背景音乐的循环次数。loop 属性在这里除了可以填写数字外，还可以设置为 infinite，表示背景音乐无限循环播放。

**【示例 7.22】**下面是使用 loop 属性设置背景音乐循环播放的效果，代码如下：

```
<bgsound src="images/ Sleep Away.mp3" loop="infinite" />
                                    <!--设置背景音乐无限循环播放-->
无限循环播放背景音乐
```

效果如图 7.20 所示。

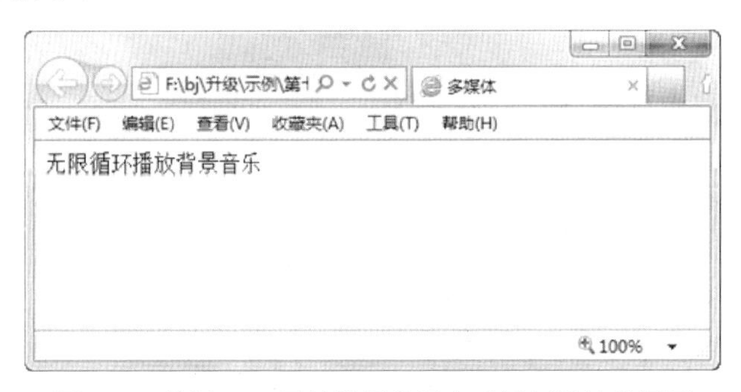


图 7.20　使用 loop 属性设置背景音乐循环播放效果图

注意：当<bgsound>标签放在<body>里面的时候，要放在最前面。

## 7.4　本章小结

本章学习了多媒体元素的用法。详细讲解了活动字幕的实现方法以及多媒体元素的插入和显示。本章的难点在于 flash 的插入，在前面的学习中可以发现 flash 的插入相对的比较复杂，但是基本上 flash 插入的语法格式都是固定的，我们只要直接嵌套就可以了。下一章我们将讲解 HTML 中的框架。

## 7.5　本章习题

【习题 7-1】在网页中插入活动字幕，设置背景颜色为蓝色，滚动方式为循环滚动播放，滚动方向为从左到右，并设置鼠标滑过滚动字幕时停止滚动，效果如图 7.21 所示。

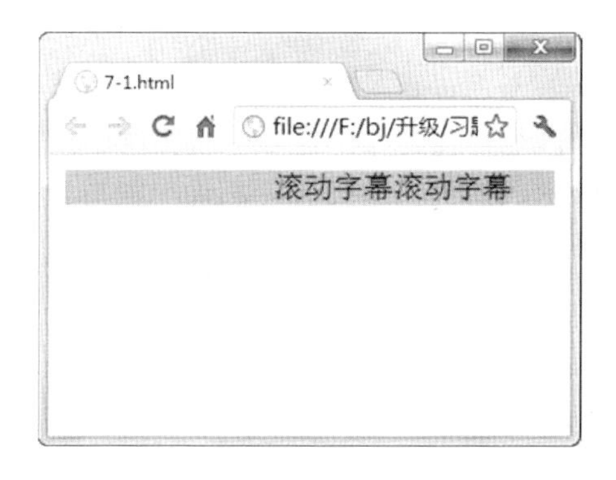


图 7.21　设置滚动字幕效果图

【习题 7-2】在网页中插入音乐，使音乐在打开网页时自动播放，并且进行循环播放，效果如图 7.22 所示。

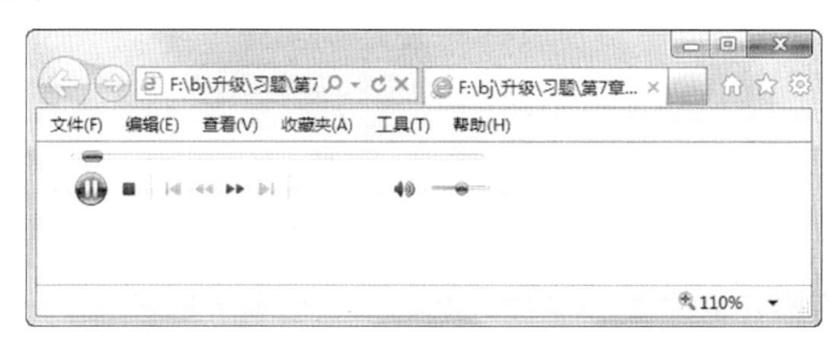


图 7.22　插入音乐效果图

# 第8章 框 架

在浏览器中，一个页面对应一个窗口，页面中的内容显示在整个窗口中。但有时候我们希望一个浏览器窗口可以显示多个页面，为了避免网页结构混乱，就需要对网页进行合理架构。而框架就是网页设计中经常使用的设计方式，其作用就是把网页在一个浏览器窗口下划分成几个部分，让网页结构更加的清晰，而且修改起来也互不干扰。本章将详细讲解框架的使用。

## 8.1 认识框架

框架实际上是一种特殊的网页，它是指将一个页面分成多个区域，每个区域都是一个单独的页面。修改任意一个区域，而另外的区域不会受影响。框架把页面分成几个部分，这有利于网页的编辑，编辑不同网页的时候相同的地方就可以直接调用，只需要修改不同的地方就可以了。

使用框架也有不好的地方，使用框架页面不容易打印，由于是几个页面组合在一起的，太过于复杂的代码会使一些搜索引擎无法搜索到。所以在使用上，为了使网站易于搜索，应尽量避免使用框架。

## 8.2 基本结构

<frameset>标签和<frame>标签可以用来设置框架的基本结构。<frameset>标签表示一个大的框架，通常称为框架集；<frame>标签表示大框架里的子框架，通常称为框架。其语法格式如下：

```
<frameset>                              <!--开始插入框架-->
   <frame src="框架连接的页面的URL" />
</frameset>                             <!--结束插入框架-->
```

在网站设计中最常见的框架结构有上中下结构、上左右结构，如图 8.1、图 8.2 所示。

图 8.1　上中下结构框架图　　　　图 8.2　上左右结构框架图

# 8.3　框架集<frameset>

框架集是用来定义一组框架的布局和属性，包括框架的数目、大小、位置等。可以说框架集包含着框架。<frameset>标签可以用来定义框架集。<frameset>标签包含很多属性，这些属性可以设置框架的布局，修饰框架的总体效果。本节将详细讲述框架集<frameset>标签里各个属性的设置。

## 8.3.1　框架集宽度 cols

使用 cols 来设置框架集的宽度，可以将框架集在水平方向分割成几个框架。其语法结构如下：

```
<frameset cols="col1,col2,col3,*"> <!--开始插入框架-->
   <frame src="框架连接的页面的 URL " />
</frameset>                        <!--结束插入框架-->
```

其中，col1，col2，col3 用来填写子框架的宽度，可以是百分比、像素，也可以是剩余值*号，之间使用英文的逗号隔开，想出现多少个子框架就写多少个宽度。使用百分比时需要注意，引号里面每个宽度的百分比全部加起来要等于 100%。

剩余值*号表示所有框架设定之后的剩余部分。当符号*只出现一次，即其他框架的大小都有明确的定义时，表示该框架的大小将根据浏览器窗口的大小而自动调整；当符号*出现一次以上时，表示按比例分割浏览器窗口的剩余空间。

**【示例 8.1】**下面是剩余值*号的具体使用例子，由于是单独讲解剩余值*号，所以这里将不做图解。代码如下：

```
<frameset cols="40%,2*,*">        <!-- 将窗口分为 40%, 40%, 20% -->
<frameset cols="100,200,*">       <!-- 将窗口分为 100 像素, 200 像素, 自由扩展 -->
```

```
<frameset cols="100,*,*">          <!-- 将 100 像素以外的窗口平均分配 -->
<frameset cols="*,*,*">            <!-- 将窗口分为三等份 -->
```

说明：在 cols 属性没有设置的情况下，默认为一个框架。

**【示例 8.2】**下面是使用 cols 属性来设置一个左中右框架的效果。由于框架的作用，这里将会有三个框架页面产生，框架集页面命名为 8.2.html，三个框架页面依此命名为 8.2.1.html、8.2.2.html、8.2.3.html。代码如下。

8.2.html 页面代码如下：

```
<!DOCTYPE html PUBLIC "-//W3C//DTD XHTML 1.0 Transitional//EN" "http://www.
w3.org/TR/xhtml1/DTD/xhtml1-transitional.dtd">
<html xmlns="http://www.w3.org/1999/xhtml">
<head>
<meta http-equiv="Content-Type" content="text/html; charset=utf-8" />
<title>示例 8.2</title>
</head>
<frameset cols="200,*,*">              <!-- 将 200 像素以外的窗口平均分配 -->
   <frame src="8.2.1.html" />          <!-- 插入框架 8.2.1.html -->
   <frame src="8.2.2.html" />          <!-- 插入框架 8.2.2.html -->
   <frame src="8.2.3.html" />          <!-- 插入框架 8.2.3.html -->
</frameset>
</html>
```

注意：在 HTML 文档中使用框架集要定义在<body>标签和<head>标签之间，不能定义在<body>标签和<html>标签里。否则会导致浏览器忽略所有的框架集定义而只显示<body>和</body>之间的内容。

8.2.1.html 页面代码如下：

```
<!DOCTYPE html PUBLIC "-//W3C//DTD XHTML 1.0 Transitional//EN" "http://www.
w3.org/TR/xhtml1/DTD/xhtml1-transitional.dtd">
<html xmlns="http://www.w3.org/1999/xhtml">
<head>
<meta http-equiv="Content-Type" content="text/html; charset=utf-8" />
<title>框架 1</title>
</head>
<body>
左边框架
</body>
</html>
```

8.2.2.html 页面代码如下：

```
<!DOCTYPE html PUBLIC "-//W3C//DTD XHTML 1.0 Transitional//EN" "http://www.
w3.org/TR/xhtml1/DTD/xhtml1-transitional.dtd">
<html xmlns="http://www.w3.org/1999/xhtml">
<head>
<meta http-equiv="Content-Type" content="text/html; charset=utf-8" />
<title>框架 2</title>
</head>
<body>
中间框架
</body>
</html>
```

8.2.3.html 页面代码如下：

```
<!DOCTYPE html PUBLIC "-//W3C//DTD XHTML 1.0 Transitional//EN" "http://www.w3.org/TR/xhtml1/DTD/xhtml1-transitional.dtd">
<html xmlns="http://www.w3.org/1999/xhtml">
<head>
<meta http-equiv="Content-Type" content="text/html; charset=utf-8" />
<title>框架 3</title>
</head>
<body>
右边框架
</body>
</html>
```

效果如图 8.3 所示。

图 8.3　使用 cols 属性设置框架集宽度效果图

## 8.3.2　框架集高度 rows

使用 rows 属性来设置框架集的高度，即可以将框架集在垂直方向分割为几个框架。其语法结构如下：

```
<frameset rows="row1,row2,row3,*"> <!--开始插入框架-->
    <frame src="框架连接的页面的 URL " />
</frameset>                          <!--结束插入框架-->
```

其中，row1，row2，row3 用来填写框架的高度，可以是百分比、像素，也可以是剩余值*号，之间使用英文的逗号隔开，想出现多少个子框架就写多少个高度。rows 属性在这里的用法和 cols 属性的用法是一样的，在这里就不再多讲了。

**【示例 8.3】**下面是使用 rows 属性来设置框架集高度，显示一个上中下框架的效果。由于框架的作用，这里将会有三个框架页面产生，框架集页面命名为 8.3.html，三个子框架页面依此命名为 8.3.1.html、8.3.2.html、8.3.3.html。由于上一小节已经给出完整的 HTML

代码，这里只给出主要代码。代码如下。

8.3.html 页面代码如下：

```
<frameset rows="100,200,100">  <!--将窗口分为 100 像素，200 像素，100 像素-->
    <frame src="8.3.1.html" />  <!-- 插入框架 8.3.1.html -->
    <frame src="8.3.2.html" />  <!-- 插入框架 8.3.2.html -->
    <frame src="8.3.3.html" />  <!-- 插入框架 8.3.3.html -->
</frameset>
```

8.3.1.html 页面代码如下：

```
<body>
上边框架
</body>
```

8.3.2.html 页面代码如下：

```
<body>
中间框架
</body>
```

8.3.3.html 页面代码如下：

```
<body>
下边框架
</body>
```

效果如图 8.4 所示。

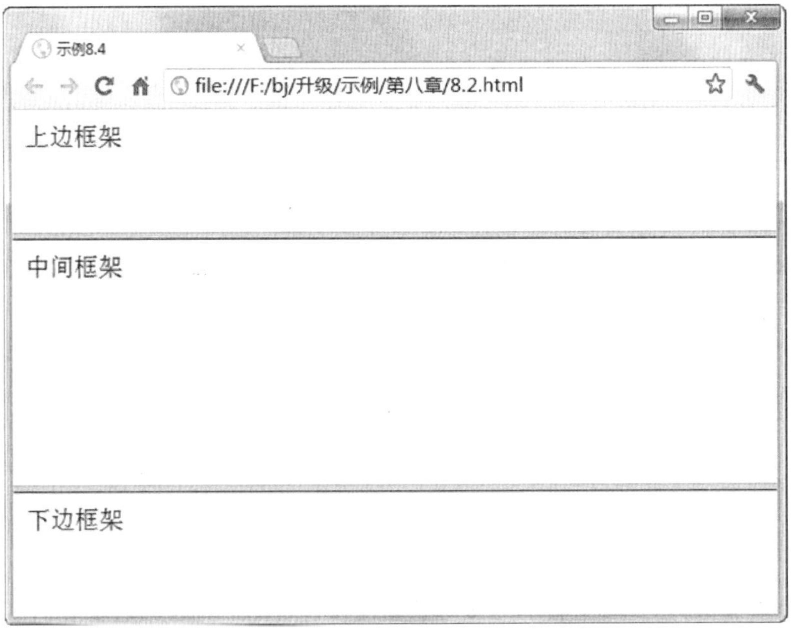

图 8.4　使用 rows 属性设置框架集高度效果图

注意：框架集中的框架是以行或列进行排列的，只能选择一种排列方式，因此 cols 和 rows 属性不能同时使用。

### 8.3.3　边框集边框粗细 border

在<frameset>标签里，border 属性是用来设置边框集中框架与框架之间的边框的粗细。其语法结构如下：

```
<frameset border="n">                              <!--开始插入框架-->
    <frame src="框架连接的页面的 URL " />
</frameset>                                        <!--结束插入框架-->
```

其中，n 是用来设置边框的粗细的。在没有设置的情况下，默认为 5 像素。

**【示例 8.4】** 下面是使用 border 属性来设置边框粗细的效果。这里引用 8.3.1.html、8.3.2.html、8.3.3.html 三个框架来进行设置，所以这里只给出框架集页面 8.4.html 的代码。代码如下：

```
<!DOCTYPE html PUBLIC "-//W3C//DTD XHTML 1.0 Transitional//EN" "http://www.
w3.org/TR/xhtml1/DTD/xhtml1-transitional.dtd">
<html xmlns="http://www.w3.org/1999/xhtml">
<head>
<meta http-equiv="Content-Type" content="text/html; charset=utf-8" />
<title>示例 8.4</title>
</head>
<frameset rows="100,*,*" border="15">
                            <!-- 将 100 像素以外的窗口平均分配，边框为 15 个像素 -->
   <frame src="8.3.1.html" />              <!-- 插入框架 8.3.1.html -->
   <frame src="8.3.2.html" />              <!-- 插入框架 8.3.2.html -->
   <frame src="8.3.3.html" />              <!-- 插入框架 8.3.3.html -->
</frameset>
</html>
```

效果如图 8.5 所示。和图 8.4 比较，可以看出图 8.5 的边框明显变粗。

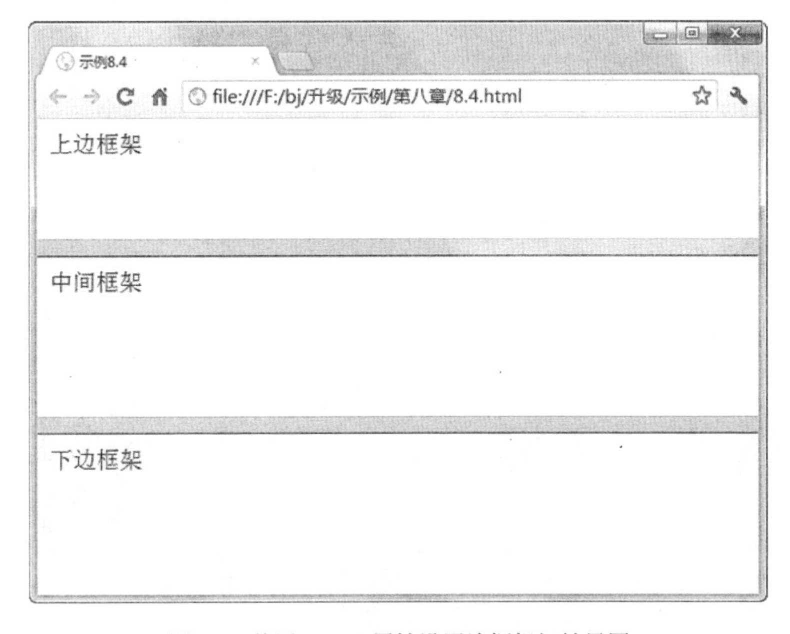


图 8.5　使用 border 属性设置边框粗细效果图

## 8.3.4　设置边框颜色 bordercolor

bordercolor 属性用来设置框架集中框架与框架之间的边框颜色。其语法结构如下：

```
<frameset border="边框宽度" bordercolor="边框颜色">  <!--开始插入框架-->
    <frame src="框架连接的页面的 URL " />
</frameset>                                       <!--结束插入框架-->
```

bordercolor 属性填写的颜色格式和之前讲过的背景颜色填写的格式一样，这里就不再阐述。

**【示例 8.5】**下面是使用 bordercolor 属性来设置边框颜色的具体效果。这里会引用 8.2.1.html、8.2.2.html、8.2.3.html 三个框架来进行设置，所以这里只给出框架集页面 8.5.html 的代码。代码如下：

```
<!DOCTYPE html PUBLIC "-//W3C//DTD XHTML 1.0 Transitional//EN" "http://www.w3.org/TR/xhtml1/DTD/xhtml1-transitional.dtd">
<html xmlns="http://www.w3.org/1999/xhtml">
<head>
<meta http-equiv="Content-Type" content="text/html; charset=utf-8" />
<title>示例 8.5</title>
</head>
<frameset cols="100,200,100" border="10" bordercolor="#00ffff">
    <!-- 将窗口分为 100 像素、200 像素、100 像素，边框宽度为 10 像素，边框颜色为蓝色 -->
   <frame src="8.2.1.html" />                  <!--插入框架 8.2.1.html -->
   <frame src="8.2.2.html" />                  <!--插入框架 8.2.2.html -->
   <frame src="8.2.3.html" />                  <!--插入框架 8.2.3.html -->
</frameset>
</html>
```

效果如图 8.6 所示。

图 8.6　使用 bordercolor 属性设置边框颜色效果图

## 8.3.5　设置是否显示边框 frameborder

frameborder 属性可以用来设置是否显示框架集中框架与框架之间的边框。frameborder 属性有两个值：1 和 0，当 frameborder="1"时，表示显示边框；当 frameborder="0"时，表示不显示边框。其语法结构如下：

```
<frameset frameborder="1/0">        <!--开始插入框架-->
   <frame src="框架连接的页面的 URL " />
</frameset>                         <!--结束插入框架-->
```

**【示例 8.6】** 下面是使用 frameborder 属性来设置不显示边框的效果。这里会引用 8.2.1.html、8.2.2.html、8.2.3.html 这三个框架来进行设置，所以这里只给出框架集页面 8.6.html 的代码。代码如下：

```
<!DOCTYPE html PUBLIC "-//W3C//DTD XHTML 1.0 Transitional//EN" "http://www.
w3.org/TR/xhtml1/DTD/xhtml1-transitional.dtd">
<html xmlns="http://www.w3.org/1999/xhtml">
<head>
<meta http-equiv="Content-Type" content="text/html; charset=utf-8" />
<title>示例 8.6</title>
</head>
<frameset cols="100,200,100" border="10" frameborder="0">
      <!--将窗口分为 100 像素、200 像素、100 像素，边框为 10 像素，边框不显示 -->
   <frame src="8.2.1.html" />                <!--插入框架 8.2.1.html -->
   <frame src="8.2.2.html" />                <!--插入框架 8.2.2.html -->
   <frame src="8.2.3.html" />                <!--插入框架 8.2.3.html -->
</frameset>
</html>
```

效果如图 8.7 所示，可以看出三个框架之间没有边框。

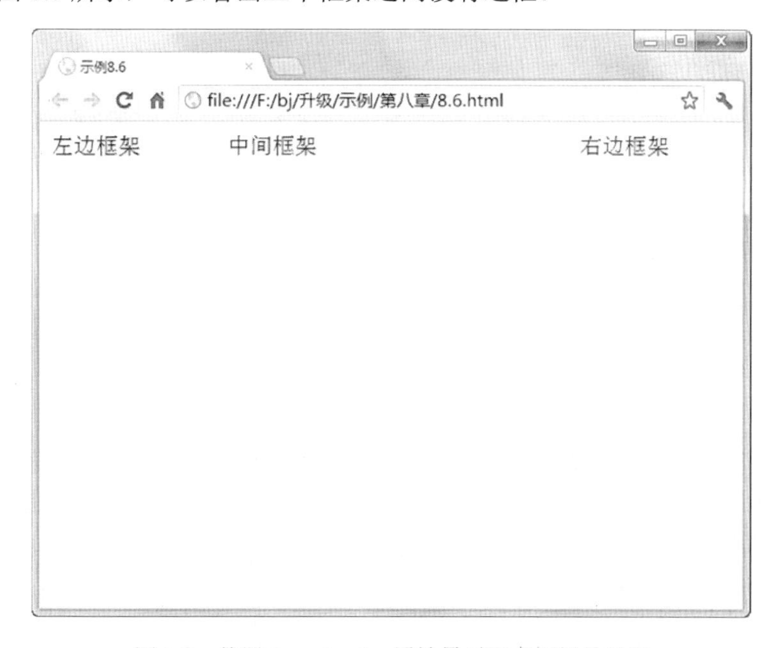


图 8.7　使用 frameborder 属性显示没有框架效果图

## 8.3.6　设置框架间隔 framespacing

framespacing 属性用来设置框架集中框架与框架之间的间隔，也就是框架与框架之间的空白距离，其语法结构如下：

```
<frameset frameborder="间隔大小">                <!--开始插入框架-->
   <frame src="框架连接的页面的 URL " />
</frameset>                                     <!--结束插入框架-->
```

需要注意的是，框架与框架之间的间隔不宜填得太大，太大的话，会使子框架与子框架之间脱离开来，破坏了页面的完整。

**【示例 8.7】**下面是使用 framespacing 属性显示框架之间间隔的效果。为了是效果更明显，给框架集里的三个框架都加上了背景颜色。这三个框架的名称分别为 8.7.1.html、8.7.2.html、8.7.3.html。框架集的名称为 8.7.html。代码如下。

8.7.html 页面代码如下：

```
<!DOCTYPE html PUBLIC "-//W3C//DTD XHTML 1.0 Transitional//EN" "http://www.w3.org/TR/xhtml1/DTD/xhtml1-transitional.dtd">
<html xmlns="http://www.w3.org/1999/xhtml">
<head>
<meta http-equiv="Content-Type" content="text/html; charset=utf-8" />
<title>示例 8.7</title>
</head>
<frameset cols="100,*,*" framespacing="10px">
                 <!-- 将 100 像素以外的窗口平均分配，设置框架间隔为 10 像素-->
   <frame src="8.7.1.html" />                   <!--插入框架 8.7.1.html -->
   <frame src="8.7.2.html" />                   <!--插入框架 8.7.2.html -->
   <frame src="8.7.3.html" />                   <!--插入框架 8.7.3.html -->
</frameset>
</html>
```

8.7.1.html 页面代码如下：

```
<body bgcolor="#00ffff">          <!--设置框架背景色为蓝色-->
左边框架
</body>
```

8.7.2.html 页面代码如下：

```
<body bgcolor="#666699">          <!--设置框架背景色为紫色-->
中间框架
</body>
```

8.7.3.html 页面代码如下：

```
<body bgcolor="#fffacd">          <!--设置框架背景色为黄色-->
右边框架
</body>
```

效果如图 8.8 所示。

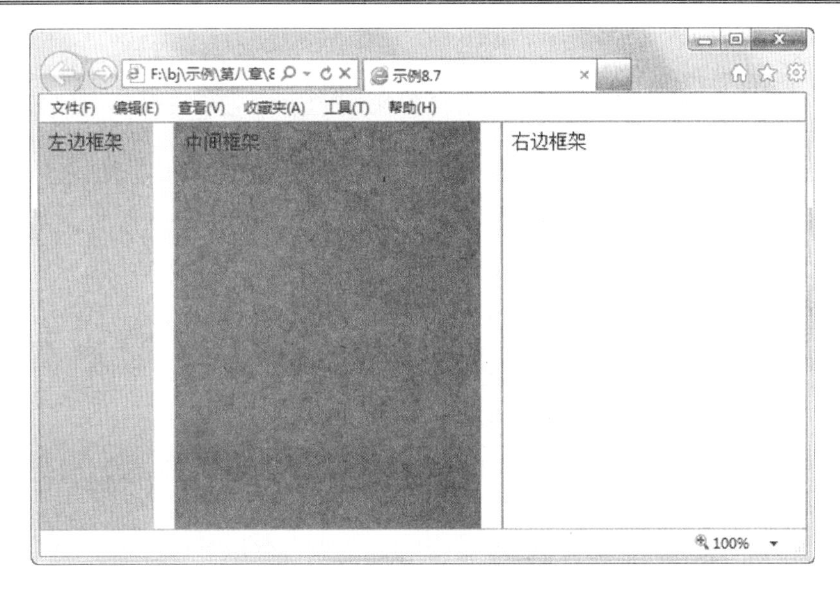


图 8.8　使用 framespacing 属性设置框架间隔效果图

## 8.3.7　不支持框架标签<noframes>

前面已经说过并不是所有的浏览器都支持框架，当浏览器不支持 frame 框架时可以使用<noframes>标签。<noframes>标签是在浏览器不支持 frame 框架时，向浏览者显示一些警告信息，以警告浏览者当前浏览器不支持 frame 框架。<noframes>标签里面需要嵌套着<body>标签，其语法结构如下：

```
<frameset>                                        <!--开始插入框架-->
    <frame src="框架连接的页面的 URL " />
</frameset>                                       <!--结束插入框架-->
<noframes>                                        <!--开始插入非支持框架标签-->
    <body>警告内容</body>
</noframes>                                       <!--结束插入非支持框架标签-->
```

其中，<body>标签里面填写的内容，可以是文本内容，也可以是网页，在这里，<body>标签就是网页中的<body>内容主体。

**【示例 8.8】**下面是使用<noframes>标签来设置浏览器不支持框架的效果。由于<noframes>标签是在不支持的浏览器里才产生效果，现在主流的浏览器都支持框架，所以会看不到<noframes>标签里显示的内容。这里引用 8.3.1.html、8.3.2.htm、8.3.3.htmll 三个框架来进行设置，所以只给出框架集页面 8.8.html 的代码。代码如下：

```
<!DOCTYPE html PUBLIC "-//W3C//DTD XHTML 1.0 Transitional//EN" "http://www.
w3.org/TR/xhtml1/DTD/xhtml1-transitional.dtd">
<html xmlns="http://www.w3.org/1999/xhtml">
<head>
<meta http-equiv="Content-Type" content="text/html; charset=utf-8" />
<title>示例 8.8</title>
</head>

<frameset rows="100,*,*">        <!--将 100 像素以外的窗口平均分配-->
```

```
    <frame src="8.3.1.html" />  <!-- 插入子框架 8.3.1.html -->
    <frame src="8.3.2.html" />  <!-- 插入子框架 8.3.2.html -->
    <frame src="8.3.3.html" />  <!-- 插入子框架 8.3.3.html -->
</frameset>
<noframes>                      <!-- 不支持框架时显示<body>标签里的内容 -->
    <body>此浏览器不支持框架</body>
</noframes>
</html>
```

效果如图 8.9 所示。

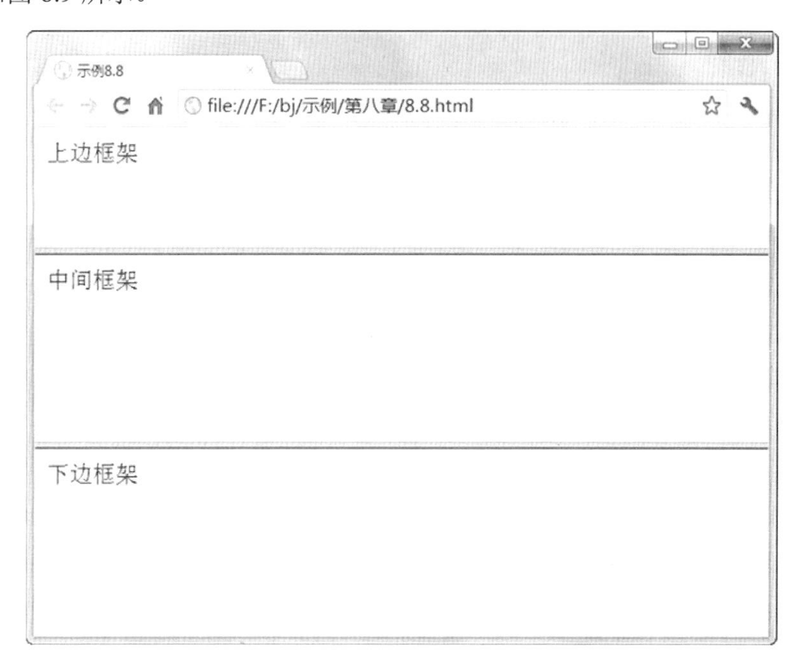


图 8.9　使用<noframes>标签显示框架效果图

注意：<body>标签需要加入<noframes>标签，才可以和<frameset>标签同时使用。在没有写<noframes>标签的框架页面里，使用 Dreamweaver 编辑器打开页面，会自动为页面添加<noframes>标签。

## 8.4　框架<frame>

在上一节已经讲过框架被包含在框架集里。可以这样说，框架集是由框架组成的，框架集中显示的内容都是由框架的链接页面提供的。<frame>标签就是用来定义框架的。本节将详细讲解<frame>标签里的各个属性的设置。

### 8.4.1　设置框架边框不可调节 noresize

在前面的例子中，大家可以发现，当鼠标放在框架页面的边框上时，可以调节边框的大小。但有时我们并不希望框架大小可以调节。这时可以使用 noresize 属性来进行设置。noresize 属性用来设置框架边框为不可调节状态。由于调节的是框架而不是框架集，所以 noresize 属性要放在框架里面使用。noresize 属性只有一个属性值，其语法结构如下：

```
<frameset>                                           <!--开始插入框架-->
    <frame src="框架连接的页面的 URL" noresize="noresize" />
                                                     <!--设置子框架调节-->
</frameset>                                          <!--结束插入框架-->
```

noresize="noresize"表示边框之间不能进行调节，这是固定格式。在没有设置的情况下，鼠标放在框架页面的边框上，可以进行调节。当设置了之后，鼠标放在框架页面的边框上，就不可以进行调节。

**【示例 8.9】**下面是使用 noresize 属性来设置框架边框不能调节的效果。这里会引用 8.3.1.html、8.3.2.html 这两个框架来进行设置，这里只给出框架集页面 8.9.html 的代码。代码如下：

```
<!DOCTYPE html PUBLIC "-//W3C//DTD XHTML 1.0 Transitional//EN" "http://www.w3.org/TR/xhtml1/DTD/xhtml1-transitional.dtd">
<html xmlns="http://www.w3.org/1999/xhtml">
<head>
<meta http-equiv="Content-Type" content="text/html; charset=utf-8" />
<title>示例 8.9</title>
</head>
<frameset rows="100,*">      <!--将 100 像素以外的窗口自由扩展-->
   <frame src="8.3.1.html" noresize="noresize"/>
                             <!--插入框架 8.3.1.html，设置框架不能调节 -->
   <frame src="8.3.2.html" /><!--插入子框架 8.3.2.html ，不设置则框架可以调节-->
</frameset>
<noframes>                   <!--不支持框架时显示<body>中的内容 -->
    <body>此浏览器不支持框架</body>
</noframes>
</html>
```

这里为了效果明显，给出了两个图，图 8.10 是框架边框可以调节的效果，图 8.11 是框架边框不可以调节的效果。

图 8.10　使用 noresize 属性设置框架调节效果图

由上面两个图可以看出，当框架可以调节的时候，把鼠标放在框架边框上，鼠标就会变成调节边框的样子，如图 8.11 所示。

图 8.11　没有使用 noresize 属性设置框架可以调节效果图

## 8.4.2　框架集嵌套

在一个框架集里，框架只能选择行或列一种排列方式。但有时我们想使页面既有横向框架又有纵向框架，这时可以使用框架集嵌套来实现。框架集嵌套，就是在框架集标签中包含框架集标签。其语法结构如下：

```
<frameset>                                    <!--开始插入框架-->
    <frame src="框架连接的页面的 URL ">
    <frameset>                                <!--开始插入嵌套框架-->
        <frame src="框架连接的页面的 URL ">
        <frame src="框架连接的页面的 URL ">
    </frameset>                               <!--结束插入嵌套框架-->
</frameset>                                   <!--结束插入框架-->
```

其中，框架集里起码要有一个框架，然后再嵌套一个框架集，要不然嵌套就变得毫无意义。在被嵌套在里面的框架集里起码要有两个框架，要不然此框架集也将变得毫无意义。

**【示例 8.10】**下面是使用框架集嵌套设置框架的效果。这里使用的是一个左上下的结构框架。先在框架集里插入一个左边框架，然后嵌套一个框架集，在嵌套的框架集里再插入上下两个框架。使用的子框架页面为 8.2.1.html、8.3.1.html、8.3.2.html，这里只给出框架集页面 8.10.html 的代码。代码如下：

```
<!DOCTYPE html PUBLIC "-//W3C//DTD XHTML 1.0 Transitional//EN" "http://www.
w3.org/TR/xhtml1/DTD/xhtml1-transitional.dtd">
<html xmlns="http://www.w3.org/1999/xhtml">
<head>
<meta http-equiv="Content-Type" content="text/html; charset=utf-8" />
<title>示例 8.10</title>
</head>
```

```
<frameset cols="100,*">                    <!--将 100 像素以外的窗口自由扩展-->
    <frame src="8.2.1.html" />             <!--插入子框架 8.2.1.html -->
    <frameset rows="100,*" >               <!--将 100 像素以外的窗口自由扩展-->
        <frame src="8.3.1.html" />         <!--插入子框架 8.3.1.html -->
        <frame src="8.3.2.html" />         <!--插入子框架 8.3.2.html -->
    </frameset>
</frameset>
```

效果如图 8.12 所示。

图 8.12　使用窗口嵌套设置框架效果图

技巧：一般使用窗口嵌套，嵌套的框架集和被嵌套的框架集所使用的分割种类是不同的。

## 8.5　框 架 链 接

显然在一个框架中显示大量的不相关的内容，查找起来是不方便的。我们可以使用超链接来更换框架的内容，而不改变框架结构。可以把超链接的“源端”和“目标端”分别放在两个框架中，单击“源端”超链接，“目标端”HTML 页面就在指定的框架内显示出来。要进行超链接，必须要先用 name 属性对框架进行命名，再设置链接内容中的 target 属性，把“源端”和“目标端”绑定在一起。其语法结构如下。

框架集语法结构如下：

```
<frameset>  <!--开始插入框架-->
    <frame src="框架连接的页面的 URL " name="n" />
</frameset> <!--结束插入框架-->
```

链接页面语法形式如下：

```
<a href="#" target="n"> </a>
```

其中，n 是用来填写框架页面的名字的，n 命名要遵守命名规则。target 属性里的 n 要和 name 属性里的 n 命名一致，才可以产生效果。#是用来填写所要链接到的网页的地址。

**【示例 8.11】**下面是使用 name 属性和 target 属性来设置框架超链接的效果。这里使用的是一个左右的结构框架，使用的框架页面命名为 8.11.1.html、8.11.2.html，这里给出的框架集页面的代码命名为 8.11.html。

8.11.html 页面代码如下：

```
<!DOCTYPE html PUBLIC "-//W3C//DTD XHTML 1.0 Transitional//EN" "http://www.w3.org/TR/xhtml1/DTD/xhtml1-transitional.dtd">
<html xmlns="http://www.w3.org/1999/xhtml">
<head>
<meta http-equiv="Content-Type" content="text/html; charset=utf-8" />
<title>示例 8.11</title>
</head>
<frameset cols="*,*">                          <!--将窗口按等份，分为两等份 -->
    <frame src="8.11.1.html" name="page1" />
                                               <!--插入子框架 8.11.1.html -->
    <frame src="8.11.2.html" name="page2" />
                                               <!--插入子框架 8.11.2.html -->
</frameset>
<noframes>                                     <!--不支持框架时显示下面内容 -->
    <body>此浏览器不支持框架</body>
</noframes>
</html>
```

8.11.1.html 页面代码如下：

```
<body>
<a href="http://www.sohu.com" target="page2">链接到搜狐网站</a>
                                                   <!--设置链接 -->
</body>
```

8.11.2.html 页面代码如下：

```
<body>
<a href="http://www.baidu.com" target="page1">链接到百度网站</a>
                                                   <!--设置链接 -->
</body>
```

效果如图 8.13～图 8.15 所示。

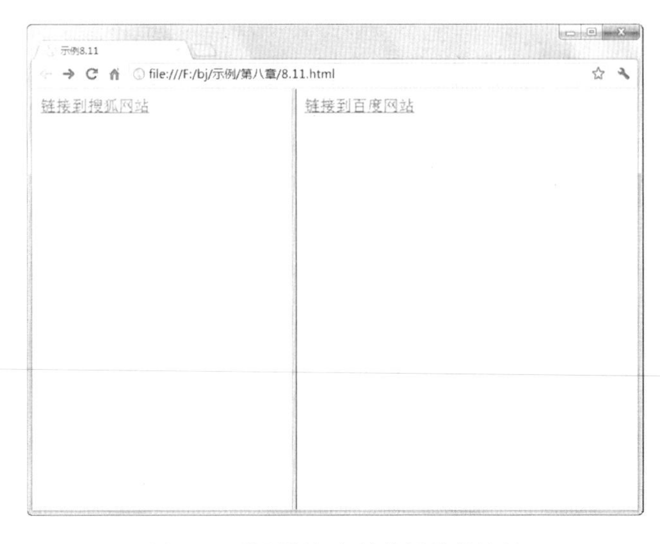


图 8.13　使用框架超链接链接前效果

图 8.14　使用框架超链接单击左边链接后的效果

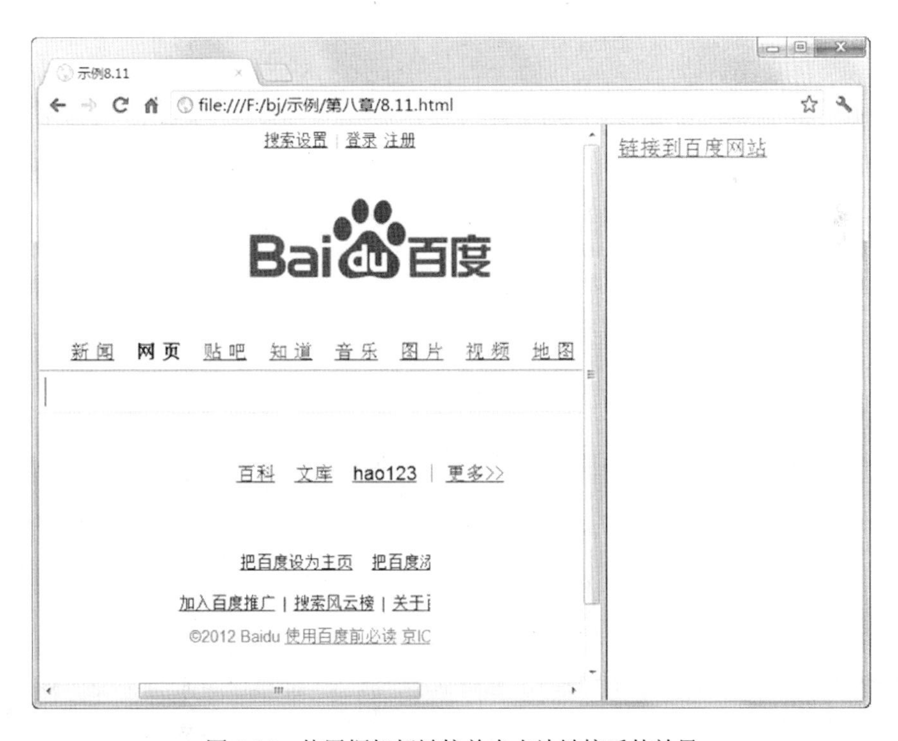


图 8.15　使用框架超链接单击右边链接后的效果

**说明：** 这种框架的使用，大多数都是体现在后台的操作里。

# 8.6　嵌入式框架<iframe>

嵌入式框架是在网页中嵌入一个框架窗口，把一个网页显示在框架之中，这种方法最常用于制作在多个网页中都有的模块，如广告、用户协议等。当需要更改广告时，只需要更改框架中嵌入的网页文件即可，而不需要修改主文件。嵌入式框架可以通过<iframe>标签来进行设置。<iframe>标签是放在<body>标签里面的，其语法结构如下：

```
<iframe src="框架窗口连接的页面的 URL "> </iframe><!--设置嵌入式框架-->
```

<iframe>标签拥有前面所说的<frameset>标签和<frame>标签的属性，包括：src、name、height、width、frameborder。这些的语法、用法和<frameset>标签、<frame>标签里的语法、用法是一样的。在这些属性的基础上，添加了 scrolling 属性和 allowtransparency 属性。本节将详细讲述 scrolling 属性和 allowtransparency 属性的用法。

## 8.6.1　滚动条 scrolling

scrolling 属性是用来设置框架窗口是否可以添加滚动条来滚动显示内容。scrolling 属性有两个属性值：yes 和 no。其语法结构如下：

```
<iframe src="框架窗口连接的页面的 URL " scrolling="yes/no"> </iframe>
                                        <!--设置框架窗口的滚动条-->
```

其中，当 scrolling="yes"时，表示浮动窗口根据需要显示滚动条；当 scrolling="no"时，表示浮动窗口不显示滚动条。

**【示例 8.12】**下面是使用 scrolling 属性来设置是否显示滚动条的效果。为了使效果更明显，这里在页面里插入了两个相同的框架窗口的页面，一个显示滚动条，一个不显示滚动条。这里给出的框架窗口的代码命名为 8.12.html，框架窗口内容的页面命名为 8.12.1.html。代码如下。

8.12.html 页面代码如下：

```
<iframe src="8.12.1.html" width="200px" height="150px" scrolling="yes">
</iframe><br /><br />  <br/>                <!--设置浮动窗口显示滚动条-->
<iframe src="8.12.1.html" width="200px" height="150px" scrolling="no">
</iframe>
                                      <!--设置浮动窗口不显示滚动条-->
```

8.12.1.html 页面代码如下：

```
这是框架窗口<br/>
这是框架窗口<br/>
这是框架窗口<br/>
这是框架窗口<br/>
这是框架窗口<br/>
这是框架窗口<br/>
这是框架窗口<br/>
```

效果如图 8.16 所示。

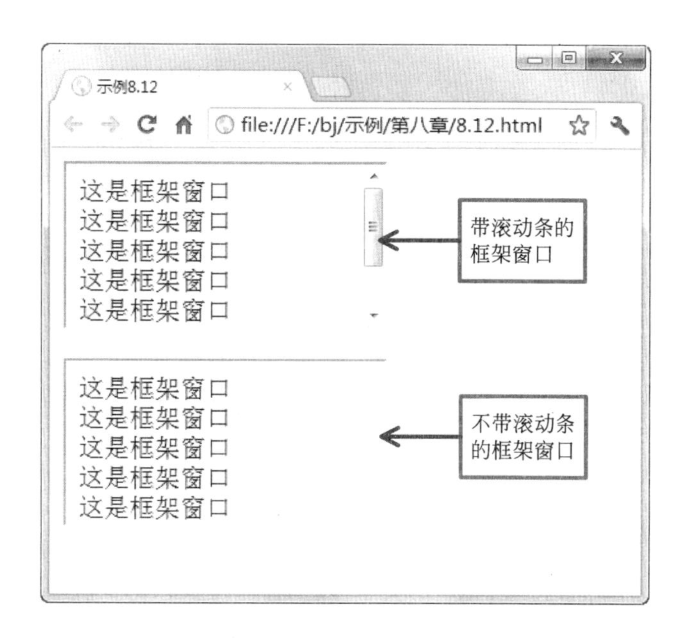


图 8.16　使用 scrolling 属性设置框架窗口是否显示滚动条效果图

**注意：** 嵌套在 frameset 里的 iframe 必须放在<body>标签中，不嵌套在 frameset 里的 iframe 可以随意使用。

## 8.6.2　框架窗口透明设置 allowtransparency

allowtransparency 属性可以设置框架窗口在页面里显示为透明状态，也就是页面上的背景可以穿透框架窗口。allowtransparency 属性只有一个属性值 true。其语法结构如下：

```
<iframe src="框架窗口连接的页面的 URL " allowtransparency="true"> </iframe>
                                                  <!--设置透明框架窗口-->
```

其中，allowtransparency="true"是固定格式，表示设置透明框架窗口。

**【示例 8.13】**下面是使用 allowtransparency 属性设置透明框架窗口的效果。这里使用的框架窗口内容的页面代码为上小节中的 8.12.html，框架窗口的代码命名为 8.13.html。为了使效果更明显，在页面里添加了蓝色的背景。8.13.html 代码如下：

```
<body bgcolor="#00ffff">
<iframe src="8.12.1.html" width="200px" height="150px" allowtransparency=
"true"> </iframe>                                  <!--设置透明框架窗口-->
</body>
```

效果如图 8.17 所示。

**技巧：** 在使用中，浮动窗口使用的频率要比框架使用的频率高。

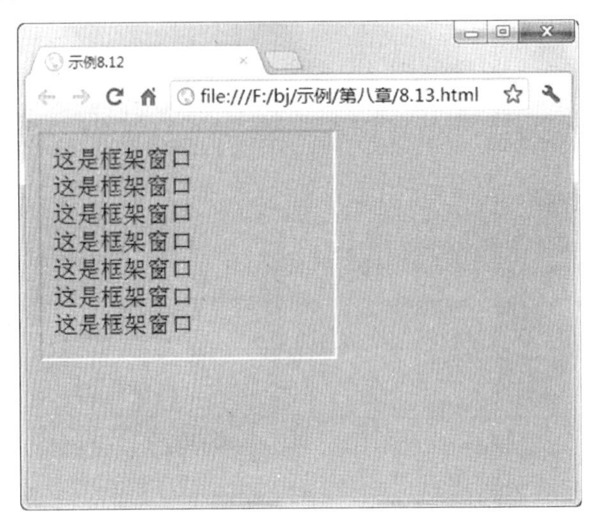


图 8.17　使用 allowtransparency 属性设置透明框架窗口效果图

## 8.7　本 章 小 结

本章主要学习了框架，它可以使网页架构更加合理。当网页内容比较少的时候，使用框架将会使网页布局看起来更加丰富合理。详细介绍了框架和框架集的属性的用法以及嵌入式框架的设置。下一章我们将讲解列表元素的使用。

## 8.8　本 章 习 题

【习题 8-1】在网页中创建一个简单的上下型结构的框架，上下框架背景颜色分别为黄色和蓝色，设置边框宽度为 5px，边框颜色为红色，效果如图 8.18 所示。

图 8.18　设置框架效果图

【习题 8-2】在网页中创建一个上左右结构的嵌套框架，先在框架集里插入一个上边框架，然后嵌套一个框架集，在嵌套的框架集里再插入左右两个框架，效果如图 8.19 所示。

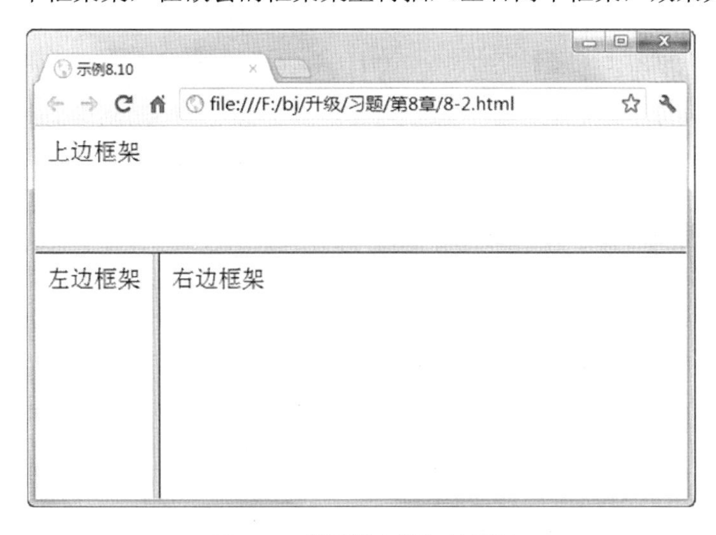


图 8.19　设置嵌套框架效果图

# 第 9 章　列 表 元 素

列表在网页布局和排版方面都具有很强大的功能。使用列表可以使文本图像内容像使用了表格一样整齐排列，非常方便浏览者浏览。不同的列表标签可以使文本图像内容按不同的方式进行排序。因此列表在使用频率上也很高，仅次于表格的使用。本章我们就来详细讲解列表元素的几种排序方法。

## 9.1　无序列表元素<ul>

无序列表是相对于有序列表而言的，就是指列表项在进行排序的时候，在列表项前不添加列表序号，而是以其他图案来进行标记的一种列表。无序列表是使用最广泛的一种列表元素。本节将对无序列表进行详细说明。

### 9.1.1　无序列表结构

<ul>标签用来定义无序列表，<li>标签用来定义无序列表中的每个列表项。这两个标签都是双标签，有起始标签和闭合标签。其语法结构如下：

```
<ul>                          <!--无序列表开始-->
<li>列表项 1</li>
<li>列表项 2</li>
<li>…….</li>
</ul>                         <!--无序列表结束-->
```

其中，<li>标签里面填写的是一行中要出现的列表项，需要出现多少个列表项，只需要增加多少个<li>标签就可以了。<ul>标签默认的使用图案是粗体圆点（典型的小黑圆圈）。

**【示例 9.1】**下面是使用无序列表来显示页面内容的效果，代码如下：

```
<ul>                          <!--无序列表开始-->
    <li>新闻标题 1</li>
    <li>新闻标题 2</li>
    <li>新闻标题 3</li>
</ul>                         <!--无序列表结束-->
```

效果如图 9.1 所示。

### 9.1.2　无序列表样式

列表样式是指无序列表排列时列表项前面用的图案的样式。无序列表样式分为 3 种：

实心圆样式、空心圆样式和小方块样式。通过type属性可以设置不同类型的排序图案。

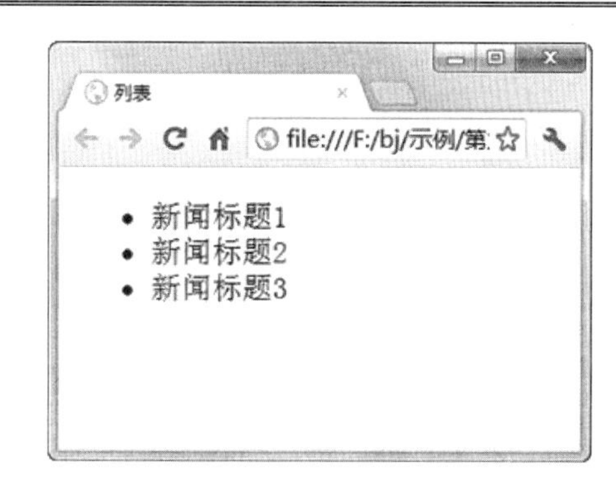


图 9.1 使用无序列表来显示页面内容的效果图

### 1. 实心圆样式disc

实心圆样式可以通过 type="disc"来设置。type 属性是放在<ul>标签里面的。其语法结构如下：

```
<ul type="disc">
        <!--无序列表开始，设置实心圆样式
        -->
<li>列表项</li>
</ul>   <!--无序列表结束-->
```

由于默认的排序图案的样式就是实心圆样式，如图 9.1 所示，所以这里将不再举例说明。

技巧：由于 type="disc"的实心圆样式是默认的样式，所以在使用中，通常都是不用特意写出属性值的。

### 2. 空心圆样式circle

空心圆的样式可以通过 type="circle"来设置。其语法结构如下：

```
<ul type="circle">       <!--无序列表开始，设置空心圆样式-->
<li>列表项</li>
</ul>                    <!--无序列表结束-->
```

**【示例 9.2】**下面是使用 type="circle"来设置空心圆样式的效果，代码如下：

```
<ul type="circle">                 <!--无序列表开始，设置空心圆样式-->
   <li>标题 1</li>
   <li>标题 2</li>
   <li>标题 3</li>
</ul>                              <!--无序列表结束-->
```

效果如图 9.2 所示。

### 3. 小方块样式square

小方块的样式可以通过 type="square"来设置。其语法结构如下：

```
<ul type="square">            <!--无序列表开始，设置小方块样式-->
<li>列表项</li>
</ul>                         <!--无序列表结束-->
```

**【示例 9.3】**下面是使用 type="square"来设置小方块样式的效果，代码如下：

```
<ul type="square">            <!--无序列表开始，设置小方块样式-->
   <li>标题 1</li>
   <li>标题 2</li>
   <li>标题 3</li>
</ul>                         <!--无序列表结束-->
```

效果如图 9.3 所示。

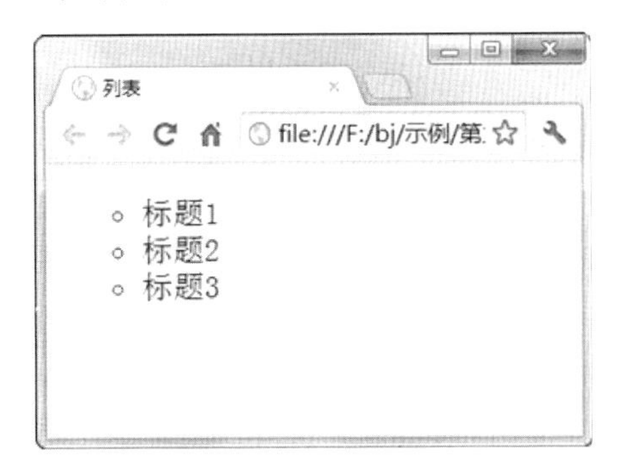


图 9.2　使用 type="circle"来设置空心圆样式的效果图

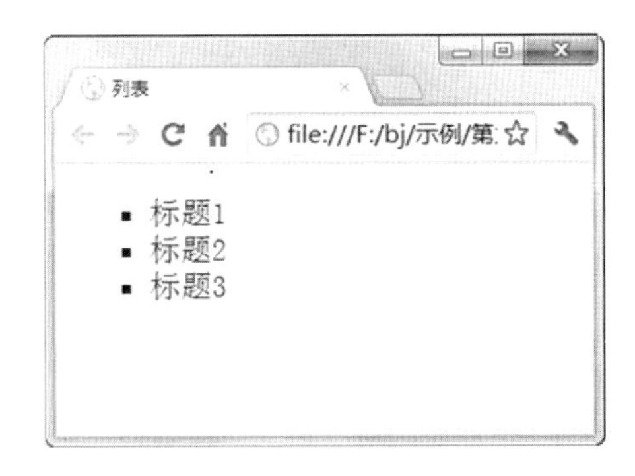


图 9.3　使用 type="square"来设置小方块样式的效果图

注意：使用列表时，要注意列表项不可以写在<ul>标签和<li>标签中间的位置，这样是不符合语法规范的。

## 9.2　有序列表元素<ol>

有序列表，区别于无序列表，是指列表项在进行排序的时候，使用编号进行排序，而不是使用图像排序。有序列表中的列表项前都用数字或者字母来表示顺序，如 1、2、3 或者 a、b、c 等。本节来讲解有序列表的使用。

### 9.2.1　有序列表结构

<ol>标签用来定义有序列表，<li>标签用来定义有序列表中的每个列表项。这两个标签也都是双标签，有起始标签和闭合标签。其语法结构如下：

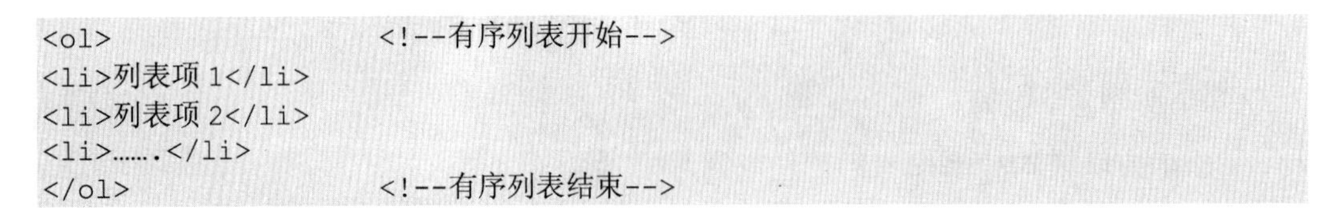

```
<ol>                        <!--有序列表开始-->
<li>列表项 1</li>
<li>列表项 2</li>
<li>…….</li>
</ol>                       <!--有序列表结束-->
```

其中，<li>标签里面填写的是一行中要出现的列表项，需要出现多少个列表项，只需要增加多少个<li>标签就可以了。<ol>标签默认使用的是数字排序。

**【示例 9.4】**下面是使用有序列表来设置列表项的效果，代码如下：

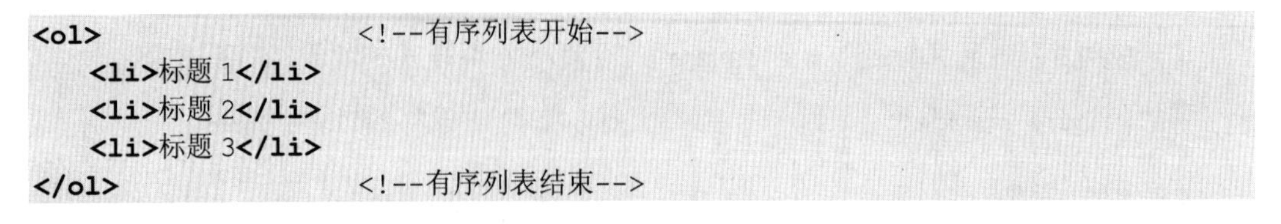

```
<ol>                        <!--有序列表开始-->
    <li>标题 1</li>
    <li>标题 2</li>
    <li>标题 3</li>
</ol>                       <!--有序列表结束-->
```

效果如图 9.4 所示。

## 9.2.2　有序列表样式

和无序列表样式一样，有序列表的列表项前面的标号也有不同的样式。有序列表样式分为 5 种：数字标号、大写字母标号、小写字母标号、大写罗马数字标号、小写罗马数字标号。同样通过 type 属性来设置不同类型的排序标号。

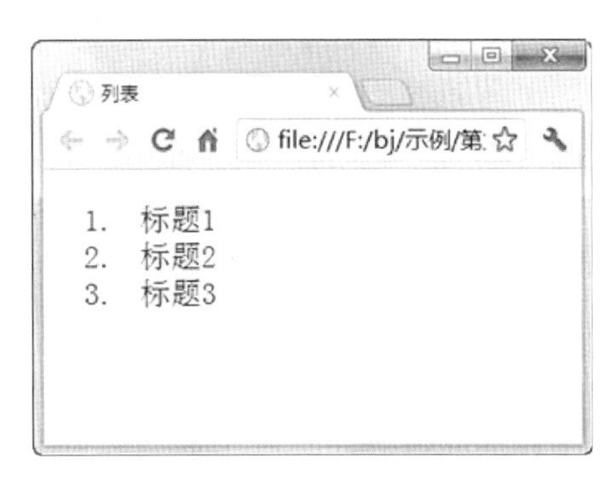


图 9.4　使用有序列表来设置列表项的效果图

### 1. 数字标号样式

使用 type="1"可以设置有序列表中列表项前面的标号为数字排序。有序列表的 type 属性和无序列表的 type 属性的语法是一样的。其语法结构如下：

```
<ol type="1">              <!--有序列表开始，设置数字标号样式-->
<li>列表项</li>
</ol>                      <!--有序列表结束-->
```

其中，type="1"是固定格式，不能随意改动。数字标号是默认的排序标号，如图 9.4 所示，这里不再举例说明。

### 2. 大写字母标号样式

使用 type="A"可以设置有序列表中列表项前面用的标号为大写字母排序。其语法结构如下：

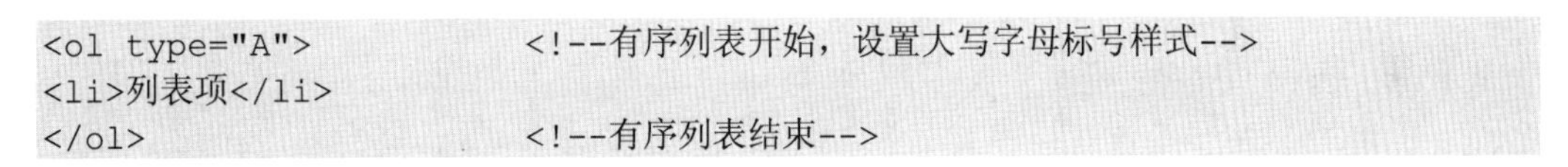

```
<ol type="A">              <!--有序列表开始，设置大写字母标号样式-->
<li>列表项</li>
</ol>                      <!--有序列表结束-->
```

其中，type="A"是固定格式，不能随意改动。

**【示例 9.5】**下面是使用 type="A"来设置大写字母标号样式的效果，代码如下：

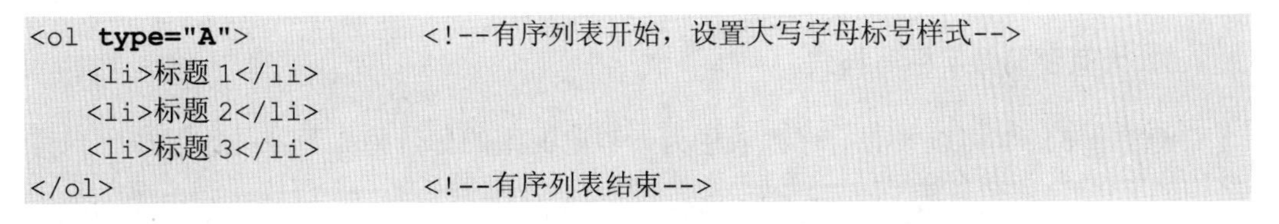

```
<ol type="A">              <!--有序列表开始，设置大写字母标号样式-->
    <li>标题 1</li>
    <li>标题 2</li>
    <li>标题 3</li>
</ol>                      <!--有序列表结束-->
```

效果如图 9.5 所示。

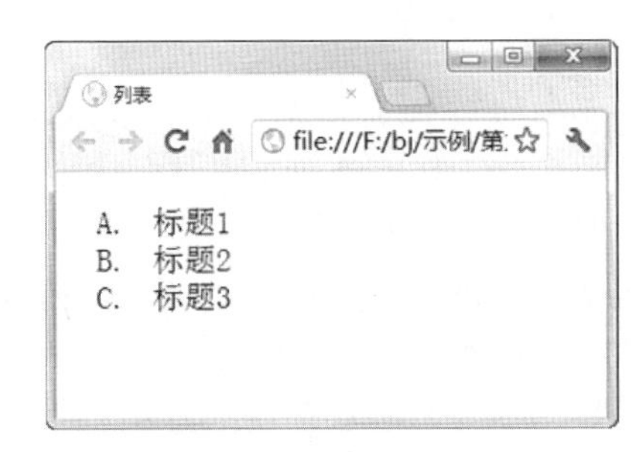


图 9.5　使用 type="A"来设置大写字母标号样式的效果图

注意：type="A"为固定格式，当属性值为其他非特定字母，浏览器将无法读取其他非特定的字母格式。

### 3．小写字母标号样式

使用 type="a"可以来设置有序列表中列表项前面用的标号为小写字母排序。其语法结构如下：

```
<ol type="a">          <!--有序列表开始，设置小写字母标号样式-->
<li>列表项</li>
</ol>                  <!--有序列表结束-->
```

其中，type="a"是固定格式来的，不能随意改动。

**【示例 9.6】** 下面是使用 type="a"来设置小写字母标号的效果，代码如下：

```
<ol type="a">                 <!--有序列表开始，设置小写字母标号样式-->
    <li>标题 1</li>
    <li>标题 2</li>
    <li>标题 3</li>
</ol>                         <!--有序列表结束-->
```

效果如图 9.6 所示。

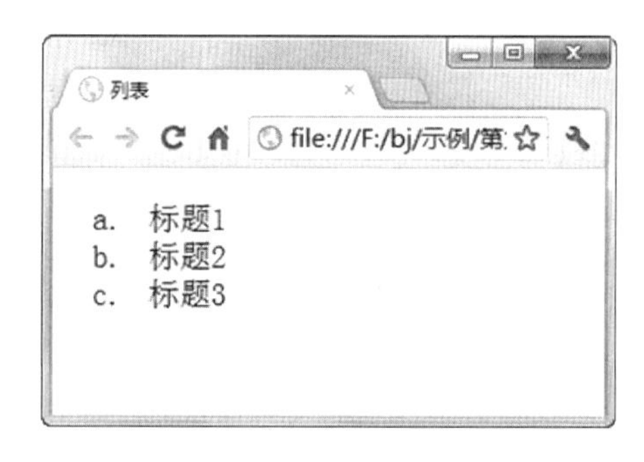


图 9.6 使用 type="a"来设置小写字母标号的效果图

### 4．大写罗马数字标号样式

使用 type="I"可以设置有序列表中列表项前面用的标号为大写罗马数字排序。其语法结构如下：

```
<ol type="I">          <!--有序列表开始，设置大写罗马数字标号样式-->
<li>列表项</li>
</ol>                  <!--有序列表结束-->
```

其中，type="I"是固定格式来的，不能随意改动。

**【示例 9.7】** 下面是使用 type="I"来设置大写罗马数字标号的效果，代码如下：

```
<ol type="I">                 <!--有序列表开始，设置大写罗马数字标号样式-->
    <li>标题 1</li>
    <li>标题 2</li>
    <li>标题 3</li>
</ol>                         <!--有序列表结束-->
```

效果如图 9.7 所示。

### 5．小写罗马数字标号样式

使用 type="i"可以来设置有序列表中列表项前面用的标号为小写罗马数字排序。其语法结构如下：

```
<ol type="i">            <!--有序列表开始，设置小写罗马数字标号样式-->
<li>列表项</li>
</ol>                    <!--有序列表结束-->
```

其中，type="i"是固定格式来的，不能随意改动。

**【示例 9.8】**下面是使用 type="i"来设置小写罗马数字标号的效果，代码如下：

```
<ol type="i">                <!--有序列表开始，设置小写罗马数字标号样式-->
    <li>标题 1</li>
    <li>标题 2</li>
    <li>标题 3</li>
</ol>                        <!--有序列表结束-->
```

效果如图 9.8 所示。

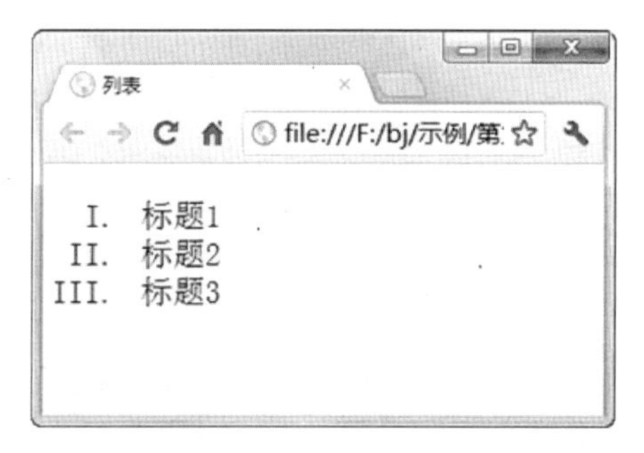


图 9.7　使用 type="I"来设置大写罗马数字标号的效果图

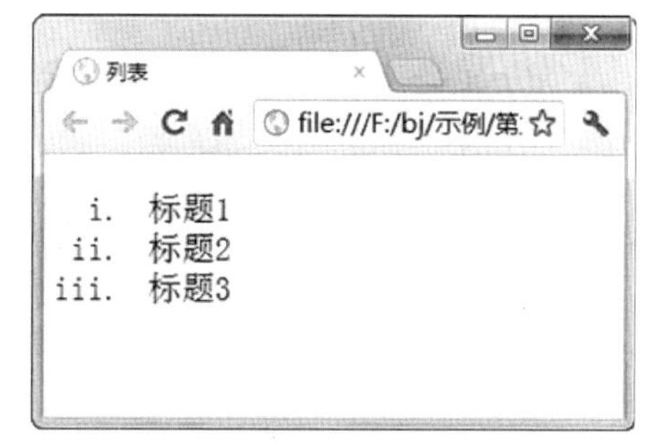


图 9.8　使用 type="i"来设置小写罗马数字标号的效果图

**注意：**使用有序列表，不可以更改属性值的固定格式，否则会被视为无效属性值。

## 9.3　嵌套列表

前面讲的都是在一个列表的情况下进行排序，但有时候文本图像内容变得复杂，使用一个列表是不够的，这时候就需要将列表进行嵌套。嵌套列表就是指在列表中再嵌套一个列表，来将复杂的文本图像内容进行排序。其语法结构如下：

```
<ul>                                <!--无序列表开始-->
    <li>
        <ol>                        <!--被嵌套的有序列表开始-->
            <li>列表项</li>
        </ol>                       <!--被嵌套的有序列表结束-->
    </li>
</ul>                               <!--无序列表结束-->
```

```
<ol>                                  <!--有序列表开始-->
   <li>
      <ul>                            <!--被嵌套的无序列表开始-->
         <li>列表项</li>
      </ul>                           <!--被嵌套的无序列表结束-->
   </li>
</ol>                                 <!--有序列表结束-->
```

可以看到，这里给出的是无序列表嵌套有序列表和有序列表嵌套无序列表的语法形式。其中，被嵌套的列表必须是一个完整的列表格式，列表里的语法、用法和上一节讲述的列表的内容一样。被嵌套的无序列表<ul>标签默认的使用图案是空心圆样式，被嵌套的有序列表<ul>标签默认排序使用数字排序。

**【示例 9.9】**下面是使用嵌套列表的效果，代码如下：

```
<font color="#0000FF">无序列表嵌套有序列表</font><br />
<ul>                                           <!--无序列表开始-->
    <li>标题 1</li>
<li>标题 2</li>
      <ol>                                     <!--被嵌套的有序列表开始-->
         <li>标题 1.1</li>
         <li>标题 2.1</li>
      </ol>                                    <!--被嵌套的有序列表结束-->
   <li>标题 3</li>
</ul>                                          <!--无序列表结束-->
<br />
<font color="#0000FF">有序列表嵌套无序列表</font><br />
<ol>                                           <!--有序列表开始-->
    <li>标题 1</li>
<li>标题 2</li>
      <ul>                                     <!--被嵌套的无序列表开始-->
         <li>标题 1.1</li>
         <li>标题 2.1</li>
      </ul>                                    <!--被嵌套的无序列表结束-->
   </li>
   <li>标题 3</li>
</ol>                                          <!--有序列表结束-->
```

效果如图 9.9 所示。

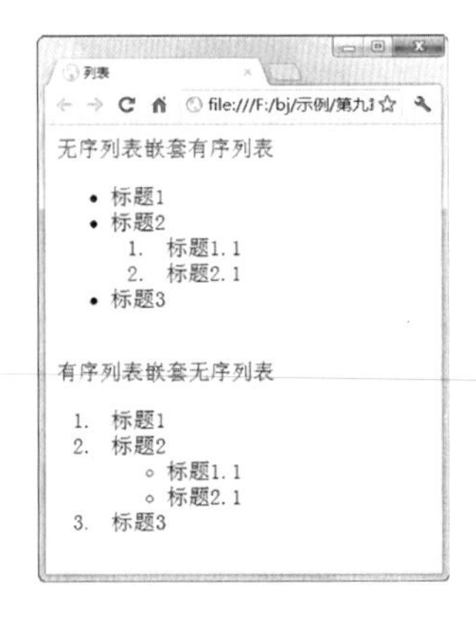


图 9.9　使用嵌套列表页面效果图

注意：嵌套列表，可以嵌套多层的列表。不过设计师一般不这样做，嵌套两层以上的列表，会使浏览器出现读取错误，导致显示错位变形。

# 9.4　定义列表元素<dl>

定义列表元素主要用于进行名词解释或名词定义。定义列表包含两个层次的列表，名词是第一层列表，解释是第二层列表，即不需要使用嵌套便可以满足显示下一级菜单的效果。定义列表前面没有任何的图案和排序标记，每个列表项带有一段缩进的定义文字。此列表包括有三个标签，本节将详细讲解定义列表里的三个标签。

## 9.4.1　定义整体列表结构<dl>

<dl>标签用来定义列表的整体的结构。使用<dl>标签表示这是一个定义列表。<dl>标签是放在<body>标签下的。其语法结构如下：

```
<dl>                    <!--整体列表开始-->
    <dt> </dt><dd></dd>
</dl>                   <!--整体列表结束-->
```

其中，<dt><dd>标签将会在下面讲解。使用<dl>标签只起到定义列表整体框架的作用，由于不能单独使用，所以这里将不举例说明，<dl>标签的应用将在下面小节里一起举例说明。

## 9.4.2　定义列表术语标签<dt>

<dt>标签用来定义列表前半部分的内容，也就是定义名词部分。<dt>标签需要写在<dl>标签里面。其语法结构如下：

```
<dl>                        <!--整体列表开始-->
    <dt>名词</dt>           <!--定义列表术语-->
</dl>                       <!--整体列表结束-->
```

一个<dt>标签里填写一个名词，需要呈现多个名词，就得使用多个<dt>标签。

**【示例 9.10】**下面是使用<dt>标签定义列表术语的效果，代码如下：

```
<dl>                        <!--整体列表开始-->
    <dt>名词 1</dt>
    <dt>名词 2</dt>
    <dt>名词 3</dt>
</dl>                       <!--整体列表结束-->
```

效果如图 9.10 所示。

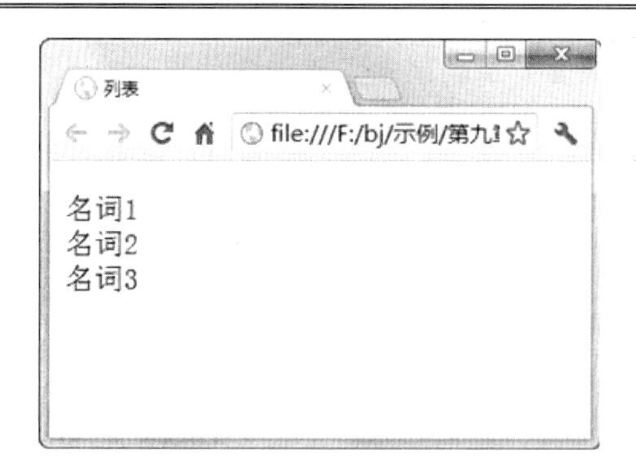


图 9.10　使用<dt>标签定义列表术语效果图

## 9.4.3　定义注释项标签<dd>

<dd>标签用来定义列表后半部分，也就是定义注释或解释部分。<dd>标签和<dt>标签一样，都是嵌套在<dl>标签里面的。其语法结构如下：

```
<dl>                        <!--整体列表开始-->
    <dt>名词</dt><dd>注释</dd>
</dl>                       <!--整体列表结束-->
```

其中，<dd>标签和<dt>标签是并列出现的，并不因为是表示下一级菜单而嵌套在<dt>标签里面。

**【示例 9.11】**下面是使用<dd>标签设置列表注释部分的效果，代码如下：

```
<dl>                                    <!--整体列表开始-->
    <dt>名词 1</dt><dd>注释 1</dd>
    <dt>名词 2</dt><dd>注释 2</dd>
    <dt>名词 3</dt><dd>注释 3</dd>
</dl>                                   <!--整体列表结束-->
```

效果如图 9.11 所示。

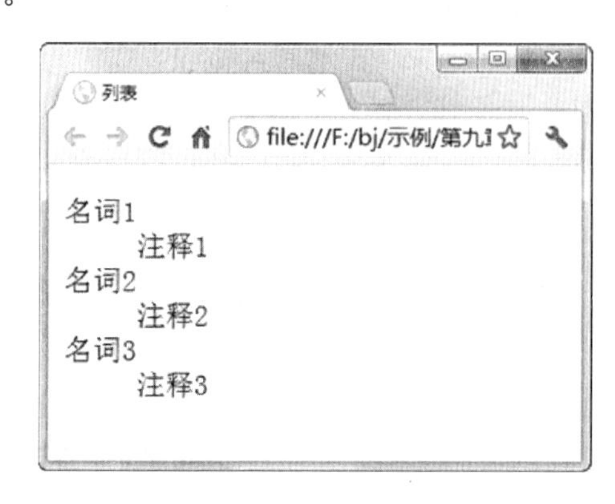


图 9.11　使用<dd>标签设置列表注释部分效果图

**注意：**定义列表可以和前面的列表一样用作嵌套列表，不过由于定义列表本身就有表示下一级菜单的标签，所以不建议使用嵌套。

## 9.5　本 章 小 结

本章主要学习了列表元素。详细讲解了有序列表、无序列表和定义列表的定义方法以及嵌套列表的使用方法。在以后的网站设计中列表的使用也很频繁，所以读者需要好好学习本章内容。下一章我们将讲解表单的使用。

## 9.6　本 章 习 题

【习题 9-1】在网页中创建两个无序列表，一个是空心圆样式的无序列表，一个是小方块样式的无序列表，标题大小为 h3，效果如图 9.12 所示。

【习题 9-2】在网页中创建两个有序列表，一个是大写字母标号样式的有序列表，一个是小写罗马数字标号的有序列表，标题大小为 h4，效果如图 9.13 所示。

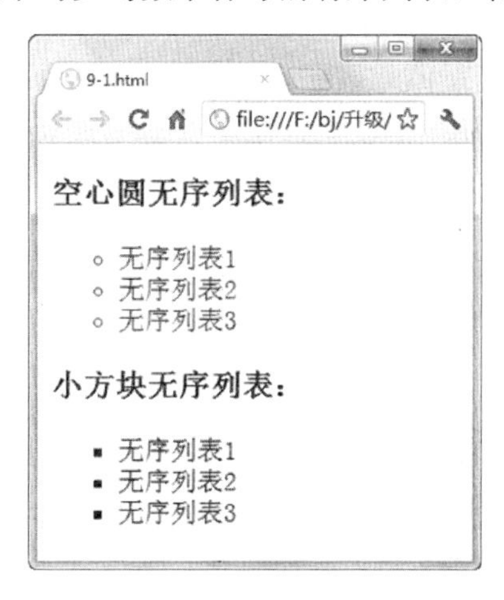


图 9.12　创建无序列表效果图

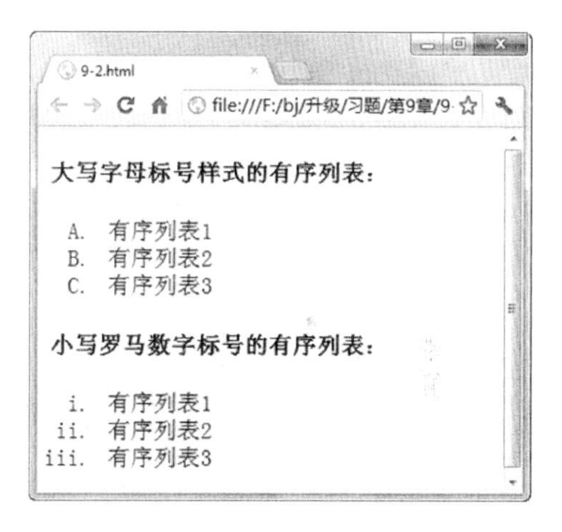


图 9.13　创建有序列表效果图

【习题 9-3】在网页中创建嵌套列表，无序列表嵌套无序列表，并设置嵌套的无序列表样式为默认样式，被嵌套的无序列表样式为小方块样式，效果如图 9.14 所示。

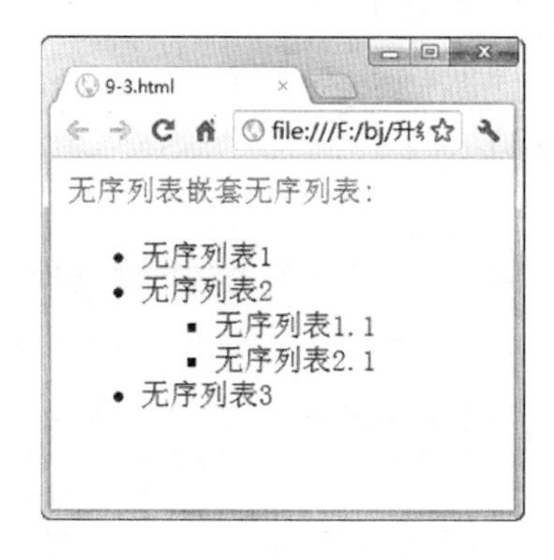


图 9.14　创建嵌套列表效果图

# 第 10 章　表单元素

表单是用户与网站交流的一个渠道。通过表单，可以将用户在网页上输入的信息提交到后台数据库，从而获得用户信息，使网页具有交互功能。在网站中，表单的用处非常广泛，几乎所有的网站都离不开表单。从最简单的采集访问者的姓名到留言板，甚至到复杂的电子购物系统都大量地使用表单来采集提交的信息。本章就来详细讲解表单的使用。

## 10.1　表单属性

一个完整的表单在结构上是由三个部分组成的，包括：表单标签、表单域和表单按钮。其中，表单标签包含了处理表单数据所用程序的 URL 以及数据提交到服务器的方法；表单域包含了文本框、密码框、复选框、单选框等；表单按钮用于将数据传送到服务器上。表单是用<form>标签来进行创建的。<form>标签是双标签，表单里要出现的内容都会被包含在这对标签里面。本节先来讲解表单中的一些重要属性。

### 10.1.1　链接跳转 action

action 属性是用来设置链接跳转，也就是在提交表单的内容的时候，按照链接地址跳转到相应的页面。由于 action 属性是用来控制整个表单的提交内容的，所以 action 属性要写在<form>标签里面。其语法结构如下所示：

```
<form action="链接地址"></form>        <!--创建表单，设置链接跳转-->
```

其中，action 属性里面填写的链接地址和超链接填写的链接地址的写法和用法是一样的。由于表单的属性要通过复杂的编程才可以体现出效果，所以在这里无法举例说明。详情请参考其他动态网页制作的书籍。

### 10.1.2　链接跳转方法 method

设置了链接跳转 action 以后，还需要设置当链接跳转时所使用的跳转方法。可以通过 method 属性来进行设置。method 属性有两个值：get 和 post。其语法结构如下所示：

```
<form action="链接地址" method="get/post"></form>
                                <!--创建表单，设置链接跳转，设置链接跳转方法-->
```

当 method="get"时，表示将提交的数据附加在链接网址后传递，这是默认值；当 method="post"时，表示将数据打包发送到链接所指的网页。可以这样认为，get 方法是不安全的，一些隐私的信息容易被第三者看见；post 的所有操作对于用户来说是不可见的，相对来说安全一点。所以一般都提倡使用 post 属性值。由于表单的属性要通过复杂的编程才可以体现出效果，所以在这里无法举例说明。详情请参考其他的动态网页制作的书籍。

注意：在表单里，action 属性和 method 属性是必须存在的属性。

### 10.1.3　表单名称 name

在一个页面中可能会出现多个表单。为了可以方便地调用表单，所以需要对每个表单进行命名。name 属性就是用来设置表单名称的。这里的 name 属性用法和超链接里的 name 属性用法有些相似。其语法结构如下所示：

```
<form name="表单名称"></form>            <!--插入表单，定义表单名称-->
```

其中，name 属性的写法和超链接里的 name 属性写法一样，这里就不再多讲。由于表单的属性要通过复杂的编程才可以体现出效果，所以在这里无法举例说明。详情请参考其他动态网页制作的书籍。

## 10.2　输入标签<input>

输入标签<input>是使用最广泛的表单控件元素，用于定义输入域的开始。<input>标签是单标签，所以在使用时，要为<input>标签加上“/”号，来达到标签的闭合。<input>标签必须嵌套在表单标记中使用。其语法结构如下所示：

```
<form>                                  <!--开始插入表单-->
    <input name="" type=""/>            <!--插入输入框-->
</form>                                 <!--结束插入表单-->
```

其中，type 属性有很多，不同的选择对应不同的输入方式（将在下面详细讲解）。

### 10.2.1　文本框

文本框就是用来在输入框中输入文字的，可以通过 type="text"来进行设置。其语法形式如下所示：

```
<form>                                  <!--开始插入表单-->
    <input type="text" name="名称" id="" /><!--插入输入文字的输入框-->
</form>                                 <!--结束插入表单-->
```

其中，name="名称"，是为输入框定义一个名称，此名称用来和以后编写的代码进行绑定。id 属性里填写的是自定义的一个名称，此名称和 name 属性的名称一样，都是用来和以后编写的代码进行绑定。

**【示例 10.1】**下面是使用 type="text"来设置文本域输入文字的效果，代码如下所示：

```
<form method="post" action="">
```

```
            <!--开始插入表单，设置链接跳转，设置链接跳转方法-->
    输入文字：<input type="text" name="txtname" id="textfield" />
                                   <!--插入文本域-->
</form>                            <!--结束插入表单-->
```

运行效果如图 10.1 所示。

### 10.2.2　密码输入框

密码输入框是用来输入密码的，可以通过 type="password"来进行设置。设置以后，在密码输入框中输入的内容就会变成小黑点或者是“*”号，可以用来保护密码不被第三者看见。其语法结构如下所示：

```
<form>                                              <!--开始插入表单-->
    <input type="password" name="名称" id="" /><!--插入输入密码的输入框-->
</form>                                             <!--结束插入表单-->
```

其中，name="n"，是为密码输入框定义一个名称，此名称用来和以后编写的代码进行绑定。id 属性里填写的是自定义的一个名称，此名称和 name 属性的名称一样，都是用来和以后编写的代码进行绑定。

【示例 10.2】下面是使用 type="password"来设置密码输入框输入密码的效果，代码如下所示：

```
<form method="post" action="">
                    <!--开始插入表单，设置链接跳转，设置链接跳转方法-->
    输入密码：<input type="password" name="txtpwd" id="txtpword" />
                            <!--插入密码输入框-->
</form>                     <!--结束插入表单-->
```

运行效果如图 10.2 所示。

图 10.1　文本框输入文字效果图

图 10.2　密码输入框输入密码效果图

说明：从上面两个图中可以看到，输入密码和输入文字，差别只是在于 type 属性的用法。

### 10.2.3　单选框

单选框一般用于单独选择选项，即在表单中有很多选项，但只能选择其中一个选项。可以通过 type="radio"来进行设置，多用于性别选择、问卷调查等选择项目中，其语法结构如下所示：

```
<form>                                                  <!--开始插入表单-->
    <input type="radio" name="名称" id="" value="" checked />
                                                        <!--插入单选框-->
</form>                                                 <!--结束插入表单-->
```

其中，name 和 id 属性的用法与上面所讲的用法一样。value 属性里填写的是一个定义的名称，此名称和 name 属性的名称一样，都是用来和以后编写的代码进行绑定。checked 属性用于指定该选项在初始时就被默认选中。如果想要多个内容进行单选，单选框里的 name 属性必须定义相同的值，而 value 属性不能相同，这样才可以显示到单选的效果。

**【示例 10.3】**下面是使用单选框来选择的效果，代码如下所示：

```
<form method="post" action="">
                              <!--开始插入表单，设置链接跳转，设置链接跳转方法-->
    <p>选择性别</p>
    <input name="radio" type="radio" id="radio1" value="radio1" />女<br/>
                                              <!--插入单选框-->
    <input name="radio" type="radio" id="radio2" value="radio2" checked/>男
                                              <!--插入单选框-->
</form>                                       <!--结束插入表单-->
```

运行效果如图 10.3 所示。由图可以看出，当打开网页时，默认选择的是“男”，而且两个选项只能选择其中一个。

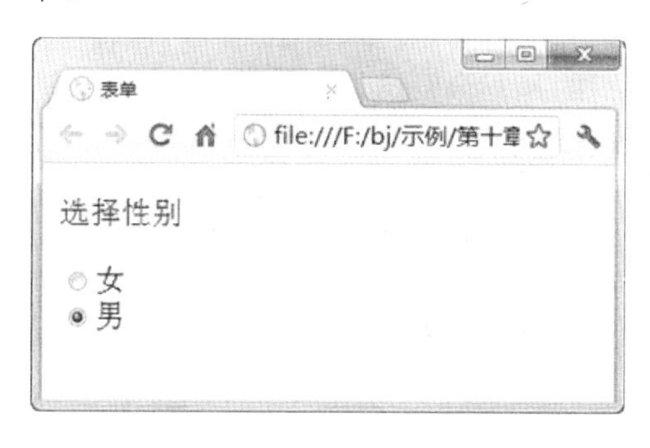


图 10.3　使用单选框选择效果图

## 10.2.4　复选框

复选框用于同时选择多个选项。复选框多用于兴趣选择等多选项目。可以通过 type="checkbox"属性来进行设置。其语法结构如下所示：

```
<form>                                                  <!--开始插入表单-->
    <input type="checkbox" name="名称" id="" value="" checkde/>
    <!--插入复选框-->
</form>                                                 <!--结束插入表单-->
```

其中，name 属性、id 属性和 value 属性的用法与前面所讲的用法一样。在多个复选框存在的情况下，name 属性、id 属性和 value 属性的命名会由于数据库类型的设定而有所不同。需要注意的是，同一组的复选框，name 属性必须相同，而 value 属性不能相同。

【示例 10.4】下面是使用复选框来选择的效果，代码如下所示：

```
<form method="post" action="">
                        <!--开始插入表单，设置链接跳转，设置链接跳转方法-->
<p>请选择你喜欢的体育运动：</p>
  <input type="checkbox" name="checkbox" id="checkbox1" value ="checkbox
    1" checked/>篮球      <!--插入复选框-->
  <input type="checkbox" name="checkbox" id="checkbox2" value ="checkbox2"
  />排球                <!--插入复选框-->
  <input type="checkbox" name="checkbox" id="checkbox3" value ="checkbox3"
  />游泳                <!--插入复选框-->
<input type="checkbox" name="checkbox" id="checkbox4" value ="checkbox4"
/>跑步                  <!--插入复选框-->
</form>                 <!--结束插入表单-->
```

运行效果如图 10.4 所示，可以看出它可以同时选择多个选项。

## 10.2.5　隐藏区域

隐藏区域是指该控件在页面上不可见。一般用于某项不想让浏览者看见而又不方便将其删除的选项。可以通过 type="hidden"来进行设置。其语法结构如下所示：

```
<form>                                          <!--开始插入表单-->
<input type="hidden" name="名称" value="#' />   <!--隐藏表单的元素-->
</form>                                         <!--结束插入表单-->
```

其中，value 属性里填写的是一个发送信息的地址，一般为邮箱地址。

【示例 10.5】下面是使用隐藏区域的效果，代码如下所示：

```
<form method="post" action="">
    <!--开始插入表单，设置链接跳转，设置链接跳转方法-->
   可显示的区域：<input type="text" name="txtname" id="txtname" /><br/>
   隐藏的区域：<input type="hidden" name="hid" value="62668@126.com" /> <br
   />                            <!--插入隐藏区域-->
</form>                          <!--结束插入表单-->
```

运行效果如图 10.5 所示。

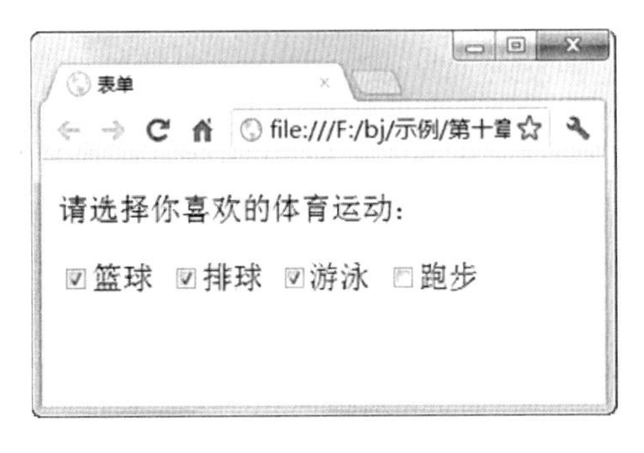


图 10.4　使用复选框选择效果图

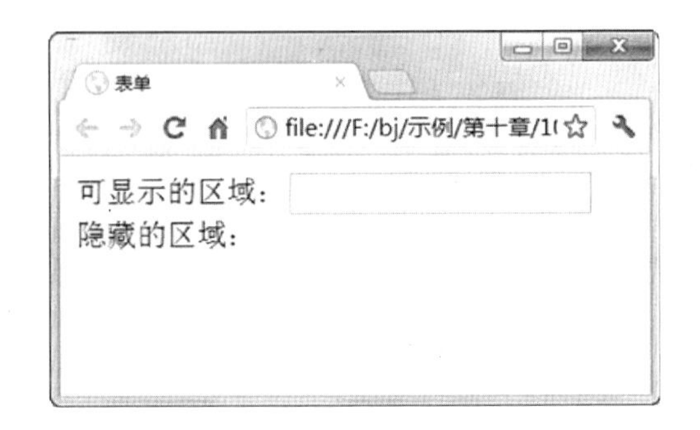


图 10.5　使用隐藏区域的效果图

注意：此属性值虽然隐藏了其他的元素，但是如果使用原代码打开还是可以看到的，所以在使用上，请不要使用此属性值来传送敏感信息，如密码等。

### 10.2.6 提交按钮

提交按钮是把表单里的信息提交到指定的数据库或者其他地方。可以通过 type="submit"来进行设置，其语法结构如下所示：

```
<form>                                             <!--开始插入表单-->
<input type="submit" name="名称" id="" value="" />
                                                   <!--插入提交按钮-->
</form>                                            <!--结束插入表单-->
```

其中，value 属性里填写的是按钮上面出现的文字，以表示该按钮是提交按钮，可以是中文，也可以是英文。

**【示例 10.6】**下面是使用提交按钮的效果，代码如下所示：

```
<form method="post" action="">
                <!--开始插入表单，设置链接跳转，设置链接跳转方法-->
输入名称：<input type="text" name="txtname" id="txtname" /><br/>
                <!--插入文本输入框-->
输入密码：<input type="password" name="txtpwd" id="txtpword" /><br/>
                <!--插入密码输入框-->
<input type="submit" name="button" id="button" value="提交" />
                <!--插入提交按钮-->
</form>         <!--结束插入表单-->
```

运行效果如图 10.6 所示。

图 10.6 使用提交按钮效果图

### 10.2.7 重置按钮

重置按钮就是把表单里填写的信息全部清空。可以通过 type="reset"来进行设置。其语法结构如下所示：

```
<form>                                             <!--开始插入表单-->
<input type="reset" name="名称" id="" value="" />  <!--插入重置按钮-->
</form>                                            <!--结束插入表单-->
```

其中，value 属性里填写的是按钮上面出现的文字，以显示该按钮是重置按钮，可以是中文，也可以是英文。

【示例 10.7】下面是使用重置按钮效果，代码如下所示：

```
<form method="post" action="">
                            <!--开始插入表单，设置链接跳转，设置链接跳转方法-->
输入名称：<input type="text" name="txtname" id="txtname" /><br/>
                            <!--插入文本输入框-->
输入密码：<input type="password" name="txtpwd" id="txtpword" /><br/>
                            <!--插入密码输入框-->
   <input type="reset" name="button" id="button" value="重置" />
                            <!--插入重置按钮-->
</form>                     <!--结束插入表单-->
```

运行效果如图 10.7 所示。当单击重置按钮后，表单中输入的名称和密码就清空了，如图 10.8 所示。

图 10.7　使用重置按钮前的效果图

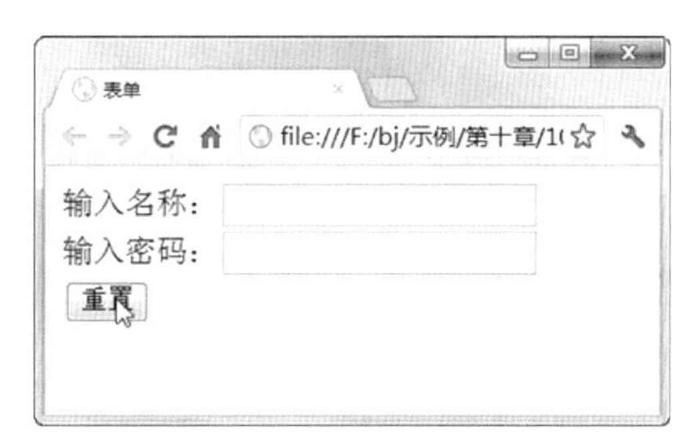


图 10.8　使用重置按钮后的效果图

技巧：使用系统自带的按钮会根据浏览器和系统设置的不同，而显示不同效果的按钮，如果想使按钮更加漂亮和统一，请使用图像按钮来进行设置。

## 10.2.8　图像按钮

图像按钮是指使用图像作为按钮来提交表单数据。使用图像按钮可以使表单按钮更加的漂亮。可以通过 type="image"来进行设置。由于图像按钮一般需要在代码中添加链接图片的地址，所以在图像域里会多出一个 src 属性。其语法结构如下所示：

```
<form>                                            <!--开始插入表单-->
<input type="image" name="名称" id="" src="图片链接地址" />
                                                  <!--插入图像域-->
</form>                                           <!--结束插入表单-->
```

其中，src 属性是用来填写图像的链接地址的，关于图像的链接地址，此属性的用法和第 5 章的图像超链接的用法是一样的，这里就不再阐述。

【示例 10.8】下面是使用图像按钮的效果，使用的图像为 images 文件夹里的 qd.jpg，代码如下所示：

```
<form method="post" action="">
                    <!--开始插入表单，设置链接跳转，设置链接跳转方法-->
输入名称：<input type="text" name="txtname" id="txtname" /><br/>
```

```
                                         <!--插入文本输入框-->
输入密码：<input type="password" name="txtpwd" id="txtpword" />
                                         <!--插入密码输入框-->
   <input type="image" name="imageradio" id="imageFradio" src="images/
   qd.jpg" />                            <!--插入图像按钮-->
</form>                                  <!--结束插入表单-->
```

运行效果如图 10.9 所示，可以看到，当把鼠标放在图像按钮上时，鼠标样式会改变。

图 10.9　使用图像按钮的效果图

**技巧**：由于这里的图像是用来作为按钮的作用，所以在使用上，放在这里的图像不宜过大。

## 10.3　下拉列表框

下拉列表框是一个下拉式的列表或者带有滚动条的列表，用户可以在列表中选择一个选项。使用列表框需要两个标签结合使用，分别是<select>标签和<option>标签。这两个标签是双标签，有开始标签和结束标签。在这两个标签里分别需要设置几个属性。其语法结构如下所示：

```
<form>                                   <!--开始插入表单-->
<select name="名称" id="">               <!--开始插入下拉列表框-->
   <option value=" "> </option>          <!--插入列表项-->
</select>                                <!--结束插入下拉列表框-->
</form>                                  <!--结束插入表单-->
```

其中，<select>标签是一个整体标签，用来表示此区域为下拉列表框，同时使用<select>标签来给 name 属性和 id 属性进行设置。<option>标签是用来表示下拉列表中的列表项。此标签里的 value 属性是为每个列表项定义一个名称，此名称用来和以后编写的代码进行绑定。

如果让下拉列表框在一开始就默认选中某个选项，只需要在<option>标签里再多加一个 selected 的属性值，此属性值为固定属性值。

**【示例 10.9】**下面是使用列表框的效果，代码如下所示：

```
<form method="post" action="">
```

```
                                        <!--开始插入表单，设置链接跳转，设置链接跳转方法-->
    <p>请选择喜欢的运动：</p>
    <select name="selt" id="select">            <!--开始插入下拉列表框-->
        <option value=" Favorite" selected >篮球</option> <!--插入列表项-->
        <option value="Favorite">排球</option>              <!--插入列表项-->
        <option value="Favorite">游泳</option>              <!--插入列表项-->
        <option value="Favorite" >跑步</option>             <!--插入列表项-->
    </select>                                   <!--结束插入下拉列表框-->
</form>                                         <!--结束插入表单-->
```

运行效果如图 10.10 所示。

图 10.10　使用下拉列表框的效果图

## 10.4　文本区域

文本区域用于当输入的文字较多的时候使用，可以输入多行文字。当文字内容超出文本区域，会自动显示滚动条。文本区域和文本框的不同之处在于，文本框只能输入一行文字，而文本区域可以输入多行文字。可以通过<textarea>标签来进行设置。<textarea>标签是双标签，有开始标签和结束标签。其语法结构如下所示：

```
<form>                                          <!--开始插入表单-->
<textarea name="名称" id="" cols="" rows=""></textarea>
                                                <!--插入文本区域-->
</form>                                         <!--结束插入表单-->
```

其中，name="名称"，是为输入框定义一个名称，此名称用来和以后编写的代码进行绑定。id 属性里填写的是自定义的一个名称，此名称和 name 属性的名称一样，都是用来和以后编写的代码进行绑定。cols 属性用来定义文本区域的宽度，rows 属性用来定义文本区域的高度。通过设置，可以使文本区域变成适合网页的大小。

**【示例 10.10】**下面是使用文本区域的效果，代码如下所示：

```
<form method="post" action="">
                                        <!--开始插入表单，设置链接跳转，设置链接跳转方法-->
    <textarea name="textarea" id="txttarea" cols="30" rows="4"></textarea>
                                        <!--插入文本区域-->
</form>                                 <!--结束插入表单-->
```

运行效果如图 10.11、图 10.12 所示。由图 10.12 可以看出，当输入的文字超出文本区域后，文本区域就会自动生成滚动条。

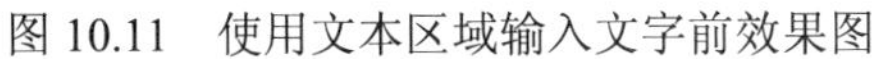

图 10.11　使用文本区域输入文字前效果图　　图 10.12　使用文本区域输入文字后效果图

## 10.5　本 章 小 结

本章主要学习了表单的用法，详细介绍了表单中的属性以及表单中各个标签的使用。当然，要完全实现表单的作用还要结合动态网页的脚本程序。但是通过本章对表单的学习，可以为以后的编程打下基础。在本章中，读者应该熟练掌握表单中各个标签的使用。下一章我们将讲解网页中的布局。

## 10.6　本 章 习 题

【习题 10-1】创建一个简单的输入框表单，并添加提交和重置按钮，效果如图 10.13 所示。

【习题 10-2】创建一个问题调查表单，其中包含了单选按钮、复选按钮、图像提交按钮等信息，效果如图 10.14 所示。

图 10.13　创建简单输入框表单效果图　　图 10.14　创建选择按钮效果图

【习题 10-3】创建一个问卷表单，其中性别选项要求为下拉菜单选项，效果如图 10.15

所示。

【习题 10-4】创建一个留言板，其中包含提交和重置按钮，效果如图 10.16 所示。

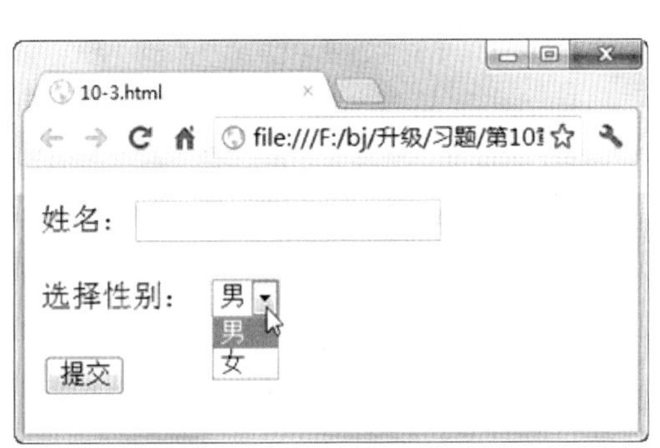

图 10.15　创建下拉菜单效果图

图 10.16　创建留言板效果图

# 第 11 章　网 站 布 局

如果想要制作出既漂亮、使用起来又方便的网站，那么首先把网站的布局做好是非常有必要的。网站布局，就是把网页中的文字、图像、表格、表单等诸多构成要素合理地安排起来，使网站看起来更协调。一个网站布局的好坏直接影响网站的质量和网站的视觉效果。好的布局会使网站看起来更舒服，浏览者也会更愿意去看这个网站。本章我们就来讲解网站布局的方法。

## 11.1　<div>标签

网页的布局主要采用三种方式：表格、框架和<div>标签。这三种布局方式各有利弊。在前面我们已经讲过表格和框架，本节我们就来讲解使用 div 来设计布局的方法。它也是现在较为流行的一种编写方法。<div>标签只是一个空标签，仅使用 div 是不能用来设计布局的，需要 div+CSS 来共同完成布局的设计。关于 CSS 部分，将会在第 12 章做详细讲述。本节将讲述<div>标签的具体用法。

### 11.1.1　<div>标签在内容中的应用

在网页内容中使用<div>标签可以用来定义网页内容中的区域。这里将为<div>标签加上 style 属性，来作为示例解说。style 属性是用来设置网页内容的内部样式的。关于 style 属性的具体说明会在第 12 章讲述。<div>标签是双标签，其语法结构如下所示：

```
<div style="" >网页内容</div>          <!--<div>标签的应用-->
```

**【示例 11.1】**下面是使用<div>标签显示页面内容的效果。为了使效果更明显，在 style 属性里添加 color 属性，为文本添加颜色，代码如下所示：

```
<div style="color:#00ffff;" >  <!--<div>标签开始-->
这是网页的内容区域
</div>                         <!--<div>标签结束-->
```

运行效果如图 11.1 所示。

### 11.1.2　div 嵌套

<div>标签也可以进行嵌套，使用嵌套可以更好地进行布局。其语法结构如下所示：

```
<div>                          <!--div 开始-->
```

```
    <div>                         <!--嵌套 div 开始-->
    被嵌套的内容
    </div>                        <!--嵌套 div 结束-->
</div>                            <!--div 结束-->
```

图 11.1　使用<div>标签设置内容区域效果图

通过上面语法可以看出，<div>标签的嵌套是非常简单的，只要把不同的样式放在<div>标签里即可。<div>标签的用法看似简单，但想学好<div>标签来设计多浏览器兼容的布局，却一点也不简单，有兴趣的读者可以参考详细讲述 div+CSS 的书籍。

**【示例 11.2】**下面是使用<div>标签的嵌套的效果。为了效果更明显，会对<div>标签使用 style 属性来添加边框、背景色、宽度、高度，代码如下所示：

```
<div style="border:1px solid #000000; background-color: #ffff00;
width:300px; height:200px;">    <!--div 开始，定义边框的宽度为 1px，线条为黑色
                                实线，背景色为黄色，宽度为 300px,高度为 200px-->
    <div style="border:1px solid #FF0000; background-color: #00ffff;
    width:200px; height:150px;">    <!--嵌套 div 开始，定义边框的宽度为 1px，线
                                    条为红色实线，背景颜色为蓝色，宽度为 200px,
                                    高度为 150px-->
    div 嵌套
    </div>                          <!--嵌套 div 结束-->
</div>                              <!--div 结束-->
```

其中，对于 style 属性里各种属性值的使用，在第 12 章会有详细的讲述，这里只做注释说明。效果如图 11.2 所示。

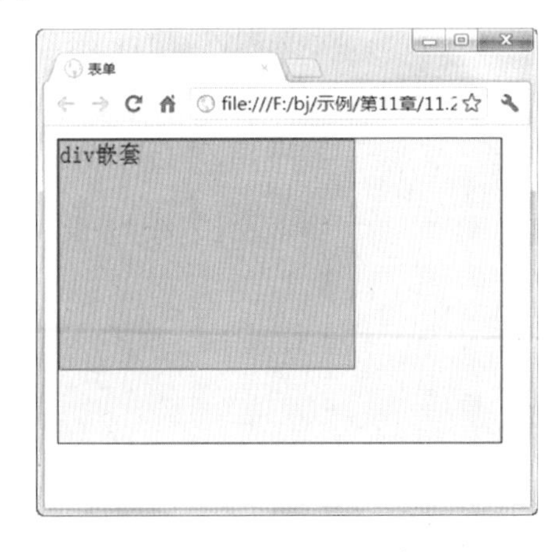


图 11.2　使用<div>标签嵌套效果图

## 11.1.3　定义浮动框架

浮动框架是指利用样式使<div>标签定义出来的框架浮动在页面上。可以通过 style 样式中的 float 属性来进行设置。float 属性是样式里的一个属性，这里将它提前拿出来讲述。它有三个属性值：left、right 和 none。其语法结构如下所示：

```
<div style="float:left/none/right;"> </div>            <!--div 定义浮动框架-->
```

其中，当 float:right 时，表示对象在页面右边浮动；当 float:left 时，表示对象在页面左边浮动；当 float:none 时，表示对象在页面中不浮动，对象不浮动时默认在页面左边。

**【示例 11.3】**下面是使用 float 属性设置框架浮动的效果，代码如下所示：

```
<div style="float:right;">                    <!--定义对象右边浮动-->
定义对象右边浮动
</div>                                        <!--定义浮动结束-->
<br/>
<br/>
<div style="float:left;">                     <!--定义对象左边浮动-->
定义对象左边浮动
</div>                                        <!--定义浮动结束-->
<br/>
<br/>
<div style="float:none;">                     <!--定义对象不浮动-->
定义对象不浮动
</div>                                        <!--定义浮动结束-->
```

运行效果如图 11.3 所示。

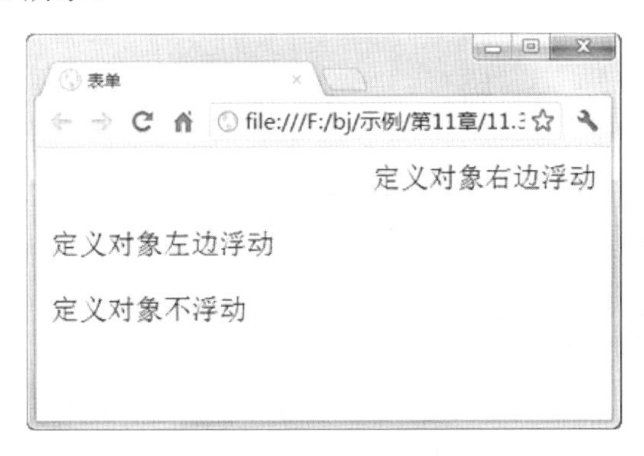


图 11.3　使用 float 属性设置框架浮动效果图

注意：样式里的属性和属性值之间不是用“=”号来表示，而是用英文的“:”号来表示。在属性表达结束时要记得在后面加上“;”号。

## 11.1.4　定义左右结构的框架

定义左右结构的框架，也就是在一个大的<div>标签中嵌套两个小的<div>标签。然后再通过 float 属性把这两个小的<div>标签浮动在左右两边。其语法结构如下所示：

```
<div>                                             <!--div 开始-->
    <div style="float:left;"></div>               <!--div 定义左浮动-->
    <div style="float:right;"></div>              <!--div 定义右浮动-->
</div>                                            <!--div 结束-->
```

【示例 11.4】下面是使用<div>标签制作左右结构框架的效果，代码如下所示：

```
<div style="width:500px; height:200px; border:1px solid #000000;
background-color: #ffff00; ">        <!--为整体定义宽度、高度和背景颜色-->
    <div style="float:left; width:200px;height:50px; border:1px solid
    #000000; background-color: #00ffff; ">左边框架</div>
                    <!--div 定义左浮动框架，为左边框架定义宽度、高度和背景颜色-->
    <div style="float:right; width:200px; height:70px;border:1px solid
    #000000; background-color: #00ffff; ">右边框架</div>
                    <!--div 定义右浮动框架，为右边框架定义宽度、高度和背景颜色-->
</div>
```

运行效果如图 11.4 所示。

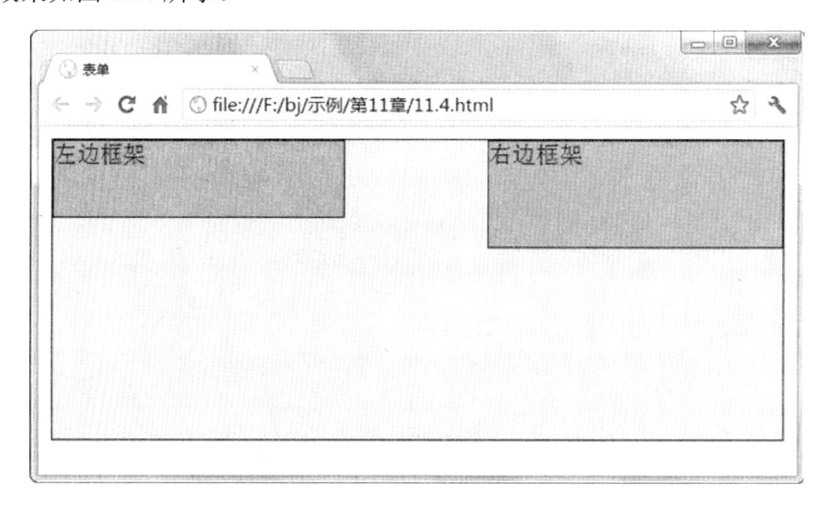


图 11.4　使用<div>标签制作左右结构框架效果图

注意：<div>标签定义的框架，不一定要设置高度，在没设置的情况下，会因内容的增加而自动变高。

## 11.1.5　定义横向结构的框架

横向结构的框架是指在页面上几个嵌套的小框架依次横向排列在大框架中。它和左右结构的框架有些相似，都是利用同样的原理做出来的。只是它的几个框架都是左或右浮动，依次横向排列在大框架中。其语法结构和左右框架的语法形式一样，这里就不再说明。

【示例 11.5】下面是使用<div>标签制作横向结构框架的效果，这里嵌套了 3 个<div>标签来定义横向结构的框架。代码如下所示：

```
<div style="width:600px;height:400px; border:1px solid #000000;">
```

```
                              <!--为整体定义宽度为 600px，高度为 400px-->
    <div style="float:left; width:150px; height:400px; background-color:
    #ffff00;">左边框架</div>
    <!--定义一左浮动框架，定义框架的宽度为 150px，高度为 400px，背景颜色为黄色-->
    <div style="float:left; width:300px; height:400px; background-color:
    #00ff00;">中间框架</div>
    <!--定义一左浮动框架，定义框架的宽度为 300px，高度为 400px，背景颜色为绿色-->
    <div style="float:left; width:150px; height:400px; background-color:
    #00ffff;">右边框架 </div>
    <!--定义一左浮动框架，定义框架的宽度为 150，高度为 400px，背景颜色为蓝色-->
</div>
```

运行效果如图 11.5 所示。

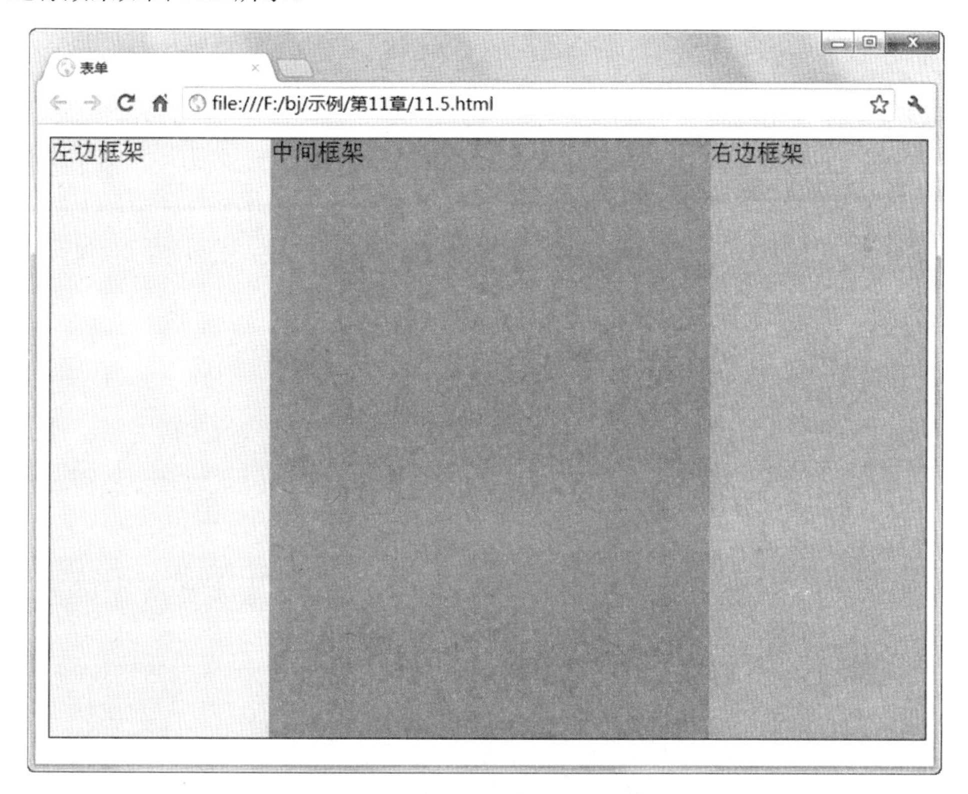


图 11.5　使用<div>标签制作横向结构框架效果图

**技巧：**使用横向结构的框架要为每个框架都做浮动设置，这样才可以使框架乖乖地排成一横排。当嵌套的 3 个<div>标签的宽度和等于大的<div>标签的宽度时，3 个框架就会横向铺满大的框架。

## 11.1.6　定义纵向结构的框架

纵向结构的框架和横向结构的框架有些相似，只是纵向结构的框架是在垂直线上分割出来的框架。它是在横向结构框架的基础上多加了一个 clear 属性，使框架纵向排列。其语法结构如下所示：

```
<div>
    <div style=" float:left;clear:both;"></div>      <!--为框架清除浮动-->
    <div style="clear:both;"></div>                  <!--为框架清除浮动-->
</div>
```

其中，clear:both;表示清除浮动，是固定格式。当浮动被清除时，<div>标签里的框架会被自动换行，从而使框架纵向排列。

**【示例 11.6】**下面是使用<div>标签制作纵向结构框架的效果，代码如下所示：

```
<div style="width:300px;height:300px; border:1px solid #000000;">
    <!--为整体定义宽度-->
    <div style="float:left; width:300px; height:80px; background-color:
    #ffff00;clear:both;">上边框架</div>
    <!--定义一左浮动框架，定义框架的宽度为 300px，高度为 80px，背景颜色为黄色-->
    <div style=" width:200px; height:120px; background-color: #00ff00;
    clear:both ;">中间框架</div>
            <!--定义框架的宽度为 200px，高度为 120px，背景颜色为绿色-->
   <div style=" width:250px; height:100px; background-color: #00ffff;
   clear:both ;">下边框架 </div>
            <!--定义框架的宽度为 250px，高度为 100px，背景颜色为蓝色-->
</div>
```

运行效果如图 11.6 所示。

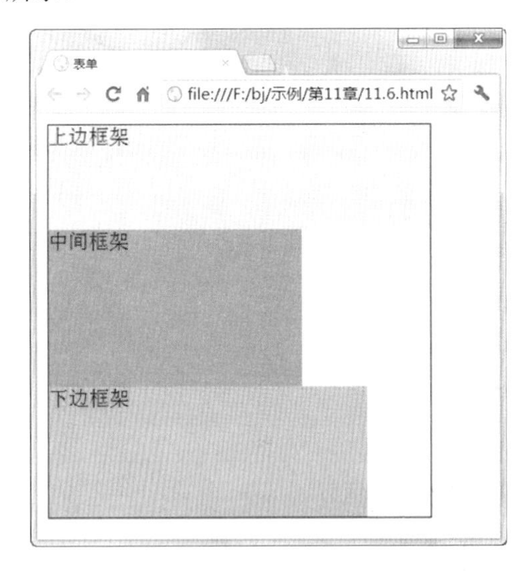


图 11.6　使用<div>标签制作纵向结构框架效果图

技巧：被嵌套在大的<div>标签里的小<div>标签，加起来的高度最好要小于大的<div>标签的高度，这样才不容易造成框架变形。

## 11.2　本 章 小 结

本章主要学习了设计布局的另一种方法 div+CSS，主要讲解了<div>标签的各种使用方法，并且学习了 CSS 布局中的 style 属性。<div>标签需要与 CSS 配合才能更好地实现网站的布局。通过本章的学习，读者可以了解到使用 div+CSS 是比较好的设计布局的方法。在以后的网站设计中，会大量用到这种布局方法。在下一章我们就将开始讲解 CSS 样式的使用。

## 11.3 本 章 习 题

【习题 11-1】在网页内容中使用<div>标签，添加样式，使网页文字变得更加美观，效果如图 11.7 所示。

【习题 11-2】在网页内容中使用 div 嵌套，制作出如图 11.8 所示网页的效果图。

图 11.7　使用<div>标签效果图

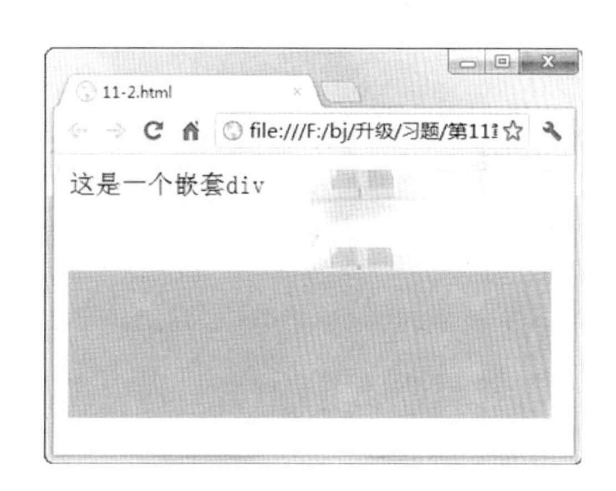


图 11.8　设置嵌套 div 效果图

【习题 11-3】在网页中创建两个浮动框架，并插入两幅画，设置一个向左边浮动，另一个向右边浮动，效果如图 11.9 所示。

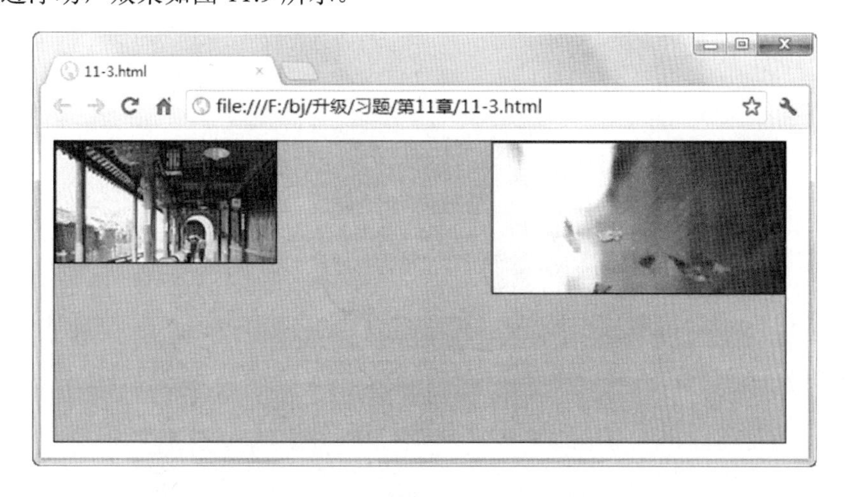


图 11.9　设置浮动框架效果图

# 第 2 篇　CSS 样式

# 第 12 章　CSS 样式基础知识

CSS（Cascading Style Sheet）主要是用来为网页中的元素进行格式设置以及对网页进行排版和风格设计。CSS 样式看似简单，但要真正精通是不容易的。本章作为 CSS 样式的第一章，先从最基础的知识开始介绍，为以后 CSS 的应用奠定基础。接下来我们就来详细介绍 CSS 样式的基础知识。

## 12.1　CSS 样式表类别

CSS 样式表可以分为三种：外部样式表、内部样式表和内嵌样式表。这三种样式表的用法是不同的，本节将详细讲述这三种样式表的用法。

### 12.1.1　外部样式表

外部样式表是指样式文件以.css 为扩展名保存为一个独立的文本文件，然后使用<link>标签把它调用出来（<link>标签放<head>标签里面）。这样便可以很方便地在当前网页使用外部样式表，而不用重新定义样式。<link>标签是单标签，它没有闭合标签，所以在书写时，要使用“/”号来对<link>标签进行闭合。其语法结构如下：

```
<link href="外部样式文件地址" rel="stylesheet" type="text/css" />
                    <!--连接外部样式表-->
```

其中，href 属性里的外部样式文件的地址，地址的填写方法和超链接的链接地址写法一样。rel="stylesheet"，表示告诉浏览器连接的是一个样式表文件，是固定格式。type="text/css"，表示传输的文本类型为样式表类型文件，这也是固定格式。由于这里还没讲到 CSS 的使用，所以暂时不做示例，只给出代码作为例子。

**【示例 12.1】**下面是使用链接外部样式表的例子，这里使用的外部样式表放在 css 文件夹里，命名为 12.1.css，代码如下：

```
<link href="css/12.1.css" rel="stylesheet" type="text/css" />
                    <!--链接外部样式表-->
```

**说明：**一个页面不止可以插入一个外部样式表，还可以根据需要插入多个外部样式表。

### 12.1.2　内部样式表

内部样式表是指将 CSS 语法直接放在页面里，仅供本网页使用。通过<style>标签来进行设置，需要将<style>标签放置在<head>标签中进行调用。<style>标签是双标签，有起始和结束标签。其语法结构如下：

```
<style type="text/css">
<!--
/* 样式内容（注释标签） */
-->
</style>
```

其中，type="text/css"的意义和外部连接样式表的意义是一样的。需要注意的是样式内容必须写在注释标签里面才可以生效。由于这里还没讲到 CSS 的使用，所以暂时不做示例，只给出代码作为例子。

**【示例 12.2】**下面是使用内部样式表的例子，其中的样式内容将在下面的章节中讲解。代码如下：

```
<!DOCTYPE html PUBLIC "-//W3C//DTD XHTML 1.0 Transitional//EN"
"http://www.w3.org/TR/xhtml1/DTD/xhtml1-transitional.dtd">
<html xmlns="http://www.w3.org/1999/xhtml">
<head>
<meta http-equiv="Content-Type" content="text/html; charset=utf-8" />
<title>示例 12.2</title>
<style type="text/css">
<!--
.point{
    font-size:20px;           /*设置字号为 20px*/
    font-style:italic;        /*设置为斜体显示*/
    line-height:20px;         /*设置行间距为 20px*/
}
-->
</style>
</head>
<body>
</body>
</html>
```

## 12.1.3　内嵌样式表

内嵌样式表我们在第 11 章中已经接触过。内嵌样式表是指直接使用 HTML 标签中的 style 属性来定义样式，但是只在所定义的区域内才有效。内嵌样式表也是通过 style 来进行设置。不过 style 在这里是作为一个标签里的属性出现的，而不是作为单独的标签出现。其语法结构如下：

```
<标签 style="样式 ">
```

其中，在 style 属性中可以多个样式并存，之间用英文;号来隔开。在第 11 章中使用的 style 属性就是内嵌样式表，这里再举一个简单的例子。

**【示例 12.3】**下面是使用内嵌样式表的例子，代码如下：

```
<div style="border:1px solid #000000; background-color: #ffff00; width:
200px; height:150px;">内嵌样式表 <!--定义边框的宽度为 1px，线条为黑色实线，
                                     背景颜色为黄色，宽度为 200px，高度为 150px-->
</div>
```

效果如图 12.1 所示。

图 12.1　使用内嵌样式表效果图

技巧：在网站制作中，一般都会使用外部样式表来对网站进行设置。

# 12.2　选　择　器

选择器是 CSS 控制 HTML 文档中对象的一种方式，简单地说就是用它来告诉浏览器这段代码将应用到哪个对象。通过调用，HTML 可以根据内容的不同，而选择不同的样式来修饰内容。所以要将 CSS 样式应用到 HTML 中，首先要选择合适的选择器，来对 HTML 的元素进行样式的控制。本节将详细讲述几种选择器的用法。

## 12.2.1　派生选择器

派生选择器是指选择器组合中，前一个对象包含后一个对象，对象之间使用英文的空格键来隔开。这样做有个好处，就是规定了派生选择器下的样式只能在指定的位置才可以使用。如果对某一元素中的子对象进行样式指定时，派生选择器就派上用场了。由于选择器是非常灵活的，所以无法用固定的格式来作语法形式，这里将举例说明其语法和用法。

**【示例 12.4】**下面是使用派生选择器为 h1 标签内的 p 标签设置样式的效果，代码如下：

```
<!DOCTYPE html PUBLIC "-//W3C//DTD XHTML 1.0 Transitional//EN" "http://
www.w3.org/TR/xhtml1/DTD/xhtml1-transitional.dtd">
<html xmlns="http://www.w3.org/1999/xhtml">
<head>
<meta http-equiv="Content-Type" content="text/html; charset=utf-8" />
<title>示例 12.4</title>
<style type="text/css">
<!--
h1 p{
    font-size:14px;                    /*设置字体大小为 14px*/
    background-color:#00ffff;          /*设置背景颜色为蓝色*/
    width:150px;                       /*设置宽度为 150px*/
```

```
}                                    /* 指定 p 标签要包含在 h1 标签里面 */
-->
</style>

</head>
<body>
<h1>
    派生选择器
    <p>应用到的样式</p>
</h1>
</body>
</html>
```

效果如图 12.2 所示。

图 12.2　使用派生选择器为网页样式命名效果图

由图 12.2 可以看到只有标签 h1 的子标签 p 的字体大小为 14px，背景颜色为蓝色，宽度为 150px。而其他的内容还是默认样式。值得注意的是，CSS 样式里使用的注释标签和 HTML 里使用的注释标签不同，CSS 样式里的注释标签是以“/*”开始，以“*/”结束。

## 12.2.2　id 选择器

在一个网页中，每一个标签都可以用一个 id 属性进行名称的指定。id 选择器就是指在 HTML 中用 id 属性对样式进行调用的选择器。在 CSS 样式中，id 选择器使用“#”符号进行标识。由于选择器是非常灵活的，所以无法用固定的格式来作语法形式，这里将举例说明其语法和用法。

**【示例 12.5】**下面是使用 id 选择器为 id 为 content 的标签设置样式的效果，代码如下：

```
<!DOCTYPE html PUBLIC "-//W3C//DTD XHTML 1.0 Transitional//EN" "http://
www.w3.org/TR/xhtml1/DTD/xhtml1-transitional.dtd">
<html xmlns="http://www.w3.org/1999/xhtml">
<head>
<meta http-equiv="Content-Type" content="text/html; charset=utf-8" />
<title>示例 12.5</title>
<style type="text/css">
<!--
#content{
    font-size:20px;                     /*设置字体大小为 20px*/
```

```
    background-color:#00ff00;                    /*设置背景颜色为绿色*/
    width:250px;                                 /*设置宽度为 250px*/
}
-->
</style>
</head>
<body>
<div id="content">这是一个 id 选择器应用</div><br/><br/><!--id 选择器放在新添加
的 div 标签里-->
<div id="mail">这是一个 id 选择器应用</div>
</body>
</html>
```

效果如图 12.3 所示。可以看出只有 id 为 content 的 div 标签里的样式发生改变，id 为 mail 的 div 标签里的样式并未改变。

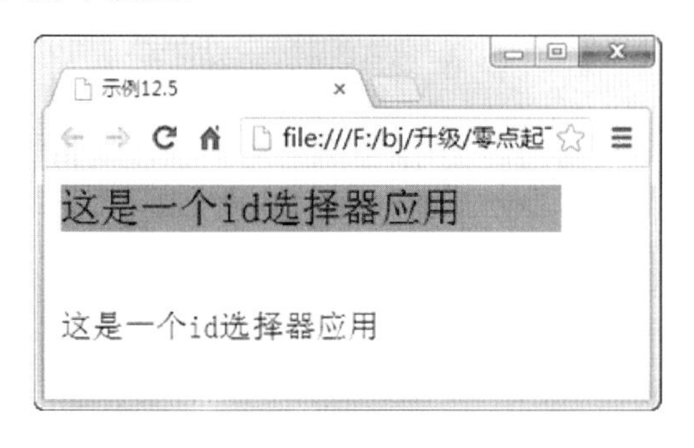


图 12.3　使用 id 选择器设置样式效果图

**技巧**：选择器的命名最好是可以和内容相称的英文单词，这样有助于以后对内容的修改，便于查看，但是注意不要用到 HTML 的特定的标签属性，这样会造成标签属性的错乱。

## 12.2.3　类选择器

类选择器，就是对网页样式归类的选择器，它是指在 HTML 中用 class 属性对样式进行调用的选择器。类选择器可以包括 HTML 中不同类型的一些元素，就如同对这些元素进行分类一样。类选择器命名时要在类名称前面加上英文的句号“.”，以此来和 HTML 中的 class 属性进行绑定。由于选择器是非常灵活的，所以无法用固定的格式来作语法形式，这里将举例说明其语法和用法。

**【示例 12.6】**下面是使用类选择器为类添加样式的效果，代码如下：

```
<!DOCTYPE html PUBLIC "-//W3C//DTD XHTML 1.0 Transitional//EN" "http://
www.w3.org/TR/xhtml1/DTD/xhtml1-transitional.dtd">
<html xmlns="http://www.w3.org/1999/xhtml">
<head>
<meta http-equiv="Content-Type" content="text/html; charset=utf-8" />
<title>示例 12.6</title>
<style type="text/css">
<!--
.S1{
```

```
    font-size:20px;                              /*设置字体大小为 20px*/
    background-color:#ffff00;                    /*设置背景颜色为黄色*/
    width:250px;                                 /*设置宽度为 250px*/
    height:50px;                                 /*设置高为 50px*/
}
-->

</style>
</head>
<body>
<div class="S1">这是一个类选择器应用</div>
<h1 class="S1">这是一个类选择器应用</h1>
<span class="S1">这是一个类选择器应用</span>
</body>
</html>
```

效果如图 12.4 所示。可以看出，无论是什么 HTML 标签，页面中所有类名为 S1 的标签的样式都被设置了。

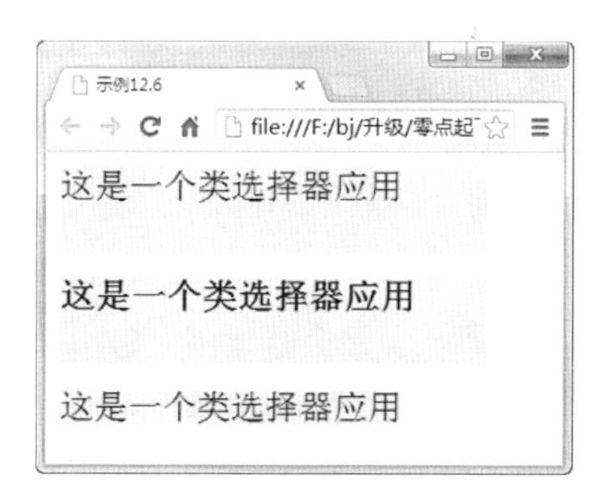


图 12.4　使用类选择器为类添加样式效果图

## 12.3　CSS 优先级

CSS 优先级是指在众多 CSS 样式中，HTML 会优先考虑哪个样式。在 CSS 样式使用中，可以分为两种优先级，一种是样式表的优先级，另一种是选择符的优先级。本节我们就来讲解这两种优先级。

### 1. 样式表优先级

CSS 样式在 HTML 的使用中，会采取就近原则来设置样式。越接近内容的优先级越高。上面讲过的三种样式表中，优先级从高到低依次是：内嵌样式表、内部样式表、外部样式表。

### 2. 选择器优先级

在上面讲解的各种选择器中，优先级从高到低依次是：id 选择器、类选择器、派生选择器。

【示例 12.7】下面是选择器优先级使用效果，代码如下：

```
<!DOCTYPE html PUBLIC "-//W3C//DTD XHTML 1.0 Transitional//EN" "http://
www.w3.org/TR/xhtml1/DTD/xhtml1-transitional.dtd">
<html xmlns="http://www.w3.org/1999/xhtml">
<head>
<meta http-equiv="Content-Type" content="text/html; charset=utf-8" />
<title>示例 12.7</title>
<style type="text/css">
<!--
h1 p{
    font-size:14px;                         /*设置字体大小为 14px*/
    background-color:#00ffff;               /*设置背景颜色为蓝色*/
    width:150px;                            /*设置宽度为 150px*/
}-->
<!--
.S1{
    font-size:20px;                         /*设置字体大小为 20px*/
    background-color:#ffff00;               /*设置背景颜色为黄色*/
    width:250px;                            /*设置宽度为 250px*/
    height:50px;                            /*设置高为 50px*/
}
-->
<!--
#content{
    font-size:30px;                         /*设置字体大小为 30px*/
    background-color:#00ff00;               /*设置背景颜色为绿色*/
    width:250px;                            /*设置宽度为 250px*/
}
-->
</style>
</head>
<body>
<p><h1>
    选择器
    <p>派生选择器优先级</p>
</h1></p>
<h1><p class="S1">类选择器优先级</p></h1>
<h1><p class="S1" id="content"> id 选择器优先级</p></h1>
</body>
</html>
```

效果如图 12.5 所示。

图 12.5　选择器优先级应用效果图

由图 12.5 可以看出，第一、二行元素应用的是派生选择器的样式；第三行加入了类选择器，所以优先应用类选择器；第四行是类选择器和 id 选择器都同时存在，优先选择应用的是 id 选择器。

## 12.4　本 章 小 结

本章学习了 CSS 样式的基础知识，主要讲解了 CSS 样式表的类别、选择器以及 CSS 样式的优先级。要学好 CSS，这些都是我们首先要了解的最基本的知识。本章的难点是选择器的使用，读者需要认真学习。下一章将详细讲解 CSS 样式中的各个属性。

## 12.5　本 章 习 题

【习题 12-1】CSS 样式表分为几种，各有什么特点？

【习题 12-2】选择器分为几种，分别用什么来标识？

【习题 12-3】使用外部样式表和 id 选择器来设置网页中文字的样式，效果如图 12.6 所示。

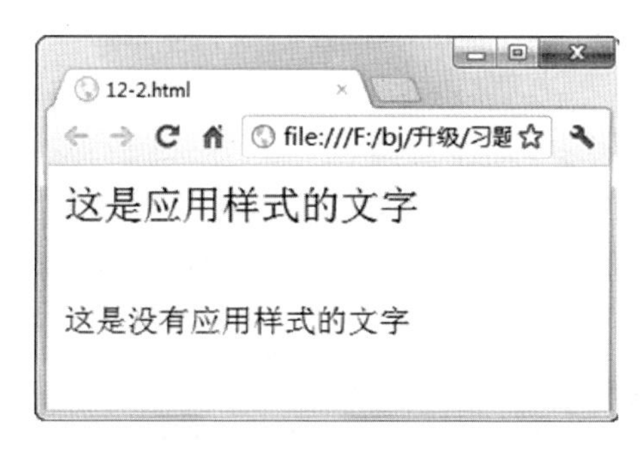


图 12.6　设置文字样式效果图

# 第 13 章　CSS 属性

了解完 CSS 样式的基础知识后，就要开始对 CSS 设置属性和属性值了。CSS 属性是 CSS 样式中最重要，也是最复杂的部分。CSS 样式的属性非常多，也因此能够实现各种各样的表现形式。CSS 之所以功能强大，和 CSS 的属性密不可分。CSS 常用的属性包括：背景属性、文本属性、边框属性、外边距属性、内边距属性、列表属性等。本章将详细讲解这些属性。

## 13.1　CSS 背景属性

通过 background 属性可以设置页面任何元素的背景。background 属性和 HTML 中的 background 属性的用法是一样的。但在 CSS 样式里，background 属性比 HTML 中多出了很多属性值。本节就来详细讲述 CSS 背景属性的设置。

### 13.1.1　背景颜色 background-color

background-color 属性可以用来为指定的元素添加背景颜色，和 HTML 的 bgcolor 属性是同样用法的。但在使用 CSS 样式属性时，属性和属性值中间是用英文的“:”号隔开的，而且写完后在后面必须加上英文的“;”，表示该属性已经描述完毕。其语法结构如下：

```
background-color:颜色;        /*设置元素背景颜色*/
```

background-color 属性里颜色的填写方法和 bgcolor 属性的颜色填写方法一样，这里就不再阐述。

**【示例 13.1】**下面是使用 background-color 属性来设置背景颜色的效果。这里将使用内部样式表来作为 CSS 样式的链接，使用 id 选择器，命名为 bgroundcolor。代码如下：

```
<head>
<meta http-equiv="Content-Type" content="text/html; charset=utf-8" />
<title>CSS 样式</title>
<style type="text/css">
<!--
#bgroundcolor{ background-color:#00ffff;}  /*用 id 选择器定义样式*/
-->
</style>
</head>
<body>
<div id="bgroundcolor">设置背景颜色为蓝色</div> <!--使用 div 标签来绑定样式-->
</body>
```

效果如图 13.1 所示。

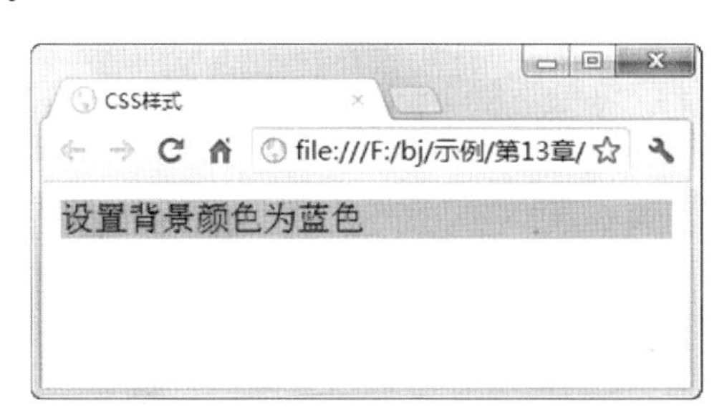


图 13.1　使用 background-color 属性设置背景颜色效果图

**说明**：background-color 属性比 bgcolor 属性用得更加广泛，而且无标签限制。

### 13.1.2　背景图片 background-image

背景图片 background-image 属性是用来为指定的元素添加背景图片。其语法结构如下：

```
background-image:url(图片链接地址);          /*设置背景图片*/
```

其中，使用 background-image 属性的属性值要把图片的链接地址放在 url()里面，这样才能正确地链接到图片，图片链接路径的书写格式和 HTML 中图片链接路径的书写格式一样，这里就不再阐述。

**【示例 13.2】**下面是使用 background-image 属性来设置背景图片的效果。图片使用 images 文件夹中的 13.1.jpg。代码如下：

```
<head>
<meta http-equiv="Content-Type" content="text/html; charset=utf-8" />
<title>CSS 样式</title>
<style type="text/css">
<!--
#bgimage
{
    background-image:url(../images/13.1.jpg);
    width:300px;
    height:300px;
}                                       /*用 id 选择器定义样式*/
-->
</style>
</head>
<body>
<div id="bgimage">设置背景图片</div>      <!--使用 div 标签来绑定样式-->
</body>
</html>
```

效果如图 13.2 所示。

**技巧**：使用 background-image 属性，必须为背景图片增加高度和宽度，这样才可以正确地显示出背景图片。

图 13.2　使用 background-image 属性设置背景图片效果图

### 13.1.3　设置重复背景图片 background-repeat

background-repeat 属性用来设置背景图片是否可以重复出现以及重复出现的位置。background-repeat 属性具有四个属性值：no-repeat、repeat、repeat-x 和 repeat-y。其语法结构如下：

```
background-repeat:no-repeat/repeat/repeat-x/repeat-y;
            /*设置重复使用背景图片*/
```

当 background-repeat:no-repeat;时，表示只在元素开始处显示一次图像，不可以重复出现；当 background-repeat:repeat;时，表示图片可以重复出现，从水平和垂直方向平铺整个背景；当 background-repeat:repeat-x;时，表示图片可以重复出现，但只能水平平铺整个背景；当 background-repeat:repeat-y;时，表示图片可以重复出现，但只能垂直平铺整个背景。默认为 repeat 属性值。

【示例 13.3】下面是使用 background-repeat 属性来设置背景图片位置的具体效果。这里使用了四个 id 选择器来设置不同的显示效果，依次命名为 bgrpt1、bgrpt2、bgrpt3、bgrpt4。图片使用了 images 文件夹里的 13.2.jpg。代码如下：

```
<head>
<meta http-equiv="Content-Type" content="text/html; charset=utf-8" />
<title>示例 13.3</title>
<style type="text/css">
<!--
#bgrpt1
{
    background-image:url(../images/13.2.jpg);
    background-repeat:no-repeat;
    width:400px;
    height:150px;
}                            /*定义背景图片不可以重复使用*/
#bgrpt2
{
    background-image:url(../images/13.2.jpg);
```

```
    background-repeat:repeat;
    width:400px;
    height:150px;
}                                   /*定义背景图片从水平和垂直方向平铺使用*/
#bgrpt3
{
    background-image:url(../images/13.2.jpg);
    background-repeat:repeat-x;
    width:400px;
    height:150px;
}                                   /*定义背景图片从水平方向平铺使用*/
#bgrpt4
{
    background-image:url(../images/13.2.jpg);
    background-repeat:repeat-y;
    width:400px;
    height:150px;
}                                   /*定义背景图片从垂直方向平铺使用*/
-->
</style>
</head>
<body>
不重复使用图片<div id="bgrpt1" > </div>  <br />
重复使用图片并水平垂直铺满<div id="bgrpt2"> </div> <br />
重复使用图片向水平方向平铺<div id="bgrpt3"> </div> <br />
重复使用图片向垂直方向平铺<div id="bgrpt4"> </div>
</body>
</html>
```

效果如图 13.3 所示。

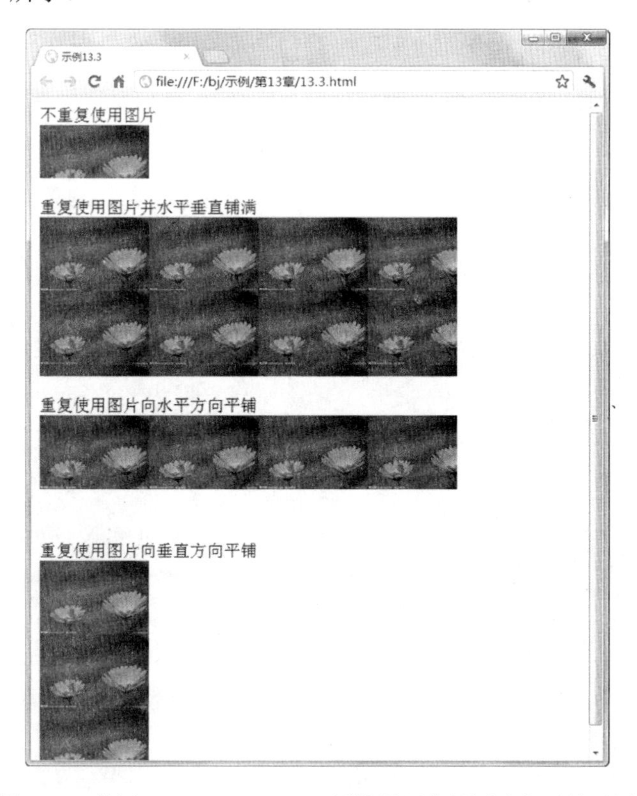


图 13.3　使用 background-repeat 属性设置背景图片位置效果图

说明：在 CSS+div 的布局设置中，background-repeat 属性是非常常用的一种图片设置方法。

### 13.1.4　设置固定背景图片 background-attachment

background-attachment 属性是用来设置背景图片是固定在它的原始位置还是随内容一起滚动。background-attachment 属性具有两个属性值：fixed 和 scroll。其语法结构如下：

```
background-attachment:fixed/scroll;                    /*设置固定背景图片*/
```

当 background-attachment:fixed;时，表示固定背景图片，背景图片不随着页面的滚动而滚动；当 background-attachment:scroll;时，表示不固定背景图片，让背景图片随着页面的滚动而滚动。默认为不固定背景图片。

**【示例 13.4】**下面是使用 background-attachment 属性来固定背景图片位置的具体效果。图片使用了 images 文件夹里的 13.3.gif。代码如下：

```
<head>
<style type="text/css">
<!--
#bgat1
{
    background-image:url(../images/13.3.jpg);
    background-attachment:fixed;
    width:400px;
    height:150px;
}                                                  /*固定背景图片*/
.bgat2
{
    background-image:url(…/images/13.3.jpg;
    background-attachment:scroll;
    width:400px;
    height:150px;
}                                                  /*不固定背景图片*/
-->
</style>
</head>
<body>
设置固定背景图片
<div id="bgat1"> </div><br />
设置不固定背景图片
<div class="bgat2"> </div>
</body>
</html>
```

效果如图 13.4 所示。

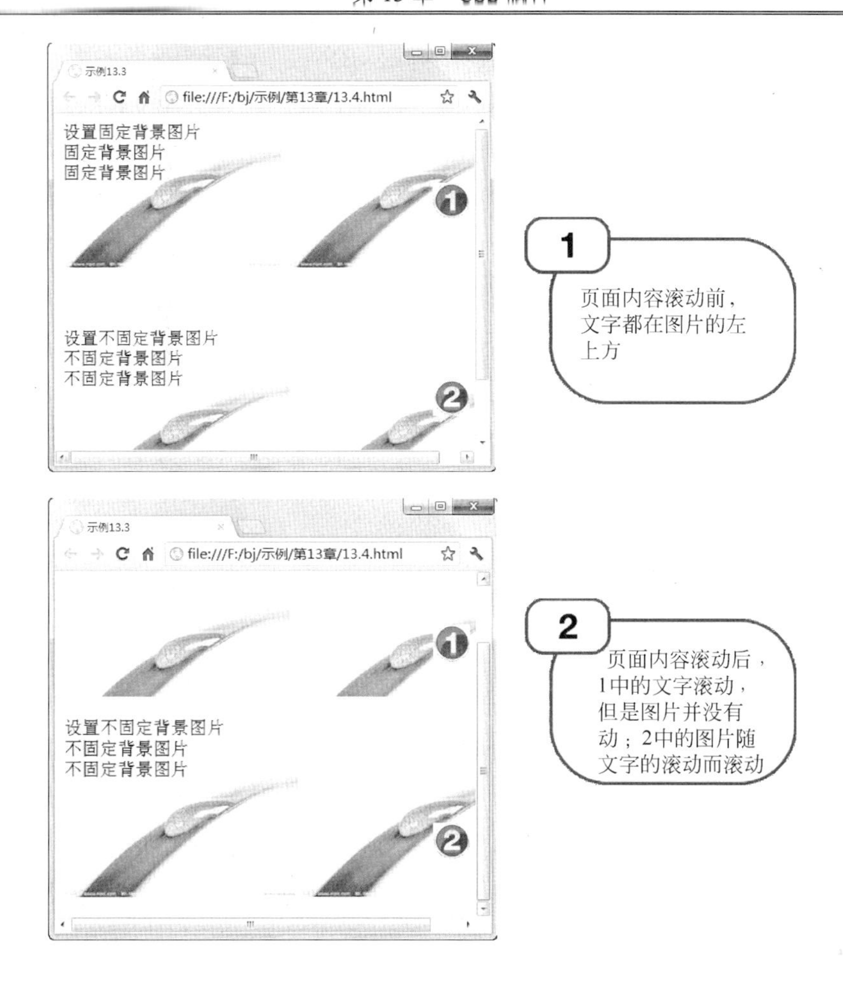


图 13.4 使用 background-attachment 属性设置固定背景图片效果图

## 13.1.5 设置背景图片位置 background-position

background-position 属性用来设置背景图片相对于元素的位置。background-position 属性有两个值，用来对水平位置和垂直位置进行定位。其语法结构如下：

```
background-position:X Y;                    /*设置背景图片位置*/
```

其中，X 有三个值：left、center 和 right，用来设置水平位置的左边、中间和右边；Y 也有三个值：top、center 和 bottom，用来设置垂直位置的上边、中间和下边。两个属性值中间要用一个英文的空格号进行隔开。

background-position 属性除了可以设置背景图片位置之外，还可以用来定位背景图像。定位背景图像是指背景图片通过垂直和水平距离来规定距离框架的高度和宽度。它的使用和设置背景图片位置一样，需要设置两个值来对垂直位置和水平位置进行定位。语法如下：

```
background-position: 左边距离 上边距离;    /*设置定位背景图像*/
```

其中，左边距离是表示背景图片和框架左边的距离，上边距离是表示背景图片和框架上面的距离。它们之间的距离可以用百分比来表示，也可以用固定的单位距离来进行设置。

**【示例 13.5】**下面是使用 background-position 属性来设置背景图片位置的效果。图片使用了 images 文件夹里的 13.3.jpg。代码如下：

```
<head>
<style type="text/css">
<!--
#bgpt1
{
    background-image:url(../images/13.3.jpg);  /*插入背景图*/
    background-repeat:no-repeat;               /*设置背景图不重复*/
    background-color:#00ffff;                  /*插入背景颜色*/
    background-position:left center;
               /*用居中对齐设置水平距离，用下面对齐设置垂直距离*/
    width:400px;                               /*设置宽度*/
    height:150px;                              /*设置高度*/
}                                              /*设置放置背景图片位置*/
#bgpt2
{
    background-image:url(../images/13.3.jpg);  /*插入背景图*/
    background-repeat:no-repeat;               /*设置背景图不重复*/
    background-color:#ffff00;                  /*插入背景颜色*/
    background-position:60px 50px;             /*设置水平距离和垂直距离*/
    width:400px;                               /*设置宽度*/
    height:200px;                              /*设置高度*/
}                                              /*设置定位背景图像*/
-->
</style>
</head>
<body>
设置背景图片位置
<div id="bgpt1"> </div>                 <!--使用 div 标签来绑定样式 bgpt1-->
<br />定位背景图片位置
<div id="bgpt 2"> </div>                <!--使用 div 标签来绑定样式 bgpt 2-->
</body>
</html>
```

效果如图 13.5 所示。

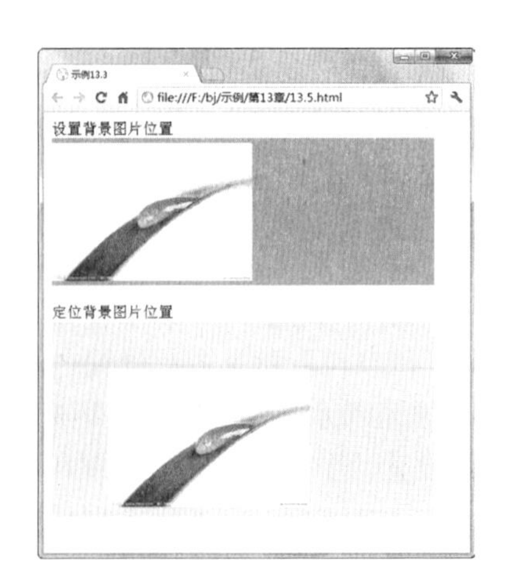


图 13.5　使用 background-position 属性设置背景图片位置效果图

技巧：背景颜色和背景图片可以一起使用。

## 13.2　CSS 文本属性

在一个网站中，文本内容的样式也是很重要的，它是给浏览者的第一印象。在 CSS 样式中也可以设置 HTML 中的文本内容的样式。CSS 中文本属性也有很多，包括字体颜色、文本间距、对齐方式等。本节就来讲解 CSS 中的文本属性。

### 13.2.1　字体颜色 color

字体颜色就是为字体填充颜色，可以通过 color 属性来进行设置。这是 CSS 样式中很常用的一个属性。其语法格式如下：

```
color:字体颜色;                /*设置文本字体颜色*/
```

其中，color 属性里填写的颜色书写格式和背景颜色 background-color 属性一样，这里就不再阐述。

**【示例 13.6】**下面是使用 color 属性来设置文本字体颜色的效果。这里将使用内嵌样式表来作为 CSS 样式的连接。内嵌样式表是把样式放在<body>标签里面的，所以这里只给出<body>标签里的代码。代码如下：

```
<p style="color:#00ffff;">设置字体颜色为蓝色</p>
                    <!--使用内嵌样式表设置文本字体颜色为蓝色-->
```

效果如图 13.6 所示。

图 13.6　使用 color 属性设置文本颜色效果图

### 13.2.2　字符间距 letter-spacing

字符间距是用来定义文本中每个字符之间的距离，可以通过 letter-spacing 属性来设置。语法形式如下：

```
letter-spacing:n;          /*设置字符间距*/
```

其中，n 是用来填写字符间距的大小。

【示例 13.7】下面是使用 letter-spacing 属性来设置字符间距的效果。代码如下：

```
<p style="letter-spacing:5px;">字符间距为 5px</p><br/><br/>
                              <!--使用行内样式表设置字符间距为 5px-->
<p >这是正常间距</p>
```

效果如图 13.7 所示。

图 13.7　使用 letter-spacing 属性设置字符间距效果图

## 13.2.3　行间距 line-height

line-height 属性可以用来设置文本中行和行之间的距离，使文本行之间看起来不会太拥挤。其语法结构如下：

```
line-height:n;          /*设置行间距*/
```

其中，n 是用来填写行间距的大小的。

【示例 13.8】下面是使用 line-height 属性来设置行间距的效果。代码如下：

```
<p style="line-height:30px;" width="250px">设置行间距为 30px 设置行间距为 30px
<br/>设置行间距为 30px 设置行间距为 30px <br/>设置行间距为 30px 设置行间距为 30px
</p>          <!--使用行内样式表设置行间距为 30px-->
<p width="250px">这是正常的字体间距这是正常的字体间距<br/>这是正常的字体间距这是正常的字体间距< </p>
```

效果如图 13.8 所示。

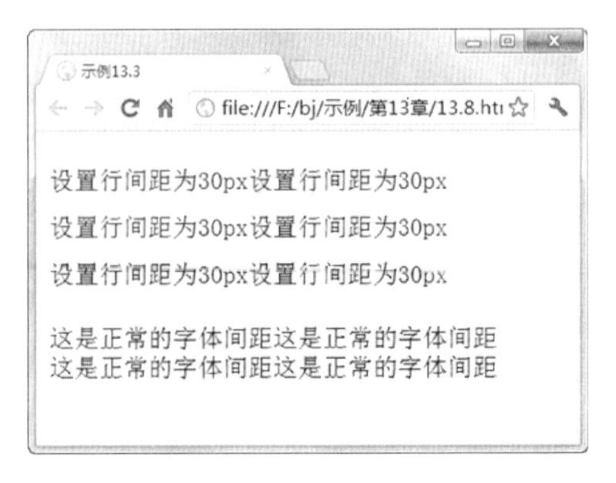


图 13.8　使用 line-height 属性设置行间距效果图

🔔技巧：一般设计师为文本内容添加行间距的时候，中文内容当字体为 12px 时，行间距会设置为 22px。这样会使页面更加的清晰明朗。

## 13.2.4　文本对齐方式 text-align

text-align 属性可以用来设置文本内容的对齐方式。text-align 属性有四个值：left、right、center 和 justify。其语法结构如下：

```
text-align:left/right/center/justify;        /*设置文本对齐方式*/
```

当 text-align:left;时，表示左对齐；当 text-align:right;时，表示右对齐；当 text-align:center;时，表示居中对齐；当 text-align:justify;时，表示两端对齐。默认情况下为左对齐。

**【示例 13.9】**下面是使用 text-align 属性来设置文本对齐方式的效果。这里将使用内嵌样式表来作为 CSS 样式的连接。代码如下：

```
<body>
<table border="1">
<tr >
<td style="text-align:left;" width="369">文本左对齐文本左对齐文本左对齐<br/>
文本左对齐文本左对齐文本左对齐</td> <!--使用内嵌样式表设置文本左对齐-->
</tr>
<tr>
<td width="369" height="91" style="text-align:right;">文本右对齐文本右对齐
<br/>文本右对齐文本右对齐<br/>文本右对齐文本右对齐<br/>文本右对齐文本右对齐</td>
                              <!--使用内嵌样式表设置文本右对齐-->
</tr>
<tr>
<td width="369" height="107" style="text-align:center;">文本居中对齐文本居中
对齐<br/>文本居中对齐文本居中对齐<br/>文本居中对齐文本居中对齐</td>
                              <!--使用内嵌样式表设置文本居中对齐-->
</tr>
<tr>
<td width="369" height="110" style="text-align:justify;"><p>文本两端对齐文
本两端对齐文本两端对齐文本两端齐文本两端对齐文本两端对齐文本两端对齐</td>
                              <!--使用内嵌样式表设置文本两端对齐-->
</tr>
</table>
```

效果如图 13.9 所示。

🔔技巧：text-align:justify;两端对齐对于对齐内容效果相当好，所以在很多时候，设计师都会使用此属性值来对文本内容进行对齐。

## 13.2.5　修饰文本 text-decoration

修饰文本就是用来定义文本字体的修饰效果，比如为文本添加下划线、上划线、删除线等。可以通过 text-decoration 属性来设置。其语法结构如下：

```
text-decoration:underline/line-through/overline;        /*设置文本修饰*/
```

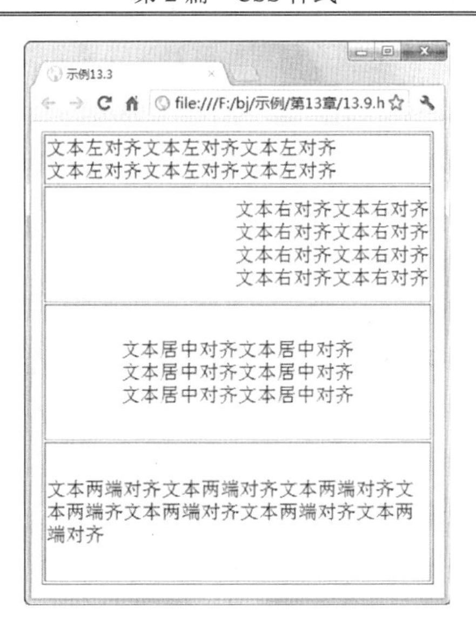


图 13.9　使用 text-align 属性设置文本对齐方式效果图

当 text-decoration:underline;时，表示为文本增加下划线；当 text-decoration:line-through;时，表示为文本增加删除线；当 text-decoration:overline;时，表示为文本增加上划线。使用 text-decoration 属性不止可以单个属性值对文本内容进行设置，还可以多个属性值对文本内容进行设置。

**【示例 13.10】**下面是使用 text-decoration 属性来修饰文本的效果。这里将使用内嵌样式表来作为 CSS 样式的连接。代码如下：

```
<p style="text-decoration:underline;" width="200px";height="100px">为文本添加下划线</p><br/><br/>                    <!--为文本添加下划线-->
<pstyle="text-decoration:line-through;" width="200px";height="100px">为文本添加删除线</p>  <br/><br/>                    <!--为文本添加删除线-->
<p style="text-decoration:overline;" width="200px";height="100px">为文本添加上划线</p>                    <!--为文本添加上划线-->
```

效果如图 13.10 所示。

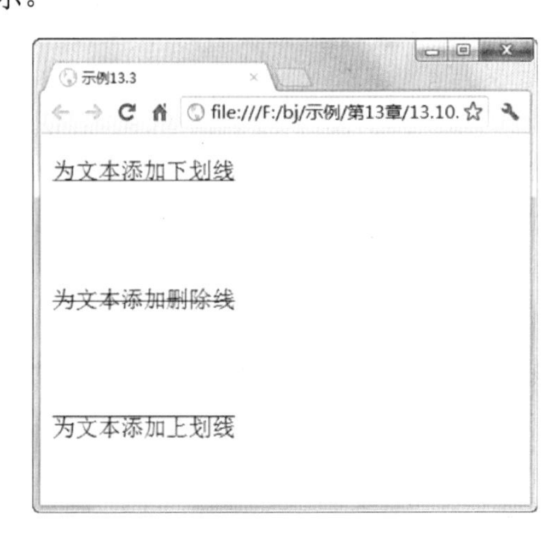


图 13.10　使用 text-decoration 属性添加文本修饰效果图

### 13.2.6　文本缩进 text-indent

文本缩进是用来定义段落文本的首行缩进，以达到不用空格而实现首行缩进的效果。可以通过 text-indent 属性来进行设置。其语法结构如下：

```
text-indent:n;        /*设置文本缩进*/
```

其中，n 用来填写缩进的距离。在填写缩进距离的时候，记得要写上距离的单位。

**【示例 13.11】**下面是使用 text-indent 属性来设置文本缩进的效果。代码如下：

```
<table border="1">
    <tr>
      <td width="250px" height="90" style="text-indent:20px;">设置首行缩进为
      20px 设置首行缩进为 20px 设置首行缩进为 20px 设置首行缩进为 20px </td>
      <!--使用内嵌样式表设置文本首行缩进 20px-->
    </tr>
</table>
```

效果如图 13.11 所示。

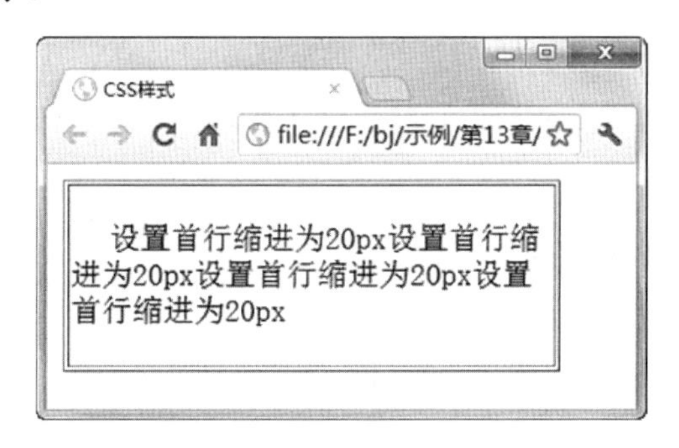


图 13.11　使用 text-indent 属性设置文本缩进效果图

### 13.2.7　转换大小写 text-transform

转换大小写用来定义英文字体的大小写之间的转换，可以通过 text-transform 属性来进行设置。text-transform 属性具有三个属性值：capitalize、uppercase 和 lowercase。其语法结构如下：

```
text-transform:capitalize/uppercase/lowercase; /*设置英文字体大小写转换*/
```

当 text-transform:capitalize;时，表示将每个英文单词第一个字母设置成大写。当 text-transform:uppercase;时，表示将每个英文单词都转换成大写。当 text-transform:lowercase;时，表示将每个英文单词都转换成小写。

**【示例 13.12】**下面是使用 text-transform 属性来转换英文字体大小写的效果。代码如下：

```
<p style="text-transform:capitalize;" width="250px"; height="90px">英文单
词第一个字母为大写：night hello name tag</p>
```

```
                    <!--将每个英文单词第一个字母设置成大写-->
<p style="text-transform:uppercase;" width="250px"; height="90px">每个英文
单词都为大写：content hello name tag </p> <!--将每个英文单词都设置成大写-->
<p style="text-transform:lowercase;" width="250px"; height="90px">每个英文
单词都为小写：content hello name tag </p>  <!–将每个英文单词都设置成小写-->
```

效果如图 13.12 所示。

图 13.12　使用 text-transform 属性设置英文单词大小写转换效果图

**说明：** text-transform 属性在网站制作中，较少被使用到。当然，在设计师对网站内容有所要求的情况下，它将会是一个很好的帮手。

## 13.2.8　控制文本换行 white-space

控制文本换行是指当文本内容超出框架宽度时，是否让它自动换行。可以通过 white-space 属性来进行设置。white-space 属性具有三个属性值：normal、pre 和 nowarp。语法形式如下：

```
white-space:normal/pre/nowrap;       /*控制文本换行*/
```

当 white-space:normal;时，表示按照浏览器默认的处理方式；当 white-space:pre;时，表示用等宽字体来显示文本内容，这使得文本内容出现在同一行，强行控制不换行；当 white-space:nowrap;时，表示当文本内容超出框架宽度时，强行控制不换行，直到遇到换行符号。pre 属性值和 nowrap 属性值在使用上的显示效果是一样的。

**【示例 13.13】** 下面是使用 white-space 属性来控制文本换行的效果。代码如下：

```
<div style="border:2px solid#000000;white-space:normal; width:200px;">设
置文本按浏览器默认的方式换行设置文本按浏览器默认的方式换行设置文本按浏览器默认的方式换
行</div>                        <!--设置文本按照浏览器默认的处理方式换行-->
<br />
<div style="border:2px solid#000000;white-space:pre; width:200px;">强制文
本不换行强制文本不换行强制文本不换行强制文本不换行强制文本不换行</div>
            <!--使用 div 嵌套行内样式表设置文本折行，用等宽字体来显示文本内容-->
<br />
<div  style="border:2px solid#000000; white-space:nowrap; width:200px;">
强制文本不换行，直到遇到换行符号强制文本不换行<br/>直到遇到换行符号</div>
    <!--设置文本折行，当文本内容超出框架宽度时，强行控制不换行，直到遇到换行符号-->
```

效果如图 13.13 所示。

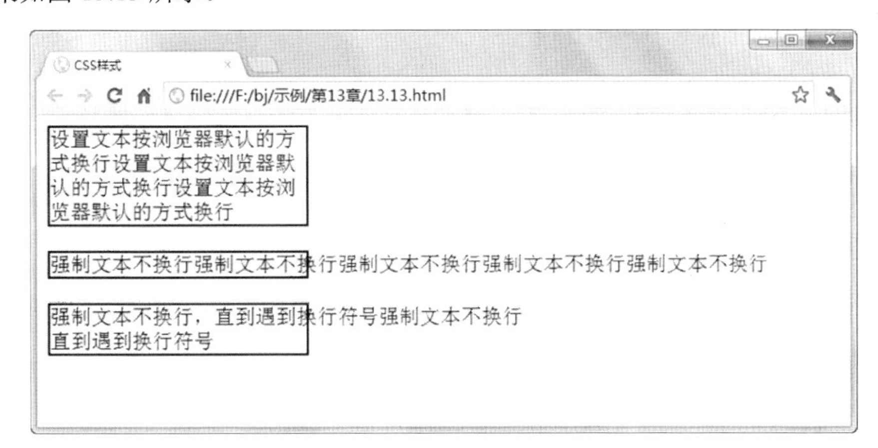


图 13.13　使用 white-space 属性控制文本折行效果图

## 13.2.9　字体大小 font-size

设置字体的大小在前面已经接触过很多了，在 CSS 中使用 font-size 属性来设置字体大小。其语法结构如下：

```
font-size:n;            /*设置字体大小*/
```

其中，n 用来填写字体的大小。

**【示例 13.14】**下面是使用 font-size 属性来设置字体大小的效果。代码如下：

```
<div style="font-size:12px;">设置字体大小为 12px</div>
                                                <!--设置字体大小为 12px-->
<div style="font-size:20px;">设置字体大小为 20px</div>
                                                <!--设置字体大小为 20px-->
<div style="font-size:30px;">设置字体大小为 30px</div>
                                                <!--设置字体大小为 30px-->
```

效果如图 13.14 所示。

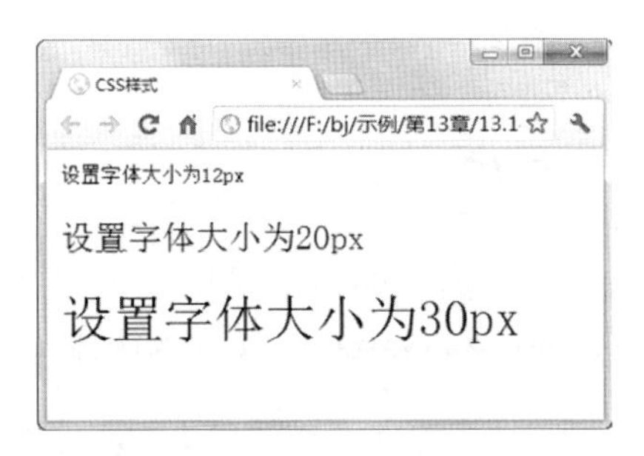


图 13.14　使用 font-size 属性设置字体大小效果图

**注意：**设置字体大小时，注意不要使用单数，因为在浏览器上，IE 是不认单数的，它会自动地把设置好的单数加一个字号，变成双数。

### 13.2.10　选择字体 font-family

选择字体也就是选择文本内容中的字体的风格，例如宋体、黑体、楷体等。可以通过 font-family 属性来进行设置。其语法结构如下：

```
font-family:n;        /*设置字体风格*/
```

其中，n 是用来填写字体风格的。font-family 属性可以一次定义多种字体，每种字体之间使用英文逗号“,”隔开，浏览器将按照字体定义的顺序选择使用的字体。

【**示例 13.15**】下面是使用 font-family 属性来设置字体风格的效果。代码如下：

```
<div style="font-family:黑体;font-size:25px">字体为黑体</div>
                                              <!--设置字体风格为黑体-->
<div style="font-family:宋体;font-size:25px">字体为宋体</div>
                                              <!--设置字体风格为宋体-->
```

效果如图 13.15 所示。

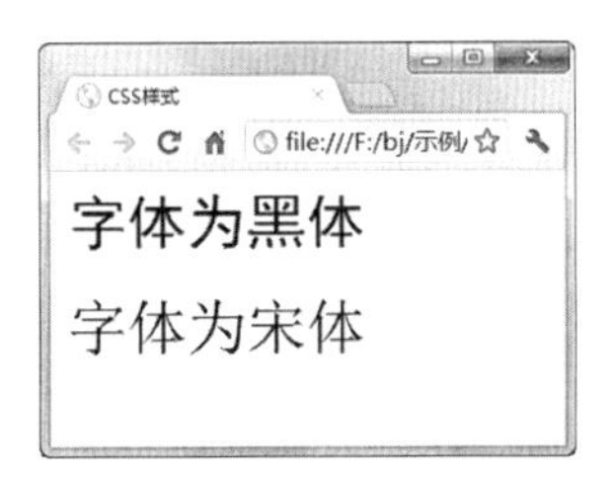


图 13.15　使用 font-family 属性设置字体风格效果图

## 13.3　CSS 边框属性

边框是用来分割元素与元素的属性，通过边框可以很直观地区分出每个元素。在前面已经学过表格的边框，在 CSS 样式中也同样有边框。而且 CSS 里的边框比表格的边框多出了一些属性，让边框更加多元化。

### 13.3.1　边框样式 border-style

border-style 属性可以用来设置边框的样式。常用的 border-style 属性具有 6 个属性值：solid、double、groove、ridge、inset 和 outset。其语法结构如下：

```
border-style:solid/double/groove/ridge/inset/outset;   /*设置边框样式*/
```

当 border-style:solid;时，表示边框线条为实线；当 border-style:double;时，表示边框线条为双线，两条单线中间的距离等于指定的边框宽度 border-width 属性的值；当 border-style:groove;时，表示根据边框颜色 border-color 属性的值（将在下小节讲解）画出 3D 凹槽的线条；当 border-style:ridge;时，表示根据边框颜色 border-color 属性的值画出菱形边框；当 border-style:inset;时，表示根据边框颜色 border-color 属性的值画出 3D 凹边；当 border-style:outset;时，表示根据边框颜色 border-color 属性的值画出 3D 凸边。

**【示例 13.16】**下面是使用 border-style 属性来设置边框样式的 6 种效果。为了使效果更明显，这里添加了文字，设置了宽度、高度、换行标签和边框颜色（边框颜色将在下小节讲解）。代码如下：

```
实线边框：<br />
<div style="border-style:solid; border-color:#00ffff ; width:200px; height:
30px;"></div>
<!--定义实线边框、边框颜色，设置总体的宽度和高度-->
<br />双线边框：<br />
<div style="border-style:double; border-color:#ff0000 ; width:200px;
height:30px; border-width:10px;"></div>
<!--定义双线边框，添加边框颜色，设置总体的宽度和高度，设置边框宽度-->
<br />
3D 凹槽边框：<br />
<div style="border-style:groove; border-color: #9933ff; width:200px;
height:30px; border-width:10px;"></div>
<!--定义 3D 凹槽的线条，添加边框颜色，设置总体的宽度和高度，设置边框宽度-->
<br />菱形边框：<br />
<div style="border-style:ridge; border-color:#ff00ff; width:200px;
height:30px; border-width:10px;"></div>
<!--定义菱形边框，添加边框颜色，设置总体的宽度和高度，设置边框宽度-->
<br />3D 凹边：<br />
<div style="border-style:inset; border-color:#ffffff; width:200px; height:
30px; border-width:10px;"></div>
<!--定义 3D 凹边，添加边框颜色，设置总体的宽度和高度，设置边框宽度-->
<br />3D 凸边：<br />
<div style="border-style:outset; border-color:#ff0000; width:200px; height:
30px; border-width:10px;"></div>
<!--定义 3D 凸边，添加边框颜色，设置总体的宽度和高度，设置边框宽度-->
```

效果如图 13.16 所示。

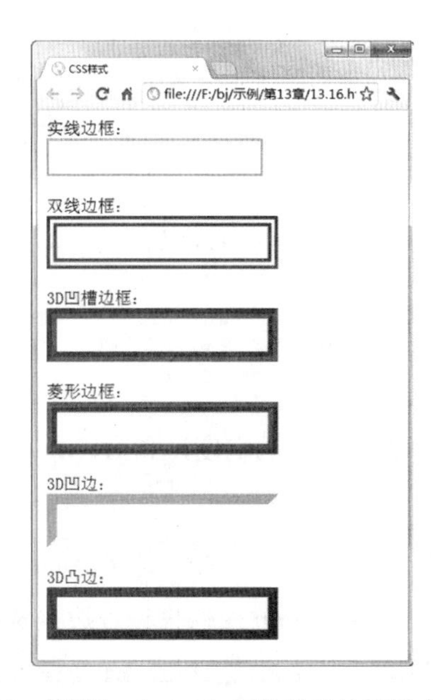


图 13.16　使用 border-style 属性设置边框样式效果图

### 13.3.2　边框颜色 border-color

通过 border-color 属性可以用来设置边框的颜色，和 HTML 表格中 bordercolor 属性的用法是一样的。其语法结构如下：

```
border-color:#边框颜色;        /*设置边框颜色*/
```

其中，#后面用来填写边框的颜色。颜色的书写格式和 HTML 表格中 bordercolor 属性的书写格式是一样的。

**【示例 13.17】**下面是使用 border-color 属性来设置边框颜色的效果。代码如下：

```
<div style="border-style:solid; border-color:#00ff00 ; width:200px; height:
30px;">边框颜色为绿色</div>
<!--定义实线边框，设置边框颜色为绿色，设置总体的宽度和高度-->
```

效果如图 13.17 所示。

图 13.17　使用 border-color 属性设置边框颜色效果图

border-color 属性有一点和 bordercolor 属性不同的是，border-color 属性可以同时设置四个值来分别表示四条边框的颜色。当 border-color 属性设置了四个值，四个值将会按照顺时针方向对四条边框进行填充颜色，分别是上-右-下-左；当 border-color 属性设置了三个值，第一个用于填充上边框，第二个用于填充左边框和右边框，第三个用于填充下边框；当 border-color 属性设置了两个值，第一个用于填充上边框和下边框，第二个用于填充左边框和右边框。

**说明：**所有的边框使用的顺序都是顺时针排序的。

### 13.3.3　边框宽度 border-width

border-width 属性可以用来设置边框的宽度，和 HTML 表格中 border 属性的用法是一样的。其语法结构如下：

```
border-width:边框宽度;        /*设置边框宽度*/
```

**【示例 13.18】**下面是使用 border-width 属性来设置边框宽度的效果。代码如下：

```
<div style="border-style:solid; border-color:#ffff33; width:200px;
height:30px; border-width:5px;">边框宽度为 5px   </div>
```

```
<!--定义边框为实线，设置总体的宽度和高度，设置边框宽度为 5px-->
<div style="border-style:solid; border-color:#ff00ff; width:200px;
height:30px; border-width:10px;">边框宽度为 10px</div>
<!--定义边框为实线，设置总体的宽度和高度，设置边框宽度为 10px-->
```

效果如图 13.18 所示。

图 13.18　使用 border-width 属性设置边框宽度效果图

### 13.3.4　设置上边框 border-top

border-top 属性是用来只显示边框的上边框的。border-top 属性可以把上面讲过的各种设置边框的属性合在一起进行控制，只需要在每个属性值中间用英文的空格号隔开。语法形式如下：

```
border-top:属性值 1 属性值 2 属性值 3…;                /*设置上边框*/
```

其中，每种属性值的写法要和之前讲述边框属性里的属性值的写法一样，这样才可以产生效果。

【**示例 13.19**】下面是使用 border-top 属性来设置上边框的效果。代码如下：

```
显示上边框<br/><br/>
<div style="border-top: ridge 10px #00ffff; width:300px "></div>
                    <!--定义上边框的样式、宽度、颜色-->
```

效果如图 13.19 所示。

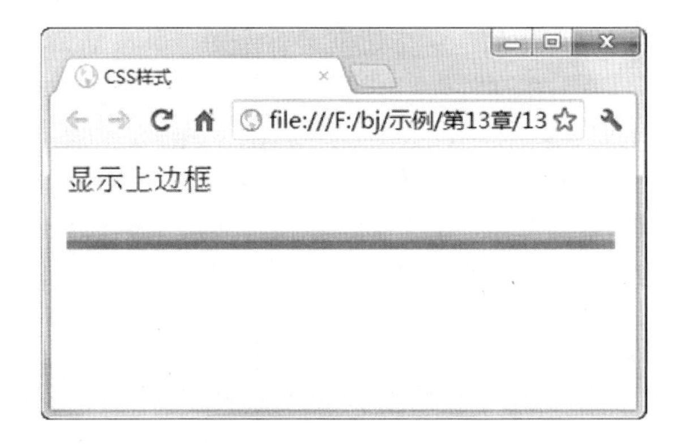


图 13.19　使用 border-top 属性设置上边框效果图

## 13.3.5　设置右边框 border-right

border-right 属性是用来只显示边框的右边框。它和上边框 border-top 属性一样，都可以把不同的属性值全部放在一起，对右边框进行声明。其语法格式如下：

```
border-right: 属性值 1 属性值 2 属性值 3…;          /*设置右边框*/
```

其中，每种属性值的写法要和之前讲述边框属性里的属性值的写法一样，这样才可以产生效果。

**【示例 13.20】**下面是使用 border-right 属性来设置右边框的效果。代码如下：

```
显示右边框<br/><br/>
<div style="border-right: ridge 10px #00ffff; width:300px; height:
50px"></div>          <!--定义右边框的样式、宽度、颜色-->
```

效果如图 13.20 所示。

图 13.20　使用 border-right 属性设置右边框效果图

## 13.3.6　设置下边框 border-bottom

border-bottom 属性是用来只显示边框的下边框。它和上边框 border-top 属性一样，都可以把不同的属性值全部放在一起，对下边框进行声明。其语法格式如下：

```
border-bottom: 属性值 1 属性值 2 属性值 3…;          /*设置下边框*/
```

其中，每种属性值的写法要和之前讲述边框属性里的属性值的写法一样，这样才可以产生效果。

**【示例 13.21】**下面是使用 border-bottom 属性来设置下边框的效果。代码如下：

```
显示下边框<br/><br/>
<div style="border-bottom: ridge 10px #00ffff; width:300px;height:
70px"></div>          <!--定义下边框的样式、宽度、颜色-->
```

效果如图 13.21 所示。

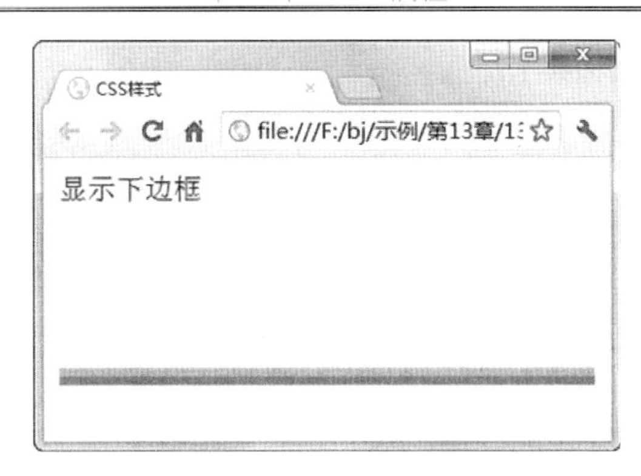


图 13.21　使用 border-bottom 属性设置下边框效果图

## 13.3.7　设置左边框 border-left

border-left 属性是用来只显示边框的左边框。它和上边框 border-top 属性一样，都可以把不同的属性值全部放在一起，对左边框进行声明。其语法格式如下：

```
border-left: 属性值 1 属性值 2 属性值 3…;            /*设置左边框*/
```

其中，每种属性值的写法要和之前讲述边框属性里的属性值的写法一样，这样才可以产生效果。

【示例 13.22】下面是使用 border-left 属性来设置左边框的效果。代码如下：

```
显示左边框<br/><br/>
<div style="border-left: ridge 10px #00ffff; width:300px; height:50px">
</div>                        <!--定义左边框的宽度、样式、颜色-->
```

效果如图 13.22 所示。

图 13.22　使用 border-left 属性设置左边框效果图

技巧：如果需要对每个单独的边框做修饰的话，可以在样式表里用上面说的四个属性一起设置。

## 13.3.8　综合声明边框 border

综合声明边框 border 属性是用来把上面所讲到的不同的属性值全部放在一起，对四个边框的颜色、样式、宽度一起进行声明。在声明的时候，只需要在每个属性值中间用英文的空格号隔开。其语法结构如下：

```
border:各种属性值;                /*综合声明边框*/
```

其中，每种属性值的写法要和之前讲述边框属性里的属性值的写法一样，这样才可以产生效果。

**【示例 13.23】**下面是使用 border 属性来设置边框的效果。代码如下：

```
综合设置边框：
<div style="border: ridge 10px #00ffff; width:300px; height:50px; "> </div>
            <!--定义边框的宽度、样式、颜色，增加了宽度和高度-->
```

效果如图 13.23 所示。

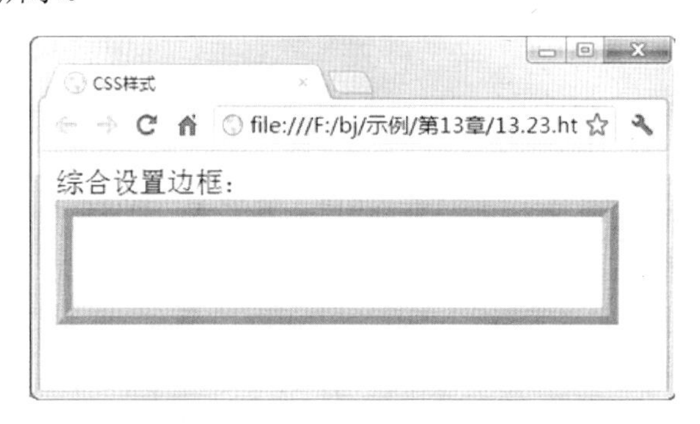


图 13.23　使用 border 属性设置边框效果图

# 13.4　CSS 外边距

外边距是指用标签设置的内容外部的边距，不被标签计算在内的距离。通过外边距属性使得元素之间有一定的距离，从而将元素有效地区分开。由于外边距不被计算在标签内，所以通过外边距来设置的元素，可以很好地将元素和旁边的其他元素隔开。本节将详细讲述 CSS 外边距的设置。

## 13.4.1　居中 auto

使用 auto 属性值可以将整个被包含在内的内容水平居中，这和 align="center"属性值有些相似。居中 auto 是外边距一个比较特殊的属性值，通过 margin 属性来进行设置。需要注意的是，使用 auto 属性值来对内容进行居中，必须准确填写内容的总体宽度，auto 属性值是以填写的宽度为居中的标准。语法形式如下：

```
margin:0 auto;       /*设置居中*/
```

此用法是一个固定格式，第一个 0 是表示上下边距为 0，auto 表示左右根据窗口大小相对居中。

**【示例 13.24】**下面是使用居中 auto 属性值来显示页面的效果。这里将使用内部样式表来作为 CSS 样式的连接。为了使效果更明显，添加了文字并设置宽度、高度。代码如下：

```
<head>
<title>CSS 样式</title>
<style>
<!--
.margn
{
    border:solid 2px #00ffff;
    margin:0 auto;                  /*设置居中*/
    width:300px;                    /*设置宽度*/
    height:200px;                   /*设置高度*/
}
-->
</style>
</head>
<body>
定义居中:
<div class="margn">定义居中</div> <!--用绑定了的类选择器显示内部样式表效果-->
</body>
</html>
```

效果如图 13.24 所示。

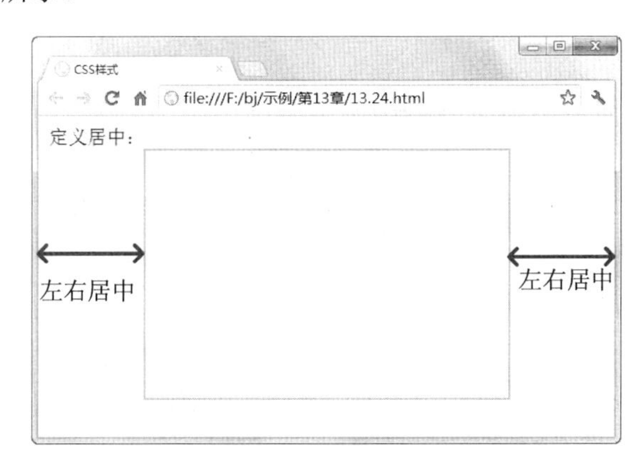


图 13.24　使用居中 auto 属性值显示页面效果图

## 13.4.2　上外边距 margin-top

通过 margin-top 属性可以设置上外边距，也就是使标签内的内容与上面的其他文本内容隔开一定的距离。其语法结构如下：

```
margin-top:n;          /*设置上外边距*/
```

其中，n 是用来填写距离的大小。

**【示例 13.25】**下面是使用 margin-top 属性来设置上外边距的具体效果。这里将使用内部样式表来作为 CSS 样式的连接。为了使效果更明显，添加了文字并设置宽度、高度。代码如下：

```
<head>
<meta http-equiv="Content-Type" content="text/html; charset=utf-8" />
<title>示例 13.25</title>
```

```
<style>
<!--
#margn
{
    border:solid 2px #00ffff;
    margin-top:50px;                    /*设置上外边距*/
    width:200px;                        /*设置宽度*/
    height:100px;                       /*设置高度*/
}
-->
</style>
</head>
<body>
定义上外边距：
<div id="margn"></div>              <!--用绑定了的 id 选择器显示内部样式表效果-->
</body>
</html>
```

效果如图 13.25 所示。

图 13.25　使用 margin-top 属性设置上外边距效果图

## 13.4.3　右外边距 margin-right

通过 margin-right 属性可以设置右外边距，也就是使标签内的内容与右边的其他文本内容隔开一定的距离。其语法结构如下：

```
margin-right:n;                /*设置右外边距*/
```

其中，n 是用来填写距离的宽度。

**【示例 13.26】**下面是使用 margin-right 属性来设置右外边距的具体效果。这里将使用内部样式表来作为 CSS 样式的连接。为了使效果更明显，添加了文字、宽度、高度和有边框的表格。代码如下：

```
<!DOCTYPE html PUBLIC "-//W3C//DTD XHTML 1.0 Transitional//EN" "http://
www.w3.org/TR/xhtml1/DTD/xhtml1-transitional.dtd">
<html xmlns="http://www.w3.org/1999/xhtml">
<head>
<meta http-equiv="Content-Type" content="text/html; charset=utf-8" />
<title>示例 13.26</title>
```

```
<style>
<!--
#margn
{
    border:solid 2px #00ffff;
    margin-right:50px;                      /*设置右外边距*/
    width:200px;                            /*设置宽度*/
    height:100px;                           /*设置高度*/
}
-->
</style>
</head>
<body>
<table width="200px" border="1" cellspacing="0" cellpadding="0">
  <tr>
    <td>
        <div id="margn"></div>   <!--用绑定了的 id 选择器显示内部样式表效果-->
    </td>
    <td>定义右外边距离</td>
  </tr>
</table>
</body>
</html>
```

效果如图 13.26 所示。

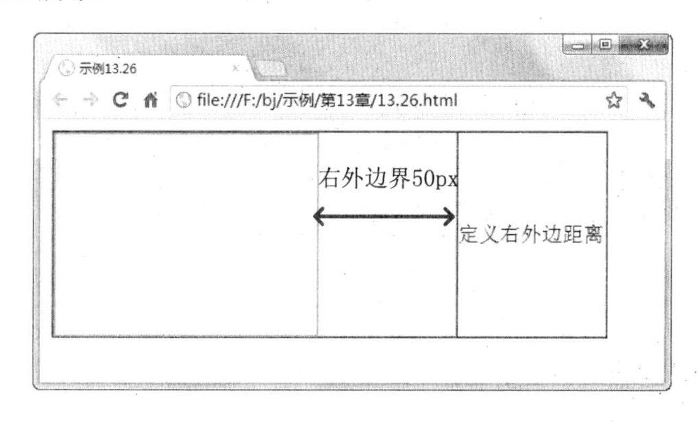


图 13.26　使用 margin-right 属性设置右外边距效果图

**说明：** *在有表格的时候，也可以在表格里使用外边距。*

## 13.4.4　下外边距 margin-bottom

通过 margin-bottom 属性可以设置下外边距，也就是使标签内的内容与下边的其他文本内容隔开一定的距离。其语法结构如下：

```
margin-bottom:n;            /*设置下外边距*/
```

其中，n 是用来填写距离的高度。

**【示例 13.27】** 下面是使用 margin-bottom 属性来设置下外边距的效果。这里将使用内部样式表来作为 CSS 样式的连接。为了使效果更明显，添加了文字并设置宽度、高度和有边框的表格。代码如下：

```
<!DOCTYPE html PUBLIC "-//W3C//DTD XHTML 1.0 Transitional//EN" "http://
www.w3.org/TR/xhtml1/DTD/xhtml1-transitional.dtd">
<html xmlns="http://www.w3.org/1999/xhtml">
<head>
<meta http-equiv="Content-Type" content="text/html; charset=utf-8" />
<title>示例 13.27</title>
<style>
<!--
#margn
{
    border:solid 2px #00ffff;
    margin-bottom:70px;                         /*设置下外边距*/
    width:200px;                                /*设置宽度*/
    height:150px;                               /*设置高度*/
}
-->
</style>
</head>
<body>
<table width="400px" border="1" >
  <tr>
    <td>
       <div id="margn"></div>   <!--用绑定了的 id 选择器显示内部样式表效果-->
    </td>
  </tr>
  <tr>
    <td>
       定义下外边距
    </td>
  </tr>
</table>
</body>
</html>
```

效果如图 13.27 所示。

图 13.27　使用 margin-bottom 属性设置下外边距效果图

### 13.4.5　左外边距 margin-left

通过 margin-eft 属性可以设置左外边距，也就是使标签内的内容与左边的其他文本内容隔开一定的距离。其语法结构如下：

```
margin-left:n;        /*设置左外边距*/
```

其中，n 是用来填写距离的宽度。

**【示例 13.28】**下面是使用 margin-left 属性来设置左外边距的效果。这里将使用内部样式表来作为 CSS 样式的连接。为了使效果更明显，添加了文字并设置宽度、高度和有边框的表格。代码如下：

```
<!DOCTYPE html PUBLIC "-//W3C//DTD XHTML 1.0 Transitional//EN" "http://
www.w3.org/TR/xhtml1/DTD/xhtml1-transitional.dtd">
<html xmlns="http://www.w3.org/1999/xhtml">
<head>
<meta http-equiv="Content-Type" content="text/html; charset=utf-8" />
<title>示例 13.28/title>
<style>
<!-
#margn{
    border:solid 2px #00ffff;
    margin-left:70px;                         /*设置左外边距*/
    width:200px;                              /*设置宽度*/
    height:150px;                             /*设置高度*/
}
-->
</style>
</head>
<body>
<table width="400px" border="1" >
  <tr>
    <td>
       定义左外边距
    </td>
    <td>
       <div id="margn"></div>  <!--用绑定了的 id 选择器显示内部样式表效果-->
    </td>
  </tr>
</table>
</body>
</html>
```

效果如图 13.28 所示。

注意：外边距是不被标签里的宽度和高度计算在内的。所以在使用时，要记得预留出外边距的宽度和高度。

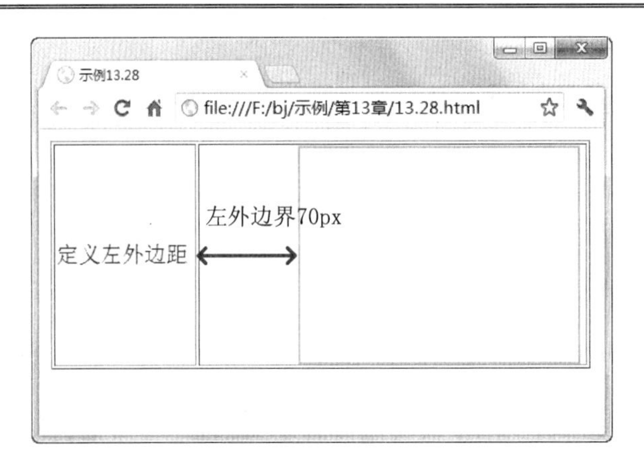


图 13.28　使用 margin-left 属性设置左外边距效果图

### 13.4.6　综合声明外边距 margin

综合声明外边距和综合声明边框的用法一样，它是通过 margin 属性来把上面讲过的四个不同外边距的属性值全部放在一起，对四个外边距一起进行声明的。只需要在每个属性值中间用英文的空格号隔开。其语法结构如下：

```
margin:各种属性值;          /*综合声明外边距*/
```

其中，margin 属性可以同时设置四个值来分别表示四个外边距的样式。当 margin 属性设置了四个值，四个值将会按照顺时针方向对四个外边距进行设置，分别是上-右-下-左；当 margin 属性设置了三个值，第一个用于设置上外边距，第二个用于设置左外边距和右外边距，第三个用于设置下外边距；当 margin 属性设置了两个值，第一个用于设置上外边距和下外边距，第二个用于设置左外边距和右外边距。

**【示例 13.29】**下面是使用 margin 属性来综合设置外边距的效果。这里将使用内部样式表来作为 CSS 样式的连接。为了使效果更明显，添加了有边框的文字并设置宽度、高度和表格。代码如下：

```
<!DOCTYPE html PUBLIC "-//W3C//DTD XHTML 1.0 Transitional//EN" "http://
www.w3.org/TR/xhtml1/DTD/xhtml1-transitional.dtd">
<html xmlns="http://www.w3.org/1999/xhtml">
<head>
<meta http-equiv="Content-Type" content="text/html; charset=utf-8" />
<title>示例 13.29</title>
<style type="text/css">
<!--
#marg1
{
    border:solid 2px #00ffff;
    margin:30px 70px;          /*综合声明上、下外边距为 30px，左、右外边距为 70px*/
    width:100px;
    height:50px;
}
#marg2
{
    border:solid 2px #00ffff;
```

```
    margin:30px 60px 40px;
    /*综合声明上外边距为 30px，左、右外边距为 60px，下外边距为 40px*/
    width:100px;
    height:50px;
}
#marg3
{
    border:solid 2px #00ffff;
    margin:30px 50px 30px 40px;
    /*综合声明上外边距为 30px，右外边距为 50px，下外边距为 30px，左外边距为 40px*/
    width:100px;
    height:50px;
}
-->
</head>
<body>
<table border="1" >
  <tr>
    <td>
       <div id="marg1">综合声明外边距</div>
                          <!--用绑定了的 id 选择器显示内部样式表效果-->
    </td>
  </tr>
  <tr>
    <td>
       <div id="marg2">综合声明外边距</div>
                          <!--用绑定了的 id 选择器显示内部样式表效果-->
    </td>
  </tr>
  <tr>
    <td>
       <div id="marg3">综合声明外边距</div>
                          <!--用绑定了的 id 选择器显示内部样式表效果-->
    </td>
  </tr>
</table>
</body>
</html>
```

效果如图 13.29 所示。

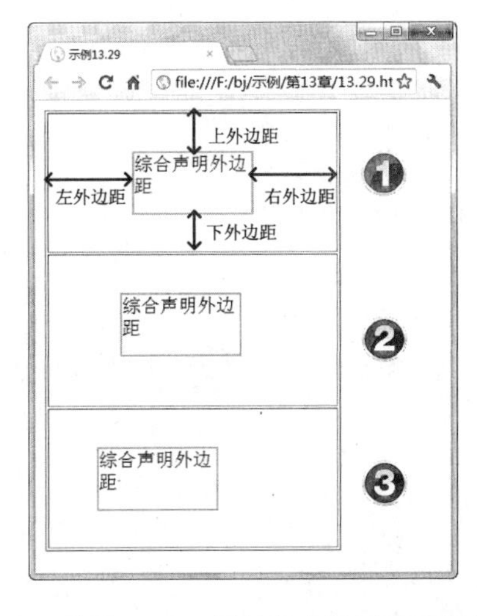


图 13.29　使用 margin 属性综合设置外边距效果图

由图 13.29 可以看出，1 中带边框的文字的上、下外边距为 30px，左、右外边距为 70px；2 中带边框的文字的上外边距为 30px，左、右外边距为 60px，下外边距为 40px；3 中带边框的文字的上外边距为 30px，右外边距为 50px，下外边距为 30px，左外边距为 40px。

**技巧：**使用 margin 属性可以很好地设置段落与段落之间的距离，代替了多个换行标签的使用效果。

# 13.5　CSS 内边距

内边距和外边距刚好相反。内边距是指用标签设置的内容内部的边距，是被标签计算在内的距离。通过内边距，可以很好地规定元素在标签设置的内部的显示位置。本节将详细讲述 CSS 内边距的设置。

## 13.5.1　上内边距 padding-top

通过 padding-top 属性可以设置上内边距，也就是标签设置的元素内的内容与元素顶部的距离。其语法结构如下：

```
padding-top:n;          /*设置上内边距*/
```

其中，n 是用来填写距离的高度。

**【示例 13.30】**下面是使用 padding-top 属性来设置上内边距的效果。这里将使用内部样式表来作为 CSS 样式的连接。为了使效果更明显，添加了文字并设置宽度和高度。代码如下：

```
<!DOCTYPE html PUBLIC "-//W3C//DTD XHTML 1.0 Transitional//EN" "http://
www.w3.org/TR/xhtml1/DTD/xhtml1-transitional.dtd">
<html xmlns="http://www.w3.org/1999/xhtml">
<head>
<meta http-equiv="Content-Type" content="text/html; charset=utf-8" />
<title>示例 13.30</title>
<style type="text/css">
<!--
.padd
{
    border:solid 2px #00ffff;
    padding-top:70px;                          /*设置上内边距*/
    width:200px;                               /*设置宽度*/
    height:150px;                              /*设置高度*/
}
-->
</style>
</head>
<body>
定义上内边距：
<div class="padd">设置上内边距</div> <!--用绑定了的类选择器显示样式效果-->
</body>
</html>
```

效果如图 13.30 所示。

图 13.30 使用 padding-top 属性设置上内边距效果图

### 13.5.2 右内边距 padding-right

通过 padding-right 属性可以设置右内边距，也就是标签设置的元素内的内容与元素右边的距离。其语法结构如下：

```
padding-right:n;          /*设置右内边距*/
```

其中，n 用来填写距离的大小。

**【示例 13.31】**下面是使用 padding-right 属性来设置右内边距的效果。这里将使用内部样式表来作为 CSS 样式的连接。为了使效果更明显，添加了文字并设置宽度和高度。代码如下：

```
<!DOCTYPE html PUBLIC "-//W3C//DTD XHTML 1.0 Transitional//EN" "http://
www.w3.org/TR/xhtml1/DTD/xhtml1-transitional.dtd">
<html xmlns="http://www.w3.org/1999/xhtml">
<head>
<meta http-equiv="Content-Type" content="text/html; charset=utf-8" />
<title>示例 13.31</title>
<style type="text/css">
<!--
#padd
{
    border:solid 2px #00ffff;
    padding-right:70px;                /*设置右内边距*/
    text-align:right;                  /*设置内容居右*/
    width:300px;                       /*设置宽度*/
    height:200px;                      /*设置高度*/
}-->
</style>
</head>
<body>
<div id="padd">定义右内边距</div>     <!--用绑定了的 id 选择器显示样式效果-->
```

```
</body>
</html>
```

效果如图 13.31 所示。

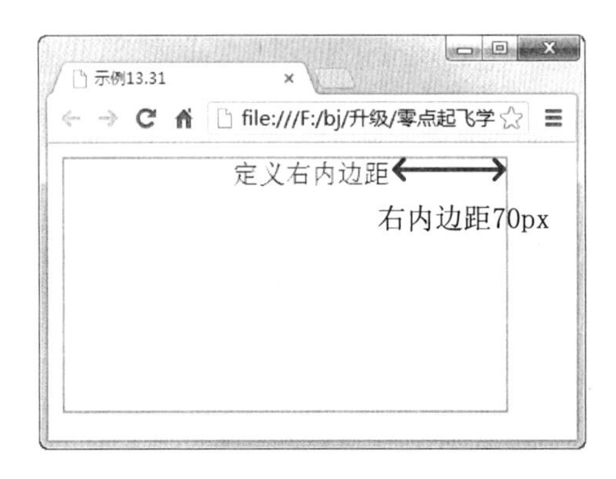


图 13.31　使用 padding-right 属性设置右内边距效果图

## 13.5.3　下内边距 padding-bottom

通过 padding-bottom 属性可以设置下内边距，也就是标签设置的元素内的内容与元素底部的距离。其语法结构如下：

```
padding-bottom:n;            /*设置下内边距*/
```

其中，n 用来填写距离的大小。

**【示例 13.32】**下面是使用 padding-bottom 属性来设置下内边距的效果。这里将使用内部样式表来作为 CSS 样式的连接。为了使效果更明显，添加了文字并设置宽度和高度。代码如下：

```
<!DOCTYPE html PUBLIC "-//W3C//DTD XHTML 1.0 Transitional//EN" "http://
www.w3.org/TR/xhtml1/DTD/xhtml1-transitional.dtd">
<html xmlns="http://www.w3.org/1999/xhtml">
<head>
<meta http-equiv="Content-Type" content="text/html; charset=utf-8" />
<title>示例 13.32</title>
<style type="text/css">
<!--
#padd
{
    border:solid 2px #00ffff;
    padding-bottom:70px;                /*设置下内边距*/
    width:300px;                        /*设置宽度*/
    height:200px;                       /*设置高度*/
}
-->
</style>
</head>
<body>
<div id="padd">定义下内边距</div>      <!--用绑定了的 id 选择器显示样式效果-->
</body>
</html>
```

效果如图 13.32 所示。

图 13.32　使用 padding-bottom 属性设置下内边距效果图

说明：虽然内边距是被标签计算在内，但是内边距的宽度和高度也是不被设置的宽度和高度计算在内的，所以使用时，要在设置的宽度和高度上再加上内边距的宽度和高度。

## 13.5.4　左内边距 padding-left

通过 padding-left 属性可以设置左内边距，也就是标签设置的元素内的内容与元素左边的距离。其语法结构如下：

```
padding-left:n;        /*设置左内边距*/
```

其中，n 用来填写距离的宽度。

**【示例 13.33】**下面是使用 padding-left 属性来设置左内边距的效果。这里将使用内部样式表来作为 CSS 样式的连接。为了使效果更明显，添加了文字并设置宽度和高度。代码如下：

```
<!DOCTYPE html PUBLIC "-//W3C//DTD XHTML 1.0 Transitional//EN" "http://
www.w3.org/TR/xhtml1/DTD/xhtml1-transitional.dtd">
<html xmlns="http://www.w3.org/1999/xhtml">
<head>
<meta http-equiv="Content-Type" content="text/html; charset=utf-8" />
<title>示例 13.33</title>
<style type="text/css">
<!--
#padd
{
border:solid 2px #00ffff;
    padding-left:70px;                /*设置左内边距*/
    text-align:left;                  /*设置内容居左*/
    width:300px;                      /*设置宽度*/
```

```
    height:200px;                    /*设置高度*/
}-->
</style>
</head>
<body>
<div id="padd">定义左内边距</div>     <!--用绑定了的 id 选择器显示样式效果-->
</body>
</html>
```

效果如图 13.33 所示。

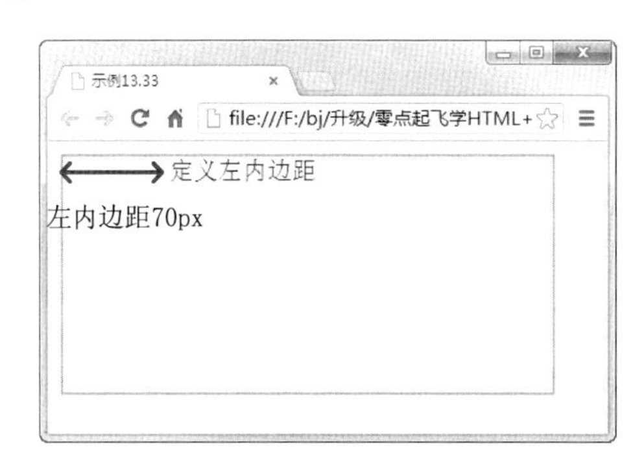


图 13.33　使用 padding-left 属性设置左内边距效果图

### 13.5.5　综合声明内边距 padding

和综合声明外边距一样，综合声明内边距 padding 属性是用来把上面讲过的四个不同内边距的属性值全部放在一起，对四个内边距一起进行声明。只需要在每个属性值中间用英文的空格号隔开。其语法结构如下：

```
padding:各种属性值;          /*综合声明内边距*/
```

其中，padding 属性可以同时设置到四个值来分别表示四个内边距的样式。当 padding 属性设置了四个值，四个值将会按照顺时针方向对四个内边距进行设置，分别是上-右-下-左；当 padding 属性设置了三个值，第一个用于设置上内边距，第二个用于设置左内边距和右内边距，第三个用于设置下内边距；当 padding 属性设置了两个值，第一个用于设置上内边距和下内边距，第二个用于设置左内边距和右内边距。

**【示例 13.34】**下面是使用 padding 属性来综合设置内边距的效果。这里将使用内部样式表来作为 CSS 样式的连接。为了使效果更明显，添加了文字并设置宽度和高度。代码如下：

```
<!DOCTYPE html PUBLIC "-//W3C//DTD XHTML 1.0 Transitional//EN" "http://
www.w3.org/TR/xhtml1/DTD/xhtml1-transitional.dtd">
<html xmlns="http://www.w3.org/1999/xhtml">
<head>
<meta http-equiv="Content-Type" content="text/html; charset=utf-8" />
<title>示例 13.34</title>
<style type="text/css">
<!--
.padd1
{
```

```
    border:solid 2px #00ffff;
    padding:30px 50px;  /*综合声明上、下内边距为 30px，左、右内边距为 50px*/
    width:150px;                    /*设置宽度*/
    height:50px;                    /*设置高度*/
}
.padd2
{
    border:solid 2px #00ffff;
    height:50px;                    /*设置高度*/
    width:150px;                    /*设置宽度*/
    padding:50px 30px 40px;
    /*综合声明上内边距为 50px，左、右内边距为 30px，下内边距为 40px*/
}
.padd3
{
    border:solid 2px #00ffff;
    width:150px;                    /*设置宽度*/
    height:50px;                    /*设置高度*/
    padding:50px 70px 30px 30px;
    /*综合声明上内边距为 50px，右内边距为 70px，左内边距为 30px，下内边距为 30px*/
}
-->
</style>
</head>
<body>
<div class="padd1">设置内边距设置内边距设置内边距设置内边距设置内边距</div>
                                <!--用绑定了的类选择器显示样式效果-->
<br />
<div class="padd2">设置内边距设置内边距设置内边距设置内边距设置内边距</div>
                                <!--用绑定了的类选择器显示样式效果-->
<br />
<div class="padd3">设置内边距设置内边距设置内边距设置内边距设置内边距</div>
                                <!--用绑定了的类选择器显示样式效果-->
</body>
</html>
```

效果如图 13.34 所示。

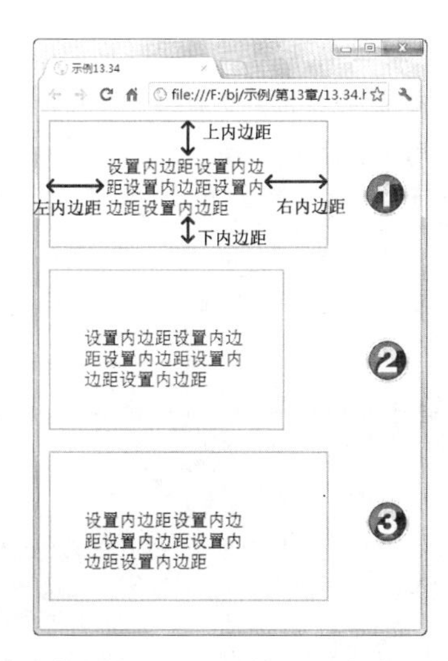


图 13.34　使用 padding 属性设置内边距效果图

由图 13.34 可以看出，1 中边框内的文字与边框的上、下内边距为 30px，左、右内边距为 70px；2 中边框内的文字与边框的上内边距为 50px，左、右内边距为 30px，下内边距为 40px；3 中边框内的文字与边框的上内边距为 50px，右内边距为 70px，左内边距为 30px，下内边距为 30px。

注意：并不是使用了内边距就不用再使用外边距，由于兼容性的问题，有时候内边距要和外边距一起使用，才可以达到兼容效果。

# 13.6　CSS 列表属性

列表属性用于定义列表元素的显示效果。在 CSS 中，列表元素的控制包括列表符号、列表图片和控制列表位置等几个方面。使用 CSS 列表属性可以做到 HTML 列表中许多做不到的功能。本节将详细讲述 CSS 列表属性的设置。

## 13.6.1　定义列表排序图案 list-style-image

在第 9 章里已经讲过列表排序的符号样式。在实际应用中，仅用列表符号来制作页面效果是不够的，可以考虑使用图片来代替列表符号。list-style-image 属性可以把默认的列表符号替换成列表图案。当然，list-style-image 属性只是插入自己设计好的其他图案，并没有把之前存在的图案去掉。要把之前的图案去掉就需要用到另一个属性值 list-style:none;。其语法结构如下：

```
ul{list-style:none;}          /*定义 ul 标签下的列表不显示原有的样式图案*/
li{list-style-image:url("图片链接地址");}
                              /*定义 li 标签下的列表显示插入的样式图案*/
```

其中，list-style:none;是固定格式，想要去除掉列表之前的图案，就必须在 ul 标签里设置此属性。对于 list-style 属性，将会在 13.6.4 小节详细讲解。list-style-image 属性下的图片链接地址和之前讲过的图片链接地址一样，这里就不再阐述。

**【示例 13.35】**下面是使用 list-style-image 属性来设置列表排序图案的效果。这里将使用内部样式表来作为 CSS 样式的连接。图片使用 images 文件夹里的 13.35.jpg。代码如下：

```
<!DOCTYPE html PUBLIC "-//W3C//DTD XHTML 1.0 Transitional//EN" "http://
www.w3.org/TR/xhtml1/DTD/xhtml1-transitional.dtd">
<html xmlns="http://www.w3.org/1999/xhtml">
<head>
<meta http-equiv="Content-Type" content="text/html; charset=utf-8" />
<title>示例 13.35</title>
<style type="text/css">
<!--
ul{list-style-type:none;}       /*定义 ul 标签下的列表不显示原有的样式图案*/
li{list-style-image:url("../images/13.35.jpg");}
                                /*定义 li 标签下的列表显示现插入的样式图案*/
-->
</style>
```

```
</head>
<body>
<ul>
    <li>标题 1</li>
<li>标题 2</li>
</ul>
</body>
</html>
```

效果如图 13.35 所示。可以看出，原有的列表符号被换成了插入的图片。

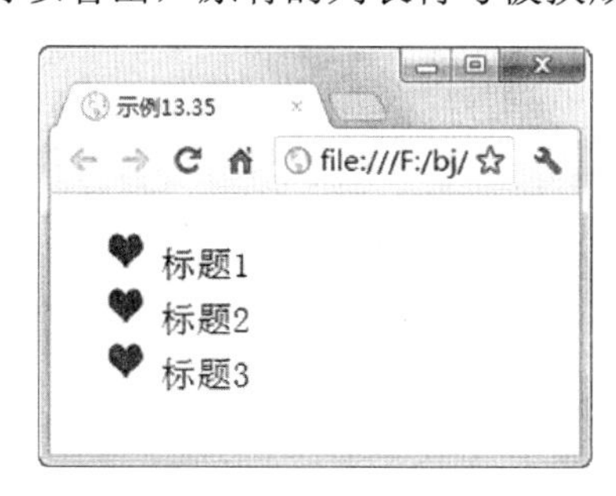


图 13.35　使用 list-style-image 属性设置列表排序图案效果图

## 13.6.2　定义列表排序位置 list-style-position

有时候需要在不同的位置来显示列表符号或图片，这时候就可以使用 list-style-position 属性来进行设置。使用 list-style-position 属性可以设置列表排序的标记是否显示在文本内容里面，并且文本内容是否与列表排序的标记对齐。list-style-position 属性具有两个值：outside 和 inside。其语法结构如下：

```
list-style-position:outside/inside;          /*定义列表排序位置*/
```

当 list-style-position:outside;时，表示列表排序标记的位置不在文本内容里面，并且文本内容不与列表排序的标记对齐；当 list-style-position:inside;时，表示列表排序标记的位置在文本内容里面，并且文本内容与列表排序的标记对齐。list-style-position 属性是放在<ul>标签里的。

需要注意的是，当 list-style-position:outside;时，IE 浏览器上无法看到效果，而在谷歌浏览器中却可以正常显示列表排序的标记。下面将举例说明这两种情况。

**【示例 13.36】**下面是使用 list-style-position 属性来定义列表排序位置的效果。这里将使用内部样式表来作为 CSS 样式的连接。为了使效果更明显，在列表项上添加了边框。代码如下：

```
<!DOCTYPE html PUBLIC "-//W3C//DTD XHTML 1.0 Transitional//EN" "http://
www.w3.org/TR/xhtml1/DTD/xhtml1-transitional.dtd">
<html xmlns="http://www.w3.org/1999/xhtml">
<head>
<meta http-equiv="Content-Type" content="text/html; charset=utf-8" />
<title>示例 13.36</title>
<style type="text/css">
<!--
ul.ou1t{list-style-position:outside; width:80px;}
```

```
                /*定义 ul 标签下列表排序的标记不显示在文本内容里面*/
ul.ins1{list-style-position:inside; width:80px;}
                /*定义 ul 标签下的列表排序的标记显示在文本内容里面*/
ul.ins2{list-style-position:inside; width:80px;
list-style-image:url("../images/13.35.jpg");}
                /*定义 ul 标签下的列表排序的图案显示在文本内容里面*/
-->
</style>
</head>

<body>
<ul class="out1">
    <li>
      <div style="width:100px;height:40px;border:1px solid #000000" >标题
      1 标题 1 标题 1</div></li>
   <li><div style="width:100px;height:40px;border:1px solid #000000" >标
   题 2</div></li>
</ul>
<ul class="ins1">
    <li>
      <div style="width:100px;height:40px;border:1px solid #000000" >标题
      1 标题 1 标题 1</div></li>
   <li><div style="width:100px;height:40px;border:1px solid #000000" >标
   题 2</div></li>
</ul>
<ul class="ins2">
    <li>
      <div style="width:100px;height:40px;border:1px solid #000000" >标题
      1 标题 1 标题 1</div></li>
   <li><div style="width:100px;height:40px;border:1px solid #000000" >标
   题 2</div></li>
</ul>
</body>
</html>
```

效果如图 13.36 和图 13.37 所示。

### 13.6.3　定义列表排序符号样式 list-style-type

通过 list-style-type 属性可以来设置列表排序符号的样式。list-style-type 属性和 HTML 中列表 type 属性的用法是一样的。但有点不同的是，list-style-type 属性无论是使用无序列表还是有序列表都可以设置里面的属性值。list-style-type 属性是放在<ul>标签里面的。其语法结构如下：

```
list-style-type:列表排序符号样式;              /*定义列表排序符号样式*/
```

在这里 list-style-type 属性有 20 个属性值，都是同样的用法，这里就不一一解说。list-style-type 属性的属性值列表如下所示：

- list-style-type:disc：实心圆；
- list-style-type:circle：空心圆；

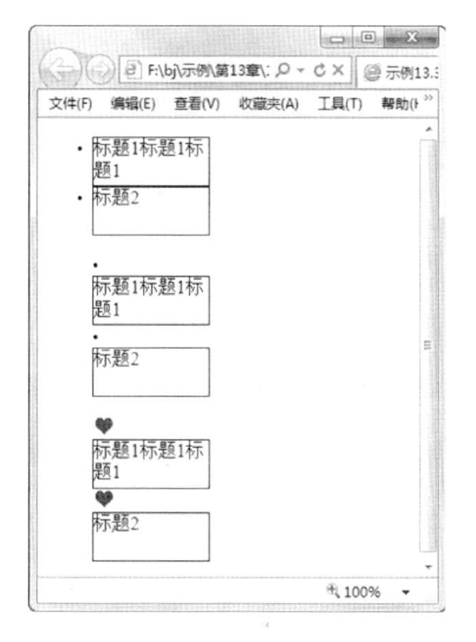


图 13.36　定义列表排序位置效果图（IE）

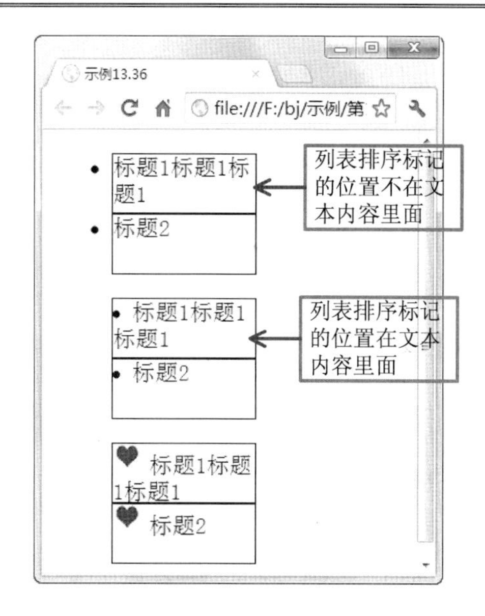


图 13.37　定义列表排序位置效果图（谷歌浏览器）

- list-style-type:square：实心方块；
- list-style-type:decimal：阿拉伯数字；
- list-style-type:lower-roman：小写罗马数字 i、ii、iii 等；
- list-style-type:upper-roman：大写罗马数字 I、II、III 等；
- list-style-type:lower-alpha：小写英文字母 a、b、c 等；
- list-style-type:upper-alpha：大写英文字母 A、B、C 等；
- list-style-type:none：不使用项目符号；
- list-style-type:armenian：传统的亚美尼亚数字；
- list-style-type:cjk-ideographic：浅白的表意数字；
- list-style-type:georgian：传统的乔治数字；
- list-style-type:lower-greek：基本的希腊小写字母；
- list-style-type:hebrew：传统的希伯莱数字；
- list-style-type:hiragana：日文平假名字符；
- list-style-type:hiragana-iroha：日文平假名序号；
- list-style-type:katakana：日文片假名字符；
- list-style-type:katakana-iroha：日文片假名序号；
- list-style-type:lower-latin：小写拉丁字母；
- list-style-type:upper-latin：大写拉丁字母。

由于后面 11 项在中文的页面上都是不被支持显示的，所以这里只举例说明前 9 项的显示效果。

**【示例 13.37】**下面是使用 list-style-type 属性来定义列表排序符号样式的效果。这里将使用内部样式表来作为 CSS 样式的连接。为了使效果更明显，添加了文字和一个 3 行 3 列的表格。代码如下：

```
<head>
<meta http-equiv="Content-Type" content="text/html; charset=utf-8" />
```

```
<style type="text/css">
<!--
ul.typ1{list-style-type:disc;}        /*定义 ul 标签下列表排序图案类型为实心圆*/
ul.typ2{list-style-type:circle;}      /*定义 ul 标签下列表排序图案类型为空心圆*/
ul.typ3{list-style-type:square;}
                                /*定义 ul 标签下列表排序图案类型为实心方块*/
ul.typ4{list-style-type:decimal;}
                                /*定义 ul 标签下列表排序图案类型为阿拉伯数字*/
ul.typ5{list-style-type:lower-roman;}
                                /*定义 ul 标签下列表排序图案类型为小写罗马数字*/
ul.typ6{list-style-type:upper-roman;}
                                /*定义 ul 标签下列表排序图案类型为大写罗马数字*/
ul.typ7{list-style-type:lower-alpha;}
                                /*定义 ul 标签下列表排序图案类型为小写英文字母*/
ul.typ8{list-style-type:upper-alpha;}
                                /*定义 ul 标签下列表排序图案类型为大写英文字母*/
ul.typ9{list-style-type:none;}
                                /*定义 ul 标签下列表排序图案类型为不使用项目符号*/
-->
</style>
</head>
<body>
<table border="1"  bordercolor="#00FFFF">
  <tr>
    <td>
        <ul class="typ1">             <!--用绑定了的类选择器显示样式效果-->
            <li>标题 1</li>
            <li>标题 2</li>
        </ul>
     </td>
    <td>
        <ul class="typ2">             <!--用绑定了的类选择器显示样式效果-->
            <li>标题 1</li>
            <li>标题 2</li>
        </ul>
     </td>
    <td>
        <ul class="typ3">             <!--用绑定了的类选择器显示样式效果-->
            <li>标题 1</li>
            <li>标题 2</li>
        </ul>
     </td>
  </tr>
  <tr>
     <td>
        <ul class="typ4">             <!--用绑定了的类选择器显示样式效果-->
            <li>标题 1</li>
            <li>标题 2</li>
        </ul>
     </td>
    <td>
        <ul class="typ5">             <!--用绑定了的类选择器显示样式效果-->
            <li>标题 1</li>
            <li>标题 2</li>
        </ul>
     </td>
    <td>
```

```
        <ul class="typ6">                    <!--用绑定了的类选择器显示样式效果-->
            <li>标题 1</li>
            <li>标题 2</li>
        </ul>
     </td>
  </tr>
    <tr>
    <td>
        <ul class="typ7">                    <!--用绑定了的类选择器显示样式效果-->
            <li>标题 1</li>
            <li>标题 2</li>
        </ul>
     </td>
    <td>
        <ul class="typ8">                    <!--用绑定了的类选择器显示样式效果-->
            <li>标题 1</li>
            <li>标题 2</li>
        </ul>
     </td>
    <td>
        <ul class="typ9">                    <!--用绑定了的类选择器显示样式效果-->
            <li>标题 1</li>
            <li>标题 2</li>
        </ul>
     </td>
  </tr>
</table>
</body>
```

效果如图 13.38 所示。

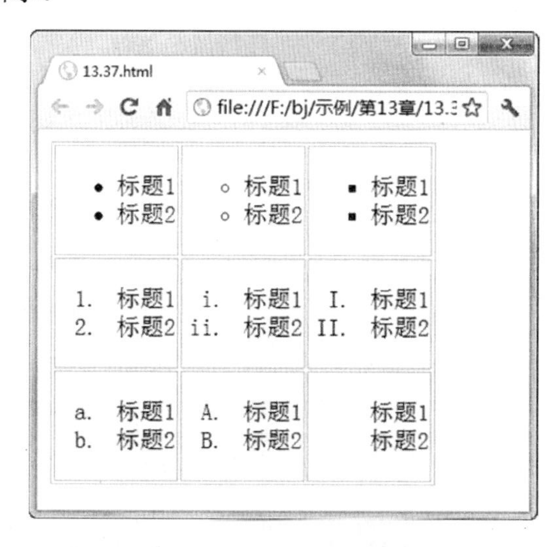


图 13.38　使用 list-style-type 属性定义列表排序符号类型效果图

## 13.6.4　综合声明列表属性 list-style

综合声明列表属性 list-style 是用来把上面所讲的列表的不同属性值全部放在一起，对列表一起进行声明的。只需要在每个属性值中间用英文的空格号隔开。其语法结构如下：

```
list-style:各种属性值;          /*综合声明列表属性*/
```

其中，每种属性值的写法要和之前讲述列表属性里的属性值的写法一样，这样才可以产生效果。

**【示例 13.38】**下面是使用 list-style 属性来综合声明列表属性的具体效果。这里将使用内部样式表来作为 CSS 样式的连接。代码如下：

```
<!DOCTYPE html PUBLIC "-//W3C//DTD XHTML 1.0 Transitional//EN" "http://
www.w3.org/TR/xhtml1/DTD/xhtml1-transitional.dtd">
<html xmlns="http://www.w3.org/1999/xhtml">
<head>
<meta http-equiv="Content-Type" content="text/html; charset=utf-8" />
<title>示例 13.38</title>
<style type="text/css">
<!--
ul.list-sty1{list-style:url("../images/13.35.jpg") outside; width:80px;}
                /*定义为列表插入图片，列表排序标记的位置不在文本内容里面*/
ul.list-sty2{list-style:url("../images/13.35.jpg") inside; width:80px;}
                /*定义为列表插入图片，列表排序标记的位置在文本内容里面*/
ul.list-sty3{list-style:square outside; width:80px;}                /*
定义列表符号为实心方块，列表排序标记的位置不在文本内容里面*/

-->
</style>
</head>
<body>
<ul class="list-sty1">
    <li >标题 1</li>
    <li>标题 2</li>
</ul>
<ul class="list-sty2">
    <li >标题 1</li>
    <li>标题 2</li>
</ul>
<ul class="list-sty3">
    <li >标题 1</li>
    <li>标题 2</li>
</ul>
</body>
</html>
```

效果如图 13.39 所示。

图 13.39　使用 list-style 属性综合声明列表效果图

## 13.7　本 章 小 结

本章学习了 CSS 的基本属性，详细介绍了 CSS 的背景属性、文本属性、边框属性和列表属性。本章难点是 CSS 的内边距和外边距，概念容易搞混，希望同学们可以认真仔细地学习。通过本章的学习，可以掌握 HTML 标签属性外的样式的基本设置，使页面更加丰富多彩。下一章将讲解 CSS 中的伪类和伪元素。

## 13.8　本 章 习 题

【习题 13-1】使用 CSS 样式添加背景图片，添加文字，并设置字体颜色为蓝色，字符间距为 2px，对齐方式为左对齐，文字缩进 20px，字体大小为 20px，效果如图 13.40 所示。

【习题 13-2】使用 CSS 样式设置边框样式为双线边框，颜色为红色，宽度为 15px，效果如图 13.41 所示。

【习题 13-3】添加一个 1 行 1 列的表格，使用 CSS 样式设置表格内 div 标签的上、下外边距为 40px，左、右外边距为 50px，上、下内边距为 30px，左、右内边距为 40px，效果如图 13.42 所示。

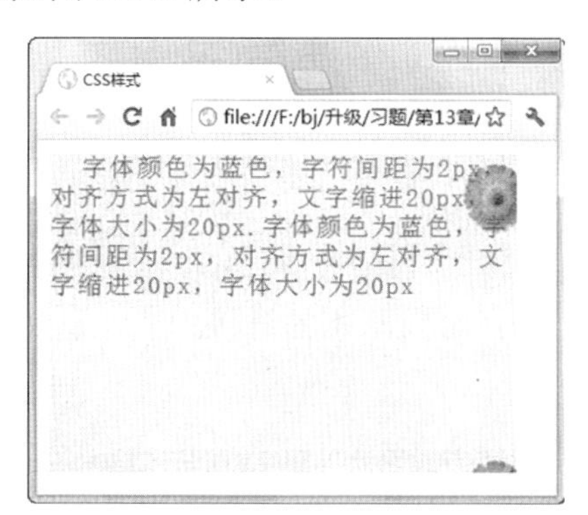


图 13.40　使用 CSS 样式设置文本样式效果图

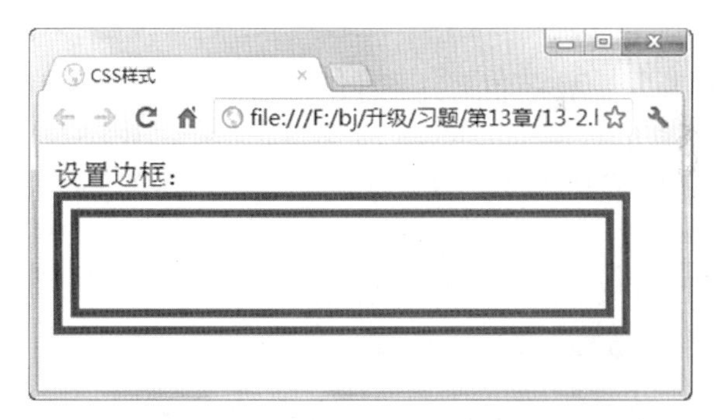


图 13.41　使用 CSS 样式设置边框效果图

图 13.42　设置外边距和内边距效果图

# 第 14 章　CSS 伪类和伪元素

伪类和伪元素是特殊的类和元素，能自动地被支持 CSS 的浏览器所识别。CSS 伪类主要用于向某些选择器添加特殊的效果，最主要的用途是用来设置链接样式显示效果。而 CSS 伪元素是用于向某些选择器设置特殊效果。伪类和伪元素之间看起来有些相似，但两者之间却有截然不同之处。伪类是要指定某些选择器才可以使用，而伪元素并不一定要指定选择器才可以使用。本章将详细讲述常用的 CSS 伪类和伪元素。

## 14.1　超链接的伪类

CSS 伪类最典型的使用就是超链接的伪类的使用，可以用来设置链接不同的显示效果。CSS 提供了 4 种伪类来表示链接的 4 个状态，分别是链接未被访问的样式、鼠标指针经过链接时的样式、鼠标按下时的样式和已访问的链接的样式。关于超链接已经在前面第 4 章详细讲过。本节就来详细讲解超链接的伪类的使用。

### 14.1.1　未访问的链接伪类:link

未访问的链接伪类:link 用来定义链接内容在未被访问时的显示效果。:link 伪类放在选择器专有标签<a>的后面，表示当前链接样式，即没有任何触发状态的链接样式，是网页链接最初的样子。其语法结构如下：

```
a 选择器:link{属性:属性值;}                    /*设置未被访问的链接状态*/
```

其中，:link 伪类是紧跟着选择器，不需要加空格或其他符号。在 a 和:link 伪类中间还可以加入 id 选择器或类选择器，在这三者之间也不需要加空格或其他符号。在:link 伪类后面的大括号里面，可以填写之前讲述过的多种修饰用的属性，只要在对应的属性里面写好属性值就可以了。

**【示例 14.1】**下面是使用:link 伪类显示超链接未被访问时的效果。这里将使用内部样式表类选择器来作为 CSS 样式的连接。代码如下：

```
<!DOCTYPE html PUBLIC "-//W3C//DTD XHTML 1.0 Transitional//EN" "http://
www.w3.org/TR/xhtml1/DTD/xhtml1-transitional.dtd">
<html xmlns="http://www.w3.org/1999/xhtml">
<head>
<meta http-equiv="Content-Type" content="text/html; charset=utf-8" />
<title>示例 14.1</title>
<style type="text/css">
<!--
```

```
a.content:link
{
    color:#000000;                  /*设置链接的字体颜色*/
    font-size:20px;                 /*设置链接的字体大小*/
    text-decoration:none;           /*设置字体下方无下划线*/
}
-->
</style>
</head>
<body>
<a class="content" href="http://www.sohu.com/">链接到搜狐</a>
</body>
</html>
```

效果如图 14.1 所示。

图 14.1　使用:link 伪类显示超链接未被访问时的效果图

## 14.1.2　已被访问的链接的伪类:visited

已被访问的链接伪类:visited 用来定义链接内容在被访问后的显示效果。:visited 伪类放在选择器专有标签<a>的后面，表示已访问过的链接样式。主要是使访问者对网页中已访问过的和未访问过的网页一目了然。其语法结构如下：

```
a 选择器:visited {属性:属性值;}                /*设置已被访问的链接的状态*/
```

其中，:visited 伪类和:link 伪类是同样用法的，这里将不再多讲。

**【示例 14.2】**下面是使用:visited 伪类显示超链接已被访问的显示效果。这里将使用内部样式表类选择器来作为 CSS 样式的连接。代码如下：

```
<!DOCTYPE html PUBLIC "-//W3C//DTD XHTML 1.0 Transitional//EN" "http://
www.w3.org/TR/xhtml1/DTD/xhtml1-transitional.dtd">
<html xmlns="http://www.w3.org/1999/xhtml">
<head>
<title>示例 14.2</title>
<style type="text/css">
<!--
a.content:visited
{
    color:#cc0000;                      /*设置链接的字体颜色为红色*/
    font-size:20px;                     /*设置链接的字体大小*/
    text-decoration:underline;          /*设置出现下划线*/
```

```
}
-->
</style>
</head>
<body>
<a class="content" href="http://www.sohu.com/">链接到搜狐</a>
</body>
</html>
```

效果如图 14.2 所示。

图 14.2　使用:visited 伪类显示超链接已被访问的效果图

说明：示例中，当鼠标单击过此链接后，再回到页面，链接字体会变成红色带下划线。

## 14.1.3　鼠标经过时链接的伪类:hover

鼠标经过时链接的伪类:hover 用来定义当鼠标经过链接元素内容时的显示效果。它是一个非常重要的链接属性，要靠它来判断当前鼠标的位置是否是一个链接。:hover 伪类放在选择器专有标签<a>的后面，表示鼠标经过时的状态。其语法结构如下：

```
a 选择器:hover {属性:属性值;}              /*设置鼠标经过时的状态*/
```

其中，:hover 伪类和:link 伪类是同样用法的，这里将不再阐述。

**【示例 14.3】**下面是使用:hover 伪类显示鼠标经过超链接时的效果。这里将使用内部样式表 id 选择器来作为 CSS 样式的连接。代码如下：

```
<!DOCTYPE html PUBLIC "-//W3C//DTD XHTML 1.0 Transitional//EN" "http://
www.w3.org/TR/xhtml1/DTD/xhtml1-transitional.dtd">
<html xmlns="http://www.w3.org/1999/xhtml">
<head>
<meta http-equiv="Content-Type" content="text/html; charset=utf-8" />
<title>示例 14.3</title>
<style type="text/css">
<!--
a#content:hover
{
    color:#2894ff;                          /*设置字体颜色为蓝色*/
    font-size:20px;                         /*设置链接的字体大小*/
    text-decoration:overline;               /*设置出现上划线*/
}
-->
```

```
</style>
</head>
<body>
<a id="content" href="http://www.sohu.com/">这是一个链接</a>
</body>
</html>
```

效果如图 14.3 所示。

鼠标经过前状态

鼠标经过时的状态

图 14.3　使用:hover 伪类显示鼠标经过超链接时的效果图

**说明：** 示例中，当鼠标移到链接字体上，就会显示出如图 14.3 所示 2 中的效果。

**技巧：** 如果只是单单想用鼠标经过的效果来做菜单内容等，可以只使用:link 和:hover 这两个伪类。不过:link 伪类一定要放在:hover 伪类前面。

### 14.1.4　鼠标按下时链接的伪类:active

鼠标按下时链接的伪类:active 是用来定义当鼠标按下链接元素内容时的显示效果。一般伪类:active 使用的很少，因为当用户单击完一个链接时，鼠标焦点很快就会转移，而不再是按下时的状态。:active 伪类放在选择器专有标签<a>的后面，表示鼠标按下时的状态。其语法结构如下：

```
a 选择器:active {属性:属性值;}                    /*设置鼠标按下状态*/
```

其中，:active 伪类和:link 伪类是同样用法的，这里将不再阐述。

**【示例 14.4】** 下面是使用:active 伪类显示鼠标按下超链接时的效果。这里将使用内部样式表 id 选择器来作为 CSS 样式的连接。代码如下：

```
<!DOCTYPE html PUBLIC "-//W3C//DTD XHTML 1.0 Transitional//EN" "http:
//www.w3.org/TR/xhtml1/DTD/xhtml1-transitional.dtd">
<html xmlns="http://www.w3.org/1999/xhtml">
<head>
<meta http-equiv="Content-Type" content="text/html; charset=utf-8" />
<title>示例 14.4</title>
<style type="text/css">
<!--
a#content:active
{
    color:#be77ff;                          /*设置字体颜色为紫色*/
```

```
    font-size:20px;                 /*设置字体大小*/
    text-decoration:underline;      /*设置出现下划线*/
}
-->
</style>
</head>

<body>
<a id="content" href="http://www.sohu.com/">链接到搜狐</a>
</body>
</html>
```

效果如图 14.4 所示。

鼠标按下前状态　　　　鼠标按下时的状态

图 14.4　使用:active 伪类显示鼠标按下超链接时的效果图

**说明：** 示例中，当鼠标按下链接时，就会显示如图 14.4 所示 2 中的效果。

**注意：** 这四个伪类如果想一起使用必须按照前面给出的顺序才可以正常显示。

在前面已经分别讲述了四个伪类的用法，现在将把这四个伪类合在一起再进行举例说明，这里将截出四个不同效果的图。

**【示例 14.5】** 下面是使用前面所讲过的四个伪类来显示超链接的效果。这里将使用内部样式表来作为 CSS 样式的连接。为了强化效果，添加了文字，为字体设置了颜色、大小和字体修饰。代码如下：

```
<meta http-equiv="Content-Type" content="text/html; charset=utf-8" />
<title>示例 14.5</title>
<style type="text/css">
<!--
a#content:link
{
    color:#000000;                  /*设置链接的字体颜色为黑色*/
    font-size:20px;                 /*设置链接的字体大小*/
    text-decoration:none;           /*设置字体下方无下划线*/
}
a#content:visited
{
    color:#cc0000;                  /*设置链接的字体颜色为红色*/
    font-size:20px;                 /*设置链接的字体大小*/
    text-decoration:underline;  /*设置出现下划线*/
}
```

```
a#content:hover
{
    color:#2894ff;                          /*设置字体颜色为蓝色*/
    font-size:20px;                         /*设置链接的字体大小*/
    text-decoration:overline;               /*设置出现上划线*/
}
a#content:active
{
    color:#be77ff;                          /*设置字体颜色为紫色*/
    font-size:20px;                         /*设置字体大小*/
    text-decoration:underline;              /*设置出现下划线*/
}
-->
</style>
</head>
<body>
<a id="content" href="http://www.sohu.com/">链接到搜狐</a>
</body>
</html>
```

效果如图 14.5 所示。

初始状态

单击链接后状态

鼠标经过时的状态

鼠标按下时的状态

图 14.5　使用 CSS 伪类显示超链接效果图

在图 14.5 中，1 是没单击过的链接的效果图，2 是单击过后又回到原来页面的效果图，3 是鼠标经过链接时的效果图，4 是鼠标按下链接时的效果图。

🔔说明：伪类中除了上述的四个外，还有:focus、:first-child、:lang 这三个伪类。由于后面这三个伪类都比较少用，而且不被多个浏览器支持，所以在这里将不做讲述，具体请参考其他 CSS 书籍。

## 14.2　伪　元　素

CSS 伪元素是用于向某些选择器设置特殊效果。这些伪元素添加到的选择器，不一定是指定的专用标签，可以是不指定的专用标签，不过不可以是单个 id 选择器或类选择器。伪元素最常用的就是文本首行的设置和文本首字母的设置。本节将详细讲述这两个伪元素的应用。

### 14.2.1　首字母样式设置:first-letter

:first-letter 伪元素用于向文本的首字母设置特殊样式。:first-letter 伪元素的使用方法和伪类的使用方法基本上是一样的。其语法结构如下：

```
专用标签选择器:first-letter {属性:属性值;}                    /*添加首字母样式*/
```

其中，:first-letter 伪元素是紧跟着选择器，不需要加空格或其他符号。在专用标签选择器和:first-letter 伪元素中间还可以加入 id 选择器或类选择器，在这三者之间也不需要加空格或其他符号。在:first-letter 伪元素后面的大括号里面，可以填写之前讲述过的多种文本修饰用的属性，只要在对应的属性里面写好属性值就可以了。

**【示例 14.6】**下面是使用:first-letter 伪元素设置首字母样式的效果。这里将使用内部样式表 id 选择器作为 CSS 样式的连接。代码如下：

```
<!DOCTYPE html PUBLIC "-//W3C//DTD XHTML 1.0 Transitional//EN" "http://
www.w3.org/TR/xhtml1/DTD/xhtml1-transitional.dtd">
<html xmlns="http://www.w3.org/1999/xhtml">
<head>
<meta http-equiv="Content-Type" content="text/html; charset=utf-8" />
<title>示例 14.6</title>
<style type="text/css">
<!--
p#content:first-letter
{
    color:#00ffff;                  /*设置字体颜色*/
    font-size:28px;                 /*设置字体大小*/
    font-face:楷体;                 /*设置字体风格*/
}
-->
</style>
</head>
<body>
<p id="content">这是使用伪元素显示首字母样式的例子</p>
</body>
</html>
```

效果如图 14.6 所示。

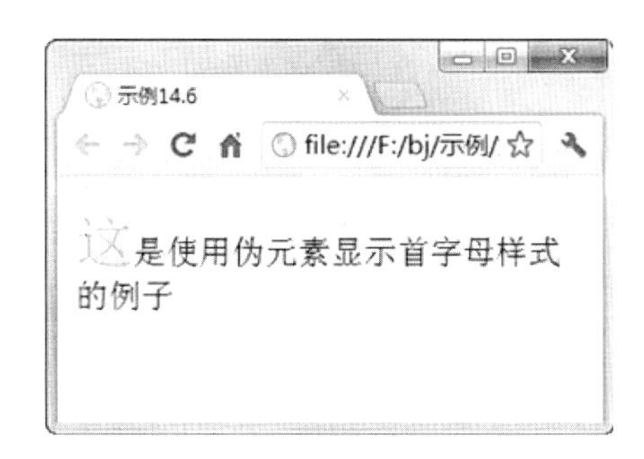


图 14.6　使用:first-letter 伪元素显示首字母样式效果图

注意：使用伪元素只能用修饰文本的属性来对伪元素进行修饰，不能用修饰框架之类的属性来对伪元素进行修饰。

## 14.2.2　首行样式设置:first-line

:first-line 伪元素用于向文本的首行设置特殊样式。:first-line 伪元素的使用方法和伪类的使用方法基本上是一样的。其语法结构如下：

```
专用标签选择器:first-line {属性:属性值;}          /*添加首行样式*/
```

其中，:first-line 伪元素的写法、用法和:first-letter 伪元素的写法、用法一样，这里不再阐述。

**【示例 14.7】**下面是使用:first-line 伪元素显示首行样式的效果。这里将使用内部样式表 id 选择器来作为 CSS 样式的连接。代码如下：

```
<!DOCTYPE html PUBLIC "-//W3C//DTD XHTML 1.0 Transitional//EN" "http://
www.w3.org/TR/xhtml1/DTD/xhtml1-transitional.dtd">
<html xmlns="http://www.w3.org/1999/xhtml">
<head>
<meta http-equiv="Content-Type" content="text/html; charset=utf-8" />
<title>示例 14.7</title>
<style type="text/css">
<!--
p{ width:200px;color:#00ffff;}              /*设置整个文本宽度和颜色*/
p#content:first-line
{
    color:#ff0000;                          /*设置首行字体颜色*/
    font-size:25px;                         /*设置首行字体大小*/
}
-->
</style>
</head>
<body>
<p id="content">现在看到的是使用:first-letter 伪元素显示首行样式</p>
</body>
</html>
```

效果如图 14.7 所示。

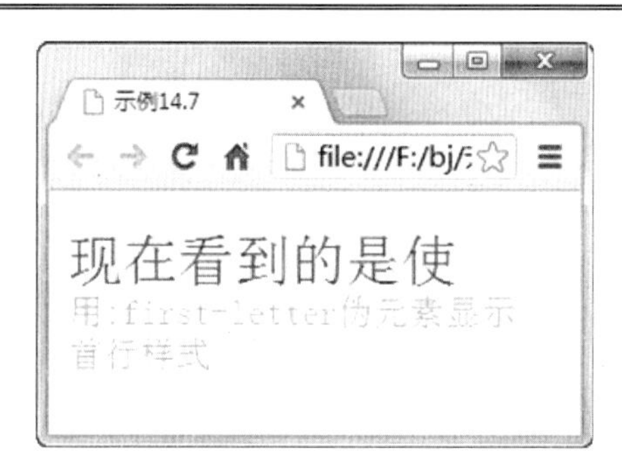


图 14.7　使用:first-line 伪元素显示首行样式效果图

**说明**：伪元素中除了上述的两个外，还有:before、:after 这两个伪元素。由于后面这两个伪元素都是比较少用，而且不被多个浏览器支持，所以在这里将不做讲述，具体请参考其他 CSS 书籍。

## 14.3　本 章 小 结

本章学习了 CSS 中伪类和伪元素的应用，主要讲解了超链接伪类的使用和文本内容伪元素的使用。通过本章的学习，读者可以通过对链接效果的控制，使得本来枯燥的链接变得丰富有趣。还可以了解到文本内容更多的设置方法。下一章将讲解制作网站的脚本语言。

## 14.4　本 章 习 题

【习题 14-1】使用超链接的 4 个伪类设置链接的 4 个不同状态，链接到百度，效果如图 14.8 所示。

【习题 14-2】使用伪元素设置文本首字母和首行样式，效果如图 14.9 所示。

初始状态

单击链接后状态

鼠标经过时的状态

鼠标按下时的状态

图 14.8　设置超链接不同状态效果图

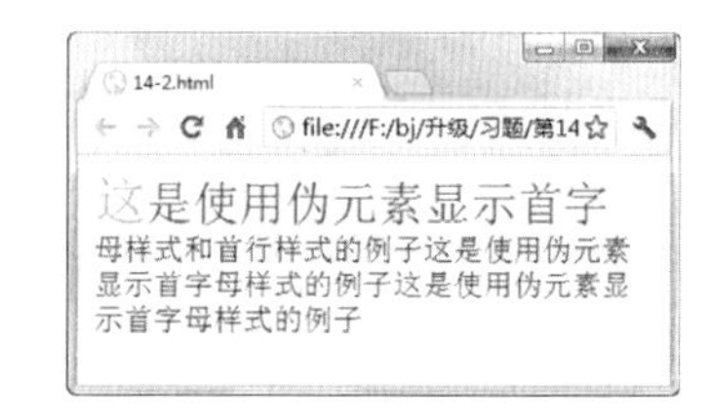


图 14.9　设置首字母和首行样式效果图

# 第 15 章　脚　　本

脚本语言也称为动态语言，是一种计算机语言，它可以与 HTML、Java 小程序或者 JSP 等 Web 开发语言一起实现一个 Web 页面与浏览者进行交互。脚本语言主要是用来实现一些动态的页面效果。在使用脚本语言的时候，首先要定义脚本。本章将详细讲述 HTML 中脚本的使用。

## 15.1　定义脚本<script>

通过<script>标签可以在 HTML 页面中对脚本进行定义。用户可以把 HTML 中的脚本插入到页面中。定义脚本的时候还需要添加一个属性来指定脚本的语言，也就是我们所说的语言类型。其语法结构如下。

```
<script type="text/脚本语言">定义脚本</script>                <!--定义脚本-->
```

其中，type="text/脚本语言"是一个固定格式，在里面填写的脚本语言是在<script>标签中需要编写的语言。最常用的脚本语言是 JavaScript 和 VBScript。本章我们就以 JavaScript 这种脚本语言来做举例说明。

**【示例 15.1】** 下面是使用 JavaScript 脚本来显示网页的效果。代码如下：

```
<!DOCTYPE html PUBLIC "-//W3C//DTD XHTML 1.0 Transitional//EN" "http://
www.w3.org/TR/xhtml1/DTD/xhtml1-transitional.dtd">
<html xmlns="http://www.w3.org/1999/xhtml">
<head>
<meta http-equiv="Content-Type" content="text/html; charset=utf-8" />
<title>示例 15.1</title>
</head>
<body>
<script type="text/javascript">          <!--开始插入 JavaScript 脚本-->
<!-
alert("这是使用 JavaScript 的显示效果");    //弹出一个对话框
-->
</script>                                <!--结束插入 JavaScript 脚本-->
</body>
</html>
```

效果如图 15.1 所示。

使用<script>标签有个问题，如果遇到老式的浏览器无法识别<script>标签时，那么<script>标签里的内容会以文本方式显示在页面上。为了避免这种情况的发生，必须在<script>标签里加上注释标签，把脚本隐藏在注释标签里面。其语法形式如下：

图 15.1　使用 JavaScript 脚本显示网站效果图

```
<script type="text/javascript">        <!--开始插入 JavaScript 脚本-->
<!--
JavaScript 脚本语言
//-->
</script>                              <!--结束插入 JavaScript 脚本-->
```

**【示例 15.2】**下面是使用添加注释的 JavaScript 脚本来显示网页的具体效果。为了使用范围效果更明显，这里加上了一些文字和换行标签。代码如下：

```
<!DOCTYPE html PUBLIC "-//W3C//DTD XHTML 1.0 Transitional//EN" "http://
www.w3.org/TR/xhtml1/DTD/xhtml1-transitional.dtd">
<html xmlns="http://www.w3.org/1999/xhtml">
<head>
<meta http-equiv="Content-Type" content="text/html; charset=utf-8" />
<title>示例 15.2</title>
</head>
<body>
使用 JavaScript 编写的显示效果:<br /><br/><br/>
                                 <!--开始插入 JavaScript 脚本-->
<script type="text/javascript">
<!--
document.write("这是使用 JavaScript 的显示效果")
//-->
</script>                        <!--结束插入 JavaScript 脚本-->
</body>
</html>
```

效果如图 15.2 所示。

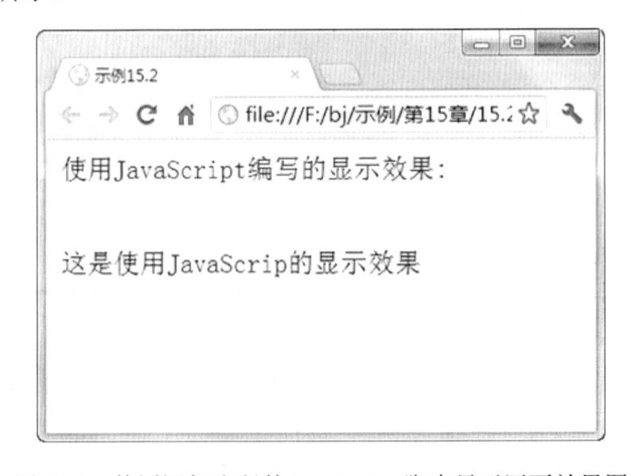


图 15.2　使用添加注释的 JavaScript 脚本显示网页效果图

**技巧：** 在使用<script>标签时，建议在插入脚本语言的时候，就要写上注释标签，这样可以使网站兼容性更好，网站更完善。

## 15.2　替换文本<noscript>

通过<noscript>标签可以设置替换文本，替换文本是指在定义的脚本没有执行时的代替文本。<noscript>标签和<script>标签是写在<body>标签里面的。其语法结构如下：

```
<noscript>替换文本</noscript>                    <!--设置替换文本-->
```

其中，<noscript>标签是在<script>标签存在的情况下才产生效果的。大多情况下<script>标签都可以被浏览器所执行，不过在有些浏览器上，设定拦截后，只有手动设置允许通过才可以显示出<script>标签的脚本内容。所以在使用上，还是有必要把<noscript>标签写在<script>标签后面的，这也是为了网站的完整性和兼容性。

**【示例 15.3】** 下面是使用<noscript>标签来显示网站的效果。为了强化效果，这里加上了一些文字和换行标签。代码如下：

```
<!DOCTYPE html PUBLIC "-//W3C//DTD XHTML 1.0 Transitional//EN" "http://
www.w3.org/TR/xhtml1/DTD/xhtml1-transitional.dtd">
<html xmlns="http://www.w3.org/1999/xhtml">
<head>
<meta http-equiv="Content-Type" content="text/html; charset=utf-8" />
<title>示例 15.3</title>
</head>
<body>
使用 JavaScript 的显示效果:<br /><br/><br/>
<script type="text/javascript">这是使用 JavaScript 的显示效果
                                        <!--开始插入 JavaScript 脚本-->
<!--
alert("这是使用 JavaScript 的显示效果");          //弹出一个对话框
//-->
</script>                               <!--结束插入 JavaScript 脚本-->
<noscript>这是替换文本</noscript>          <!--设置替换文本-->
</body>
</html>
```

效果如图 15.3 所示。

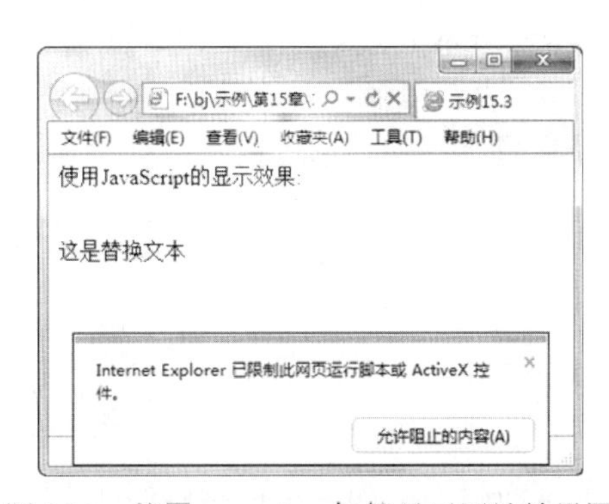


图 15.3　使用<noscript>标签显示网站效果图

说明：<script>标签和<noscript>标签都可以根据需要写在<head>标签和<body>标签里面。

## 15.3　嵌入对象<object>

在前面已经讲过，<object>标签可以用来插入 Flash，这只是<object>标签其中一个用法。<object>标签还可以用来在 HTML 中嵌入所需的对象，也就是可以用来插入 Java 中后缀为.class 的文件，即字节码文件（Java 类文件）。这里主要讲述的是插入字节码文件的用法。使用<object>标签插入.class 的文件，需要通过 classid、codetype 和 codebase 属性来进行设置。其语法结构如下：

```
<object codetype="application/java-archive" classid="java:#.class"
codebase="文件路径" ></object>              <!--嵌入对象-->
```

其中，插入.class 的文件，需要用 codetype="application/java-archive"来说明这是一个.class 文件，这是插入.class 文件的固定形式。classid="java:#.class"，java 是用来说明插入的文件是用 Java 语言编写；#.class 是用来填写要插入的.class 文件；codebase="路径"是用来填写插入的.class 文件的路径。值得注意的是，classid 属性只能填写插入的.class 文件的文件名，不可以写路径。codebase 属性只能写插入文件的路径，不可以写文件名。

这里将举例说明<object>标签怎么插入.class 文件，但由于 Java 文件的运行环境较为复杂，要安装其插件，再对插件进行设置才可以使用，一般情况下不建议使用。所以在这里只给出代码示例。

**【示例 15.4】**下面是使用<object>标签插入 Java 中后缀为.class 文件的具体代码。这里插入的.class 文件放在 class 文件夹里。代码如下：

```
<object codetype="application/java-archive" classid="java:nihao.class"
codebase="class/nihao.class" >
</object>                                  <!--嵌入对象-->
```

## 15.4　本章小结

本章主要学习了 HTML 中的脚本的基本知识，详细讲解了定义脚本、替换文本和嵌入对象的使用。通过对脚本的学习，读者可以掌握 HTML 中除了标签属性外的其他脚本语言。其中 JavaScript 脚本语言是使用最广泛的，读者需要认真学习。下一章将讲解 HTML 中的事件。

## 15.5　本章习题

【习题 15-1】使用脚本语言为网页添加文本，效果如图 15.4 所示。

【习题 15-2】为网页中的脚本语言添加替换文本，以防浏览器不支持脚本的运行，效果如图 15.5 所示。

图 15.4　使用脚本语言显示网页内容效果图

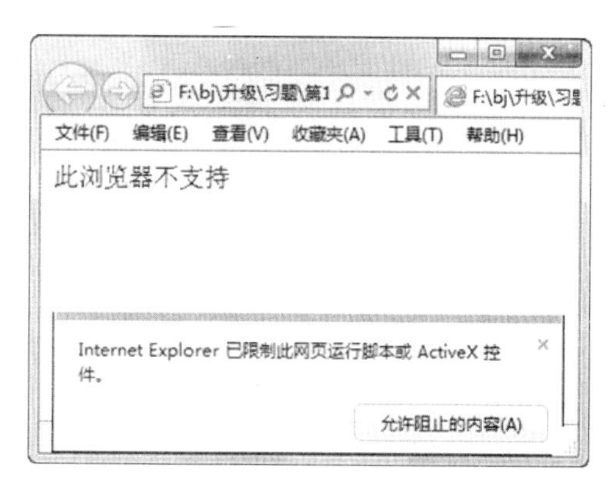


图 15.5　添加替换文本效果图

# 第 16 章　事　　件

事件（Event）是可以被网页或者网页上的元素识别的操作，就是指当浏览者在浏览网页的时候触发了某些动作所作出的相应反应。当浏览者触发了某一事件，事件就会调用相应的代码，从而完成某一操作。网页上的事件可以增加网页与用户的交互操作，也可以增强网页的动态效果。本章将详细讲解 HTML 中触发的事件。

## 16.1　常 见 事 件

常见事件就是指在 HTML 中比较常用、比较简单的事件。本节将用较简单、容易明白的例子详细讲解这些事件。

### 16.1.1　单击事件 onClick

单击事件是指当鼠标单击选定元素（如超链接、图片等）时触发的事件，可以通过 onClick 来进行设置。通过 onClick 能执行很多种动作，可以是单纯的输出显示文本样式，也可以是执行一个复杂的 JavaScript 程序。这里将介绍的是 onClick 简单的改变文本样式的用法。其语法结构如下：

```
<body id="参数">
<开始标签 onClick="参数和参数值" ></闭合标签>
文本内容
</body>
```

其中，onClick=“参数和参数值”是固定形式。这里的参数和参数值随着用法的不同，会有不同的改变，一般都是自己命名的。如果是自己命名的参数，必须在适当的地方对此参数做出定义，这样参数才会被使用。简单的用法，就是把 onClick 作为属性放在有特定意义的标签里来执行事件，通过在<body>标签里用 id 属性对参数进行定义来使事件有效。这里将用一个绑定样式的专有标签来作实例，通过样式来触发事件，因为示例会有两个不同的效果，这里将用两个图来表示。

**【示例 16.1】**下面是使用 onClick 触发单击事件的效果。代码如下：

```
<!DOCTYPE html PUBLIC "-//W3C//DTD XHTML 1.0 Transitional//EN" "http://
www.w3.org/TR/xhtml1/DTD/xhtml1-transitional.dtd">
<html xmlns="http://www.w3.org/1999/xhtml">
<head>
<meta http-equiv="Content-Type" content="text/html; charset=utf-8" />
<title>示例 16.1</title>
<style type="text/css">
<!--
```

```
#mainsj{font-size:12px;}                          /*定义字体大小/*
#mainsj span
{
    color:#984b4b;                                /*定义字体颜色/*
}
.big {font-size:25px; color:blue;}                /*定义字体大小和颜色/*
.small {font-size:16px; color:green;}             /*定义字体大小和颜色/*
-->
</style>
</head>
<body id="content">
<div id="mainsj">
    <span onclick= "content.className='big';">蓝色大号字体</span>
    <!--触发之前设置 big 的样式事件-->
   <span onclick= "content.className='small';">绿色小号字体</span>
    <!--触发之前设置 small 的样式事件-->
</div>
<br />
<table border="1">
<tr >
<td>
点击不同字体，可以看到不同触发的事件效果
</td>
</tr>
</table>
</body>
</html>
```

效果如图 16.1 所示。可以看出 1 中是刚加载完后的效果，2 中是单击“蓝色大号字体”后的效果，3 中是单击“绿色小号字体”后的效果。

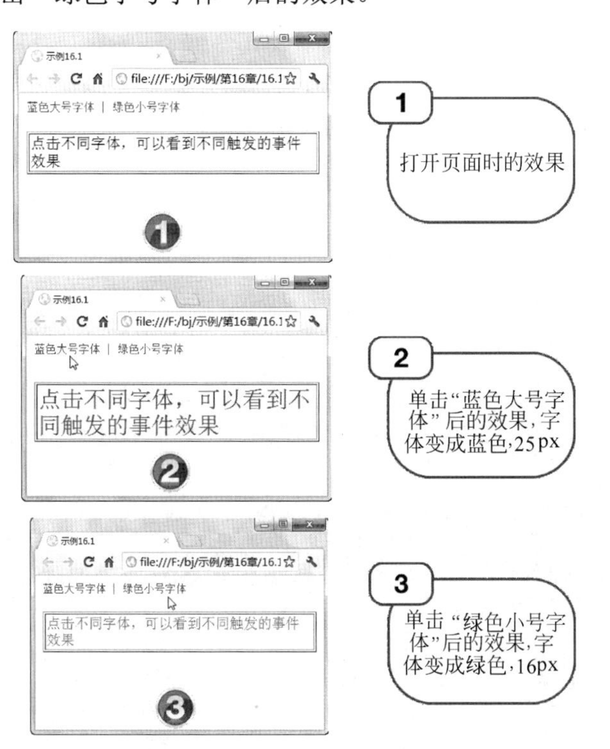


图 16.1　使用 onClick 触发单击事件效果图

🔔说明：这是 onClick 简单的用法，如果想更深入地学习它在 JavaScript 里的用法，请参考其他 JavaScript 书籍。

### 16.1.2　双击事件 onDblClick

双击事件是指当鼠标双击选定的元素（如超链接、图片等）时触发的事件，可以通过 onDblClick 来进行设置。和 onClick 一样，通过 onDblClick 能执行很多种动作，可以是单纯的输出显示文本样式，也可以是执行一个复杂的 JavaScript 程序。这里将介绍的是 onDblClick 简单的改变文本样式的用法。语法形式如下：

```
<body id="参数">
<开始标签 onDblClick="参数和参数值"></闭合标签>
文本内容
</body>
```

其中，onDblClick= “参数和参数值”是固定形式。onDblClick 和 onClick 的书写格式是一样的，这里就不再阐述。这里将用一个绑定样式的专有标签来作实例，通过样式来触发事件，因为示例会有两个不同的效果，这里将用两个图来表示。

**【示例 16.2】**下面是使用 onDblClick 触发双击事件的效果。在示例 16.1 的基础上修改，其代码如下：

```
<!DOCTYPE html PUBLIC "-//W3C//DTD XHTML 1.0 Transitional//EN" "http://
www.w3.org/TR/xhtml1/DTD/xhtml1-transitional.dtd">
<html xmlns="http://www.w3.org/1999/xhtml">
<head>
<meta http-equiv="Content-Type" content="text/html; charset=utf-8" />
<title>示例 16.2</title>
<style type="text/css">
<!--
#mainsj{font-size:12px;}                         /*定义字体大小/*
#mainsj span
{
    color:#984b4b;                               /*定义字体颜色/*
}
.big {font-size:25px; color:blue;}               /*定义字体大小和颜色/*
.small {font-size:16px; color:green;}            /*定义字体大小和颜色/*
-->
</style>
</head>
<body id="content">
<div id="mainsj">
    <span onDblClick= "content.className='big';">蓝色大号字体</span> |
    <!--触发之前设置 big 的样式事件-->
   <span onDblClick= "content.className='small';">绿色小号字体</span>
    <!--触发之前设置 small 的样式事件-->
</div>
<br />
<table border="1">
<tr >
<td>
双击不同字体，可以看到不同触发的事件效果
```

```
</td>
</tr>
</table>
</body>
</html>
```

效果如图 16.2 所示。可以看出 1 中是刚加载完后的效果，2 中是双击“蓝色大号字体”后的效果，3 中是双击“绿色小号字体”后的效果。

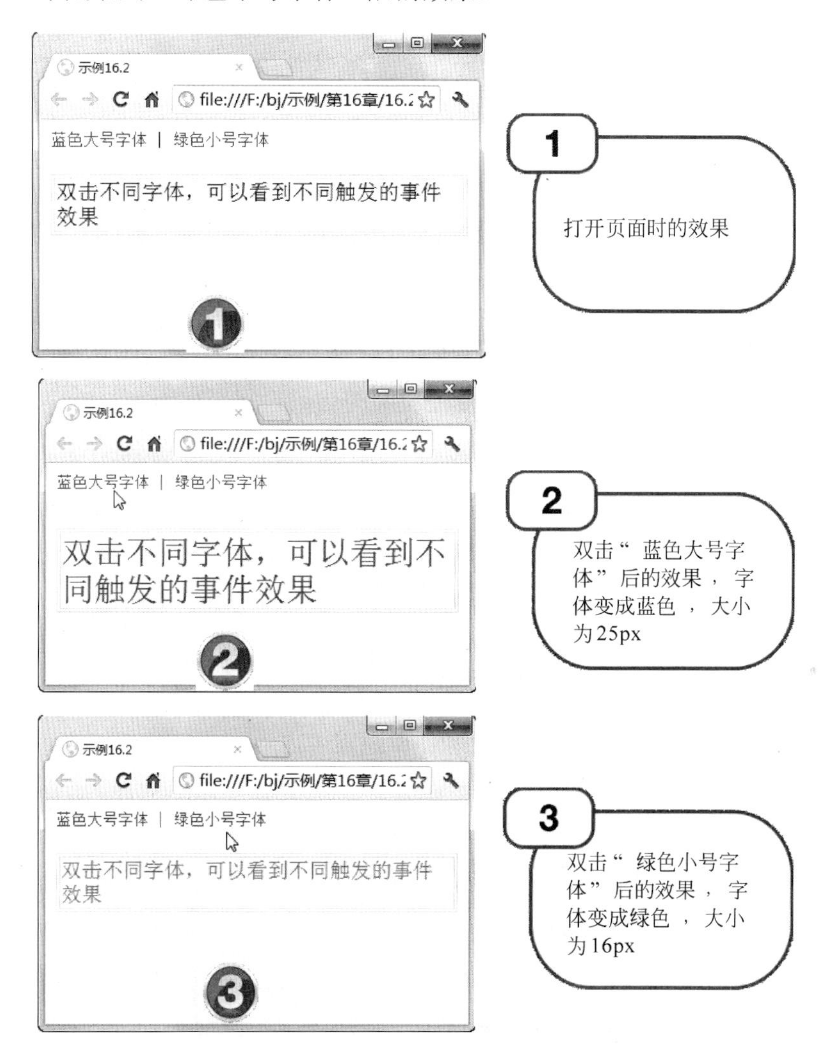


图 16.2　使用 onDblClick 触发双击事件效果图

**说明：**这是 onDblClick 简单的用法，如果想更深入地学习它在 JavaScript 里的用法，请参考其他 JavaScript 书籍。

## 16.2　鼠标触发事件 onMouse

鼠标触发事件是指鼠标在选定元素上做某一动作所触发的事件，可以通过 onMouse 来进行设置。上面所讲的两个事件也都属于鼠标事件。本节所讲的 onMouse 里共有五个触发事件，分别是鼠标按下事件、鼠标移动事件、鼠标释放事件、鼠标经过事件和鼠标离开事件。这和 CSS 中的伪类有些相似，但是 onMouse 比起 CSS 中的伪类使用起来要广泛得多、复杂得多。

## 16.2.1　鼠标按下事件 onMouseDown

鼠标按下事件是指当按下鼠标时所触发的事件，可以通过 onMouseDown 来进行设置。其语法结构如下：

```
<开始标签 onMouseDown="参数和参数值"></闭合标签>
```

其中，onMouseDown=“参数和参数值”是固定形式，里面的参数和参数值的格式会根据不同的参数而出现不同。

**【示例 16.3】**下面是使用 onMouseDown 来设置鼠标按下事件的效果。这里将介绍的是 onMouseDown 简单的弹出系统自带窗口的用法。由于这里的代码只需要放在<body>标签里面，所以给出的代码只是放在<body>标签里面的代码。代码如下：

```
<body >
<p onmousedown="alert('这是鼠标按下事件')" >请按下鼠标</p>
                    <!--onmousedown 里面的参数 alert 是定义弹出系统窗口-->
</body>
```

效果如图 16.3 所示。可以看出当鼠标一按下页面中的“请按下鼠标”，就会弹出系统窗口。

图 16.3　使用 onMouseDown 显示鼠标按下事件效果图

## 16.2.2　鼠标释放事件 onMouseUp

鼠标释放事件是指当按下鼠标按钮被释放时触发的事件，可以通过 onMouseUp 来进行设置。不难看出，前面所学的 onClick 事件和这两个小节说的 onMouseDown 事件、onMouseUp 事件有些相似。其实，它们之前存在着这样的关系：onMouseDown+

onMouseUp=onClick。onMouseUp 语法结构如下：

```
<开始标签 onMouseUp="参数和参数值" ></闭合标签>
```

其中，onMouseUp=“参数和参数值”是固定形式，里面的参数和参数值的格式会根据不同的参数而出现不同。

**【示例 16.4】** 下面是使用 onMouseUp 来显示鼠标释放事件的效果。由于这里的代码只需要放在<body>标签里面，所以给出的代码只是放在<body>标签里面的代码。代码如下：

```
<body >
<p onmouseUp="alert('你单击了一下页面中的文字!')" >请单击这里</p>
        <!--onmouseUp 里面的参数 alert 是定义弹出系统窗口-->
</body>
```

效果如图 16.4 所示。在鼠标按下“请单击这里”，并且放开了鼠标按钮后才弹出系统窗口。

图 16.4 使用 onMouseUp 显示鼠标释放事件效果图

**说明：** onMouseDown 和 onMouseUp 不同的地方在于，onMouseDown 在鼠标按下还没松手的时候就已经弹出窗口了，而 onMouseUp 在鼠标按下松手后才弹出窗口。

## 16.2.3 鼠标停留事件 onMouseMove

鼠标停留事件是指当鼠标指针停留在选定元素上时触发的事件，可以通过 onMouseMove 来进行设置。其语法结构如下：

```
<开始标签 onMouseMove="参数和参数值" ></闭合标签>
```

其中，onMouseMove=“参数和参数值”是固定形式，里面的参数和参数值的格式会根据不同的参数而出现不同。

**【示例 16.5】** 下面是使用 onMouseMove 来显示鼠标停留事件的效果。由于这里的代码只需要放在<body>标签里面，所以给出的代码只是放在<body>标签里面的代码。代码如下：

```
<body >
<p onmouseMove="alert('你的鼠标停留在页面中的“鼠标停留事件”文字上!')" >鼠标停留
事件</p>              <!--onmouseMove 里面的参数 alert 是定义弹出系统窗口-->
</body>
```

效果如图 16.5 所示。

图 16.5　使用 onMouseMove 显示鼠标停留事件效果图

注意：当鼠标在文字停留一下就会产生一个 onMouseMove 事件，这样会耗费系统很多资源去处理这些动作，所以应谨慎使用。

## 16.2.4　鼠标经过事件 onMouseOver

鼠标经过事件是指当鼠标经过选定元素时触发的事件，可以通过 onMouseOver 来进行设置。其语法结构如下：

```
<开始标签 onMouseOver="参数和参数值"></闭合标签>
```

其中，onMouseOver=“参数和参数值”是固定形式，里面的参数和参数值的格式会根据不同的参数而出现不同。

**【示例 16.6】**下面是使用 onMouseOver 来显示鼠标经过事件的效果。这里将添加图片和文字，图片将使用 images 文件夹里的 13.2.jpg。由于这里的代码只需要放在<body>标签里面，所以给出的代码只是放在<body>标签里面的代码。代码如下：

```
<body >
<img src="../images/13.2.jpg" onMouseOver="alert('你的鼠标经过了一张图片!')"
/>                       <!--onmouseOver 里面的参数 alert 是定义弹出系统窗口-->
</body>
```

效果如图 16.6 所示。

说明：鼠标经过图片，就会弹出系统窗口，如图 16.6 所示。

图 16.6　使用 onMouseOver 显示鼠标经过事件效果图

## 16.2.5　鼠标离开事件 onMouseOut

鼠标离开事件是指当鼠标指针离开选定元素时触发该事件，可以通过 onMouseOut 来进行设置。其语法结构如下：

```
<开始标签 onMouseOut="参数和参数值" ></闭合标签>
```

其中，onMouseOut= “参数和参数值” 是固定形式，里面的参数和参数值的格式会根据不同的参数而出现不同。

**【示例 16.7】**下面是使用 onMouseOut 来显示鼠标离开事件的效果。由于这里的代码只需要放在<body>标签里面，所以给出的代码只是放在<body>标签里面的代码。代码如下：

```
<img src="../images/13.2.jpg" onMouseOut="alert('你的鼠标已经离开页面上的图片!')" />                    <!--onmouseOut 里面的参数 alert 是定义弹出系统窗口-->
```

效果如图 16.7 所示。

图 16.7　使用 onMouseOut 显示鼠标离开事件效果图

说明：当鼠标离开图片时，就会弹出系统窗口，如图 16.7 所示。

# 16.3　键盘触发事件 onKey

键盘触发事件是指在键盘上做某一动作所触发的事件，可以通过 onKey 来进行设置。本节所讲的 onKey 里共有三个触发事件，分别是：按下键盘按键事件、按下键盘按键并任意释放一个键事件和释放键盘按键事件。

## 16.3.1　按下键盘按键事件 onkeydown

按下键盘按键事件是指当用户按下键盘上任意键时触发的事件，可以通过 onkeydown 来进行设置。通过 onkeydown 能执行很多种动作，可以是单纯的输出文字，也可以是执行一个复杂的 JavaScript 程序。这里将介绍的是 onkeydown 简单的输出文字的用法。其语法结构如下：

```
<开始标签 onkeydown="参数和参数值" ></闭合标签>
```

其中，onkeydown="参数和参数值" 是固定形式，里面的参数和参数值的格式会根据不同的参数而出现不同。

**【示例 16.8】**下面是使用 onkeydown 来显示按下键盘按键事件的效果。这里将添加文字和一段 JavaScript 代码。由于这里的代码只需要放在<body>标签里面，所以给出的代码只是放在<body>标签里面的代码。代码如下：

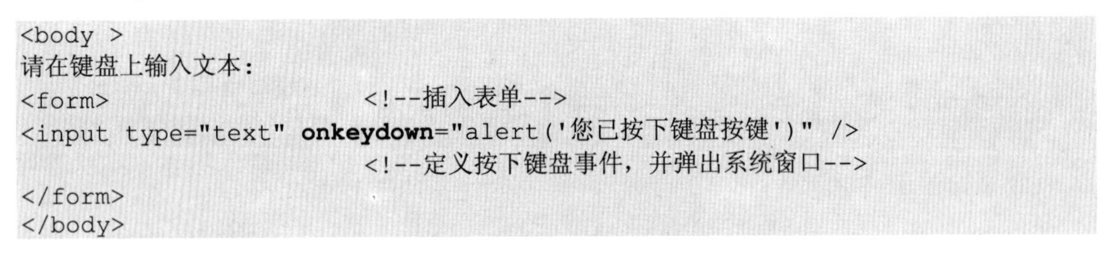

```
<body >
请在键盘上输入文本：
<form>                          <!--插入表单-->
<input type="text" onkeydown="alert('您已按下键盘按键')" />
                                <!--定义按下键盘事件，并弹出系统窗口-->
</form>
</body>
```

效果如图 16.8 所示。

图 16.8　使用 onkeydown 显示按下键盘按键事件效果图

## 16.3.2　按下并任意释放一个键事件 onkeypress

按下并任意释放一个键事件是指当按下键盘按键并任意放开一个键时触发的事件，可以通过 onkeypress 来进行设置。其语法结构如下：

```
<开始标签 onkeypress="参数和参数值"></闭合标签>
```

其中，onkeypress=“参数和参数值”是固定形式，里面的参数和参数值的格式会根据不同的参数而出现不同。

**【示例 16.9】**下面是使用 onkeypress 来显示键盘按键被按下并松开事件的具体效果。这里将添加文字和一段 JavaScript 代码。由于这里的代码只需要放在<body>标签里面，所以给出的代码只是放在<body>标签里面的代码。代码如下：

```
键盘按键被按下并松开事件：
<form>  <!--插入表单-->
<input type="text" onkeypress="alert('您已按下键盘按键并释放按键')" />
        <!--定义按下键盘并释放按键事件，并弹出系统窗口-->
</form>
```

效果如图 16.9 所示，当按下按键并任意放开一个按键时就会弹出系统窗口。

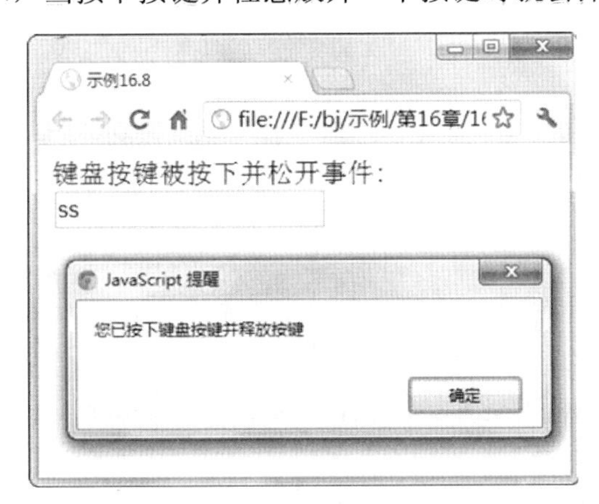


图 16.9　使用 onkeypress 显示键盘按键被按下并任意松开一个按键事件效果图

## 16.3.3　释放键盘按键事件 onkeyup

释放键盘按键事件是指当按下键盘按键后释放按键时触发的事件，可以通过 onkeyup 来进行设置。其语法结构如下：

```
<开始标签 onkeyup="参数和参数值"></闭合标签>
```

其中，onkeyup=“参数和参数值”是固定形式，里面的参数和参数值的格式会根据不同的参数而出现不同。

**【示例 16.10】**下面是使用 onkeyup 来显示键盘按键被松开事件的效果。这里将添加文字和一段 JavaScript 代码。由于这里的代码需要把 JavaScript 代码放在<head>标签里面，所以给出的代码是页面的全部代码。代码如下：

```
<body>
请输入英文单词： <input type="text" id="fname" onkeyup="alert('您已释放按键')"
/>                <!--定义释放按键事件，并弹出系统窗口-->
</body>
```

效果如图 16.10 所示，只有放开了全部按键时才会弹出系统窗口。

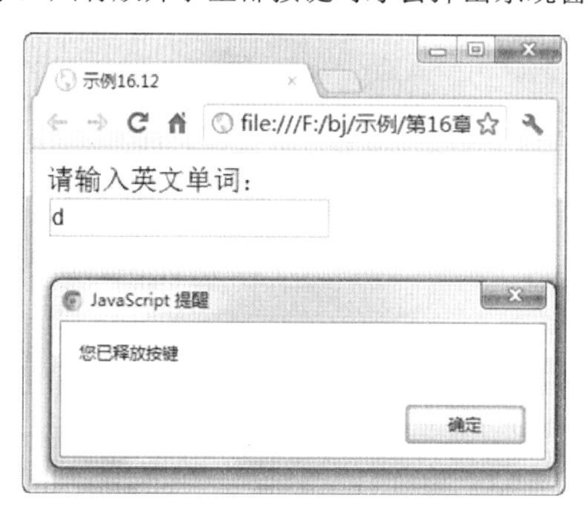


图 16.10　使用 onkeyup 显示键盘按键被松开事件效果图

# 16.4　页 面 事 件

页面事件是指在页面上做某一动作时所触发的事件。页面事件包括很多复杂的 JavaScript 程序，本节将以最简单的实例来展示各个页面事件的用法和设置。

## 16.4.1　图片下载时被中断事件 onAbort

图片下载时被中断事件是指在下载图片时，图片未下载完就被中断时所触发的事件，可以通过 onAbort 来进行设置。通过 onAbort 能执行很多种动作，可以是单纯的弹出窗口，也可以是执行一个复杂的 JavaScript 程序。其语法结构如下：

```
<开始标签 onAbort="参数和参数值" ></闭合标签>
```

其中，onAbort= “参数和参数值” 是固定形式，里面的参数和参数值的格式会根据不同的参数而出现不同。

**【示例 16.11】**下面是使用 onAbort 来显示图片下载时被中断事件的效果。这里的图片使用了 images 文件夹里的 13.3.jpg。代码如下：

```
<img src="images/13.3.jpg" onabort="alert('图片下载被中断')" />
              <!--定义图片被中断时弹出系统窗口-->
```

效果如图 16.11 所示。

图 16.11　使用 onAbort 显示图片在下载时被中断事件效果图

**说明：** 示例中定义这种弹出窗口，在网页中是经常被用到的。

## 16.4.2　当前页面的内容将要被改变时触发事件 onBeforeUnload

当前页面的内容将要被改变时触发事件是指当页面发生跳转、返回、刷新、关闭等将要离开本页面的时候，而触发的事件，可以通过 onBeforeUnload 来进行设置。其语法结构如下：

```
<开始标签 onBeforeUnload="参数和参数值"></闭合标签>
```

其中，onBeforeUnload=“参数和参数值”是固定形式，里面的参数和参数值的格式会根据不同的参数而出现不同。

**【示例 16.12】**下面是使用 onBeforeUnload 来显示当前页面的内容将要被改变时触发事件的效果。这里添加了一些文字和 JavaScript 程序。由于这里的 JavaScript 程序需要放在<head>标签和<body>标签里面，所以给出的代码是页面的全部代码。代码如下：

```
<!DOCTYPE html PUBLIC "-//W3C//DTD XHTML 1.0 Transitional//EN" "http://
www.w3.org/TR/xhtml1/DTD/xhtml1-transitional.dtd">
<html xmlns="http://www.w3.org/1999/xhtml">
<head>
<meta http-equiv="Content-Type" content="text/html; charset=utf-8" />
<title>示例 16.12</title>
</head>
<script language="javascript">      <!--JavaScript 程序开始定义弹出窗口-->
  glnUnload = true;
  function sxunload() {
     if (glnUnload) {window.event.returnValue = '你确定离开本页面吗?';
     }
  }
</script>                            <!--JavaScript 程序结束-->
<body onbeforeunload="sxunload()"> <!--触发事件时调用 JavaScript 程序-->
请刷新或关闭当前页面
</body>
</html>
```

效果如图 16.12 所示。

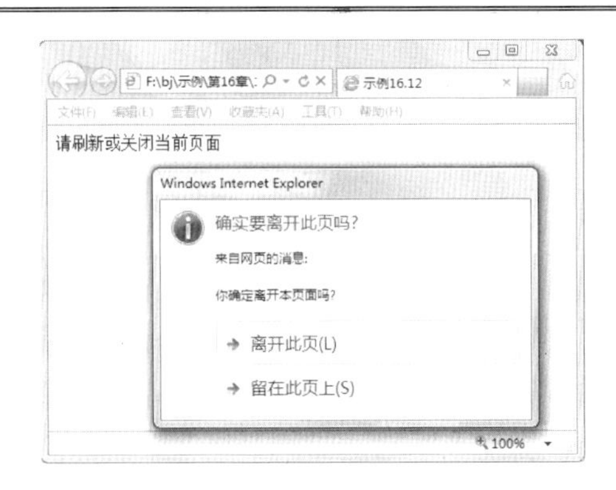


图 16.12　使用 onBeforeUnload 显示触发当前页面的内容将要被改变事件效果图

**说明：** 这里示例中插入的 JavaScript，仅仅作为一个辅助示例来插入，如果想具体了解其中的各种定义，请参考其他 JavaScript 的书籍。

**技巧：** 示例中，页面按到跳转、返回、刷新、关闭按钮，就会弹出系统窗口，如图 16.12。通常这种弹出窗口会在会员退出和提交表单时用得多。

### 16.4.3　页面出错事件 onError

页面出错事件是指当页面在加载文本或图片时，发生错误所触发的事件，可以通过 onError 来进行设置。其语法结构如下：

```
<开始标签 onError="参数和参数值"></闭合标签>
```

其中，onError= “参数和参数值” 是固定形式，里面的参数和参数值的格式会根据不同的参数而出现不同。

**【示例 16.13】** 下面是使用 onError 来显示页面出错事件的效果。这里添加了一张错误的图片，当找不到图片时就会触发 onError 事件。代码如下：

```
<body  >
<img src="16.13.jpg" onerror="alert('页面出错，找不到此图片!')">
    <!--定义加载不到图片时弹出系统窗口-->
</body>
```

效果如图 16.13 所示。

图 16.13　使用 onError 显示页面出错事件效果图

### 16.4.4　页面加载完事件 onLoad

页面加载完事件是指当页面完成图片、文本等内容的加载后触发的事件，可以通过 onLoad 来进行设置。其语法结构如下：

```
<开始标签 onLoad="参数和参数值"></闭合标签>
```

其中，onLoad= “参数和参数值” 是固定形式，里面的参数和参数值的格式会根据不同的参数而出现不同。

**【示例 16.14】**下面是使用 onLoad 来显示页面加载完成事件的效果。这里添加了一些文字，当文字加载完成后，就会弹出系统窗口，提示加载完成。代码如下：

```
<body onload="alert('页面加载完成!')">
触发页面加载完成后的事件，当加载完成后，会弹出系统窗口。
</body>
```

效果如图 16.14 所示。

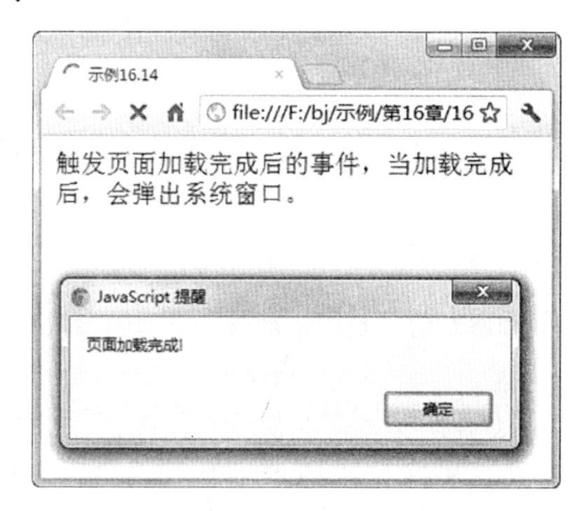


图 16.14　使用 onLoad 显示页面加载完成后的触发事件效果图

### 16.4.5　改变浏览器的窗口大小时触发的事件 onResize

改变浏览器的窗口大小事件是指当浏览者改变页面窗口或框架大小被调整时触发的事件，可以通过 onResize 来进行设置。其语法结构如下：

```
<开始标签 onResize="参数和参数值"></闭合标签>
```

其中，onResize= “参数和参数值” 是固定形式，里面的参数和参数值的格式会根据不同的参数而出现不同。

**【示例 16.15】**下面是使用 onResize 来显示浏览器的窗口大小被改变事件的效果。代码如下：

```
<body onresize="alert('窗口大小被改变!')">    <!--定义触发事件时弹出窗口-->
浏览器的窗口大小被改变时触发的事件
```

```
</body>
```

效果如图 16.15 所示。

图 16.15　使用 onResize 显示浏览器的窗口大小被改变事件效果图

## 16.4.6　拖动滚动条事件 onScroll

拖动滚动条事件是指当浏览者上下拖动滚动条时触发的事件，可以通过 onScroll 来进行设置。其语法结构如下：

```
<开始标签 onScroll="参数和参数值"></闭合标签>
```

其中，onScroll=“参数和参数值”是固定形式，里面的参数和参数值的格式会根据不同的参数而出现不同。

**【示例 16.16】**下面是使用 onScroll 来显示拖动滚动条事件被触发的效果。代码如下：

```
<body onScroll="alert('滚动条位置发生改变!')">
                                <!--定义触发事件时弹出窗口-->
<img src="../images/13.3.jpg" " /> <br/>
拖动滚动条事件<br/>
拖动滚动条事件<br/>
拖动滚动条事件<br/>
拖动滚动条事件<br/>
拖动滚动条事件
</body>
```

效果如图 16.16 所示。

## 16.4.7　离开页面事件 onUnload

离开页面事件是指当浏览者结束访问网页而离开网页时触发的事件，可以通过 onUnload 来进行设置。onUnload 和 onBeforeUnload 意义上有些相似，不同之处在于，onUnload 是弹出一个没有选择的确定窗口，而 onBeforeUnload 是弹出一个可以选择的确定或取消窗口。其语法结构如下：

图 16.16　使用 onScroll 显示拖动滚动条时触发的事件效果图

```
<开始标签 onUnload="参数和参数值"></闭合标签>
```

其中，onUnload=“参数和参数值”是固定形式，里面的参数和参数值的格式会根据不同的参数而出现不同。

**【示例 16.17】**下面是使用 onUnload 来显示离开页面事件的效果。代码如下：

```
<body onunload="alert('你将要离开本页面!')"> <!--定义触发事件时弹出窗口-->
离开页面时将触发 onUnload 事件
</body>
```

效果如图 16.17 所示。

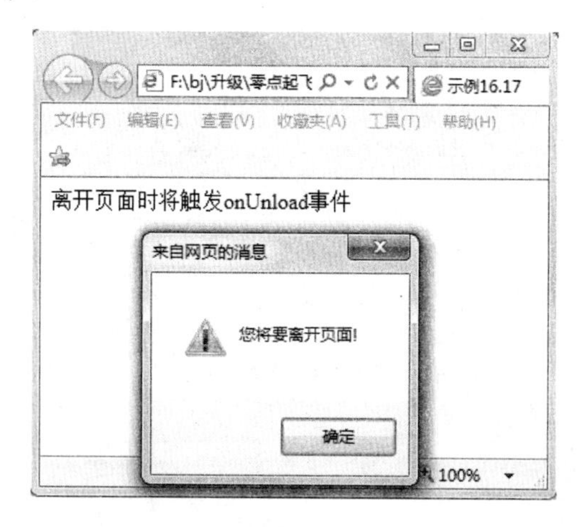


图 16.17　使用 onUnload 显示离开页面时触发事件效果图

# 16.5　表 单 事 件

表单事件是指在表单上做某一动作时所触发的事件。表单相关事件包括很多复杂的 JavaScript 程序，本节将以最简单的实例来讲述各个表单相关事件的用法和设置。

## 16.5.1　选定元素失去焦点事件 onBlur

选定元素失去焦点事件是指当选定元素停止作为用户交互的焦点时触发的事件，可以通过 onBlur 来进行设置。onBlur 用得最多的是判断输入框里的文本内容是否符合表单的要求。其语法结构如下：

```
<开始标签 onBlur="参数和参数值"></闭合标签>
```

其中，onBlur=“参数和参数值”是固定形式，里面的参数和参数值的格式会根据不同的参数而出现不同。

**【示例 16.18】**下面是使用 onBlur 来显示元素失去焦点事件的效果。这里添加了输入框、文字和 JavaScript 的程序。在文本框中没有填写内容就失去焦点时，会触发 onBlur 事件，弹出系统窗口。代码如下：

```
<head>
<meta http-equiv="Content-Type" content="text/html; charset=utf-8" />
<title>示例 16.18</title>
<script language="javascript">
                <!--JavaScript 程序开始，定义文本框为空时，弹出窗口-->
function chkvalue(txt) {
   if(txt.value=="") alert("文本框里必须填写内容!");
}
</script>                           <!--JavaScript 程序结束->
</head>
<body>
<form name="blur_test">
<p>
姓名 <input type="text" name="name" value="" size="30" onblur="chkvalue
(this)"><br>                    <!--定义触发事件时弹出窗口-->
   性别 <input type="text" name="sex" value="" size="30" onblur=
   "chkvalue(this)"><br>
   年龄 <input type="text" name="age" value="" size="30" onblur=
   "chkvalue(this)"><br>
住址 <input type="text" name="addr" value="" size="30" onblur=
   "chkvalue(this)">
</p>
</form>
</body>
</html>
```

效果如图 16.18 所示。

## 16.5.2　选定元素发生改变事件 onChange

选定元素发生改变事件是指当改变页面中的元素时触发该事件，例如改变表单中的数据时，可以通过 onChange 来进行设置。onChange 和 onBlur 一样，都是要鼠标在元素外单击时才能触发事件。其语法结构如下：

```
<开始标签 onChange="参数和参数值" ></闭合标签>
```

图 16.18　使用 onBlur 显示元素失去焦点事件效果图

其中，onChange=“参数和参数值”是固定形式，里面的参数和参数值的格式会根据不同的参数而出现不同。

【示例 16.19】下面是使用 onChange 来显示元素改变事件的效果。这里添加了输入框、文字。当输入框中的文字发生改变时，就会触发 onChange 事件，弹出窗口。代码如下：

```
<body>
姓名:
<input type="text" id="fname" value="王丽" onblur="alert('请勿修改姓名!')" />
    <!--定义触发事件时弹出系统窗口-->
</body>
```

效果如图 16.19 所示。

**说明：** 示例 16.19 中，当在输入框中修改内容，就会弹出系统窗口。

图 16.19　使用 onChange 显示触发元素改变事件效果图

## 16.5.3　选定元素获得焦点事件 onFocus

选定元素获得焦点事件是指当元素获得焦点时触发的事件，可以通过 onFocus 来进行设置。onFocus 用得最多的是，当鼠标单击输入框时，输入框会发生一些变化。其语法结构如下：

```
<开始标签 onFocus="参数和参数值" ></闭合标签>
```

其中，onFocus=“参数和参数值”是固定形式，里面的参数和参数值的格式会根据不同的参数而出现不同。

**【示例 16.20】**下面是使用 onFocus 来显示元素获得焦点事件的效果。这里添加了输入框、文字。当输入框获得焦点时，就会触发 onFocus 事件。代码如下：

```
<head>
<meta http-equiv="Content-Type" content="text/html; charset=utf-8" />
<title>示例 16.20</title>
</head>
<style type="text/css">
.text_1
{
border:1px #00ffff solid;
}
</style>
<body>
请输入姓名：
<input  onFocus="this.className='text_1'"/><br/>
                                        <!--定义触发事件时弹出系统窗口-->
请输入年龄：
<input  onFocus="this.className='text_1'"/>
                                        <!--定义触发事件时弹出系统窗口-->
</body>
</html>
```

效果如图 16.20 所示。

**说明：**示例中改变输入框颜色的做法，在填写表单时，都是比较广泛地被使用的。

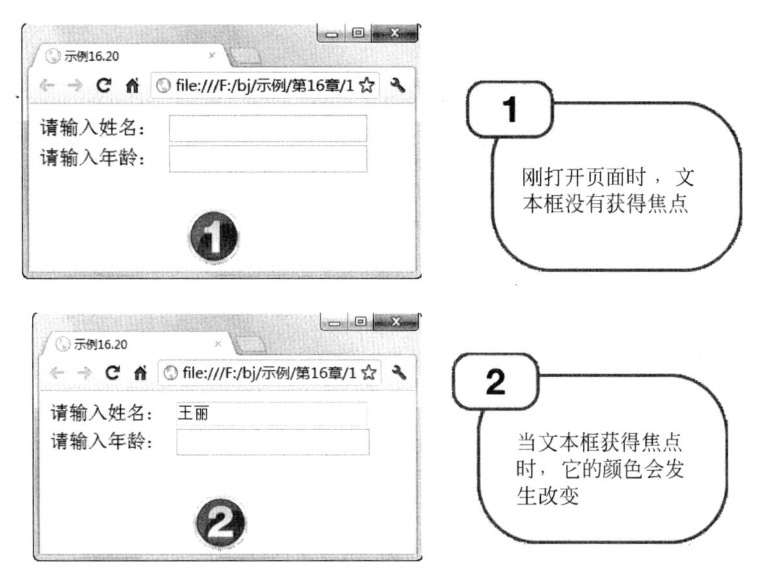


图 16.20　使用 onFocus 显示元素获得焦点事件效果图

### 16.5.4　表单重置事件 onReset

表单重置事件是指当表单中元素被重置时触发的事件，可以通过 onReset 来进行设置。其语法结构如下：

```
<开始标签 onReset="参数和参数值"></闭合标签>
```

其中，onReset=“参数和参数值”是固定形式，里面的参数和参数值的格式会根据不同的参数而出现不同。

**【示例 16.21】**下面是使用 onReset 来显示表单被重置事件的效果。这里添加了输入框、文字和一个重置按钮。但单击重置按钮时，就会触发 onReset 事件。代码如下：

```
<body>
<form onreset="alert('你将要清空表单!')">
                        <!--定义触发重置按钮时弹出系统窗口-->
姓名: <input type="text" name="fname" />    <!--插入输入框-->
<br />
性别: <input type="text" name="lname" />    <!--插入输入框-->
<br /><br />
<input type="reset" value="重置">           <!--插入重置按钮-->
</form>
</body>
```

效果如图 16.21 所示。

**说明：**示例 16.21 中，当按下重置按钮时，就会弹出系统窗口，如图 16.21 所示。

### 16.5.5　表单提交事件 onSubmit

表单提交事件是指当表单中的元素被提交时触发的事件，也就是当单击提交按钮时触发的事件，可以通过 onSubmit 来进行设置。其语法结构如下：

图 16.21　使用 onReset 显示表单被重置事件效果图

```
<开始标签 onSubmit="参数和参数值"></闭合标签>
```

其中，onSubmit=“参数和参数值”是固定形式，里面的参数和参数值的格式会根据不同的参数而出现不同。

**【示例 16.22】**下面是使用 onSubmit 来显示表单被提交事件的效果。这里添加了输入框和文字。由于这里的代码只需要放在<body>标签里面，所以给出的代码只是放在<body>标签里面的代码。代码如下：

```
<body>
<form name="testform"  onsubmit="alert('您的留言已提交成功!')">
                                  <!--定义触发发送按钮时弹出窗口-->
留言板:<br />
<textarea name="fname" id="txt" cols="40" rows="6"></textarea>
   <!--插入文本区域-->
<br />
<input type="submit" value="发送" />    <!--插入发送按钮-->
</form>
</body>
```

效果如图 16.22 所示。

图 16.22　使用 onSubmit 显示表单被提交事件效果图

**说明：**在示例 16.22 中，单击弹出窗口的“确定”按钮，留言板内容就会被清空。

# 16.6　滚动字幕事件

滚动字幕事件是指在活动字幕里做某一动作时所触发的事件。滚动字幕事件包括很多复杂的 JavaScript 程序，本节将以简单的实例来讲述各个滚动字幕事件的用法和设置。

## 16.6.1　字幕内容滚动至显示范围之外事件 onBounce

字幕内容滚动至显示范围之外事件是指当滚动字幕里的内容滚动到显示范围之外时触发的事件，可以通过 onBounce 来进行设置。由于 onBounce 是用来设置滚动字幕的，所以该事件要放在<marquee>标签里面。其语法结构如下。

```
<marquee onbounce="参数和参数值"></marquee>
```

其中，onBounce=“参数和参数值”是固定形式，里面的参数和参数值的格式会根据不同的参数而出现不同。

**【示例 16.23】**下面是使用 onBounce 来显示字幕内容滚动至显示范围之外事件的效果。这里添加了文字和一些滚动字幕设置。代码如下：

```
<body>
<marquee behavior="scroll" onbounce="alert('滚动内容超显示范围!')" width=
"300px" > <!--设置滚动字幕循环滚动，设置滚动的宽度，定义触发事件时弹出系统窗口-->
字幕内容滚动至显示范围之外事件 onBounce
</marquee>
</body>
```

效果如图 16.23 所示。

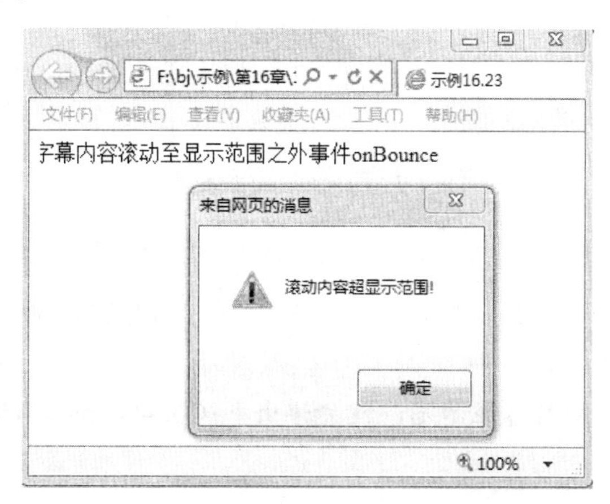


图 16.23　使用 onBounce 显示滚动内容滚动至显示范围之外事件效果图

**说明：**示例 16.23 中，当内容移到滚动字幕的边缘就会弹出系统窗口。

## 16.6.2　完成需要显示的内容后事件 onFinish

完成需要显示的内容后事件是指当滚动字幕中需要显示的内容已全部显示完成后触发的事件，可以通过 onFinish 来进行设置。由于 onFinish 是用来设置滚动字幕的，所以该事件要放在<marquee>标签里面。其语法结构如下：

```
<marquee onFinish="参数和参数值"></marquee>
```

其中，onFinish=“参数和参数值”是固定形式，里面的参数和参数值的格式会根据不同的参数而出现不同。

**【示例 16.24】**下面是使用 onFinish 来显示完成需要显示的内容后事件的效果。这里添加了文字和一些滚动字幕设置。当滚动字幕中需要显示的内容已全部显示完成后，就会触发 onFinish 事件。代码如下：

```
<body>
<marquee behavior="slide" onfinish="alert('内容已全部显示完毕!')" width="300" >
        <!--定义触发事件时弹出系统窗口，设置滚动字幕的宽度和滚动到一边停止-->
触发完成需要显示的内容后事件
</marquee>
</body>
```

效果如图 16.24 所示。

图 16.24　使用 onFinish 显示完成需要显示的内容后事件效果图

**说明：**示例中，当滚动内容显示完，就会弹出系统窗口，如图 16.24 所示。

## 16.6.3　开始显示内容事件 onStart

开始显示内容事件是指当滚动字幕需要显示的内容开始显示时触发的事件，可以通过 onStart 来进行设置。由于 onStart 是用来设置滚动字幕的，所以该事件要放在<marquee>标签里面。其语法结构如下：

```
<marquee onStart="参数和参数值"></marquee>
```

其中，onStart=“参数和参数值”是固定形式，里面的参数和参数值的格式会根据不同的参数而出现不同。

**【示例 16.25】**下面是使用 onStart 来显示滚动字幕需要显示的内容开始显示时触发的事件。这里添加了文字和一些滚动字幕设置。当滚动字幕需要显示的内容开始显示时，就会触发 onStart 事件。代码如下：

```
<body>
<marquee onStart="alert('滚动字幕开始滚动!')" width="300" behavior="scroll">
                <!--定义触发事件时弹出系统窗口，设置滚动字幕的宽度和反复滚动-->
滚动字幕需要显示的内容开始显示触发 onStart 事件
</marquee>
```

效果如图 16.25 所示。

图 16.25　使用 onStart 显示开始显示内容事件效果图

**说明：**示例 16.25 中，当滚动字幕需要显示的内容开始显示时就会弹出窗口。

# 16.7　编 辑 事 件

编辑事件是指当页面内容被编辑时触发的事件，例如复制、粘贴等。编辑事件包括很多复杂的 JavaScript 程序，本节将以简单的实例来讲述各个编辑事件的用法和设置。

## 16.7.1　出现菜单事件 onContextMenu

出现菜单事件是指当按下鼠标右键出现菜单时，或者通过键盘的按键打开页面菜单时触发的事件，可以通过 onContextMenu 进行设置。这个事件可以通过复杂的编程来禁止使用右键或是重新设置右键的菜单。由于它是用来控制页面的内容的，所以 onContextMenu

应该放在<body>标签里面。其语法结构如下：

```
<body onContextMenu="参数和参数值')"></body>
```

其中，onContextMenu=“参数和参数值”是固定形式，里面的参数和参数值的格式会根据不同的参数而出现不同。

**【示例 16.26】**下面是使用 onContextMenu 来显示出现菜单事件的效果。由于这里的代码只需要放在<body>标签里面，所以给出的代码只是放在<body>标签里面的代码。代码如下：

```
<body onContextMenu="alert('请勿使用右键!')"> <!--触发事件时弹出窗口-->
当按下鼠标右键出现菜单时或者通过键盘的按键打开页面菜单时触发事件 onContextMenu
</body>
```

效果如图 16.26 所示。

图 16.26　使用 onContextMenu 显示出现菜单事件效果图

**说明：**示例 16.26 中，由于没有使用编程来对右键进行控制，当在弹出的系统窗口中按了“确定”按钮后，又会自动出现右键菜单。

## 16.7.2　内容被复制后事件 onCopy

内容被复制后事件是指当页面中的内容被复制后触发的事件，可以通过 onCopy 来进行设置。可以通过这个事件用来防止页面内容被复制。其语法形式如下：

```
<body onCopy="参数和参数值')"></body>
```

其中，onCopy=“参数和参数值”是固定形式，里面的参数和参数值的格式会根据不同的参数而出现不同。

**【示例 16.27】**下面是使用 onCopy 来显示内容被复制后事件的效果。代码如下：

```
<body onCopy="alert('不能复制此内容!')">        <!--触发事件时弹出窗口-->
内容被复制后触发 onCopy 事件
```

```
</body>
```

效果如图 16.27 所示。

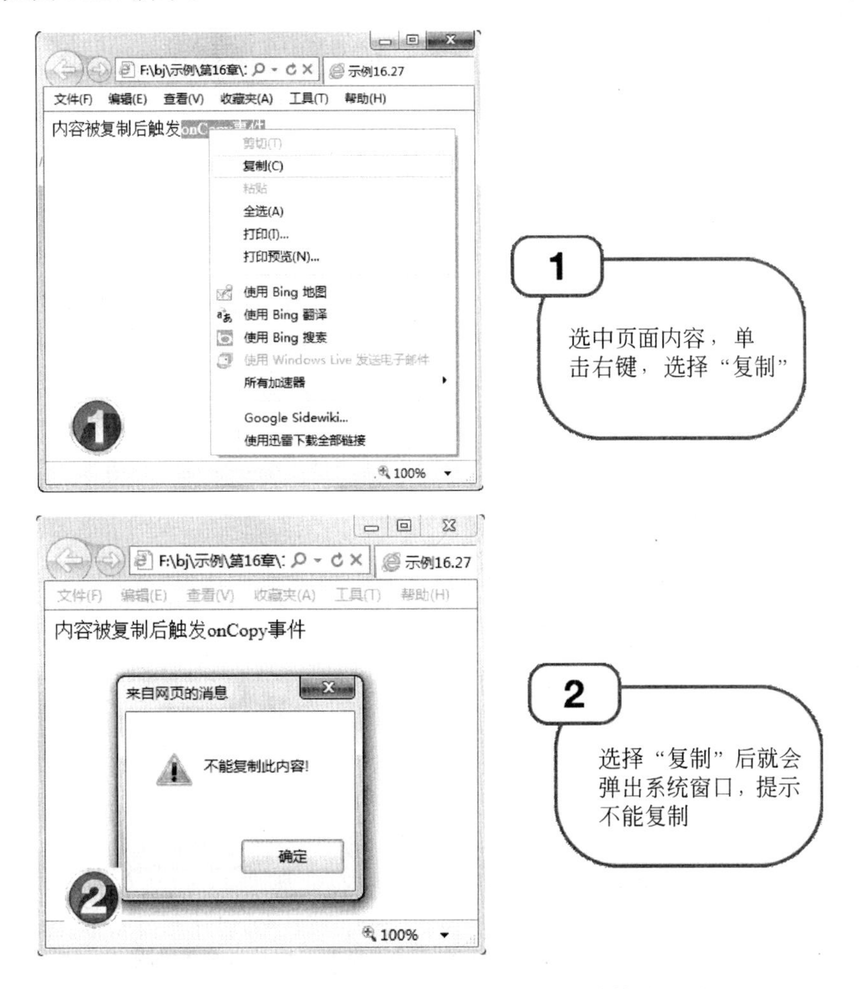


图 16.27　使用 onCopy 显示内容被复制后事件效果图

**说明：** 无论是使用鼠标进行复制还是使用键盘进行复制，都可以出现图 16.27 所示的效果。

## 16.7.3　内容被剪切时事件 onCut

内容被剪切时事件是指页面中被选择的内容被剪切时触发的事件，可以通过 onCut 来进行设置。可以通过这个事件来防止页面内容被剪切。其语法结构如下：

```
<开始标签 onCut="参数和参数值')"></闭合标签>
```

其中，onCut=“参数和参数值”是固定形式，里面的参数和参数值的格式会根据不同的参数而出现不同。

**【示例 16.28】** 下面是使用 onCut 来显示内容被剪切时事件的效果。这里添加了输入文本域。代码如下：

```
<textarea name="textarea" id="textarea" cols="45" rows="5" onCut="alert('
你将剪切文本内容!')">
</textarea>        <!--设置输入文本域，定义触发事件时弹出窗口-->
```

效果如图 16.28 所示。

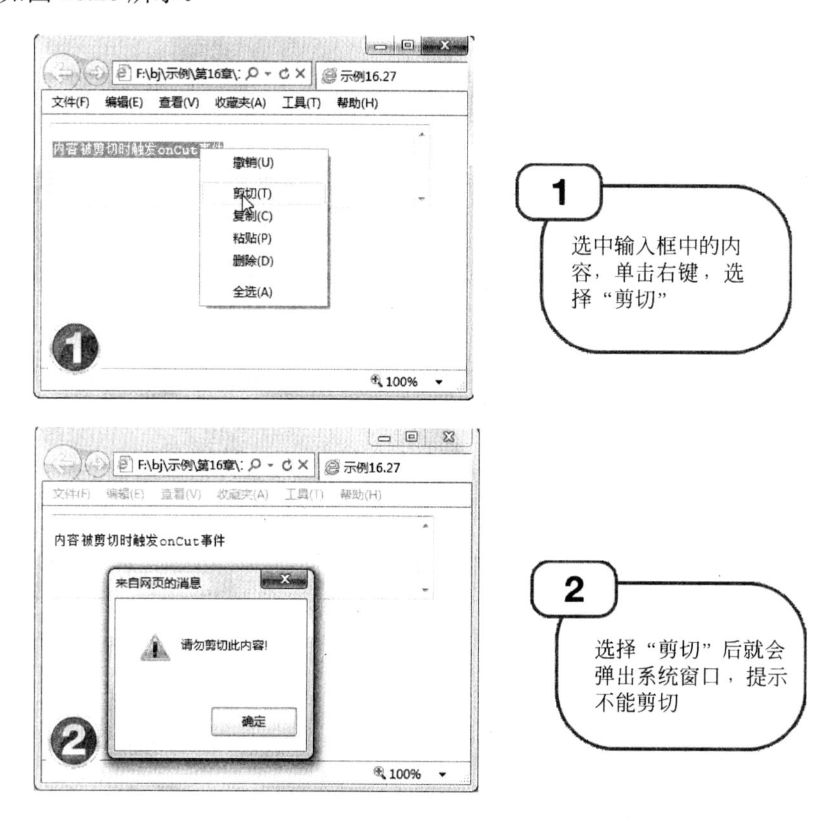


图 16.28　使用 onCut 显示被选择内容被剪切时事件效果图

**说明：** 示例 16.28 中，由于没有使用编程来进行控制，当在弹出的系统窗口中按了“确定”按钮后，选中的内容还是会被剪切。

## 16.7.4　鼠标拖动时事件 onDrag

鼠标拖动时事件是指页面中选择的内容被鼠标拖动时触发的事件，可以通过 onDrag 来进行设置。可以通过这个事件来防止页面内容被拖动。其语法结构如下：

```
<body onDrag="参数和参数值')"></body>
```

其中，onDrag=“参数和参数值”是固定形式，里面的参数和参数值的格式会根据不同的参数而出现不同。

**【示例 16.29】**下面是使用 onDrag 来显示鼠标拖动时事件的效果。代码如下：

```
<body onDrag="alert('请勿拖动页面内容!')">        <!--触发事件时弹出窗口-->
```

```
页面中选择的内容被鼠标拖动时触发 onDrag 事件
</body>
```

效果如图 16.29 所示。

图 16.29　使用 onDrag 显示鼠标拖动时事件效果图

## 16.7.5　失去鼠标移动所形成选择焦点时事件 onLoseCapture

失去鼠标移动所形成选择焦点时事件是指用鼠标在页面中选择内容后松开鼠标时触发的事件，可以通过 onLoseCapture 来进行设置。其语法结构如下：

```
<body onLoseCapture="参数和参数值')"></body>
```

其中，onLoseCapture=“参数和参数值”是固定形式，里面的参数和参数值的格式会根据不同的参数而出现不同。

**【示例 16.30】**下面是使用 onLoseCapture 来显示选择内容后松开鼠标事件的效果。代码如下：

```
<body onLoseCapture="alert('您选择了页面内容，并松开了鼠标!')">
                                        <!--触发事件时弹出窗口-->
在页面中选择内容后松开鼠标时触发 onLoseCapture 事件
</body>
```

效果如图 16.30 所示。

图 16.30　使用 onLoseCapture 显示选择内容后松开鼠标事件效果图

说明：示例 16.30 中，当鼠标选择内容，再松开鼠标后，就会弹出系统窗口，如图 16.30 所示。

## 16.7.6　内容被粘贴时事件 onPaste

内容被粘贴时事件是指当复制的内容被粘贴在页面中时触发的事件，可以通过 onPaste 来进行设置。可以通过这个事件来防止在页面中进行粘贴。其语法结构如下：

```
<开始标签 onPaste="参数和参数值')"></闭合标签>
```

其中，onPaste=“参数和参数值”是固定形式，里面的参数和参数值的格式会根据不同的参数而出现不同。

**【示例 16.31】**下面是使用 onPaste 来显示内容被粘贴时事件的效果。由于在网页上，一般都不可以对其内容进行粘贴，而在输入框中才可以对其内容进行粘贴，所以 onPaste 应该放在输入框标签里面。这里添加了输入文本域。代码如下：

```
<body >
<textarea name="textarea" id="textarea" cols="45" rows="5" onPaste=
"alert('您正在粘贴文本内容!')">
</textarea>                <!--设置输入文本域，定义触发事件时弹出窗口-->
</body>
```

效果如图 16.31 所示。

图 16.31　使用 onPaste 显示内容被粘贴时事件效果图

说明：示例 16.33 中，当在文本框里粘贴内容时，就会弹出系统窗口，如图 16.31 所示。

## 16.7.7　内容被选择时事件 onSelect

内容被选择时事件是指当页面中的内容被选择时触发的事件，可以通过 onSelect 来进行设置。由于它是用来控制页面的内容的，所以 onSelect 应该放在<body>标签里面。其语法形式如下：

```
<body onSelect="参数和参数值')"></body>
```

其中，onSelect=“参数和参数值”是固定形式，里面的参数和参数值的格式会根据不同的参数而出现不同。

【示例 16.32】下面是使用 onSelect 来显示内容被选择时事件的效果。代码如下：

```
<body onSelect="alert('你选择了页面内容!')"> <!--触发事件时弹出窗口-->
页面内容被选择时触发 onSelect 事件
</body>
```

效果如图 16.32 所示。

图 16.32　使用 onSelect 显示内容被选择时事件效果图

说明：示例 16.32 中，当鼠标选择了页面内容后，就会弹出系统窗口，如图 16.32 所示。

## 16.7.8　内容选择将开始发生时事件 onSelectStart

内容选择将开始发生时事件是指当页面内容将要开始被选择时触发的事件，可以通过 onSelectStart 来进行设置。由于它是用来控制页面的内容的，所以 onSelectStart 应该放在<body>标签里面。语法形式如下：

```
<body onSelectStart="参数和参数值')"></body>
```

其中，onSelectStart=“参数和参数值”是固定形式，里面的参数和参数值的格式会根据不同的参数而出现不同。

【示例 16.33】下面是使用 onSelectStart 来显示页面内容将要开始被选择时触发的事件的效果。代码如下：

```
<body onSelectStart="alert('你将要开始选择页面内容!')"> <!--触发事件时弹出窗口
-->
当页面内容将要开始被选择时触发 onSelectStart 事件
</body>
```

效果如图 16.33 所示。

图 16.33　使用 onSelectStart 显示页面内容将要开始被选择时触发的事件效果图

**说明**：示例 16.33 中，当鼠标要开始选择页面内容时，就会弹出系统窗口，如图 16.33 所示。

# 16.8　数据绑定

数据绑定是指页面内容和数据源之间发生某一动作而触发的事件。我们都知道大多数的数据源都来自数据库，因此数据绑定所触发的事件需要和数据库进行绑定才可以使用。由于本书讲述的是 HTML 和 XHTML 语言，没涉及到数据库，所以在使用和讲解上，本节只做一个简单的介绍，将不会举例说明和对触发事件进行详细的讲解。

### 1．数据完成由数据源到对象的传送事件onAfterUpdate

数据完成由数据源到对象的传送事件是指当数据完成从数据源传送到响应的页面元素时所触发的事件，可以通过 onAfterUpdate 来进行设置。

### 2．数据来源发生变化时事件onCellChange

数据来源发生变化时事件是指当数据的来源发生变化时触发的事件，可以通过 onCellChange 来进行设置。

### 3．数据接收完成时事件onDataAvailable

触发数据接收完成时事件是指当数据从数据源接收完成时触发的事件，可以通过 onDataAvailable 来进行设置。

### 4．数据源发生变化时事件onDatasetChanged

数据源发生变化时事件是指当提供数据的数据源发生变化时触发的事件，可以通过 onDatasetChanged 来进行设置。

### 5. 全部有效数据读取完毕事件onDatasetComplete

全部有效数据读取完毕事件是指当页面中的有效数据全部读取完毕时触发的事件，可以通过 onDatasetComplete 来进行设置。

### 6. 取消数据传送事件onBeforeUpdate

取消数据传送事件用来取消数据传送，可以通过 onBeforeUpdate 来进行设置。

### 7. 取消数据传送时，替代onAfterUpdate事件onErrorUpdate

取消数据传送时，替代 onAfterUpdate 事件是指当使用 onBeforeUpdate 事件触发取消了数据传送时，onErrorUpdate 事件用来代替 onAfterUpdate 事件。

## 16.9 外部事件

外部事件是指在页面内容范围之外做某一动作时而触发的事件。外部事件包括很多复杂的 JavaScript 程序，本节将以简单的实例来讲述各个外部事件的用法和设置。

### 16.9.1 文档被打印后事件 onAfterPrint

文档被打印后事件是指当页面内容被打印完成后所触发的事件，可以通过 onAfterPrint 来进行设置。由于它是用来打印页面的内容的，所以 onAfterPrint 应该放在<body>标签里面。其语法结构如下：

```
<body onAfterPrint="参数和参数值')"></body>
```

其中，onAfterPrint=“参数和参数值”是固定形式，里面的参数和参数值的格式会根据不同的参数而出现不同。

**【示例 16.34】**下面是使用 onAfterPrint 来显示文档被打印后事件的效果。onAfterPrint 在 IE 和 Firefox 里触发的事件不同。在 IE 里是页面还没被打印就触发了事件，而在 Firefox 里是页面要被打印完才会触发事件，但因为出现的画面是一样的，所以只给出 IE 的效果图。代码如下：

```
<body onBeforePrint="alert('本页已打印完毕!')"> <!--触发事件时弹出窗口-->
文档被打印完后 onBeforePrint 触发事件
</body>
```

效果如图 16.34 所示。

### 16.9.2 文档即将被打印时事件 onBeforePrint

文档即将被打印时事件是指当页面内容将要被打印时所触发的事件，可以通过 onBeforePrint 来进行设置。由于它是用来打印页面的内容的，所以 onBeforePrint 应该放在

<body>标签里面。其语法结构如下：

```
<body onBeforePrint="参数和参数值')"></body>
```

其中，onBeforePrint=“参数和参数值”是固定形式，里面的参数和参数值的格式会根据不同的参数而出现不同。

**【示例 16.35】**下面是使用 onBeforePrint 来显示文档即将被打印时事件的效果。代码如下：

```
<body onBeforePrint="alert(您正在'准备打印本页面!')">
                                <!--触发事件时弹出窗口-->
文档将被打印时触发 onBeforePrint 事件
</body>
```

效果如图 16.35 所示。

图 16.34　使用 onAfterPrint 显示文档被打印后事件效果图

图 16.35　使用 onBeforePrint 显示文档即将打印时事件效果图

**说明：**示例 16.35 中，当页面按到“打印”时，就会弹出系统窗口，如图 16.35 所示。

### 16.9.3　滤镜效果发生变化时事件 onFilterChange

滤镜效果发生变化时事件是指当页面内容的滤镜效果发生改变时触发的事件，可以通过 onFilterChange 来进行设置。其语法结构如下：

```
<开始标签 onFilterChange="参数和参数值')"></闭合标签>
```

其中，onFilterChange=“参数和参数值”是固定形式，里面的参数和参数值的格式会根据不同的参数而出现不同。

**【示例 16.36】**下面是使用 onFilterChange 来显示滤镜效果发生变化时事件的效果。这里将用 JavaScript 程序来配合触发滤镜效果发生变化时事件。这里添加了文字和图片，图片使用 images 文件夹里的 5.5.jpg。代码如下：

```
<head>
<meta http-equiv="Content-Type" content="text/html; charset=utf-8" />
<title>示例 16.36</title>
<script type="text/javascript">     <!--JavaScript 程序开始，设置滤镜效果-->
```

```
    function ljchange(obj)
    {
        with(obj.filters(0))
        {
            if (strength<255)
            {
                strength +=2;
                direction +=45;
            }
        }
    }
</script>                                   <!--JavaScript 程序结束-->
</head>
<body>
原来的图:<br/>
<img id ="images1" src="../images/5.5.jpg"><br/><br/><br/>
滤镜效果发生变化后的图:<br />
<img id ="images1" src="../images/5.5.jpg" onfilterchange="ljchange(this)"
style="filter:blur(strength=1)">
    <!--触发事件时调用 JavaScript 程序-->
</body>
```

效果如图 16.36 所示。

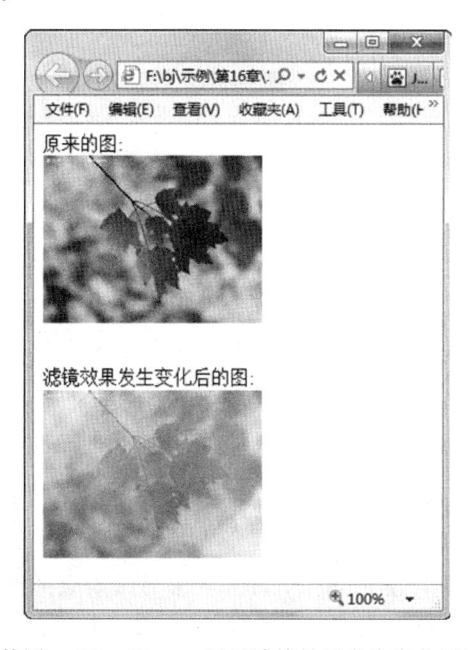


图 16.36　使用 onFilterChange 显示滤镜效果发生变化时事件效果图

## 16.9.4　按下 F1 或者帮助选择时事件 onHelp

按下 F1 或者帮助选择时事件是指在页面中按下 F1 功能键或者浏览器中选择“帮助”菜单时所触发的事件，可以通过 onHelp 来进行设置。由于它是用来控制页面的内容的，所以 onHelp 应该放在<body>标签里面。语法形式如下：

```
<body onHelp="参数和参数值')"></body>
```

其中，onHelp=“参数和参数值”是固定形式，里面的参数和参数值的格式会根据不同的参数而出现不同。

**【示例 16.37】**下面是使用 onHelp 来显示按下 F1 或者帮助选择时事件的效果。代码如下：

```
<body onHelp="alert('您正要打开帮助文件！')">  <!--触发事件时弹出窗口-->
按下 F1 或者帮助选择时触发 onHelp 事件
</body>
```

效果如图 16.37 所示。

图 16.37　使用 onHelp 显示按下 F1 或者帮助选择时事件效果图

## 16.9.5　对象的属性之一发生变化时事件 onPropertyChange

对象的属性之一发生变化时事件是指当页面中的元素发生变化时所触发的事件，可以通过 onPropertyChange 来进行设置。其语法结构如下：

```
<开始标签 onPropertyChange="参数和参数值')"></闭合标签>
```

其中，onPropertyChange=“参数和参数值”是固定形式，里面的参数和参数值的格式会根据不同的参数而出现不同。

**【示例 16.38】**下面是使用 onPropertyChange 来显示对象的属性之一发生变化时事件的效果。onPropertyChange 用得较多的是输入框里的内容发生变化。这里将使用 onPropertyChange 和 JavaScript 程序检查输入框是否有输入内容，当两个输入框都输入内容时，按钮显示可以按下状态。这里添加了文字、输入框和按钮。代码如下：

```
<head>
<meta http-equiv="Content-Type" content="text/html; charset=utf-8" />
<title>示例 16.38</title>
<script language="javascript"> <!--JavaScript 程序开始，检查输入框是否有输入
                                内容，当两个输入框都输入内容时按钮显示可以按下状态-->
function check(){
    sub1.disabled=(txt1.value==""||txt2.value=="")
}
</script>                                   <!--JavaScript 程序结束-->
```

```
</head>
<body >                                  <!--触发事件时弹出窗口-->
<input name="txt1" onpropertychange="check()" />
                                         <!--触发事件时调用 JavaScript 程序-->
<input name="txt2" onpropertychange="check()" />
                                         <!--触发事件时调用 JavaScript 程序-->
<input type="submit" name="sub1"  value="确定" disabled="disabled" />
    <!--调用 JavaScript 程序-->
</body>
```

效果如图 16.38 所示。

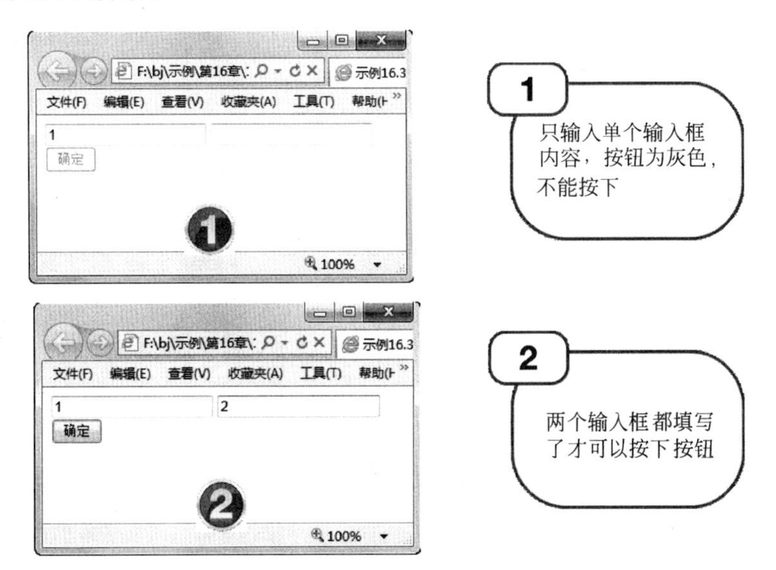


图 16.38　使用 onPropertyChange 显示对象的属性之一发生变化时事件效果图

## 16.10　本 章 小 结

本章主要学习了 HTML 中的事件，详细介绍了网页中的各种触发事件，包括鼠标事件、键盘事件、页面事件、表单事件、滚动字幕事件、编辑事件、外部事件。内容看上去比较简单，但使用起来却是很复杂的。要想更好地应用这些事件，必须要同时学会使用 JavaScript 脚本语言。下一章将讲解编码的语法规范和文档类型声明。

## 16.11　本 章 习 题

【习题 16-1】制作一个触发事件，当单击“红色”时，下面文字变成红色，并缩小字体，当用户单击“蓝色”时，下面文字变成蓝色，并放大字体，效果如图 16.39 所示。

【习题 16-2】为网页添加一个事件，当图片无法加载时，告知浏览者图片无法找到，效果如图 16.40 所示。

鼠标单击“红色”

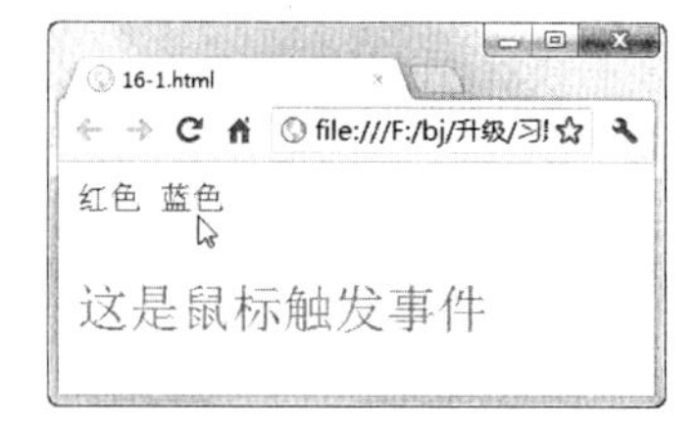


鼠标单击“蓝色”

图 16.39　鼠标触发事件

【习题 16-3】为网页添加滚动字幕，当字幕开始滚动时，提示浏览者，效果如图 16.41 所示。

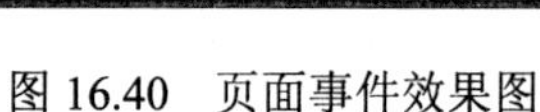

图 16.40　页面事件效果图

图 16.41　滚动字幕事件效果图

【习题 16-4】为网页添加剪切事件，当浏览者剪切文本时，弹出对话框，提示浏览者，效果如图 16.42 所示。

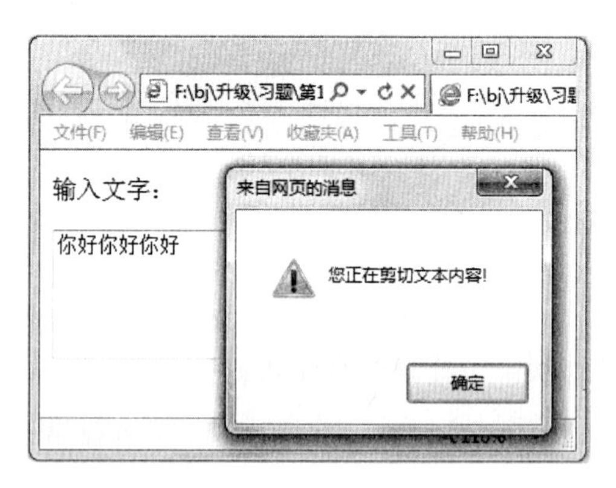


图 16.42　剪切事件效果图

# 第 17 章　语法规范和文档类型声明

俗话说无规矩不成方圆，规范在日常生活中是很重要的。同样的，在编写网页代码时，同样也有要遵循的规范，也就是语法规范。遵循语法规范是非常的重要的，它可以使网站更具有扩展性，也更方便编辑。在编写代码的时候，一直提倡要写符合 Web 标准的规范代码。XHTML 的语法是目前来说最符合 Web 标准的语法。文档类型声明的标准主要是遵从 XHTML 网页的规范的。本章将详细讲解网页的语法规范和文档类型声明。

## 17.1　语 法 规 范

语法规范是指在编写代码时要遵循的书写规范。规范的书写代码可以使网站更容易被浏览器读取和被搜索器搜索到，从而提高网站的浏览量。本节将详细讲述语法规范中需要注意的三个问题。

### 17.1.1　属性名称必须小写

读者也许会发现，在网页中，无论代码属性名称是大写还是小写，都可以在浏览器中正常显示。但是在 Web 标准中，使用大写来写属性的名称是不符合规范的。在 Web 标准里，规定属性的名称必须是小写的。但由于现在的浏览器还未做到完全符合 Web 标准，所以才可以正常显示大写的属性名称。

**【示例 17.1】**下面是使用小写属性名称的页面的显示效果。这里将给出错误的代码和正确的代码来作为比较。虽然都能够显示出来，但为了以后网站的扩展性，还是建议养成小写的习惯。代码如下：

```
<body >
<table WIDTH="450PX" BORDERCOLOR="#00FFFF" BORDER="1">
    <tr>
    <td>WIDTH="200PX" BORDERCOLOR="#00FFFF" BORDER="1"<br/><br/>
    上面是错误的书写规范!</td>
   </tr>
</table>
<br/>
<table width="450px"  bordercolor="#FF0000" border="1">
    <tr>
    <td>width="450px"  bordercolor="#FF0000" border="1"<br/><br/>上面是正
    确的书写规范!</td>
   </tr>
</table>
</body>
```

效果如图 17.1 所示。

图 17.1　使用小写属性名称的页面显示效果图

△注意：在把属性名称写成小写的同时，记得把单位符号也写成小写。

### 17.1.2　属性值必须加引号

在代码中的属性值虽然不加引号也可以被读取出来，但这是不符合 Web 标准的。在 Web 标准中规定，代码中的属性值必须加引号。不加引号对网站以后的扩展造成很大的影响。

**【示例 17.2】**下面是使用引号属性值的页面具体显示效果。这里将给出错误的代码和正确的代码来作比较。代码如下：

```
<body >
<table width=350px bordercolor=#00FFFF border=1>
    <tr>
    <td>width=200px bordercolor=#00FFFF border=1<br/><br/>这是错误的书写规
    范!</td>
    </tr>
</table>
<br/>
<table width="350px" bordercolor="#FF0000" border="1">
    <tr>
    <td>width="300px" bordercolor="#FF0000" border="1"<br/><br/>这是正确的
    书写规范!</td>
    </tr>
</table>
</body>
```

效果如图 17.2 所示。

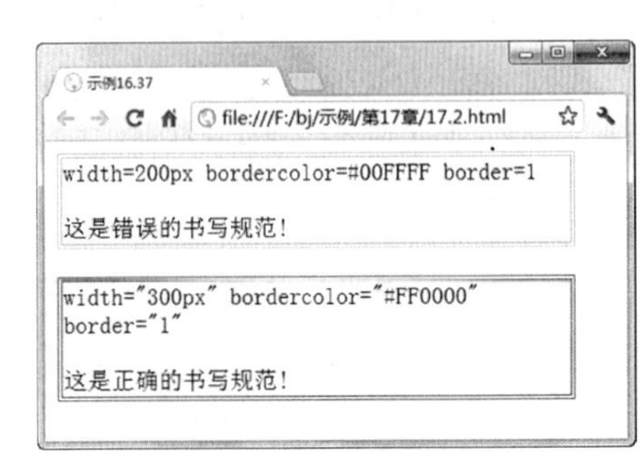


图 17.2　使用引号属性值的页面显示效果图

### 17.1.3　属性不能简写

在 Web 标准中规定属性不能简写，必须把属性和属性值全部写上。在浏览器上虽然可以正常地显示出简写的属性，但这不符合要求越来越高、越来越规范化的 Web 标准，也会给以后网页的扩展和编辑造成很大的影响。

**【示例 17.3】**下面是使用没有简写的属性的页面具体显示效果。这里将给出错误的代码和正确的代码来作为比较。代码如下：

```
<body >
这是错误的书写规范:属性简写<br /><br/>
<input checked>                    <!—插入输入框 →
<input readonly>                   <!—插入输入框 →
<input disabled>                   <!—插入输入框 →
<br /><br/>
这是正确的书写规范:属性没有简写<br /><br/>
<input checked="checked" />     <!-- 插入输入框 -->
<input readonly="readonly" />   <!-- 插入输入框 -->
<input disabled="disabled" />   <!-- 插入输入框 -->
</body>
```

效果如图 17.3 所示。

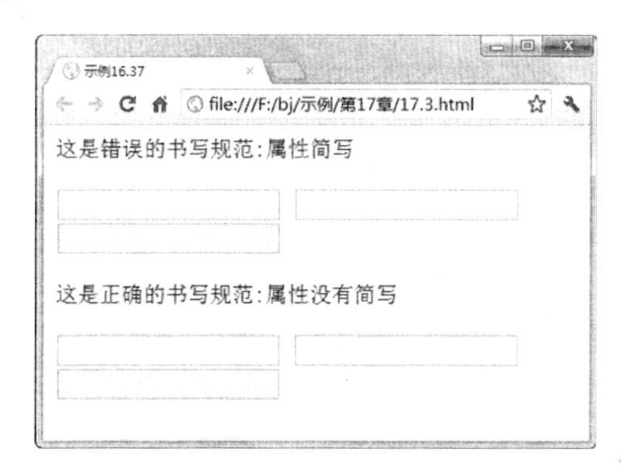


图 17.3　使用没有简写的属性的页面显示效果图

这里将给出 HTML 中可以简写的属性的列表，以及在 XHTML 中规范的写法，如表 17.1 所示。

表 17.1　简写属性在HTML和XHTML中的写法

| HTML | XHTML |
|---|---|
| compact | compact="compact" |
| checked | checked="checked" |
| declare | declare="declare" |
| readonly | readonly="readonly" |
| disabled | disabled="disabled" |
| selected | selected="selected" |
| defer | defer="defer" |
| ismap | ismap="ismap" |
| nohref | nohref="nohref" |
| noshade | noshade="noshade" |
| nowrap | nowrap="nowrap" |
| multiple | multiple="multiple" |
| noresize | noresize="noresize" |

注意：在 HTML 中，这些简写的属性是可以使用的，但是从现在开始就必须养成不用简写的习惯，写出符合 Web 标准的网页代码。

## 17.2　设置 id 属性

HTML 针对某些元素定义了 name 属性。虽然使用 name 属性在浏览器上也可以正常显示，但是在 XHTML 中建议使用 id 属性来代替 name 属性。在 Web 标准中规定，必须使用 id 属性。所以在以后的代码编写中，应该尽量地避免 name 属性的使用，而用 id 属性来进行代替。

**【示例 17.4】**下面是使用 id 属性的页面具体显示效果。这里将给出错误的代码和正确的代码来作为比较。代码如下：

```
<body >
这是错误的代码:使用 name 属性<br />
<input type="text" name="txt1" />
<input type="text" name="txt2"/>
<br/><br />
这是正确的代码:使用 id 属性<br />
<input type="text" id="txt1" />
<input type="text" id="txt2" />
</body>
```

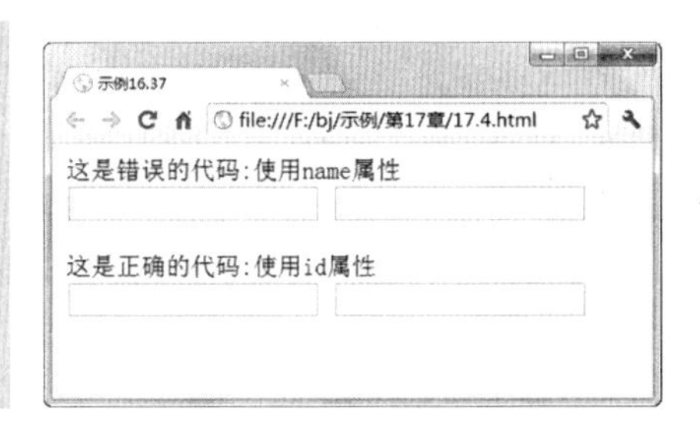


图 17.4　使用 id 属性的页面具体效果图

效果如图 17.4 所示。

注意：在没有闭合标签的标签后面，记得要加“/”号来使标签闭合，而且在“/”号前记得加上额外的空格，这样可以使多浏览器都兼容于这个标签。

## 17.3　语言属性（lang）

语言属性 lang 是用来定义元素的内容及其他文本属性的语言种类。lang 几乎可以应用于所有的 XHTML 元素。在使用 lang 的同时，要额外加上 xml:lang，才可以正式生效。一般简体中文为 zh-CN；繁体中文为 zh-HK；英文为 en-us。其语法结构如下：

```
<开始标签 lang="n" xml:lang="n"> </闭合标签>
```

其中，lang 中的 n 和 xml:lang 中的 n 填写的是一样的，都是用来填写内容所要设置的语言。

**【示例 17.5】**下面是使用语言属性 lang 来显示页面内容语言的具体效果。代码如下：

```
<body >
<table border="1">
<tr width="300px">
<td lang="zh-CN" xml:lang="zh-CN">这是简体中文这是简体中文这是简体中文</td>
                                        <!-- 设置语言属性为简体中文 -->
<tr>
```

```
<td lang="zh-HK" xml:lang="zh-HK">這是繁體中文這是繁體中文這是繁體中文</td>
                                                  <!-- 设置语言属性为繁体中文 -->
</tr>
<tr>
<td lang="en-us" xml:lang="en-us">This is EnglishThis is EnglishThis is
English</td>                                      <!-- 设置语言属性为英文 -->
</tr>
</table>
</body>
```

效果如图 17.5 所示。

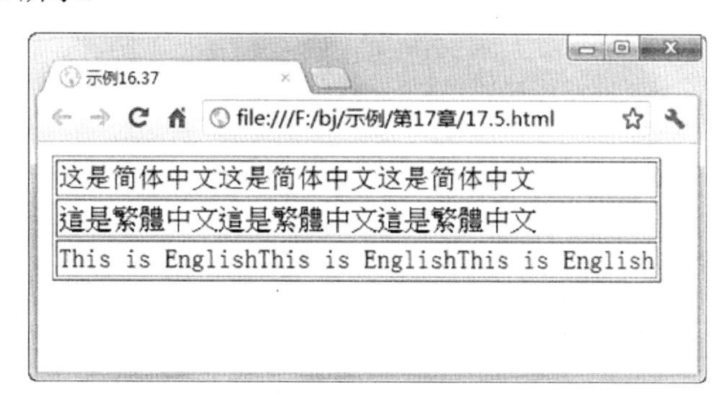


图 17.5　使用语言属性 lang 显示页面内容语言效果图

# 17.4　文档类型 DOCTYPE

DOCTYPE 是 Document Type（文档类型）的简写，在页面中用来指定页面所使用的 HTML（或者 XHTML）版本。要想制作符合标准的页面，一个必不可少的关键组成就是 DOCTYPE 声明。在 XHTML 中，必须对每个页面强制使用文件类型声明。

文件类型声明放在页面的最上面，超过了<head>标签。由于文件类型声明需要加上使用语言的代码才可以使用，所以本节将不做举例说明，只给出简单的结构，如下所示：

```
<!DOCTYPE 使用语言声明>
<html>
<head>
<title></title>
</head>
<body>
</body>
</html>
```

# 17.5　DTD 声明

DTD 声明是指文档类型定义声明，它通常放在页面的头部、所有标签的最上面。只有确定了一个正确的文档类型，HTML 和 XHTML 里的标识和 CSS 才能正常生效。DTD 声明有三种不同的声明程度，下面将详细介绍这三种声明。

## 17.5.1　严格 DTD

严格 DTD，不允许使用任何表现层的标识和属性，包含没有被反对使用的元素和属性，或者是不出现在框架结构中的元素和属性，如<font>等。严格 DTD 是验证程度上最高的，使用严格 DTD 的网站必须写好谨慎的代码，使得网站一点不符合规范的代码都没有，才可以通过验证。其语法结构如下：

```
<!DOCTYPE html PUBLIC "-//W3C//DTD XHTML 1.0 Strict//EN" "http://www.w3
.org/TR/xhtml1/DTD/xhtml1-strict.dtd">
```

其中，这段代码是放在页面代码的最上面的，超越了所有的页面代码。这段代码是固定写法，只需要把一整段放在页面上，无需做任何改动。

**【示例 17.6】**下面是使用严格 DTD 来显示页面的具体效果。代码如下：

```
<!DOCTYPE html PUBLIC "-//W3C//DTD XHTML 1.0 Strict//EN" "http://www.w3.
org/TR/xhtml1/DTD/xhtml1-strict.dtd">          <!-- 使用严格 DTD 声明-->
<html xmlns="http://www.w3.org/1999/xhtml">
<head>
<meta http-equiv="Content-Type" content="text/html; charset=utf-8" />
<title>示例 17.6</title>
</head>
<body>
严格 DTD，不允许使用任何表现层的标识和属性，包含没有被反对使用的元素和属性，或者是不出
现在框架结构中的元素和属性，如<font>等。
</body>
</html>
```

效果如图 17.6 所示。

**说明：**上面所说的"表现层的标识、属性"是指那些纯粹用来控制表现的 tag 标签，例如用于排版的表格、背景颜色标识等一些内部样式。

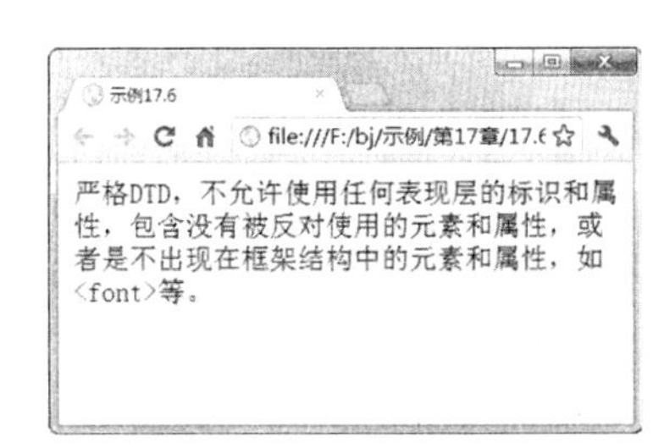


图 17.6　使用严格 DTD 显示页面效果图

## 17.5.2　过渡 DTD

过渡 DTD 是一种要求不是很严格的 DTD，包含严格 DTD 中包含的一切，允许使用 HTML 4.01 的标识。这就使得过渡 DTD 在验证程度上要比严格 DTD 低一级。其语法结构如下：

```
<!DOCTYPE html PUBLIC "-//W3C//DTD XHTML 1.0 Transitional//EN" "http://
www.w3.org/TR/xhtml1/DTD/xhtml1-transitional.dtd">
```

其中，这段代码是放在页面代码的最上面的，超越了所有的页面代码。这段代码是固定写法，只需要把一整段放在页面上，无需做任何改动。过渡 DTD 和严格 DTD 区别只在于最后面的文件名不同，其他用法都是一样的。

**【示例 17.7】**下面是使用过渡 DTD 来显示页面的具体效果。代码如下：

```
<!DOCTYPE html PUBLIC "-//W3C//DTD XHTML 1.0 Transitional//EN" "http://www.
```

```
w3.org/TR/xhtml1/DTD/xhtml1-transitional.dtd"> <!-- 使用过渡 DTD 声明 -->
<html xmlns="http://www.w3.org/1999/xhtml">
<head>
<meta http-equiv="Content-Type" content="text/html; charset=utf-8" />
<title>示例 17.7</title>
</head>
<body>
过渡 DTD 是一种要求不是很严格的 DTD，包含严格 DTD 中包含的一切，还外加了那些不赞成使用
的元素和属性。这就使得过渡 DTD 在验证程度上要比严格 DTD 低一级。
</body>
</html>
```

效果如图 17.7 所示。

注意：一般情况下，Dreamweaver 自动生成的是过渡 DTD 验证，因为它使用起来比较普遍。

图 17.7　使用过渡 DTD 显示页面效果图

### 17.5.3　框架 DTD

框架 DTD 是针对框架页面所使用的 DTD，当页面中含有框架元素时，就要采用这种 DTD。它包含了过渡 DTD 中包含的一切，还外加了框架。这就使框架 DTD 比过渡 DTD 还要再低一级。其语法结构如下：

```
<!DOCTYPE html PUBLIC "-//W3C//DTD XHTML 1.0 Frameset//EN" "http://www.w3
.org/TR/xhtml1/DTD/xhtml1-frameset.dtd">
```

其中，这段代码也和严格 DTD 一样，是固定写法，两者的区别只在于最后面的文件名不同，其他用法都是一样的。

**【示例 17.8】**下面是使用框架 DTD 来显示页面的具体效果。代码如下：

```
<!DOCTYPE html PUBLIC "-//W3C//DTD XHTML 1.0 Frameset//EN" "http://www.w3.
org/TR/xhtml1/DTD/xhtml1-frameset.dtd">         <!-- 使用框架 DTD 验证 -->
<html xmlns="http://www.w3.org/1999/xhtml">
<head>
<meta http-equiv="Content-Type" content="text/html; charset=utf-8" />
<title>示例 17.8</title>
</head>
<body>
<frameset >                                      <!—定义框架 -->
框架 DTD 是针对框架页面所使用的 DTD，当页面中含有框架元素时，就要采用这种 DTD。它包含了
过渡 DTD 中包含的一切，还外加了框架。这就使框架 DTD 比过渡 DTD 还要再低一级。
</frameset>
</body>
</html>
```

效果如图 17.8 所示。

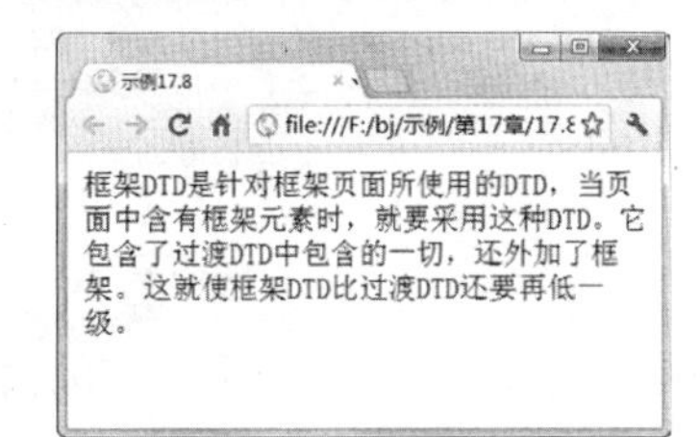


图 17.8　使用框架 DTD 显示页面效果图

注意：在网页中最好对页面都添加上 DTD 验证，这样有助于网站代码的规范使用。

# 17.6　使用 W3C 验证器

W3C 是 World Wide Web Consortium 的简写，是一个网上验证器。它提供的验证服务可以为互联网用户检查 HTML 文件是否附合 HTML 或 XHTML 标准。这可以向网页设计师提供快速检查网页错误的方法，并且在需要的时候可以做一些自动更正。通过 W3C 网站来进行验证，只有已经放在网上的网站才可以进行验证，因为它是通过网址来进行测试的。W3C 验证器的测试网址是 http://validator.w3.org/，使用步骤如下：

（1）登录 http://validator.w3.org/，进去之后，在相应的位置填上所要验证的网站网址，如图 17.9 所示。

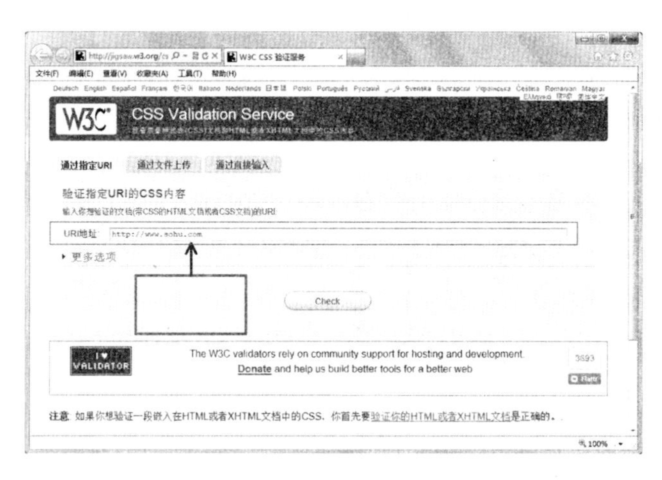


图 17.9　W3C 验证器页面效果图 1

（2）填写完毕后，按下 Check 按钮就可以查到所要验证网站的验证效果了。如图 17.10 所示，在这里可以看到网站所包含的所有错误。

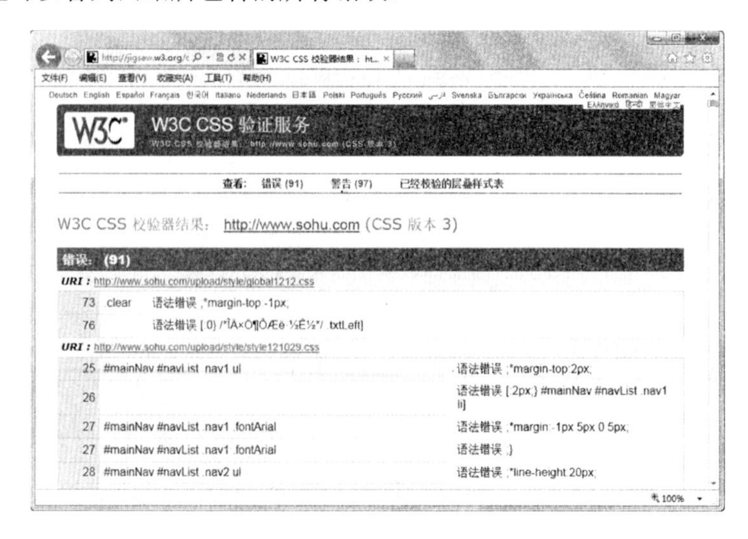


图 17.10　W3C 验证器页面效果图 2

这是显示网站整体错误的效果图，在底下还会有每个错误的具体描述，由于描述的错误过多，这里就不再做图解。这样的验证器起到很好的作用，方便了设计师们对代码的修正，也方便了用户了解网站的代码规范。

## 17.7　本 章 小 结

本章主要学习了网页中的语法规范和文档类型的声明，详细讲解了语法规范中需要注意的问题。通过学习，可以了解到规范的语法才能让一个网站更加的出色，有更好的扩展性。文档类型声明也是网页中的重要组成部分，读者一定要认真学习。下一章我们将讲解 XHTML 模块化和结构化。

## 17.8　本 章 习 题

【习题 17-1】编写代码时要遵循的书写规范有哪几种？

【习题 17-2】文档类型定义声明有哪几种？

【习题 17-3】利用正确的语法规范编写一段程序，实现如图 17.11 所示的功能。

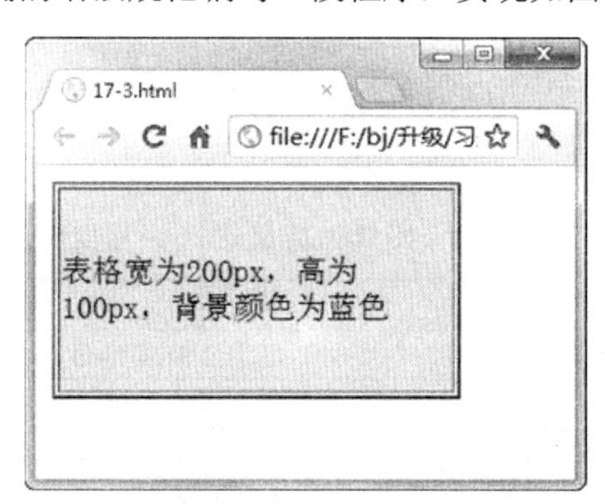


图 17.11　页面效果图

# 第 18 章　XHTML 模块化和结构化

XHTML 模块化，是指将 XHTML 分为若干模块，从而可以使网页更容易编辑、修改和管理。XHTML 结构化是以结构化的形式来设计网站，使网站可以按照设计师自己的想法来设计网站。在本章，将详细讲解 XHTML 模块化和结构化。

## 18.1　模块化的原因

XHTML 是简单而庞大的语言，包含了网站开发者需要的大多数功能。但是对于某些特殊的用途 XHTML 太复杂，而对于其他的用途，它又太简单了。为了解决这个问题，将网页中 XHTML 分成若干模块来使用，这些模块既可被独立应用于简易设备，又可以与其他 XML 标准并入大型且更复杂的应用程序。把代码模块化，可以使页面更容易编辑和管理。

使用 XHMTL 模块，必须把 XHTML 的定义分类。W3C 已经把 XHTML 的定义分为 28 种模型，如表 18.1 所示。

表 18.1　XHTML定义的 28 种模型表

| 模 块 名 称 | 说　　明 |
| --- | --- |
| Applet Module（Applet 模块） | 定义已被废弃的 applet 元素 |
| Base Module（基础模块） | 定义基本元素 |
| Basic Forms Module（基础表单模块） | 定义基本的表单元素（forms） |
| Basic Tables Module（基础表格模块） | 定义基本的表格元素（table） |
| Bi-directional Text Module（双向文本模块） | 定义 bdo 元素 |
| Client Image Map Module（客户端图像映射模块） | 定义浏览器端图像映射元素（image map elements） |
| Edit Module（编辑模块） | 定义编辑元素删除和插入 |
| Forms Module（表单模块） | 定义所有在表单中使用的元素 |
| Frames Module（框架模块） | 定义 frameset 元素 |
| Hypertext Module（超文本模块） | 定义 a 元素 |
| Iframe Module（内联框架模块） | 定义 iframe 元素 |
| Image Module（图像模块) | 定义图像元素（img） |
| Intrinsic Events Module（事件属性模块） | 定义事件属性（event），如 onblur 和 onchange |
| Legacy Module（遗留模块） | 定义被废弃的元素和属性 |
| Link Module（链接模块) | 定义链接（link）元素 |
| List Module（列表模块） | 定义列表元素 ol，li，ul，dd，dt，和 dl |
| Metainformation Module（元信息模块） | 定义 meta 元素 |
| Name Identification Module（名称识别模块） | 定义已被废弃的 name 属性 |

续表

| 模块名称 | 说　明 |
|---|---|
| Object Module（对象模块) | 定义对象元素（object）和 param 元素 |
| Presentation Module（表现模块） | 定义表现元素，如 b 和 i |
| Scripting Module（脚本模块） | 定义脚本（script）和无脚本（noscript）元素 |
| Server Image Map Module（服务器端图像映射模块） | 定义服务器端图像映射（server side image map）元素 |
| Structure Module（结构模块） | 定义以下元素：html，head，title and body |
| Style Attribute Module（样式属性模块） | 定义样式属性 |
| Style Sheet Module（样式表模块） | 定义样式元素 |
| Tables Module（表格模块） | 定义用于表格中的元素 |
| Target Module（Target 模块) | 定义 target 属性 |
| Text Module（文本模块) | 定义文本容器元素（text container），如 p 和 h1 |

注意：已被废弃的元素不应被用于 XHTML 之中。

## 18.2　XHTML 规则概要

XHTML 规则是将传统的 HTML 转换为 XHTML。这种转换不仅快捷而且没什么影响，只要遵守一些简单的规则和容易的方针即可。不管是否使用过 HTML，都不会妨碍到 XHTML 的使用。下面罗列出 XHTML 规则的概要：

- 使用正确的文档类型声明和命名；
- 使用 meta 标签元素声明页面内容类型；
- 使用小写字母书写所有的标签、元素和属性；
- 应当为所有的属性值加引号；
- 应当为所有的属性分配值；
- 必须关闭所有的标签；
- 在没有闭合标签的情况下，使用空格和斜线关闭空标签；
- 不要在注释中写双下划线，应为双中划线；
- 确保写好“小于号”及“和号”为“<”和“&”。

其实，在上面所说的规则中，有很多都是在前面讲过的。这就要求写好 HTML，对于升级为 XHTML 是有很大的帮助的。XHTML 规则是重构网站的基础。

注意：HTML 中连续的多个空格只相当于一个空格，需要连续空格时使用 。

## 18.3　标 记 文 档

标记文档，是指为了表达语义而标记的页面代码。结构良好的文档可以向浏览器传达尽可能多的语义。结构良好的文档都能向用户传达可视化的语义，即使是在老的浏览器，或是在被用户关闭了 CSS 的现代浏览器中。CSS 样式作为现在设计网站的主流样式，可以使样式和结构化文档分离开来。用 CSS 样式来为特定的标签添加样式，使标签的语义存在，而标签本身的样式不再存在，这就是使用 CSS 的好处。

所以在使用上，不要因为想用标签的样式而去使用标签，而是想用标签的语义去使用标签，让标签只起到标识页面中代码语义的作用。这里将举例说明使用 CSS 改变标签特定的样式，使之呈现出想要的样式。

**【示例 18.1】**下面是使用 CSS 改变标签特定样式的具体效果。这里将使用内部样式表。代码如下所示：

```
<!DOCTYPE html PUBLIC "-//W3C//DTD XHTML 1.0 Frameset//EN" "http://www.w3.
org/TR/xhtml1/DTD/xhtml1-frameset.dtd">
<html xmlns="http://www.w3.org/1999/xhtml">
<head>
<meta http-equiv="Content-Type" content="text/html; charset=utf-8" />
<title>示例 18.1</title>
<style type="text/css">
<!--
<!--
#l1
{
    border:#00ffff 1px solid ;      /*设置边框属性*/
    width:200px;                    /*设置宽度*/
    font-size:18px;                 /*设置字体大小*/
    color:#996600;                  /*设置字体颜色*/
}
#l2
{
    border:#990000 1px solid;       /*设置边框属性*/
    width:200px;                    /*设置宽度*/
    font-size:18px;                 /*设置字体大小*/
    color:#30F;
}
#l3
{
    letter-spacing:3px;             /*设置字体间距*/
    font-size:24px;                 /*设置字体大小*/
    text-decoration:underline;      /*设置字体下划线*/
    color:#3FC;                     /*设置字体颜色*/
}
-->
</style>
</head>

<body>
<h1 id="l1">标题 1</h1>
<h2 id="l2">标题 2</h2>
<h3 id="l3">标题 3</h3>
</body>
</html>
```

运行效果如图 18.1 所示。

**技巧：**请最大限度地使用 CSS 来对网页进行布局，因为使用 CSS 不会影响到标记文档。

图 18.1　使用 CSS 改变标签特定的样式效果图

## 18.4　误用 CSS

使用 CSS 可以更好地设置网页的样式，也会使网站更易用、更轻便，同时节约了部分带宽。但是有时候误用和滥用 CSS 也会导致时间和带宽的浪费。所以在制作网页中，要注意用好标签和样式，一定不要误用和滥用 CSS。

**【示例 18.2】**下面是 CSS 被误用和滥用的具体效果。这里将使用内部样式表。代码如下所示：

```
<!DOCTYPE html PUBLIC "-//W3C//DTD XHTML 1.0 Frameset//EN" "http://www.w3
.org/TR/xhtml1/DTD/xhtml1-frameset.dtd">
<html xmlns="http://www.w3.org/1999/xhtml">
<head>
<meta http-equiv="Content-Type" content="text/html; charset=utf-8" />
<title>示例 18.2</title>
<style type="text/css">
<!--
#a
{
    border:#00ffff 1px solid ;        /* 设置边框属性 */
    width:200px;                      /* 设置宽度 */
    font-size:25px;                   /* 设置字体大小 */
}
-->
</style>
</head>
<body>
<a id="a">超链接 a 被误用</a>
</body>
</html>
```

运行效果如图 18.2 所示。

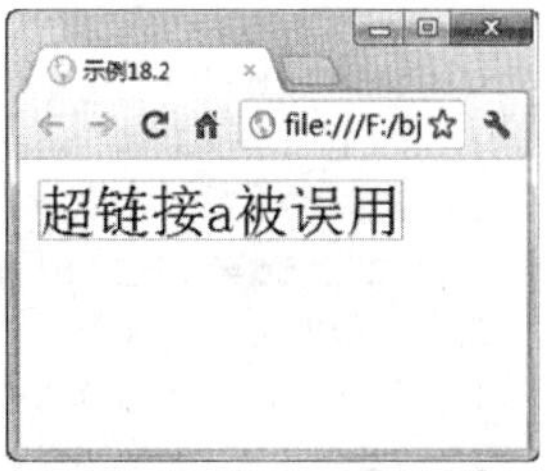

图 18.2　CSS 被误用和滥用效果图

**说明：**通过图 18.2 可以看出，<a>标签原本是用来表示超链接的作用，现在却被用来表现样式，失去了超链接本来的语义，这就是被误用和滥用的结果。

# 18.5　正确使用元素结构化

每个元素都可以被结构化，但是不一定每个元素都必须结构化。CSS 可使得一个有序或无序的列表显示为彻头彻尾的导航栏，其中还拥有反转按钮效果。其列表的语义还存在，而样式却完全脱离。所以元素的结构化要根据设计师的需要来设置，而不是使每个元素都结构化。

**【示例 18.3】**下面是使用结构化的无序列表来显示页面的具体效果。这里将使用内部样式表。代码如下所示：

```
<!DOCTYPE html PUBLIC "-//W3C//DTD XHTML 1.0 Frameset//EN" "http://www.w3
.org/TR/xhtml1/DTD/xhtml1-frameset.dtd">
<html xmlns="http://www.w3.org/1999/xhtml">
<head>
<meta http-equiv="Content-Type" content="text/html; charset=utf-8" />
<title>示例 18.3</title>
<style type="text/css">
<!--
#lb1
{
    list-style-type:none;                          /*设置列表不显示自带图案*/
    font-size:14px;
    width:500px;                                   /*定义宽度*/
}
#lb2
{
    display:block;                                 /*定义列表横向排列*/
    float:left;
    width:130px;
    height:30px;
    background:url(../images/13.35.jpg) no-repeat;      /*设置列表图案*/
    padding-left:20px;                                  /*设置内边距*/
    padding-top:2px;                                    /*设置内边距*/
    margin-top:2px;                                     /*设置外边距*/
    border-bottom:solid 1px #6FF;                       /*设置边框*/
}
-->
</style>
</head>
<body>
<ul id="lb1">
    <li id="lb2">标题 1</li>
<li id="lb2">标题 2</li>
    <li id="lb2">标题 3</li>
<li id="lb2">标题 4</li>
<li id="lb2">标题 5</li>
<li id="lb2">标题 6</li>
</ul>
</body>
</html>
```

运行效果如图 18.3 所示。

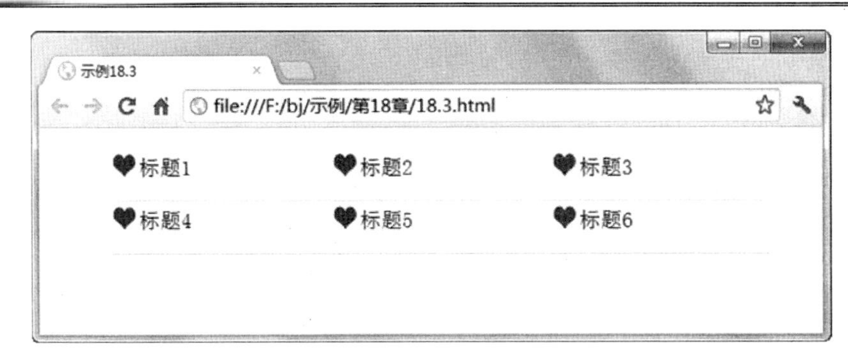


图 18.3　使用结构化的无序列表显示页面效果

**说明：** 从图 18.3 中可以看出，结构化后的列表已经完全脱离了之前自带的样式，形成了一个排列很整齐的列表。列表中每逢三条信息就会自动换行，是使用宽度进行设置的。当显示的内容超过了规定的宽度时，列表便会自动跳到下一行。

## 18.6　正确使用 div、id 和 class

div、id 是制作网站的好帮手，如果被正确地使用，div 可以成为结构化标记的好帮手，而 id 则是一种令人惊讶的小工具，它能够使编写的 XHTML 极其紧凑。再加上巧妙地利用 CSS，便可以向网站添加复杂而又精巧的行为。

div 是英文 division 的简写，有分割、区域、分组的意思。在制作网站时，使用 div 来对网站内容进行划分区域，是一个很好的做法。比如，当网页分割成几部分时，就变成了几个区域了，对这几个分割出来的区域用 div 进行控制，便可以达到很好的控制和布局。通常在使用中，设计师会用 div 来对页面中的内容进行样式的设置和布局。这是一个非常好用的标签。

有了 div，当然就少不了 id 和 class，这二者是用来和 CSS 样式绑定的。在前面，也对二者进行过解说，在 id 和 class 之间的使用，取决于 id 具有唯一性，使用 id 的样式，在页面里只可以出现一次，而 class 的样式，在页面里可以被反复使用。这二者在 CSS 中，有着标识的作用。但在使用中，必须考虑好要用哪种进行标识，不然就会变成之前所说的误用和滥用了。

**【示例 18.4】**下面是使用 id 和 class 来显示页面的具体效果。这里将使用内部样式表。代码如下所示：

```
<!DOCTYPE html PUBLIC "-//W3C//DTD XHTML 1.0 Frameset//EN" "http://www.w3
.org/TR/xhtml1/DTD/xhtml1-frameset.dtd">
<html xmlns="http://www.w3.org/1999/xhtml">
<head>
<meta http-equiv="Content-Type" content="text/html; charset=utf-8" />
<title>示例 18.4</title>
<style type="text/css">
<!--
#menu1
{
```

```
    width:300px;
    border:#00ffff 1px solid ;              /*设置边框属性*/
    color:#FF0000;                          /*设置字体颜色*/
    font-size:14px;
    letter-spacing:2px;                     /*设置字符间距*/
    font-weight:bold;                       /*设置粗体*/
}
.content1
{
    border:#000 1px solid ;                 /*设置边框属性*/
    font-size:12px;                         /*设置字体大小*/
    color:#333;                             /*设置字体颜色*/
    text-indent:20px;                       /*设置首行缩进*/
    width:300px;
    height:100px;
}
-->
</style>
</head>
<body>
<div id="menu1" >
主页 | 相册| 留言版
</div>
<div class="content1">
 div、id 是制作网站的好帮手。如果被正确地使用，div 可以成为结构化标记的好帮手，而 id
则是一种令人惊讶的小工具，它能够使编写的 XHTML 极其紧凑。再加上巧妙地利用 CSS，便可以向
网站添加复杂而又精巧的行为。

</div>
<div class="content1">
div 是英文 division 的简写，有分割、区域、分组的意思。在制作网站时，使用 div 来对网站
内容进行划分区域，是一个很好的做法。比如，当网页分割成几部分时，就变成了几个区域了，对
这几个分割出来的区域用 div 进行控制，便可以达到很好的控制
</div>
</body>
</html>
```

运行效果如图 18.4 所示。

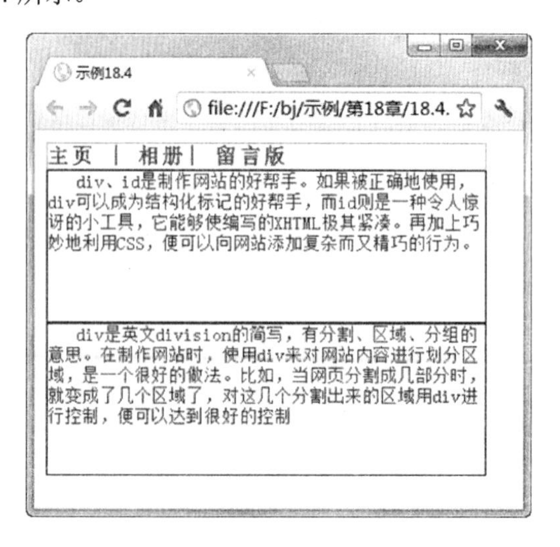


图 18.4　使用 id 和 class 显示页面效果图

**说明：** 从图 18.4 中可以看出，菜单是页面唯一的部分，所以使用了 id 进行标识，而内容可以是多个内容，所以使用了 class 进行标识。

## 18.7　本章小结

本章主要学习了 XHTML 模块化和结构化，详细介绍了 XHTML 模块的分类以及 XHTML 结构化的正确使用。本章内容看上去不多，但却是很重要的部分，在网站设计过程中都要注意到这些问题。只有做好 XHTML 的模块化和结构化，才能做出一个优秀的网站。下一章开始讲解网站应用实例。

## 18.8　本章习题

【习题 18-1】为什么要进行模块化？

【习题 18-2】XHTML 规则概要有哪些？

【习题 18-3】使用标记文档改变标题 h2 的样式，实现如图 18.5 所示的效果。

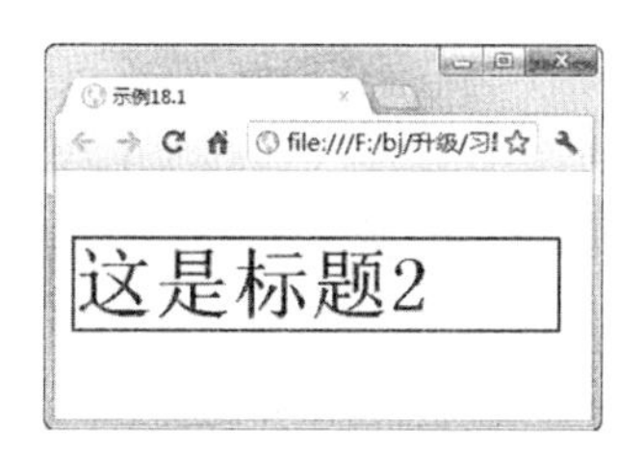


图 18.5　使用标记文档效果图

# 第3篇　网站开发实例

# 第 19 章　博 客 雏 形

吸收知识最好的方法就是通过实例来将知识运用起来。将我们前面所学的所有知识通过实例来说明，让知识实战化，让繁琐的知识点聚集在一起，做出有趣的页面效果。本章就将结合前面所讲知识，通过制作一个博客的雏形，给出设计博客用的一系列代码，来让读者更容易理解所学的知识。

## 19.1　制作文本内容

本节将通过不同的实例来让网页中的文本内容显示出不同的效果。将用两种方式来进行说明，一种是用<table>标签来制作的文本内容效果，一种是用 div+CSS 来制作的文本内容效果。

### 19.1.1　<table>制作文本内容效果

本小节的实例将使用<table>标签来作为大的框架，再利用其他标签属性来制作出文本内容效果。首先介绍文本内容的设置，再介绍超链接的设置。

**【示例 19.1】**下面是使用<table>标签属性制作一个简单博客的效果。代码如下：

```
<!DOCTYPE html PUBLIC "-//W3C//DTD XHTML 1.0 Transitional//EN" "http://www.
w3.org/TR/xhtml1/DTD/xhtml1-transitional.dtd">
<html xmlns="http://www.w3.org/1999/xhtml">
<head>
<meta http-equiv="Content-Type" content="text/html; charset=utf-8" />
<title>博客日志</title>
</head>
<body bgcolor="#FFFFCC">                              <!--设置页面整体背景颜色-->
<table  width="700"  border="0"  cellspacing="0"  cellpadding="0"  align=
"center" background="images/19.1.jpg" >
                        <!--设置表格宽度，让表格居中，插入背景图-->
  <tr>
    <td width="1024"><img src="../images/19.1.1.jpg" width="350" height=
    "120" /><img src="../images/19.1.1.jpg" alt="1" width="350" height=
    "120" /></td>                                        <!--插入图片-->
  </tr>
  <tr>
    <td>
        <table width="700px" border="1px" align="center" cellpadding="5px"
        cellspacing="0" bordercolor="#998559">      <!--嵌套表格开始-->
         <tr>
          <td colspan="2" align="center" bgcolor="#CC9966" >
            <font size="16px" face="华文行楷, 宋体" width="700px"><strong>
```

```
          我的日志</strong></font><!--定义文字的大小和风格，再对文字进行加粗-->
         </td>
       </tr>
       <tr>
         <td width="402" bgcolor="#CC9966">
           <!--文本内容开始-->
             <h1>吉檀迦利</h1>
             <blockquote><font face="华文新魏，宋体">————泰戈尔</font>
             </blockquote><br />        <!--定义文字风格，对字体进行缩进-->
 你已经使我永生，这样做是你的快乐。<br/>
这脆薄的杯儿，你不断地把它倒空，又不断地以新生命来充满。<br/>

这小小的苇笛，你携带着它逾山越谷，从笛管里吹出永新的音乐。<br/>

在你双手的不朽的按抚下，我的小小的心，消融在无边快乐之中，发出不可言说的词调。<br/>

你的无穷的赐予只倾入我小小的手里。时代过去了，你还在倾注，而我的手里还有余量待充满。<br/>
                                                  <!--文本内容结束-->
         </td>
         <td width="272" bgcolor="#F6EABA">
           <!--嵌套表格开始--> <table border="2px" align="center" bordercolor=
           "#993300">        <!--设置表格边框，定义表格居中，添加表格背景颜色-->
               <tr>
                   <td>
                       <a href="images/19.1_2.jpg" target="_blank"><img
                       src="../images/19.2.jpg" width="148" height="220"
                       border="0" /></a>   <!--定义图片链接图片-->
                   </td>
               </tr>
             </table>                            <!--嵌套表格结束-->
         </td>
       </tr>
     </table>                                    <!--嵌套表格结束-->
     <br />
   </td>
 </tr>
</table>
</body>
</html>
```

效果如图 19.1 所示。

图 19.1　使用标签属性制作一个简单博客效果图

说明：单击图片，可以打开图片的链接。

【示例 19.2】下面是使用标签属性制作一个简单图库的具体效果。由于头部代码一样，所以这里只给出页面<body>标签里的代码。代码如下：

```
<body bgcolor="#FFFFCC">            <!--设置页面整体背景颜色-->
<table width="700" border="0" cellspacing="0" cellpadding="0" align=
"center" background="images/19.1.jpg" >
                                    <!--设置表格宽度，让表格居中，插入背景图-->
  <tr>
    <td width="1001"><img src="../images/19.1.1.jpg" width="350" height=
    "120" /><img src="../images/19.1.1.jpg" alt="1" width="350" height=
    "120" /></td><!--插入图片-->
  </tr>
    <td>
     <table width="700px" border="1px" align="center" cellpadding="5px"
     cellspacing="0" bordercolor="#998599">          <!--嵌套表格开始-->
        <tr>
          <td colspan="2" align="center" bgcolor="#cc9966">
            <font size="16px" face="华文行楷,宋体"><strong>我的图库</strong>
            </font>         <!--定义文字的大小和风格，再对文字进行加粗-->
          </td>
        </tr>
        <tr>
          <td width="211" bgcolor="#cc9966">
            <!--文本内容开始-->
              <a href="../images/19.3.jpg" target="pic">百合</a><br /><br
              />                  <!--用图片绑定浮动框架打开链接图片-->
              <a href="../images/19.4.jpg" target="pic1">玫瑰</a><br /><br
              />                  <!--用图片绑定浮动框架打开链接图片-->
                                  <!--文本内容结束-->
          </td>
          <td width="463" bgcolor="#cc9966">
              <table width="458" align="center" bordercolor="#993300">
                                  <!--嵌套表格开始-->
              <tr>
                  <td>
                      <iframe src="19.2_1.html" name="pic" allowtrans
                      parency="true" width="210" height="250 scrolling=
                      "no">此图片浏览不到</iframe> <!--插入浮动框架-->
                      <iframe src="19.2_2.html" name="pic1" allowtrans
                      parency="true" width="210" height="250 scrolling=
                      "no">此图片浏览不到</iframe> <!--插入浮动框架-->
                  </td>
              </tr>
            </table>                         <!--嵌套表格结束-->
          </td>
        </tr>
      </table>                               <!--嵌套表格结束-->
      <br />
    </td>
  </tr>
</table>
</body>
```

效果如图 19.2 所示。

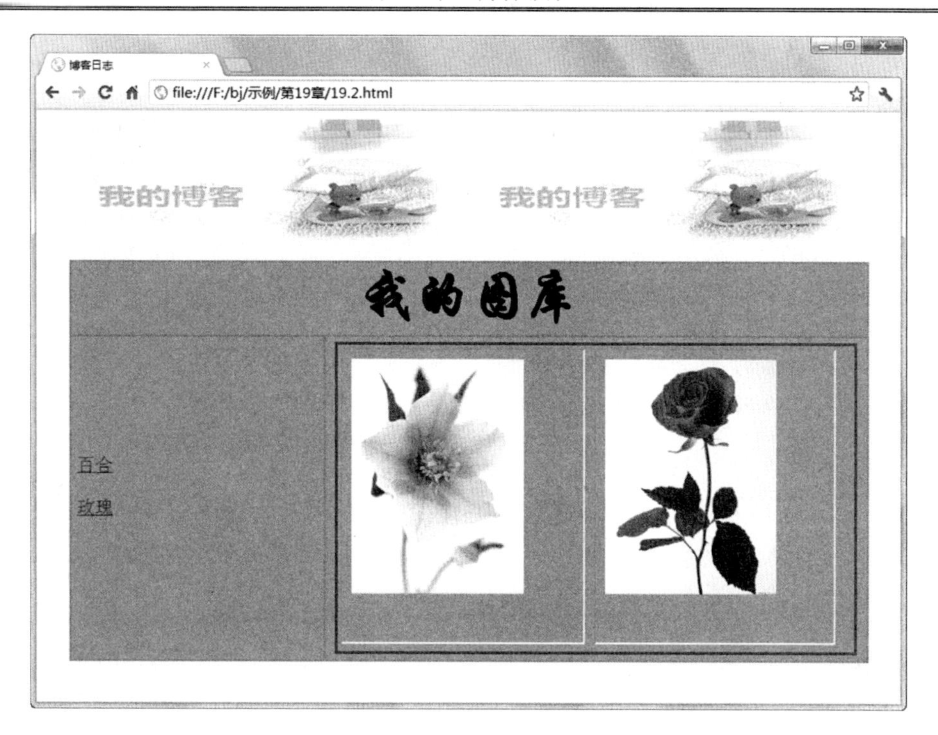


图 19.2　使用标签属性制作一个简单图库效果图

说明：图 19.2 中的链接分别显示在两个不同的浮动框架里面。

## 19.1.2　div+CSS 制作文本内容效果

div+CSS 制作文本内容效果是指使用 div 来做页面的框架布局，再利用 CSS 对其进行布局样式的控制。这里也和上一小节一样，会给出两个例子，而使用的例子会和上一小节的例子显示效果大致上相同，不过还会添加多个不同的效果。首先先介绍文本内容的设置，然后再介绍超链接的设置。

**【示例 19.3】**下面是使用 div+CSS 制作一个简单博客的具体效果。示例使用的是外部样式表，放在 css 文件夹里，命名为 19.3.css。这里将分别给出 CSS 文件和页面文件的代码，代码如下。

CSS 文件代码：

```
@charset "utf-8";
/* CSS Document*/
*{ margin:0 auto; padding:0; text-align:center;/*去除整体页面的边距*/
body{ background:#998559;}                              /*设置页面整体背景颜色*/
.mainfram{
    width:700px;                                        /*设置宽度*/

}
.headfram{
    height:120px;                                       /*设置高度*/
    background:url(../images/19.1.1.jpg) repeat;
}
```

```
.titlefram{
    height:50px;
    width:700px;
    border:#998559 2px solid;                                /*设置边框*/
    background-color:#cc9966;
    font-family:"华文行楷", "宋体";                          /*设置字体风格*/
    font-size:40px;                                          /*设置字体大小*/
    font-weight:bold;                                        /*设置粗体*/
    padding-top:15px;                                        /*设置内上边距*/
}
.contentfram{
    width:700px;
    border:#998559 2px solid;
    background-color:#cc9966;
    border-top:0px;                                          /*设置上边框为零*/
    clear:both;                                              /*设置清除浮动*/
}
.leftfram
{
    width:402px;
    fon-size:14px;
    padding:20px;                                            /*设置内边距*/
    float:left;                                              /*设置左浮动*/
    text-align:left;                                         /*设置字体靠左*/
    border-right:#998559 2px solid;
    line-height:24px;                                        /*设置行高*/
}
.rightfram{
    float:right;                                             /*设置右浮动*/
    margin-right:50px;                                       /*设置外右边距*/
    background:url(../images/19.2.1.jpg) no-repeat;
    width:148px;
    height:220px;
    border:#993300 2px solid;
    margin-top:20px;                                         /*设置外上边距*/
}
.clearfram{clear:both;}                                      /*清除浮动*/
h1{ fon-size:34px; text-align:left;}
h2{ text-align:left; padding:5px 50px; font-family:"华文新魏", "宋体";}
```

CSS 中，可以看到一个新的样式属性用法，就是清除浮动，清除浮动是针对设置了浮动的框架布局用的。

页面文件代码：

```
<!DOCTYPE html PUBLIC "-//W3C//DTD XHTML 1.0 Transitional//EN"<!DOCTYPE html
PUBLIC "-//W3C//DTD XHTML 1.0 Transitional//EN" "http://www.w3.org/TR/
xhtml1/DTD/xhtml1-transitional.dtd">
<html xmlns="http://www.w3.org/1999/xhtml">
<head>
<meta http-equiv="Content-Type" content="text/html; charset=utf-8" />
<title>博客日志</title>
<link href="../css/19.3.css" rel="stylesheet" type="text/css" />
    <!--调用外部样式表-->
</head>
<body>
<div class="mainfram">
```

```
<div class="headfram"></div>                    <!--调用头部内容-->
  <div class="titlefram">我的日志</div>               <!--调用标题内容-->
  <div class="contentfram">
      <div class="leftfram">                         <!--调用左边内容-->
                                                     <!--文本内容开始-->
         <h1>吉檀迦利</h1>
            <blockquote><font face="华文新魏, 宋体">————泰戈尔</font>
            </blockquote><br />   <!--定义文字风格，对字体进行缩进-->
 你已经使我永生，这样做是你的快乐。<br/>
这脆薄的杯儿，你不断地把它倒空，又不断地以新生命来充满。<br/>

这小小的苇笛，你携带着它逾山越谷，从笛管里吹出永新的音乐。<br/>

在你双手的不朽的按抚下，我的小小的心，消融在无边快乐之中，发出不可言说的词调。<br/>

你的无穷的赐予只倾入我小小的手里。时代过去了，你还在倾注，而我的手里还有余量待充满。<br/>
                                                     <!--文本内容结束-->
     </div>
     <div class="rightfram"></div>                   <!--调用右边内容-->
   <div class="clearfram"></div>                     <!--清除整体浮动-->
  </div>
  <br />
</div>
</body>
</html>
```

效果如图 19.3 所示。

图 19.3　使用 div+CSS 制作一个简单博客效果图

注意：在使用 div+CSS 制作网站时，需要注意用到清除属性，清除属性主要用来清除之前样式留下的浮动，使大的框架里的小框架不会因为浮动而无法应用到大框架的效果。很多时候框架的变形就是浮动所造成的。

这里将把前面页面中和 CSS 中的清除浮动部分删除，给出效果图，这样就可以一目了然了。效果如图 19.4 所示。

图 19.4 在图 19.3 基础上去掉浮动效果图

**【示例 19.4】**下面是使用 div+CSS 制作一个简单图库的具体效果。示例使用的是外部样式表，放在 css 文件夹里，命名为 19.4.css。这里将分别给出 CSS 文件和页面文件的代码，代码如下。

CSS 文件代码：

```
@charset "utf-8";
/* CSS Document*/
*{ margin:0 auto; padding:0; text-align:center;}   /*去除整体页面的边距*/
body{ background:#998559;}                          /*设置页面整体背景颜色*/
.mainfram{
    width:700px;                                    /*设置宽度*/

}.
.headfram{
    height:120px;                                   /*设置高度*/
    background:url(../images/19.1.1.jpg) repeat;
}
.titlefram{
    height:50px;
    width:700px;
    border:#998559 2px solid;                       /*设置边框*/
    background-color:#cc9966;
    font-family:"华文行楷", "宋体";                  /*设置字体风格*/
    font-size:40px;                                 /*设置字体大小*/
    font-weight:bold;                               /*设置粗体*/
    padding-top:15px;                               /*设置内上边距*/
}
.contentfram{
```

```
    width:700px;
    border:#998559 2px solid;
    background-color:#cc9966;
    border-top:0px;                                    /*设置上边框为零*/
    clear:both;                                        /*设置清除浮动*/
}
.leftfram{
    width:200px;
    height:350px;
    padding:20px;                                      /*设置内边距*/
    float:left;                                        /*设置左浮动*/
    text-align:left;                                   /*设置字体靠左*/
    border-right:#998559 2px solid;
}
.rightfram{
    width:463;
    height:210;
    float:right;                                       /*设置右浮动*/
    margin-right:50px;                                 /*设置外右边距*/
    margin-top:20px;                                   /*设置外上边距*/
}
.clearfram{clear:both;}                                /*清除浮动*/
a{ font-size:16px; text-decoration:none; color:#660000;}/*设置超链接*/
a:hover{ font-size:18px; text-decoration:underline; color:#0000CC;}
                                                       /*设置超链接鼠标经过样式*/
```

在 CSS 中，可以看到，大部分的代码和示例 19.3 的代码是一样的，只是多了超链接的代码和改变了原来样式的一些设置。

页面文件代码：

```
<!DOCTYPE html PUBLIC "-//W3C//DTD XHTML 1.0 Transitional//EN" "http://www.
w3.org/TR/xhtml1/DTD/xhtml1-transitional.dtd">
<html xmlns="http://www.w3.org/1999/xhtml">
<head>
<meta http-equiv="Content-Type" content="text/html; charset=utf-8" />
<title>博客日志</title>
<link href="../css/19.4.css" rel="stylesheet" type="text/css" />
                                                    <!--调用外部样式表-->
</head>
<body>
<div class="mainfram">
  <div class="headfram"></div>                      <!--调用头部内容-->
    <div class="titlefram">我的图库</div>           <!--调用标题内容-->
    <div class="contentfram">
         <div class="leftfram">
           <p>                                      <!--调用左边内容-->
                                                    <!--文本内容开始-->
             <a href="../images/19.3.jpg" target="pic">百合</a><br /><br />
                                   <!--用图片绑定浮动框架打开链接图片-->
               <a href="../images/19.4.jpg" target="pic1">玫瑰</a><br /><br
/>  <!--用图片绑定浮动框架打开链接图片-->

                                                    <!--文本内容结束-->
      </div>
     <iframe src="19.2_1.html" name="pic" allowtransparency="true" width=
     "210" height="250 scrolling="no">此图片浏览不到</iframe>
```

```
                                                  <!--插入浮动框架-->
      <iframe src="19.2_2.html" name="pic1" allowtransparency="true"
      width="210" height="250 scrolling="no">此图片浏览不到</iframe>
                                                  <!--插入浮动框架-->
       <div class="rightfram">                    <!--插入浮动框架-->
       </div>                                     <!--调用右边内容-->
    <div class="clearfram"></div>                 <!--清除整体浮动-->
   </div>
    <br />
</div>
</body>
</html>
```

效果如图 19.5 所示。

图 19.5　使用 div+CSS 制作一个简单图库效果图

说明：在示例中，浮动框架和超链接的绑定是不能用样式来完成的，所以还是使用了之前讲过的标签属性来进行设置。

## 19.2　制 作 列 表

在前面我们已经讲过，无论是使用有序列表还是无序列表都可以制作出整洁有序的新闻列表。本节将会通过有序列表和无序列表来做出整洁有序的日志列表，还会通过使用自定义列表来做出网站地图功能。

### 19.2.1　制作有序日志列表

制作有序日志列表，是用有序列表来进行制作的。这里将会使用列表+CSS 来进行制作。本小节会给出两个例子，展示两种不同的效果。先展示纵向日志列表，再来展示横向日志列表。

**【示例 19.5】**下面是使用有序列表制作纵向日志的具体效果。示例使用的是外部样式表，放在 css 文件夹里，命名为 19.5.css。这里将分别给出 CSS 文件和页面文件的代码，代码如下。

CSS 文件代码：

```
@charset "utf-8";
/*CSS Document*/
*{margin:0; padding:0;}                          /*设置整体边距为零*/
.listfram
{
    border:solid 1px #0FF;                       /*设置边框*/
    width:140px;
    height:200px;
    margin:10px;                                 /*设置外边距*/
}
ol
{
    list-style-type:none;                        /*设置列表不显示自带图案*/

    padding:15px;                                /*设置内边距*/
}
li
{
    height:30px;
    width:100px;
    font-size:14px;                              /*设置字体大小*/
    padding-left:10px;                           /*设置内边距*/
    padding-top:2px;                             /*设置内边距*/
    margin-top:2px;                              /*设置外边距*/
    border-bottom:dotted 1px #996600;            /*设置边框*/
    background:url(../images/19.6.jpg) no-repeat;      /*设置背景图*/
}
#titlefram
{
    height:25px;
    color:#F00;                                  /*设置字体颜色*/
    padding-top:5px;                             /*设置内边距*/
    background-color:#3FF;                       /*设置背景颜色*/
    text-align:center;                           /*设置字体居中*/
}
```

可以看到，CSS 里很多样式都是之前讲过的，这里只是帮它们拼凑在一起。

页面文件代码：

```
<!DOCTYPE html PUBLIC "-//W3C//DTD XHTML 1.0 Transitional//EN" "http://www.
w3.org/TR/xhtml1/DTD/xhtml1-transitional.dtd">
<html xmlns="http://www.w3.org/1999/xhtml">
<head>
<meta http-equiv="Content-Type" content="text/html; charset=utf-8" />
<title>示例 19.5</title>
<link href="../css/19.6.css" rel="stylesheet" type="text/css" />
    <!--调用外部样式表-->
</head>
```

```
<body>
<div class="listfram">
    <div id="titlefram">最新日志</div>
    <ol >
        <li>日志 1</li>
        <li>日志 2</li>
        <li>日志 3</li>
        <li>日志 4</li>
    </ol>
</div>
</body>
</html>
```

效果如图 19.6 所示。

说明：这是列表非常典型的使用方法，使用列表要记得在页面上设置整体的边距都为零，不然就会导致列表向右移动了一大截，而导致整体的结构变形。

下面是在示例 19.5 的 CSS 文件中去除整体边距设置的效果图，效果如图 19.7 所示。

图 19.6　使用有序列表制作纵向日志效果图

图 19.7　将图 19.6 去掉整体边距设置效果图

注意：在 CSS 中，每一个样式属性都要其特定的意义，使用都需要慎重，不然就会照成变形或者是多浏览器显示不同的结果。

**【示例 19.6】**下面是使用有序列表制作横向日志的效果。示例使用的是外部样式表，放在 css 文件夹里，命名为 19.6.css。这里将分别给出 CSS 文件和页面文件的代码，代码如下。

CSS 文件代码：

```
@charset "utf-8";
/*CSS Document*/
*{margin:0; padding:0;}                              /*设置整体边距为零*/
.listfram
{
    border:solid 1px #00ffff;                        /*设置边框*/
    width:500px;          /*通过对整体宽度的设置来规定页面一行要显示几个日志*/
    margin:10px;                                     /*设置外边距*/
}
```

```
ol
{
    list-style-type:none;                       /*设置列表不显示自带图案*/
    padding:10px;                               /*设置内边距*/
}
li
{
    display:block;                              /*定义列表横向排列*/
    float:left;
    height:20px;
    width:100px;
    font-size:14px;                             /*设置字体大小*/
    padding-left:20px;                          /*设置内边距*/
    padding-top:2px;                            /*设置内边距*/
    margin-top:2px;                             /*设置外边距*/
    border-bottom:dotted 1px #996600;               /*设置边框*/
    background:url(../images/19.6.jpg) no-repeat;       /*设置背景图*/
}
#titlefram
{
    height:25px;
    color:#FFFFFF;                              /*设置字体颜色*/
    padding-top:5px;                            /*设置内边距*/
    background-color:#33ffff;                   /*设置背景颜色*/
    text-align:center;                          /*设置字体居中*/
}
.clearfram{clear:both; height:10px;}            /*清除浮动*/
```

因为纵向列表和横向列表只是差了几个属性的设置，所以可以看到，示例 19.6 的 CSS 文件和 19.5 的 CSS 文件大致上是一样的，而页面的代码只是加多了一句清除浮动便可。清除浮动的作用在前面已经讲述过，这里就不再做说明。

页面文件代码：

```
<!DOCTYPE html PUBLIC "-//W3C//DTD XHTML 1.0 Transitional//EN" "http://www
.w3.org/TR/xhtml1/DTD/xhtml1-transitional.dtd">
<html xmlns="http://www.w3.org/1999/xhtml">
<head>
<meta http-equiv="Content-Type" content="text/html; charset=utf-8" />
<title>示例 19.6</title>
<link href="../css/19.6.css" rel="stylesheet" type="text/css" />
    <!--调用外部样式表-->
</head>
<body>
<div class="listfram">
    <div id="titlefram">最新日志</div>
    <ol>
        <li>日志 1</li>
        <li>日志 2</li>
        <li>日志 3</li>
        <li>日志 4</li>
    </ol>
    <div class="clearfram"></div>                   <!--清除浮动-->
</div>
</body>
</html>
```

效果如图 19.8 所示。

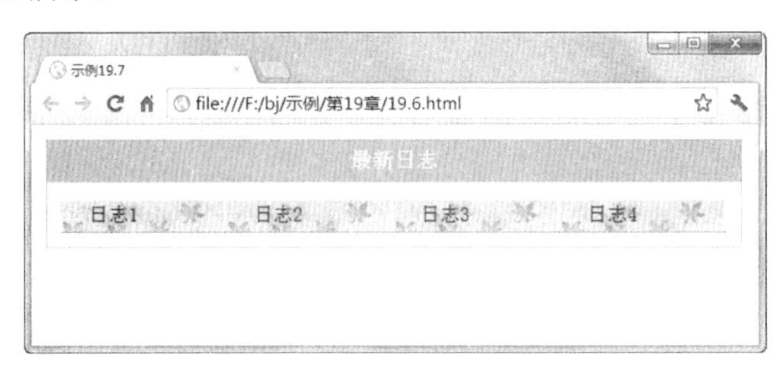


图 19.8　使用有序列表制作横向日志效果图

## 19.2.2　制作无序日志列表

在用 CSS 制作中，无序日志列表和有序日志列表的制作过程是一样的，这里就不再阐述。本小节将用标签属性来制作无序日志列表。由于使用标签属性无法做出横向列表，所以这里只用一个例子来讲述无序列表。

**【示例 19.7】**下面是使用无序列表制作纵向日志的具体效果。代码如下：

```
<body>
<table border="1" cellpadding="0" cellspacing="0" width="150px" height=
"150px">                                                <!--插入表格-->
    <tr>
    <td bgcolor="#3ff" align="center" height="30px">
          <font color="#ffff00" >最新日志</font>    <!--定义字体颜色-->
       </td>
   </tr>
   <tr>
       <td >
          <ul type="circle" >                           <!--插入列表-->
             <li>日志 1</li>
             <li>日志 2</li>
             <li>日志 3</li>
             <li>日志 4</li>
          </ul>
       </td>
   </tr>
</table>
</body>
```

效果如图 19.9 所示。

**说明：**使用标签属性，只能制作出这样简单的列表，而没有办法再进行修饰得像 CSS 那样的样式。所以在标签属性中，很少会使用到列表，设计师都是用表格来代替列表的使用的。

图 19.9　使用无序列表制作纵向日志效果图

### 19.2.3　制作自定义网站地图

自定义列表用得最多、最经典的是制作网站地图。虽然使用有序列表或无序列表进行 CSS 设置和嵌套，也可以做到自定义列表的效果，但是在浏览器的使用中，往往会出现很多问题。本小节将使用列表+CSS 来举例说明自定义网站地图的制作。

**【示例 19.8】**下面是使用列表+CSS 来显示网站地图的效果。示例使用的是外部样式表，放在 css 文件夹里，命名为 19.8.css。这里将分别给出 CSS 文件和页面文件的代码，代码如下。

CSS 文件代码：

```
@charset "utf-8";
/*CSS Document*/
.fram1
{
    border:1px solid #966;                               /*设置边框颜色*/
    width:200px;                                         /*设置边框宽度*/
     height:250px;                                       /*设置边框高度*/
}
.titlefram
{
    color:#666;                                          /*设置字体颜色*/
    font-size:24px;                                      /*设置字体大小*/
    width:200px;
    border:1px solid #966;
}
dt
{
    background:url(../images/19.7.jpg) no-repeat;        /*设置背景图*/
    font-size:14px;                                      /*设置字体大小*/
    padding-left:20px;                                   /*设置内边距*/
    height:25px;
}
dt#one
{
    background:url(../images/19.8.jpg) no-repeat;        /*设置背景图*/
}
dd
{
    background:url(../images/19.9.jpg) no-repeat;        /*设置背景图*/
    padding-left:20px;                                   /*设置内边距*/
    font-size:12px;                                      /*设置字体大小*/
    height:20px;
}
```

页面文件代码：

```
<!DOCTYPE html PUBLIC "-//W3C//DTD XHTML 1.0 Transitional//EN" "http://
www.w3.org/TR/xhtml1/DTD/xhtml1-transitional.dtd">
<html xmlns="http://www.w3.org/1999/xhtml">
<head>
<meta http-equiv="Content-Type" content="text/html; charset=utf-8" />
<title>示例 19.8</title>
```

```
<link href="../css/19.8.css" rel="stylesheet" type="text/css" />
    <!--调用外部样式表-->
</head>
<body bgcolor="">
<div  class="fram1">
<div class="titlefram">网站地图</div>
<dl>     <!--插入列表-->
    <dt>关于我们</dt>
    <dt id="one">博客介绍</dt>
    <dd>介绍 1</dd>
    <dd>介绍 2</dd>
    <dd>介绍 3</dd>
    <dt>留言版</dt>
    <dt>联系我们</dt>
</dl>
</div>
```

效果如图 19.10 所示。

说明：可以看到，博客介绍里分了三个下级分类。下级分类全部都缩进显示，这就是自定义列表的特色。

图 19.10　使用列表+CSS 显示网站地图效果图

## 19.3　制作留言版

通过表单+CSS 就可以做出好看的留言版。这里将会使用两者结合来制作一个表单，不过纯粹是一个留言版的表单效果，还不能提交任何的数据。

**【示例 19.9】**下面是使用表单+CSS 来显示留言版的具体效果。示例使用的是外部样式表，放在 css 文件夹里，命名为 19.9.css。这里将分别给出 CSS 文件和页面文件的代码，代码如下。

CSS 文件代码：

```
@charset "utf-8";
/*CSS Document*/
.titlefram
{
    font-size:32px;                          /*设置字体大小*/
    color:#999;                              /*设置字体颜色*/
    padding-left:30px;                       /*设置内边距*/
    border-bottom:3px ridge #999999;         /*设置边框*/
    height:40px;
}
ul
{
    list-style-type:none;                    /*设置列表不显示自带图案*/
}
li
{
    margin-bottom:10px;                      /*设置外边距*/
    font-size:14px;                          /*设置字体大小*/
```

```
}
input, textarea
{
    border:1px solid #0FF;                          /*设置边框*/
    background:#fff;                                /*设置背景颜色*/
}
input, textarea
{
    star : expression(onmouseover=function(){this.style.backgroundColor=
    "#D7E3FF"},
                                                    /*设置鼠标经过时的颜色*/
    onmouseout=function(){
    this.style.backgroundColor="#fff"               /*设置鼠标经过后的颜色*/
    })
}
.in80 {width:80px;}
.in120 {width:120px;}
.in250 {width:250px;}
.submitfram
{
    border:0;                                       /*设置边框*/
    margin-top:10px;                                /*设置外边距*/
}
```

在 CSS 中，不仅可以设置输入框的边框颜色，还可以设置输入框的大小、输入框里字体的颜色及大小等等。而这里只设置背景颜色和边框颜色。通过 CSS 里的设置，可以使鼠标经过输入框时改变输入框的背景颜色。

页面文件代码：

```
<!DOCTYPE html PUBLIC "-//W3C//DTD XHTML 1.0 Transitional//EN" "http://
www.w3.org/TR/xhtml1/DTD/xhtml1-transitional.dtd">
<html xmlns="http://www.w3.org/1999/xhtml">
<head>
<meta http-equiv="Content-Type" content="text/html; charset=utf-8" />
<title>示例 19.9</title>
<link href="../css/19.9.css" rel="stylesheet" type="text/css" />
                                        <!--调用外部样式表-->
</head>
<body>
<div class="titlefram">留言版</div>
<form method="post" action="">
   <ul>
      <li>您的姓名：<input class="in80" type="text" /></li>
                                        <!--设置输入框-->
      <li>联系电话：<input class="in120" type="text" /></li>
                                        <!--设置输入框-->
      <li>联系地址：<input class="in250" type="text" /></li>
    <!--设置输入框-->
      <li><textarea name="textarea" id="textarea" cols="45" rows="5">请
      输入留言内容</textarea></li>       <!--设置输入文本域-->
      <li>
         <input class="submitfram" width="60px" height="22px" type=
         "image" name="imageField" id="imageField" src="../images/19.10
         .jpg" />                       <!--设置提交按钮-->
          
         <input class="submitfram" width="60px" height="21px" type=
```

```
            "image" name="imageField" id="imageField" src="../images/19.11
            .jpg" />                              <!--设置重置按钮-->
        </li>
    </ul>
</form>
</body>
</html>
```

效果如图 19.11 所示。

图 19.11　使用表单+CSS 显示留言版效果图

说明：当鼠标移到输入框时，输入框就会变成绿色，如图 19.11 所示。

# 19.4　制作图片展示

图片展示是在网站中展示与网站有关的一些图片，经常被用来展示网站产品。本节将通过两种方法来展示图片页面的效果。一种是用 table 制作图片展示，一种是用 div+CSS 制作图片展示。

## 19.4.1　table 制作图片展示

table 制作图片展示效果，是指以 table 来做布局，再使用嵌套 table 来做出图片展示效果。这里会给出两种使用 table 制作图片展示的方法，一种是用标签属性来制作图片展示效果，一种是用 table+CSS 来制作图片展示效果。

**【示例 19.10】**下面是使用标签属性制作图片展示的效果。由于示例是用标签属性来进行制作，代码只出现在<body>标签里，所以这里只给出<body>标签里的代码。代码如下：

```
<table border="0" cellspacing="5" cellpadding="0" align="center" valign="
middle">     <!--表格居中对齐-->
  <tr>
    <th colspan="3">鲜花图片展示</th>
```

```
</tr>
<tr>
  <td>
     <table border="1" cellspacing="0" cellpadding="0">
                                             <!--开始插入嵌套表格-->
       <tr>
         <td><img src="../images/19.12_1.jpg"  width="100px" height=
         "100px"/></td>                      <!--插入图片-->
       </tr>
       <tr>
         <td height="21" align="center">红色康乃馨</td>
       </tr>
     </table>                                <!--结束插入嵌套表格-->
  </td>
  <td>
      <table border="1" cellspacing="0" cellpadding="0">
                                             <!--开始插入嵌套表格-->
       <tr>
         <td><img src="../images/19.12_2.jpg" width="100px" height=
         "100px" /></td>                     <!--插入图片-->
       </tr>
       <tr>
         <td align="center">向日葵</td>
       </tr>
     </table>                                <!--结束插入嵌套表格-->
  </td>
  <td>
      <table border="1" cellspacing="0" cellpadding="0">
                                             <!--开始插入嵌套表格-->
       <tr>
         <td><img src="../images/19.12_3.jpg" width="100px" height=
         "100px" /></td>                     <!--插入图片-->
       </tr>
       <tr>
         <td align="center">粉玫瑰</td>
       </tr>
     </table>                                <!--结束插入嵌套表格-->
  </td>
</tr>
<tr>
  <td>
      <table border="1" cellspacing="0" cellpadding="0"
                                             <!--开始插入嵌套表格-->
       <tr>
         <td><img src="../images/19.12_4.jpg" width="100px" height=
         "100px"/></td>                      <!--插入图片-->
       </tr>
       <tr>
         <td align="center">白玫瑰</td>
       </tr>
     </table>                                <!--结束插入嵌套表格-->
  </td>
  <td>
      <table border="1" cellspacing="0" cellpadding="0">
                                             <!--开始插入嵌套表格-->
       <tr>
         <td><img src="../images/19.12_5.jpg" width="100px" height=
         "100px"/></td>                      <!--插入图片-->
```

```
        </tr>
        <tr>
          <td align="center">康乃馨</td>
        </tr>
      </table>                                    <!--结束插入嵌套表格-->
  </td>
  <td>
      <table border="1" cellspacing="0" cellpadding="0">
                                                  <!--开始插入嵌套表格-->
        <tr>
          <td><img src="../images/19.12_6.jpg" width="100px" height=
          "100px"/></td>                          <!--插入图片-->
        </tr>
        <tr>
          <td align="center">黄色康乃馨</td>
        </tr>
      </table>                                    <!--结束插入嵌套表格-->
  </td>
 </tr>
 <tr>
  <td>
      <table border="1" cellspacing="0" cellpadding="0">
                                                  <!--开始插入嵌套表格-->
        <tr>
          <td><img src="../images/19.12_7.jpg" width="100px" height=
          "100px"/></td>                          <!--插入图片-->
        </tr>
        <tr>
          <td align="center">白色康乃馨</td>
        </tr>
      </table>                                    <!--结束插入嵌套表格-->
  </td>
  <td>
      <table border="1" cellspacing="0" cellpadding="0">
                                                  <!--开始插入嵌套表格-->
        <tr>
          <td><img src="../images/19.12_8.jpg" width="100px" height=
          "100px"/></td>                          <!--插入图片-->
        </tr>
        <tr>
          <td align="center">粉玫瑰</td>
        </tr>
      </table>                                    <!--结束插入嵌套表格-->
  </td>
  <td>
      <table border="1" cellspacing="0" cellpadding="0">
                                                  <!--开始插入嵌套表格-->
        <tr>
          <td><img src="../images/19.12_9.jpg" width="100px" height=
          "100px"/></td>                          <!--插入图片-->
        </tr>
        <tr>
          <td align="center">粉红康乃馨</td>
        </tr>
      </table>                                    <!--结束插入嵌套表格-->
  </td>
 </tr>
</table>
```

效果如图 19.12 所示。

**说明**：使用表格来进行图片展示，需要用到很多的代码，把原本很简单的效果编写成了复杂的代码。在下面的示例中将会介绍简单的图片展示的效果。

图 19.12　使用标签属性制作图片展示效果图

**【示例 19.11】**下面是使用 table+CSS 来制作图片展示的具体效果。示例使用的是外部样式表，放在 css 文件夹里，命名为 19.11.css。这里将分别给出 CSS 文件和页面文件的代码，代码如下。

CSS 文件代码：

```
@charset "utf-8";
/*CSS Document*/
table, td
{
    width:375px;
}
th
{
    font-size:32px;                    /*设置字体大小*/
}
.imgfram
{
    border:2px #996666 solid;          /*设置边框*/
    width:100px;
    height:120px;
    margin:10px;                       /*设置外边距*/
    text-align:center;                 /*设置居中显示*/
    float:left;                        /*设置浮动*/
}
```

页面文件代码：

```
<body>
<table width="399" border="0" align="center" cellpadding="0" cellspacing=
"0" >                                 <!--表格居中对齐-->
  <tr>
    <th width="399">鲜花图片展示</th>
  </tr>
  <tr>
    <td>
<div  class="imgfram"><img  src="../images/19.12_1.jpg"  width="100px"
height="100px"/><br />
    红色康乃馨</div>                          <!--插入图片-->
        <div class="imgfram"><img src="../images/19.12_2.jpg" width="100px"
        height="100px"/><br />
        向日葵</div>                          <!--插入图片-->
        <div class="imgfram"><img src="../images/19.12_3.jpg" width="100px"
        height="100px"/><br />
        粉玫瑰</div>                          <!--插入图片-->
        <div class="imgfram"><img src="../images/19.12_4.jpg" width="100px"
        height="100px"/><br />
```

```
        白玫瑰</div>                                    <!--插入图片-->
        <div class="imgfram"><img src="../images/19.12_5.jpg" width="100px"
        height="100px"/><br />
        康乃馨</div>                                    <!--插入图片-->
        <div class="imgfram"><img src="../images/19.12_6.jpg" width="100px"
        height="100px"/><br />
        黄色康乃馨</div>                                <!--插入图片-->
        <div class="imgfram"><img src="../images/19.12_7.jpg" width="100px"
        height="100px"/><br />
        白色康乃馨</div>                                <!--插入图片-->
        <div class="imgfram"><img src="../images/19.12_8.jpg" width="100px"
        height="100px"/><br />
        粉玫瑰</div>                                    <!--插入图片-->
        <div class="imgfram"><img src="../images/19.12_9.jpg" width="100px"
        height="100px"/><br />
        粉红康乃馨</div>                                <!--插入图片-->
    </td>
  </tr>
</table>
</body>
```

效果如图 19.13 所示。

图 19.13　使用 table+CSS 制作图片展示效果图

**说明：**示例 19.11 使用 table+CSS 只需要很少的代码便可以做出和示例 19.10 一样的效果，而且示例 19.11 还可以通过宽度的调整来轻松设置一行放置多少个图片。

## 19.4.2　div+CSS 制作图片展示效果

div+CSS 制作图片展示效果是指用 div+CSS 制作出来的图片展示效果。这种做法会和示例 19.11 有些相似，但要比示例 19.11 更加的整洁、实用。

**【示例 19.12】**下面是使用 div+CSS 来制作图片展示的效果。示例使用的是外部样式表，放在 css 文件夹里，命名为 19.12.css。这里将分别给出 CSS 文件和页面文件的代码，代码如下。

CSS 文件代码：

```
@charset "utf-8";
/*CSS Document*/
.mainfram
{
    width:375px;
    height:480px;
}
.titlefram
{
    font-weight:bold;                          /*设置粗体*/
    font-size:32px;                            /*设置字体大小*/
    text-align:center;                         /*设置字体居中显示*/
}
.imgfram
{
    border:2px #996666 solid;                  /*设置边框*/
    width:loopx;
    height:120px;
    margin:10px;                               /*设置外边距*/
    text-align:center;                         /*设置居中显示*/
    float:left;                                /*设置浮动*/
}
```

页面文件代码：

```
<body>
<div class="mainfram" align="center" valign="middle">
    <div class="titlefram">鲜花图片展示</div>
    <div class="imgfram"><img src="../images/19.12_1.jpg" width="100px"
    height="100px" /><br />红色康乃馨</div>  <!--插入图片-->
    <div class="imgfram"><img src="../images/19.12_2.jpg" width="100px"
    height="100px"/><br />向日葵</div>       <!--插入图片-->
    <div class="imgfram"><img src="../images/19.12_3.jpg" width="100px"
    height="100px"/><br />粉玫瑰</div>       <!--插入图片-->
    <div class="imgfram"><img src="../images/19.12_4.jpg" width="100px"
    height="100px"/><br />白玫瑰</div>       <!--插入图片-->
    <div class="imgfram"><img src="../images/19.12_5.jpg" width="100px"
    height="100px"/><br />康乃馨</div>       <!--插入图片-->
    <div class="imgfram"><img src="../images/19.12_6.jpg" width="100px"
    height="100px"/><br />黄色康乃馨</div>   <!--插入图片-->
    <div class="imgfram"><img src="../images/19.12_7.jpg" width="100px"
    height="100px"/><br />白色康乃馨</div>   <!--插入图片-->
    <div class="imgfram"><img src="../images/19.12_8.jpg" width="100px"
    height="100px"/><br />粉玫瑰</div>       <!--插入图片-->
    <div class="imgfram"><img src="../images/19.12_9.jpg" width="100px"
    height="100px"/><br />粉色康乃馨</div>   <!--插入图片-->
</div>
</body>
```

效果如图 19.14 所示。

图 19.14　使用 div+CSS 制作图片展示效果图

**说明**：div+CSS 做出来的图片展示效果和 table+CSS 做出来的图片展示效果一样，但是 div+CSS 所用代码要比 table+CSS 更简单一些。

# 19.5　制作图片滚动

图片滚动和前面所讲的字幕滚动作用一样，是在网站应用中很常见的一种图片显示效果，可以让更多的图片展示在有限的空间里面。本节将展示图片滚动的两种方法，分别为左右滚动和上下滚动。

## 19.5.1　制作图片左右滚动

图片左右滚动效果，可以通过一个滚动标签，对其内容进行两种写法。本小节将用两个例子来介绍这两种写法，一种是对其内容使用 table 写法，一种是对其内容使用 div+CSS 写法。

**【示例 19.13】**下面是使用 table 制作图片左右滚动的效果。由于示例是用标签属性来进行制作，代码只出现在<body>标签里，所以这里只给出<body>标签里的代码。代码如下：

```
<body>
<table border="1" bordercolor="#666666" cellpadding="5" cellspacing="0"
bgcolor="#FFCCCC" >
    <tr>
    <td width="50px" align="center" >
           <font size="6" color="#FFFFFF">滚   动   图
```

```
   片</font>
        </td>
        </tr>
        <tr>
        <td>
            <marquee id="mar" onfinish="setTimeout('mar.outerHTML=mar.outer
            HTML', 1000)" width="400px" height="190px" behavior="slide"
            onmouseover=this.stop() onmouseout=this.start() scrollAmount=1
            scrollDelay=1><!--定义当滚动完了之后停顿 1 秒重新开始滚动，设置当鼠标经
            过图片停止滚动，当鼠标离开图片继续滚动-->
                <table border="1" bordercolor="#FFFFFF">
                    <tr>
                        <td><img src="../images/19.12_1.jpg" width="100px"
                        height="100px"/></td>      <!--插入图片-->
                        <td><img src="../images/19.12_2.jpg" width="100px"
                        height="100px"/></td>      <!--插入图片-->
                        <td><img src="../images/19.12_3.jpg" width="100px"
                        height="100px"/></td>      <!--插入图片-->
                        <td><img src="../images/19.12_4.jpg" width="100px"
                        height="100px"/></td>      <!--插入图片-->
                        <td><img src="../images/19.12_5.jpg" width="100px"
                        height="100px"/></td>      <!--插入图片-->
                        <td><img src="../images/19.12_6.jpg" width="100px"
                        height="100px"/></td>      <!--插入图片-->
                    </tr>
                </table>
            </marquee>
        </td>
    </tr>
</table>
</body>
```

效果如图 19.15 所示。

图 19.15　使用 table 制作图片左右滚动效果图

**说明：**示例中的图片是从右边滚动进入左边的。

**【示例 19.14】**下面是使用 div+CSS 制作图片左右滚动的具体效果。示例使用的是外部样式表，放在 css 文件夹里，命名为 19.14.css。这里将分别给出 CSS 文件和页面文件的代

码，代码如下。

CSS 文件代码：

```
@charset "utf-8";
/*CSS Document*/
.mainfram
{
    width:455px;
    height:110px;
    background-color:#ffcccc;              /*设置背景颜色*/
    border:1px solid #666666;              /*设置边框*/
}
.titlefram
{
    font-size:20px;                        /*设置字体大小*/
    text-align:center;                     /*设置字体居中显示*/
    color:#FFFFFF;
    float:left;                            /*设置左浮动*/
    width:50px;
    height:100px;
    padding-top:10px;                      /*设置内边距*/
}
.rightfram
{
    float:right;                           /*设置右浮动*/
    height:100px;
    width:650px;
    margin-top:3px;                        /*设置外边距*/
    border:1px #FFFFFF solid;              /*设置边框*/
}
.imgfram
{
    border:1px #FFFFFF solid;              /*设置边框*/
    float:left;                            /*设置左浮动*/
}
```

在 CSS 文件中，可以看到，不是所有的 div+CSS 都会显得非常整洁的，这便是一个比较特殊的例子，使用 div+CSS 之后，代码明显比之前用 table 来制作显得更加的复杂。

页面文件代码：

```
<body>
<div class="mainfram">
  <div class="titlefram">滚<br />动<br />图<br />片</div>
    <marquee id="mar" onfinish="setTimeout('mar.outerHTML=mar.outerHTML',
    1000)" width="400px" height="190px" behavior="slide" onmouseover=this
    .stop() onmouseout=this.start() scrollAmount=1 scrollDelay=1><!--定义
    当滚动完了之后停顿 1 秒重新开始滚动，设置当鼠标经过图片停止滚动，当鼠标离开图片继续
    滚动-->
    <div class="rightfram">
           <img src="../images/19.12_1.jpg" class="imgfram" width="100px"
           height="100px"/> <!--插入图片-->
           <img src="../images/19.12_2.jpg" class="imgfram" width="100px"
           height="100px"/> <!--插入图片-->
           <img src="../images/19.12_3.jpg" class="imgfram" width="100px"
           height="100px"/> <!--插入图片-->
           <img src="../images/19.12_4.jpg" class="imgfram" width="100px"
```

```
        height="100px"/> <!--插入图片-->
        <img src="../images/19.12_5.jpg" class="imgfram" width="100px"
        height="100px"/> <!--插入图片-->
        <img src="../images/19.12_6.jpg" class="imgfram" width="100px"
        height="100px"/> <!--插入图片-->
      </div>
    </marquee>
</div>
</body>
```

效果如图 19.16 所示。

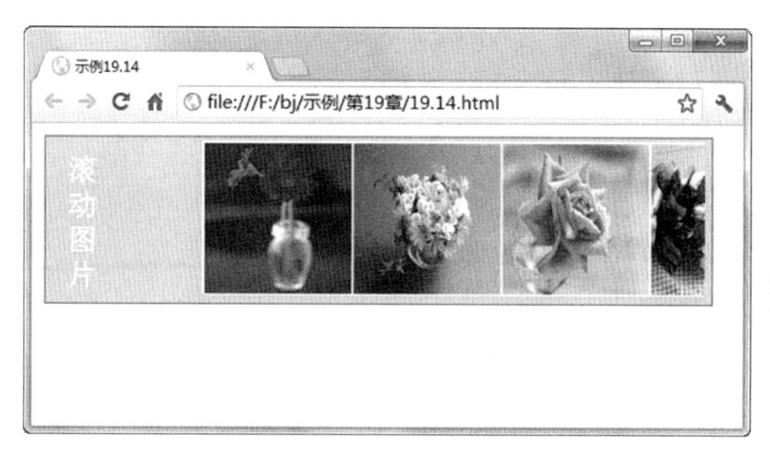


图 19.16　使用 div+CSS 制作图片左右滚动效果图

**说明：**示例中图片滚动，没有出现多余的空白内容滚动，图片是从右到左进行滚动的。

### 19.5.2　制作图片上下滚动

图片上下滚动效果，可以通过一个滚动标签，对其内容进行两种写法。本小节将用两个例子来介绍这两种写法，一种是对其内容使用 table 写法，一种是对其内容使用 div+CSS 写法。

**【示例 19.15】**下面是使用 table 制作图片上下滚动的具体效果。由于示例是用标签属性来进行制作，代码只出现在<body>标签里，所以这里只给出<body>标签里的代码。代码如下：

```
<body>
<table border="1" bordercolor="#666666" cellpadding="5" cellspacing="0"
bgcolor="#ffcccc">
   <tr>
    <td height="30px" align="center">
          <font size="4" color="#FFFFFF">滚动图片</font>
      </td>
    </tr>
    <tr>
      <td>
          <marquee id="mar" onfinish="setTimeout('mar.outerHTML=mar.outer
          HTML', 1000)" width="144px" height="400px" direction="up"
          onmouseover=this.stop() onmouseout=this.start() scrollAmount=1
```

```
            scrollDelay=1>    <!--定义当滚动完了之后停顿 1 秒重新开始滚动，设置当鼠
            标经过图片停止滚动，当鼠标离开图片继续滚动-->
                <table border="1" bordercolor="#FFFFFF">
                    <tr>
                        <td><img src="../images/19.12_1.jpg" width="100px"
                        height="100px"/></td>       <!--插入图片-->
                    </tr>
                    <tr>
                        <td><img src="../images/19.12_2.jpg" width="100px"
                        height="100px"/></td>       <!--插入图片-->
                    </tr>
                    <tr>
                        <td><img src="../images/19.12_3.jpg" width="100px"
                        height="100px"/></td>       <!--插入图片-->
                    </tr>
                    <tr>
                        <td><img src="../images/19.12_4.jpg" width="100px"
                        height="100px"/></td>       <!--插入图片-->
                    </tr>
                    <tr>
                        <td><img src="../images/19.12_5.jpg" width="100px"
                        height="100px"/></td>       <!--插入图片-->
                    </tr>
                    <tr>
                        <td><img src="../images/19.12_6.jpg" width="100px"
                        height="100px"/></td>       <!--插入图片-->
                    </tr>
                </table>
            </marquee>
        </td>
    </tr>
</table>
</body>
```

效果如图 19.17 所示。

图 19.17　使用 table 制作图片上下滚动效果图

说明：示例中的图片是从下到上进行滚动的。

【示例 19.16】下面是使用 div+CSS 制作图片上下滚动的具体效果。示例使用的是外部样式表，放在 css 文件夹里，命名为 19.16.css。这里将分别给出 CSS 文件和页面文件的代码，代码如下。

CSS 文件代码：

```
@charset "utf-8";
/*CSS Document*/
.mainfram
{
    width:150px;
    height:460px;
    background-color:#6699FF;                    /*设置背景颜色*/
    border:1px solid #0099FF;                    /*设置边框*/
}
.titlefram
{
    font-size:24px;                              /*设置字体大小*/
    text-align:center;                           /*设置字体居中显示*/
    color:#FFFFFF;
    height:40px;
    padding-top:10px;                            /*设置内边距*/
}
.rightfram
{
    float:right;                                 /*设置右浮动*/
    height:400px;
    width:134px;
    margin-top:3px;                              /*设置外边距*/
    border:1px #FFFFFF solid;                    /*设置边框*/
}
.imgfram
{
    border:1px #FFFFFF solid;                    /*设置边框*/
    float:left;                                  /*设置左浮动*/
}
```

在 CSS 代码中，可以看到，其实左右滚动和上下滚动的代码都是差不多的。

页面文件代码：

```
<!DOCTYPE html PUBLIC "-//W3C//DTD XHTML 1.0 Transitional//EN" "http://
www.w3.org/TR/xhtml1/DTD/xhtml1-transitional.dtd">
<html xmlns="http://www.w3.org/1999/xhtml">
<head>
<meta http-equiv="Content-Type" content="text/html; charset=utf-8" />
<title>示例 19.16</title>
<link href="../css/19.16.css" rel="stylesheet" type="text/css" />
    <!--调用外部样式表-->
</head>
<body>
<div class="mainfram">
    <div class="titlefram">滚动图片</div>
   <marquee id="mar" onfinish="setTimeout('mar.outerHTML=mar.outerHTML',
   1000)" width="130px" height="400px" direction="up" onmouseover=
   this.stop() onmouseout=this.start() scrollAmount=1 scrollDelay=1>
```

```
    <!--定义当滚动完了之后停顿 1 秒重新开始滚动，设置当鼠标经过图片停止滚动，当鼠标离
    开图片继续滚动-->
     <div class="rightfram">
           <img src="../images/19.12_1.jpg" class="imgfram" width="100px"
           height="100px"/>          <!--插入图片-->
           <img src="../images/19.12_2.jpg" class="imgfram" width="100px"
           height="100px"/>          <!--插入图片-->
           <img src="../images/19.12_3.jpg" class="imgfram" width="100px"
           height="100px"/>          <!--插入图片-->
           <img src="../images/19.12_4.jpg" class="imgfram" width="100px"
           height="100px"/>          <!--插入图片-->
           <img src="../images/19.12_5.jpg" class="imgfram" width="100px"
           height="100px"/>          <!--插入图片-->
        <img src="../images/19.12_6.jpg" class="imgfram" width="100px"
           height="100px"/>          <!--插入图片--></div>
    </marquee>
</div>
</body>
</html>
```

效果如图 19.18 所示。

图 19.18　使用 div+CSS 制作图片上下滚动效果图

**说明**：示例中的图片是从下向上滚动的。

## 19.6　制作文字滚动

文字滚动也就是前面所说的字幕滚动，它也是网站应用中很常见的一种文字显示效果。本节将通过两种方法，分别介绍制作左右滚动的文字效果和上下滚动的文字效果。

## 19.6.1　制作文字左右滚动

制作左右滚动的文字效果，可以有两种制作方法。本小节将用两个例子分别介绍这两种制作方法，一种是使用 table 制作文字滚动的效果，一种是使用 div+CSS 制作文字滚动的效果。

**【示例 19.17】**下面是使用 table 制作文字左右滚动的具体效果。由于示例是用标签属性来进行制作，代码只出现在<body>标签里，所以这里只给出<body>标签里的代码。代码如下：

```
<body>
<table border="1" bordercolor="#666666" cellpadding="5" cellspacing="0"
bgcolor="#ffcccc" >             <!--设置表格边框颜色和背景颜色-->
    <tr>
    <td height="30px" align="center">
           <font size="3" color="#FFFFFF">滚 动 字 幕</font>
       </td>
    </tr>
    <tr>
       <td>
           <marquee id="mar" onfinish="setTimeout('mar.outerHTML=mar.outer
           HTML',1000)"width="250px"height="40px"behavior="slide"onmouseover
           this.stop() onmouseout=this.start() scrollAmount=1
           scrollDelay=1>    <!--定义当滚动完了之后停顿 1 秒重新开始滚动，设置当鼠
           标经过图片停止滚动，当鼠标离开图片继续滚动-->
               <table>
                   <tr>
                       <td>欢迎光临我的博客</td>
                   </tr>
               </table>
           </marquee>
       </td>
    </tr>
</table>
</body>
```

效果如图 19.19 所示。

图 19.19　使用 table 制作文字左右滚动效果图

说明：示例中的文字是从右到左进行滚动的。

**【示例 19.18】**下面是使用 div+CSS 制作文字左右滚动的具体效果。示例使用的是外部样式表，放在 css 文件夹里，命名为 19.18.css。这里将分别给出 CSS 文件和页面文件的代码，代码如下。

CSS 文件代码：

```
@charset "utf-8";
/*CSS Document*/
.mainfram
{
    width:250px;
    height:90px;
    background-color:#ffcccc;                    /*设置背景颜色*/
```

```
    border:1px solid #666666;                    /*设置边框*/
}
.titlefram
{
    font-size:18px;                              /*设置字体大小*/
    text-align:center;                           /*设置字体居中显示*/
    color:#FFFFFF;
    float:left;                                  /*设置左浮动*/
    height:30px;
    width:250px;
    padding-top:15px;                            /*设置内边距*/
    border-bottom:1px #666666 solid;
}
.rightfram
{
    height:50px;
    width:200px;
    padding-top:3px;                             /*设置外边距*/
}
```

在 CSS 中，其实不难察觉到，在使用中经常用到的属性也就那几个，而其他的都比较少用。只要布局定得好，几个简单的属性也可以做出很好的效果了。

页面文件代码：

```
<!DOCTYPE html PUBLIC "-//W3C//DTD XHTML 1.0 Transitional//EN" "http://
www.w3.org/TR/xhtml1/DTD/xhtml1-transitional.dtd">
<html xmlns="http://www.w3.org/1999/xhtml">
<head>
<meta http-equiv="Content-Type" content="text/html; charset=utf-8" />
<title>示例 19.18</title>
<link href="../css/19.18.css" rel="stylesheet" type="text/css" />
                                    <!--调用外部样式表-->
</head>
<body>
<div class="mainfram">
    <div class="titlefram">滚  动  字  幕</div>
    <marquee id="mar" onfinish="setTimeout('mar.outerHTML=mar.outerHTML',
    1000)" width="250px" height="50px" behavior="slide" onmouseover=
    this.stop() onmouseout=this.start() scrollAmount=1 scrollDelay=1>
    <!--定义当滚动完了之后停顿 1 秒重新开始滚动，设置当鼠标经过图片停止滚动，当鼠标离
    开图片继续滚动-->
    <div class="rightfram">你好，欢迎光临我的博客</div>
    </marquee>
</div>
</body>
</html>
```

效果如图 19.20 所示。

图 19.20　使用 div+CSS 制作文字左右滚动效果图

**说明**：示例中的文字是从右到左进行滚动的。

## 19.6.2　制作上下滚动

制作上下滚动的文字效果，可以有两种制作方法。本小节将用两个例子分别介绍这两种制作方法，一种是使用 table 制作文字滚动的效果，一种是使用 div+CSS 制作文字滚动的效果。

**【示例 19.19】**下面是使用 table 制作上下滚动的具体效果。代码如下：

```
<body>
<table border="1" bordercolor="#666666" cellpadding="5" cellspacing="0">
    <tr>
     <td height="40px" align="center" bgcolor="#ffcccc">
            <font size="3" color="#FFFFFF">最新动态</font>
        </td>
    </tr>
    <tr>
        <td>
            <marquee id="mar" onfinish="setTimeout('mar.outerHTML=mar.outer
            TML', 1000)" width="120px" height="130px" direction="up"
            onmouseover=this.stop() onmouseout=this.start() scrollAmount=1
            scrollDelay=1>    <!--定义当滚动完了之后停顿 1 秒重新开始滚动，设置当鼠
            标经过图片停止滚动，当鼠标离开图片继续滚动-->
                <table>
                    <tr>
                        <th>公告</th>
                    </tr>
                    <tr>
                        <td><font size="2" color="#FF0000">博客最新内容，最新日
                        志，欢迎光临</font></td> <!--设置公告内容字体大小-->
                    </tr>
                </table>
            </marquee>
        </td>
    </tr>
</table>
</body>
```

效果如图 19.21 所示。

图 19.21　使用 table 制作上下滚动效果图

**说明**：示例中的文字是从下到上进行滚动的。

**【示例 19.20】**下面是使用 div+CSS 制作文字上下滚动的效果。示例使用的是外部样式表，放在 css 文件夹里，命名为 19.20.css。这里将分别给出 CSS 文件和页面文件的代码，代码如下。

CSS 文件代码：

```
@charset "utf-8";
/*CSS Document*/
.mainfram
{
    width:150px;
```

```
    height:180px;
    border:1px solid #666666;                /*设置边框*/
}
.titlefram
{
    font-size:18px;                          /*设置字体大小*/
    text-align:center;                       /*设置字体居中显示*/
    color:#FFFFFF;
    float:left;                              /*设置左浮动*/
    height:30px;
    width:150px;
    background-color:#ffcccc;                /*设置背景颜色*/
    padding-top:15px;                        /*设置内边距*/
    border-bottom:1px #666666 solid;
}
.rightfram
{
    height:130px;
    width:120px;
    padding-top:3px;                         /*设置外边距*/
    text-align:justify;                      /*设置字体两端对齐*/
    padding-left:20px;
    color:#F00;
}
```

页面文件代码：

```
<!DOCTYPE html PUBLIC "-//W3C//DTD XHTML 1.0 Transitional//EN" "http://www
.w3.org/TR/xhtml1/DTD/xhtml1-transitional.dtd">
<html xmlns="http://www.w3.org/1999/xhtml">
<head>
<meta http-equiv="Content-Type" content="text/html; charset=utf-8" />
<title>示例 19.20</title>
<link href="../css/19.20.css" rel="stylesheet" type="text/css" />
                                        <!--调用外部样式表-->
</head>
<body>
<div class="mainfram">
    <div class="titlefram">滚 动 字 幕</div>
    <marquee id="mar" onfinish="setTimeout('mar.outerHTML=mar.outerHTML',
    1000)" width="120px" height="130px" direction="up" onmouseover=
    this.stop() onmouseout=this.start() scrollAmount=1 scrollDelay=1>
    <!--定义当滚动完了之后停顿 1 秒重新开始滚动，设置当鼠标经过图片停止滚动，当鼠标离
    开图片继续滚动-->
    <div class="rightfram">博客最新内容，最新日志，欢迎光临</div>
    </marquee>
</div>
</body>
</html>
```

效果如图 19.22 所示。

**说明**：示例中的文字是从下到上进行滚动的。

图 19.22 使用 div+CSS 制作上下滚动效果图

## 19.7 本章小结

本章主要学习了博客制作中经常会用到的一些实例，形成一个博客的雏形。详细讲解了博客中文本内容、列表、留言表、滚动图片和滚动文字的制作过程。当然这些只是网站制作中的一部分，下一章我们将讲解网站制作中经常会用到的一些实例。

# 第 20 章　网站常用模块

在网站制作中，不同的网站也经常会包含相同的模块，网站的大致结构都是一样的。上一章所讲的博客雏形里的实例，在其他网站制作中也是经常会用到的，只要改变一下标题、图片、内容就可以了。本章将继续介绍网站制作中经常会用到的一些模块，这些模块都是稍微修改一下就可以直接使用的。

## 20.1　制作导航条

导航条是指网站的菜单，通过它可以跳转到网站的任何页面。它是网站中最关键的地方，因为它贯穿了整个网站。本节将介绍两种常用的导航条制作方法，分别是制作横向导航条和制作纵向导航条。

### 20.1.1　制作横向导航条

制作横向导航条有两种制作方法，本小节将用两个例子分别介绍这两种制作方法，一种是使用 table 制作横向导航条，一种是使用 div+CSS 制作横向导航条。

**【示例 20.1】**下面是使用 table 制作横向导航条的效果。这里将会制作鼠标经过图像的导航条，由于使用 table 和标签属性来进行制作，需要为导航条加上一段 JavaScript 代码。

JavaScript 代码如下：

```
<!-- JavaScript 程序代码开始 -->
<script type="text/javascript">
<!--
function MM_swapImgRestore() { //v3.0
  var i,x,a=document.MM_sr; for(i=0;a&&i<a.length&&(x=a[i])&&x.oSrc;i++)
x.src=x.oSrc;
}
function MM_preloadImages() { //v3.0
  var d=document; if(d.images){ if(!d.MM_p) d.MM_p=new Array();
    var i,j=d.MM_p.length,a=MM_preloadImages.arguments; for(i=0; i<a.length;
    i++)
    if (a[i].indexOf("#")!=0){ d.MM_p[j]=new Image; d.MM_p[j++].src=a
    [i];}}
}

function MM_findObj(n, d) { //v4.01
  var p,i,x;  if(!d) d=document; if((p=n.indexOf("?"))>0&&parent.frames.
  length) {
    d=parent.frames[n.substring(p+1)].document; n=n.substring(0,p);}
  if(!(x=d[n])&&d.all) x=d.all[n]; for (i=0;!x&&i<d.forms.length;i++)
```

```
  x=d.forms[i][n];
  for(i=0;!x&&d.layers&&i<d.layers.length;i++)  x=MM_findObj(n,d.layers[i]
  .document);
  if(!x && d.getElementById) x=d.getElementById(n); return x;
}

function MM_swapImage() { //v3.0
  var i,j=0,x,a=MM_swapImage.arguments; document.MM_sr=new Array; for
  (i=0;i<(a.length-2);i+=3)
   if ((x=MM_findObj(a[i]))!=null){document.MM_sr[j++]=x; if(!x.oSrc)
   x.oSrc=x.src; x.src=a[i+2];}
}
//-->
</script>
<!-- JavaScript 程序代码结束 -->
```

HTML 代码如下：

```
<body onload="MM_preloadImages('../images/20.1.1.jpg','../images/20.2.1
.jpg','../images/20.3.1.jpg','../images/20.4.1.jpg')">
<table border="0" cellpadding="0" cellspacing="0">
    <tr>
     <td width="84">
            <a href="…" onmouseout="MM_swapImgRestore()" onmouseover="MM_
            swapImage('Image1','','../images/20.1.1.jpg',1)"><img src="..
            /images/20.1.jpg" alt="关于我们" name="Image1" width="84px"
            height="27px" border="0" id="Image1" /></a> <!-- 设置鼠标经过图
            像的超链接 -->

       </td>
      <td width="81">
          <a href="…" onmouseout="MM_swapImgRestore()" onmouseover="MM_
          swapImage('Image2','','../images/20.2.1.jpg',1)"><img src="..
          /images/20.2.jpg" alt="鲜花展示" name="Image2" width="81px" height=
          "27px" border="0" id="Image2" /></a><!-- 设置鼠标经过图像的超链接 -->
      </td>
      <td width="66">
          <a href="…" onmouseout="MM_swapImgRestore()" onmouseover="MM_
          swapImage('Image3','','../images/20.3.1.jpg',1)"><img src="..
          /images/20.3.jpg" alt="留言版" name="Image3" width="66px" height=
          "27px" border="0" id="Image3" /></a><!-- 设置鼠标经过图像的超链接 -->
      </td>
      <td width="89">
          <a href="…" onmouseout="MM_swapImgRestore()" onmouseover="MM_
          swapImage('Image4','','../images/20.4.1.jpg',1)"><img src="..
          /images/20.5.jpg" alt="联系我们" name="Image4" width="89px" height=
          "27px" border="0" id="Image4" /></a><!-- 设置鼠标经过图像的超链接 -->
      </td>
    </tr>
</table>
</body>
```

效果如图 20.1 所示。

图 20.1　使用 table 制作横向导航条效果图

**说明：** 使用 table 制作横向导航条必须用到脚本和 JavaScript 程序才可以实现，但使用 div+CSS 会是一个截然不同的制作方法。

**【示例 20.2】** 下面是使用 div+CSS 制作横向导航条的效果。示例使用的是外部样式表，放在 css 文件夹里，命名为 20.2.css。这里将分别给出 CSS 文件和页面文件的代码，代码如下。

CSS 文件代码：

```
@charset "utf-8";
/*CSS Document*/
*{margin:0; padding:0px;}
ul
{
    list-style-type:none;                         /*定义列表不显示自带图案*/
    margin:10px;
}
li{display:block; float:left;}                    /*设置列表横向浮动*/
li a#img1
{
    display:block;                                /*设置图片显示位置*/
    background:url(../images/20.1.jpg) no-repeat;         /*定义背景图片*/
    width:87px;
    height:27px;
}
li a#img1:hover{background:url(../images/20.1.1.jpg) no-repeat;}
                                                  /*定义鼠标经过显示背景图片*/
li a#img2
{
    display:block;                                /*设置图片显示位置*/
    background:url(../images/20.2.jpg) no-repeat;         /*定义背景图片*/
    width:87px;
    height:27px;
}
li a#img2:hover{background:url(../images/20.2.1.jpg) no-repeat;}
                                                  /*定义鼠标经过显示背景图片*/
li a#img3
{
    display:block;                                /*设置图片显示位置*/
    background:url(../images/20.3.jpg) no-repeat;         /*定义背景图片*/
    width:87px;
    height:27px;
}
```

```
li a#img3:hover{background:url(../images/20.3.1.jpg) no-repeat;}
                                        /*定义鼠标经过显示背景图片*/
li a#img4
{
    display:block;                      /*设置图片显示位置*/
    background:url(../images/20.5.jpg) no-repeat;       /*定义背景图片*/
    width:87px;
    height:27px;
}
li a#img4:hover{background:url(../images/20.4.1.jpg) no-repeat;}
                                        /*定义鼠标经过显示背景图片*/
```

在 CSS 文件中，使用了伪类来制作鼠标经过图片的效果，这是一个很方便整洁、简单而容易管理的用法。

页面文件代码：

```
<!DOCTYPE html PUBLIC "-//W3C//DTD XHTML 1.0 Transitional//EN" "http://www
.w3.org/TR/xhtml1/DTD/xhtml1-transitional.dtd">
<html xmlns="http://www.w3.org/1999/xhtml">
<head>
<meta http-equiv="Content-Type" content="text/html; charset=utf-8" />
<title>示例 20.2</title>
<link href="../css/20.2.css" rel="stylesheet" type="text/css" />
    <!-- 调用外部样式表 -->
</head>
<body>
<ul>
   <li><a href="..." id="img1"></a></li>
   <li><a href="..." id="img2"></a></li>
   <li><a href="..." id="img3"></a></li>
   <li><a href="..." id="img4"></a></li>
</ul>
</body>
</html>
```

效果如图 20.2 所示。

图 20.2　使用 div+CSS 制作横向导航条效果图

说明：在横向导航条里，可以看到两个示例都是用图片来做导航条。

下面将介绍一个使用阴影来实现漂亮的导航条效果的例子。

**【示例 20.3】**下面是使用 div+CSS 实现阴影导航条的效果。示例使用的是外部样式表，放在 css 文件夹里，命名为 20.3.css。这里将分别给出 CSS 文件和页面文件的代码，代码如下。

CSS 文件代码：

```
@charset "utf-8";
/*CSS Document*/
#nav li
{
    float:left;
    margin-left:30px;

}
#nav span{display:none;}
#nav a                              /*制作超链接效果*/
{
    font-size:14px;
    text-decoration: none;
    display:block;
    font-weight:bold;
    color:#06F;
}
#nav a:hover
{
    top:1px;
    left:1px;
    position:relative;
    color:#9CF;                     /*设置阴影颜色*/
}
#nav a:hover span
{
    display:block;
    top:-2px;
    left:-2px;
    position:absolute;
    color:#000;                     /*设置字体颜色*/
}
```

页面文件代码：

```
<!DOCTYPE html PUBLIC "-//W3C//DTD XHTML 1.0 Transitional//EN" "http://www
.w3.org/TR/xhtml1/DTD/xhtml1-transitional.dtd">
<html xmlns="http://www.w3.org/1999/xhtml">
<head>
<meta http-equiv="Content-Type" content="text/html; charset=utf-8" />
<title>示例 20.3</title>
<link href="../css/20.3.css" rel="stylesheet" type="text/css" />  <!--
调用外部样式表 -->
</head>
<body>
<div id="nav">
    <ul>
        <li><a href="...">关于我们<span>关于我们</span></a></li>
        <li><a href="...">鲜花展示<span>鲜花展示</span></a></li>
        <li><a href="...">留言版<span>留言版</span></a></li>
        <li><a href="...">联系我们<span>联系我们</span></a></li>
    </ul>
</div>
</body>
</html>
```

效果如图 20.3 所示。

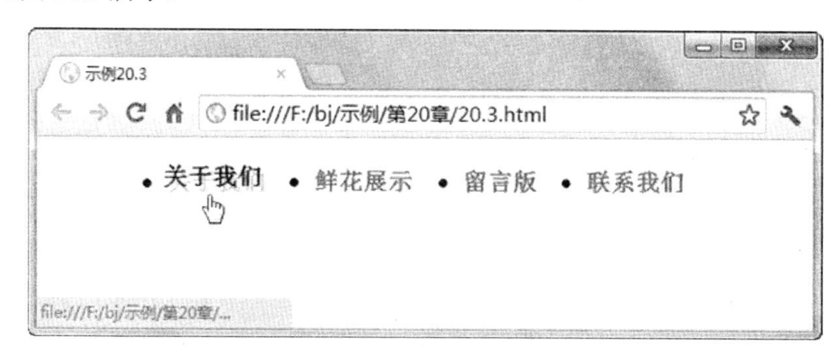


图 20.3 使用 div+CSS 实现阴影导航条效果图

**说明**：当鼠标放到导航条时，会出现阴影效果，如图 20.3 所示。

## 20.1.2 制作纵向导航条

制作纵向导航条有两种制作方法，本小节将用两个例子分别介绍这两种制作方法，一种是使用 table 制作纵向导航条，一种是使用 div+CSS 制作纵向导航条。

**【示例 20.4】**下面是使用 table 制作纵向导航条的具体效果。这里将会制作鼠标经过图像的导航条，由于使用 table 和标签属性来进行制作，需要为导航条加上一段 JavaScript 代码。

JavaScript 代码如下：

```
<!DOCTYPE html PUBLIC "-//W3C//DTD XHTML 1.0 Transitional//EN" "http://www
.w3.org/TR/xhtml1/DTD/xhtml1-transitional.dtd">
<html xmlns="http://www.w3.org/1999/xhtml">
<head>
<meta http-equiv="Content-Type" content="text/html; charset=utf-8" />
<title>示例 20.4</title>
<!-- JavaScript 程序代码开始 -->
<script type="text/javascript">
<!--
function MM_swapImgRestore() { //v3.0
  var i,x,a=document.MM_sr; for(i=0;a&&i<a.length&&(x=a[i])&&x.oSrc;i++)
  x.src=x.oSrc;
}
function MM_preloadImages() { //v3.0
  var d=document; if(d.images){ if(!d.MM_p) d.MM_p=new Array();
    var i,j=d.MM_p.length,a=MM_preloadImages.arguments; for(i=0; i<a
    .length; i++)
    if (a[i].indexOf("#")!=0){ d.MM_p[j]=new Image; d.MM_p[j++].src=a[i];}}
}

function MM_findObj(n, d) { //v4.01
  var p,i,x;  if(!d) d=document; if((p=n.indexOf("?"))>0&&parent.frames
  .length) {
    d=parent.frames[n.substring(p+1)].document; n=n.substring(0,p);}
  if(!(x=d[n])&&d.all) x=d.all[n]; for (i=0;!x&&i<d.forms.length;i++)
  x=d.forms[i][n];
  for(i=0;!x&&d.layers&&i<d.layers.length;i++)
```

```
  x=MM_findObj(n,d.layers[i].document);
  if(!x && d.getElementById) x=d.getElementById(n); return x;
}

function MM_swapImage() { //v3.0
  var i,j=0,x,a=MM_swapImage.arguments; document.MM_sr=new Array; for(i=
  0;i<(a.length-2);i+=3)
   if ((x=MM_findObj(a[i]))!=null){document.MM_sr[j++]=x; if(!x.oSrc)
   x.oSrc=x.src; x.src=a[i+2];}
}
//-->
</script>
<!-- JavaScript 程序代码结束 -->
```

HTML 代码如下：

```
<body onload="MM_preloadImages('images/aboutover.jpg')">
<table border="0" cellpadding="0" cellspacing="0">
    <tr>
     <td height="30px">
           <a href="..." onmouseout="MM_swapImgRestore()" onmouseover="MM_
           swapImage('Image1','','../images/20.1.1.jpg',1)"><img src="..
           /images/20.1.jpg" alt="关于我们" name="Image1" width="80px"
           height="27px" border="0" id="Image2" /></a>
                                               <!-- 设置鼠标经过图像的超链接 -->
       </td>
     </tr>
    <tr>
      <td height="30px">
         <a href="..." onmouseout="MM_swapImgRestore()" onmouseover="MM_
           swapImage('Image2','','../images/20.2.1.jpg',1)"><img src="..
           /images/20.2.jpg" alt="鲜花展示" name="Image2" width="80px"
           height="27px" border="0" id="Image2" /></a>
                                               <!-- 设置鼠标经过图像的超链接 -->

      </td>
    </tr>
    <tr>
      <td height="30px">
         <a href="..." onmouseout="MM_swapImgRestore()" onmouseover="MM_
         swapImage('Image3','','../images/20.3.1.jpg',1)"><img src="..
         /images/20.3.jpg" alt="留言版" name="Image3" width="80px" height=
         "27px" border="0" id="Image3" /></a><!-- 设置鼠标经过图像的超链接 -->
      </td>
    </tr>
    <tr>
      <td height="30px">
         <a href="..." onmouseout="MM_swapImgRestore()" onmouseover="MM_
         swapImage('Image4','','../images/20.4.1.jpg',1)"><img src="..
         /images/20.5.jpg" alt="联系我们" name="Image4" width="80px" height=
         "27px" border="0" id="Image4" /></a><!-- 设置鼠标经过图像的超链接 -->

      </td>
    </tr>
</table>
</body>
```

效果如图 20.4 所示。

图 20.4　使用 table 制作纵向导航条效果图

**说明**：当鼠标放在导航条图片上，导航条图片将会改变样式，如图 20.4 所示。

**【示例 20.5】**下面是使用 div+CSS 制作纵向导航条的效果。示例使用的是外部样式表，放在 css 文件夹里，命名为 20.5.css。这里将分别给出 CSS 文件和页面文件的代码，代码如下。

CSS 文件代码：

```
@charset "utf-8";
/*CSS Document*/
*{margin:0; padding:0px;}
ul{
    list-style-type:none;                           /*定义列表不显示自带图案*/
    margin:10px;                                    /*设置外边距*/
    font-size:12px;
    text-align:center;
}
li a#img1{
    display:block;                                  /*设置图片显示位置*/
    background:url(../images/20.1.jpg) no-repeat;       /*定义背景图片*/
    border:1px solid #ffffff;                       /*设置边框*/
    width:90px; height:22px;
    padding-top:8px;                                /*设置内边距*/
    text-decoration:none;                           /*设置字体没有下划线*/
}
li a#img1:hover{background:url(../images/20.1.1.jpg)}
                                                    /*定义鼠标经过显示背景图片*/
li a#img2{
    display:block;                                  /*设置图片显示位置*/
    background:url(../images/20.2.jpg) no-repeat;  /*定义背景图片*/
    border:1px solid #ffffff;                      /*设置边框*/
    color:#FFFFFF; width:90px; height:22px;
    padding-top:8px;                               /*设置内边距*/
    text-decoration:none;                          /*设置字体没有下划线*/
}
li a#img2:hover{background:url(../images/20.2.1.jpg)}
                                                    /*定义鼠标经过显示背景图片*/
li a#img3{
    display:block;                                  /*设置图片显示位置*/
```

```
    background:url(../images/20.3.jpg) no-repeat;       /*定义背景图片*/
    border:1px solid #ffffff;                           /*设置边框*/
    color:#FFFFFF; width:90px; height:22px;
    padding-top:8px;                                    /*设置内边距*/
    text-decoration:none;                               /*设置字体没有下划线*/
}
li a#img3:hover{background:url(../images/20.3.1.jpg)}
                                                /*定义鼠标经过显示背景图片*/
li a#img4{
    display:block;                              /*设置图片显示位置*/
    background:url(../images/20.5.jpg) no-repeat;  /*定义背景图片*/
    border:1px solid #ffffff;                           /*设置边框*/
    color:#FFFFFF; width:90px; height:22px;
    padding-top:8px;                                    /*设置内边距*/
    text-decoration:none;                               /*设置字体没有下划线*/
}
li a#img4:hover{background:url(../images/20.4.1.jpg)}
                                                /*定义鼠标经过显示背景图片*/
```

由于 CSS 文件里代码比较长，所以在这里可能没能按之前的一个属性一行来进行书写，书写格式在编辑器里，还是提倡尽量一行一个属性为好。

页面文件代码：

```
<!DOCTYPE html PUBLIC "-//W3C//DTD XHTML 1.0 Transitional//EN" "http://
www.w3.org/TR/xhtml1/DTD/xhtml1-transitional.dtd">
<html xmlns="http://www.w3.org/1999/xhtml">
<head>
<meta http-equiv="Content-Type" content="text/html; charset=utf-8" />
<title>示例 20.5</title>
<link href="../css/20.5.css" rel="stylesheet" type="text/css" /> <!--
调用外部样式表 -->
</head>
<body>
<ul>
   <li><a href="..." id="img1"></a></li>
   <li><a href="..." id="img2"></a></li>
   <li><a href="..." id="img3"></a></li>
   <li><a href="..." id="img4"></a></li>
</ul>
</body>
</html>
```

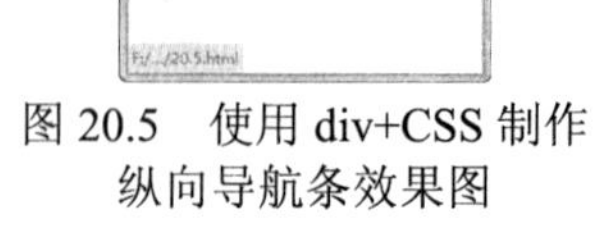

图 20.5　使用 div+CSS 制作纵向导航条效果图

效果如图 20.5 所示。

**说明：** 使用 div+CSS 来制作导航条，可以做出多种效果，而使用 table 制作导航条的话，只能使用图片效果，而不能使用改变背景颜色或者改变字体颜色来制作导航条。

## 20.2　制作下拉菜单

下拉菜单通常应用于把一些具有相同功能的分类放在一起，并把这个下拉菜单置于导航条的一个选项下。下拉菜单是导航条的重要部分。想要实现多浏览器兼容的下拉菜单并不容易，需要用 div+CSS+JavaScript 来实现。本节将讲述两种下拉菜单的制作方法，一种是横向的下拉菜单，一种是纵向的下拉菜单。

### 20.2.1 制作横向下拉菜单

横向下拉菜单是指横向导航条下的下级菜单，一般会有二级和三级的菜单。本小节将会介绍二级下拉菜单的两种显示效果和三级下拉菜单的显示效果。

**【示例 20.6】**下面是使用下拉菜单纵向放置来显示页面的具体效果。示例使用的是外部样式表，放在 css 文件夹里，命名为 20.6.css。这里将分别给出 CSS 文件和页面文件的代码，代码如下。

CSS 文件代码：

```
#NavList,#NavList ul{list-style-type:none;}
#NavList li{display:block; float:left;}
#NavList li a#one
{
    display:block;                                   /*设置图片显示位置*/
    background:url(../images/20.1.jpg) no-repeat;        /*定义背景图片*/
    width:90px;
    height:27px;
}
#NavList li a#one:hover{background:url(../images/20.1.jpg) no-repeat;}
                                                     /*定义鼠标经过显示背景图片*/
#NavList li a#two
{
    display:block;                                   /*设置图片显示位置*/
    background:url(../images/20.2.jpg) no-repeat;  /*定义背景图片*/
    width:90px;
    height:27px;
}
#NavList li a#two:hover{background:url(../images/20.2.jpg) no-repeat;}
                                                     /*定义鼠标经过显示背景图片*/
#NavList li a#three
{
    display:block;                                   /*设置图片显示位置*/
    background:url(../images/20.3.jpg) no-repeat;  /*定义背景图片*/
    width:90px;
    height:27px;
}
#NavList li a#three:hover{background:url(../images/20.3.jpg) no-repeat;}
                                                     /*定义鼠标经过显示背景图片*/
#NavList li a#four
{
    display:block;                                   /*设置图片显示位置*/
    background:url(../images/20.5.jpg) no-repeat;  /*定义背景图片*/
    width:90px;
    height:27px;
}
#NavList li a#four:hover{background:url(../images/20.5.jpg) no-repeat;}
                                                     /*定义鼠标经过显示背景图片*/
#NavList li ul{list-style-type:none; width:80px; display:none; position:
```

```
absolute; margin:0; padding:0;}
#NavList li ul li{width:80px;}
#NavList li ul a{display:block;}
#NavList li ul a#two_one
{
    width:90px;
    height:27px;
    border-bottom:1px solid #333333;
    background-image:url(../images/20.2_1.jpg);
}
#NavList li a#two_one:hover{background-image:url(../images/20.2_11.jpg);}
                                        /*定义鼠标经过显示下拉菜单背景图片*/
#NavList li ul a#two_two
{
    width:90px;
    height:27px;
    border-bottom:1px solid #333333;
    background-image:url(../images/20.2_2.jpg);
}
#NavList li a#two_two:hover{background-image:url(../images/20.2_12.jpg);}
                                    /*定义鼠标经过显示下拉菜单背景图片*/
#NavList li ul a#two_three
{
    width:90px;
    height:27px;
    border-bottom:1px solid #333333;
    background-image:url(../images/20.2_3.jpg);
}
#NavList li a#two_three:hover{background-image:url(../images/20.2_13.jpg);}
                                    /*定义鼠标经过显示下拉菜单背景图片*/
#NavList li:hover ul{display:inline;}       /*定义鼠标经过时弹出下拉菜单*/
#NavList li.sfhover ul{display:inline;}     /*定义鼠标经过时弹出下拉菜单*/
```

在 CSS 文件中，只是在之前导航条的基础上加了下拉菜单的样式，还有最后的两个定义，最后的两个定义是非常重要的，用来设置弹出下拉菜单的显示，没有了最后两个属性，就无法实现下拉菜单的效果。

页面文件代码：

```
<!DOCTYPE html PUBLIC "-//W3C//DTD XHTML 1.0 Transitional//EN" "http://www
.w3.org/TR/xhtml1/DTD/xhtml1-transitional.dtd">
<html xmlns="http://www.w3.org/1999/xhtml">
<head>
<meta http-equiv="Content-Type" content="text/html; charset=utf-8" />
<title>示例 20.6</title>
<link href="css/20.6.css" rel="stylesheet" type="text/css" />
                                                <!-- 调用外部样式表 -->
</head>
<body>
<div class="navFrame">
   <ul id="NavList">                            <!-- 插入列表开始 -->
      <li><a href="…" id="one"></a></li>
      <li><a href="…" id="two"></a>
         <ul>                                   <!-- 插入嵌套列表开始 -->
            <li><a href="…" id="two_one"></a></li>
            <li><a href="…" id="two_two"></a></li>
            <li><a href="…" id="two_three"></a></li>
         </ul>                                  <!-- 插入嵌套列表结束 -->
      </li>
```

```
        <li><a href="…" id="three"></a></li>
        <li><a href="…" id="four"></a></li>
    </ul>                                             <!-- 插入列表结束 -->
</div>
</body>
</html>
```

效果如图 20.6 所示。

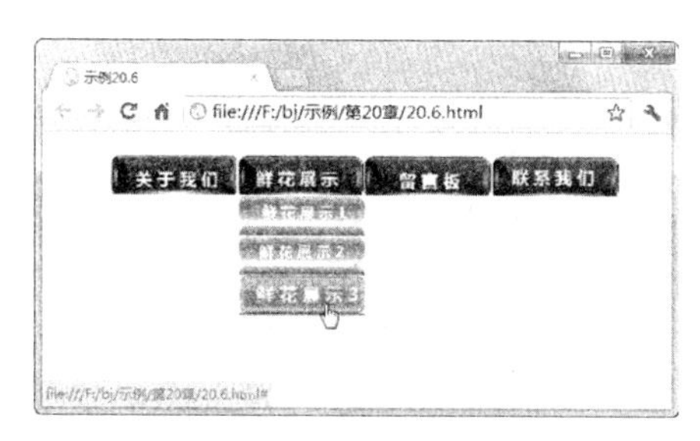

图 20.6　使用下拉菜单纵向放置显示页面效果图

**【示例 20.7】**下面是使用下拉菜单横向放置来显示页面的效果。示例使用的是外部样式表，放在 css 文件夹里，命名为 20.6.css。这里将分别给出 CSS 文件和页面文件的代码，代码如下。

CSS 文件代码：

```
#NavList,#NavList ul{list-style-type:none;}
#NavList li{display:block; float:left;}
#NavList li a#one
{
    display:block;                                      /*设置图片显示位置*/
    background:url(../images/20.1.jpg) no-repeat;  /*定义背景图片*/
    width:90px;
    height:27px;
}
#NavList li a#one:hover{background:url(../images/20.1.jpg) no-repeat;}
                                                /*定义鼠标经过显示背景图片*/
#NavList li a#two
{
    display:block;                              /*设置图片显示位置*/
    background:url(../images/20.2.jpg) no-repeat;  /*定义背景图片*/
    width:90px;
    height:27px;
}
#NavList  li  a#two:hover{background:url(../images/20.2.jpg)  no-repeat;}
    /*定义鼠标经过显示背景图片*/
#NavList li a#three
{
    display:block;                                      /*设置图片显示位置*/
    background:url(../images/20.3.jpg) no-repeat;  /*定义背景图片*/
    width:90px;
    height:27px;
}
#NavList li a#three:hover{background:url(../images/20.3.jpg) no-repeat;}
                                                /*定义鼠标经过显示背景图片*/
#NavList li a#four
{
    display:block;                                      /*设置图片显示位置*/
```

```
    background:url(../images/20.5.jpg) no-repeat;  /*定义背景图片*/
    width:90px;
    height:27px;
}
#NavList li a#four:hover{background:url(../images/20.5.jpg) no-repeat;}
                                                /*定义鼠标经过显示背景图片*/
#NavList li ul{list-style-type:none; width:250px; display:none; position:
absolute; margin:0; padding:0;}
#NavList li ul li{width:80px;}
#NavList li ul a{display:block;}
#NavList li ul a#two_one
{
    width:90px;
    height:20px;
    border-bottom:1px solid #333333;
    background-image:url(../images/20.2_1.jpg);
}
#NavList li a#two_one:hover{width:90px; height:20px; background-image:
url(../images/20.2_11.jpg);}             /*定义鼠标经过显示下拉菜单背景图片*/
#NavList li ul a#two_two
{
    width:90px;
    height:20px;
    border-bottom:1px solid #333333;
    background-image:url(../images/20.2_2.jpg);
}
#NavList li a#two_two:hover{width:90px; height:20px;  background-image:
url(../images/20.2_12.jpg);}             /*定义鼠标经过显示下拉菜单背景图片*/
#NavList li ul a#two_three
{
    width:90px;
    height:20px;
    border-bottom:1px solid #333333;
    background-image:url(../images/20.2_3.jpg);
}
#NavList li a#two_three:hover{width:90px; height:20px;  background-image:
url(../images/20.2_13.jpg);}                 /*定义鼠标经过显示下拉菜单背景图片*/
#NavList li:hover ul{display:inline;}        /*定义鼠标经过时弹出下拉菜单*/
#NavList li.sfhover ul{display:inline;}      /*定义鼠标经过时弹出下拉菜单*/
```

由于示例20.7和示例20.6的CSS文件几乎是一样的，只需要增加li和ul里面的宽度便可以把下拉菜单变成横向菜单，所以这里就把选择器里的属性全部缩放在一行，具体格式参照示例20.6就可以了。

页面文件代码：

```
<!DOCTYPE html PUBLIC "-//W3C//DTD XHTML 1.0 Transitional//EN" "http://
www.w3.org/TR/xhtml1/DTD/xhtml1-transitional.dtd">
<html xmlns="http://www.w3.org/1999/xhtml">
<head>
<meta http-equiv="Content-Type" content="text/html; charset=utf-8" />
<title>示例 20.7</title>
<link href="../css/20.7.css" rel="stylesheet" type="text/css" />
                                            <!-- 调用外部样式表 -->
</head>
<body>
<div class="navFrame">
    <ul id="NavList">                       <!-- 插入列表开始 -->
        <li><a href="..." id="one"></a></li>
```

```
        <li><a href="..." id="two"></a>
            <ul>                                 <!-- 插入嵌套列表开始 -->
                <li><a href="..." id="two_one"></a></li>
                <li><a href="..." id="two_two"></a></li>
                <li><a href="..." id="two_three"></a></li>
            </ul>                                <!-- 插入嵌套列表结束 -->
        </li>
        <li><a href="..." id="three"></a></li>
        <li><a href="..." id="four"></a></li>
    </ul>                                        <!-- 插入列表结束 -->
</div>
</body>
</html>
```

效果如图 20.7 所示。

图 20.7　使用下拉菜单横向放置显示页面效果图

**【示例 20.8】**下面是使用三级下拉菜单纵向放置的效果。示例使用的是外部样式表，放在 css 文件夹里，命名为 20.8.css。这里将分别给出 CSS 文件和页面文件的代码，代码如下。

CSS 文件代码：

```
@charset "utf-8";
/*CSS Document*/
#NavList,#NavList ul{list-style-type:none;}
#NavList li{display:block; float:left;}
#NavList li a#one{display:block; background:url(../images/20.1.jpg) no-repeat; width:90px; height:27px; }
#NavList li a#one:hover{background:url(../images/20.1.1.jpg) no-repeat;}
                                          /*定义鼠标经过显示背景图片*/
#NavList li a#two{display:block; background:url(../images/20.2.jpg) no-repeat; width:90px; height:27px; }
#NavList li a#two:hover{background:url(../images/20.2.1.jpg) no-repeat;}
                                          /*定义鼠标经过显示背景图片*/
#NavList li a#three{display:block; background:url(../images/20.3.jpg) no-repeat; width:90px; height:27px; }
#NavList li a#three:hover{background:url(../images/20.3.1.jpg) no-repeat;}
                         /*定义鼠标经过显示背景图片*/
#NavList li a#four{display:block; background:url(../images/20.5.jpg) no-repeat; width:90px; height:27px; }
#NavList li a#four:hover{background:url(../images/20.4.1.jpg) no-repeat;}
                         /*定义鼠标经过显示背景图片*/
#NavList li ul{list-style-type:none; width:80px; display:none; position:absolute; margin:0; padding:0;}
```

```
#NavList li ul li{width:80px;}
#NavList li ul a{display:block;}
#NavList li ul a#two_one{width:90px; height:27px;  background-image:
url(../images/20.2_1.jpg);}
#NavList li a#two_one:hover{background-image:url(../images/20.2_1.jpg);}
#NavList li ul a#two_two{width:90px; height:27px; background-image:
url(../images/20.2_2.jpg);}
#NavList li a#two_two:hover{background-image:url(../images/20.2_2.jpg);}
#NavList li ul a#two_three{width:90px; height:27px;background-image:url
(../images/20.2_3.jpg);}
#NavList li a#two_three:hover{background-image:url(../images/20.2_3.jpg);}
#NavList li:hover ul{display:inline;}        /*定义鼠标经过时弹出下拉菜单*/
#NavList li.sfhover ul{display:inline;}      /*定义鼠标经过时弹出下拉菜单*/
#NavList li:hover ul li ul{list-style-type:none; width:90px; display:none;
position:absolute; margin:0; padding:0; margin-left:90px; margin-top:
-19px;}
#NavList li:hover ul li ul li{width:80px;}
#NavList li:hover ul li ul a{display:block;}
#NavList li:hover  ul li ul a#two_two_one{width:80px; height:19px;
background-image:url(../images/20.2_111.jpg);}
#NavList li:hover  ul li a#two_two_one:hover{background-image:url
(../images/20.2_1111.jpg);}
#NavList li:hover  ul li ul a#two_two_two{width:80px; height:19px;
background-image:url(../images/20.2_112.jpg);}
#NavList li:hover  ul li a#two_two_two:hover{background-image:url
(../images/20.2_1112.jpg);}
#NavList li:hover  ul li ul a#two_two_three{width:80px; height:19px;
background-image:url(../images/20.2_113.jpg);}
#NavList li:hover  ul li a#two_two_three:hover{background-image:ur
(../images/20.2_1113.jpg);}
#NavList li:hover ul li:hover ul{display:block; position:absolute;}
                                          /*定义鼠标经过时弹出下拉菜单*/
```

**说明**：由于属性过多的关系，这里把选择器里的属性都放在一起了，可能看起来会比较密集了一点，但是，只要用 Dreamweaver 再看一下便可以清晰明白。上半部分都是使用前面二级菜单的代码，只是后来添加了三级菜单的部分。

页面文件代码：

```
<!DOCTYPE html PUBLIC "-//W3C//DTD XHTML 1.0 Transitional//EN" "http://www
.w3.org/TR/xhtml1/DTD/xhtml1-transitional.dtd">
<html xmlns="http://www.w3.org/1999/xhtml">
<head>
<meta http-equiv="Content-Type" content="text/html; charset=utf-8" />
<title>示例 20.8</title>
<link href="../css/20.8.css" rel="stylesheet" type="text/css" />
    <!-- 调用外部样式表 -->
<script language="javascript" src="scripts/menu.javascript"  type="text/
javascript"></script>          <!-- 调用 JavaScript 程序 -->
</head>
<body>
<div class="navFrame">
    <ul id="NavList">              <!-- 插入列表开始 -->
        <li><a href="..." id="one"></a></li>
        <li><a href="..." id="two"></a>
            <ul>                   <!-- 插入第一层嵌套列表开始 -->
                <li><a href="..." id="two_one"></a></li>
                <li><a href="..." id="two_two"></a>
```

```
                <ul>              <!-- 插入第二层列表开始 -->
                    <li><a href="..." id="two_two_one"></a></li>
                    <li><a href="..." id="two_two_two"></a></li>
                    <li><a href="..." id="two_two_three"></a></li>
                </ul>             <!-- 插入第二层列表结束 -->
            </li>
            <li><a href="..." id="two_three"></a></li>
        </ul>                     <!-- 插入第一层嵌套列表结束 -->
    </li>
    <li><a href="..." id="three"></a></li>
    <li><a href="..." id="four"></a></li>
  </ul>                           <!-- 插入列表结束 -->
</div>
</body>
</html>
```

效果如图 20.8 所示。

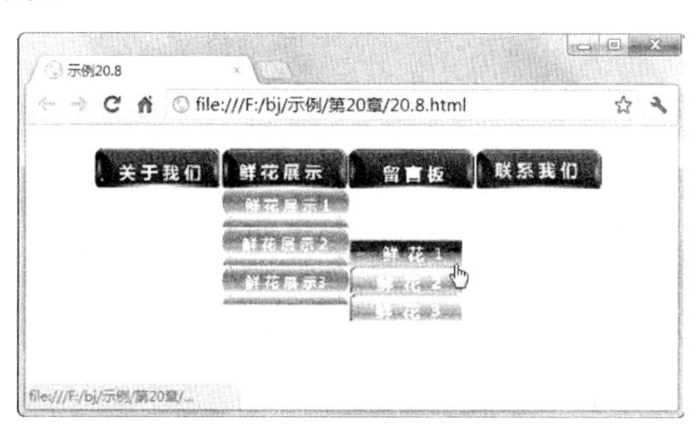

图 20.8　使用三级下拉菜单纵向放置效果图

## 20.2.2　制作纵向下拉菜单

纵向下拉菜单是指纵向导航条下的下级菜单，一般会有二级和三级的菜单。本小节将会介绍二级下拉菜单显示效果和三级下拉菜单的显示效果。

**【示例 20.9】**下面是使用下拉菜单纵向放置来显示页面的效果。示例使用的是外部样式表，放在 css 文件夹里，命名为 20.9.css。这里将分别给出 CSS 文件和页面文件的代码，代码如下。

CSS 文件代码：

```
#NavList,#NavList ul{list-style-type:none; width:90px;}
#NavList li{display:block; float:left;}
#NavList li a#one
{
    display:block;                                      /*设置图片显示位置*/
    background:url(../images/20.1.jpg) no-repeat;   /*定义背景图片*/
    border-bottom:1px solid #CCCCCC;
    width:90px;
    height:27px;
}
#NavList li a#one:hover{background:url(../images/20.1.1.jpg) no-repeat;}
                                                /*定义鼠标经过显示背景图片*/
#NavList li a#two
```

```
{
    display:block;                                          /*设置图片显示位置*/
    background:url(../images/20.2.jpg) no-repeat;  /*定义背景图片*/
    border-bottom:1px solid #CCCCCC;
    width:90px;
    height:27px;
}
#NavList li a#two:hover{background:url(../images/20.2.1.jpg) no-repeat;}
                                                 /*定义鼠标经过显示背景图片*/
#NavList li a#three
{
    display:block;                                   /*设置图片显示位置*/
    background:url(../images/20.3.jpg) no-repeat;  /*定义背景图片*/
    border-bottom:1px solid #CCCCCC;
    width:90px;
    height:27px;
}
#NavList li a#three:hover{background:url(../images/20.3.1.jpg) no-repeat;}
    /*定义鼠标经过显示背景图片*/
#NavList li a#four
{
    display:block;                                          /*设置图片显示位置*/
    background:url(../images/20.5.jpg) no-repeat;  /*定义背景图片*/
    border-bottom:1px solid #CCCCCC;
    width:90px;
    height:27px;
}
#NavList li a#four:hover{background:url(../images/20.4.1.jpg) no-repeat;}
                                                 /*定义鼠标经过显示背景图片*/
#NavList li ul{list-style-type:none; width:90px; display:none; position:
absolute; margin:0; padding:0; margin-left:90px; margin-top:-27px;}
#NavList li ul li{width:90px;}
#NavList li ul a{display:block;}
#NavList li ul a#two_one
{
    width:90px;
    height:27px;
    background-image:url(../images/20.2_1.jpg);
}
#NavList li a#two_one:hover{background-image:url(../images/20.2_11.jpg);}
#NavList li ul a#two_two
{
    width:90px;
    height:27px;
    border-bottom:1px solid #333333;
    background-image:url(../images/20.2_2.jpg);
}
#NavList li a#two_two:hover{background-image:url(../images/20.2_12.jpg);}
#NavList li ul a#two_three
{
    width:90px;
    height:27px;
    border-bottom:1px solid #333333;
    background-image:url(../images/20.2_3.jpg);
}
#NavList li a#two_three:hover{background-image:url(../images/20.2_13.jpg);}
#NavList li:hover ul{display:inline;}       /*定义鼠标经过时弹出下拉菜单*/
#NavList li.sfhover ul{display:inline;}    /*定义鼠标经过时弹出下拉菜单*/
```

**说明：** 在 CSS 文件中，可以看到，设置纵向菜单的样式和设置二级菜单下的样式差不多一样。而页面文件代码则和横向菜单的代码一样，从这里就可以看到 CSS+语义标记代码的可用性有多强了。

页面文件代码：

```
<!DOCTYPE html PUBLIC "-//W3C//DTD XHTML 1.0 Transitional//EN" "http://
www.w3.org/TR/xhtml1/DTD/xhtml1-transitional.dtd">
<html xmlns="http://www.w3.org/1999/xhtml">
<head>
<meta http-equiv="Content-Type" content="text/html; charset=utf-8" />
<title>示例 20.9</title>
<link href="../css/20.9.css" rel="stylesheet" type="text/css" />
                                                <!-- 调用外部样式表 -->
</head>
<body>
<div class="navFrame">
 <ul id="NavList">                              <!-- 插入列表开始 -->
      <li><a href="..." id="one"></a></li>
      <li><a href="..." id="two"></a>
          <ul>                                  <!-- 插入嵌套列表开始 -->
              <li><a href="..." id="two_one"></a></li>
              <li><a href="..." id="two_two"></a></li>
              <li><a href="..." id="two_three"></a></li>
          </ul>                                 <!-- 插入嵌套列表结束 -->
      </li>
      <li><a href="..." id="three"></a></li>
      <li><a href="..." id="four"></a></li>
   </ul>                                        <!-- 插入列表结束 -->
</div>
</body>
</html>
```

效果如图 20.9 所示。

图 20.9　使用下拉菜单纵向放置显示页面效果图

**【示例 20.10】** 下面是使用三级下拉菜单纵向放置的效果。示例使用的是外部样式表，放在 css 文件夹里，命名为 20.10.css。这里将分别给出 CSS 文件和页面文件的代码，代码如下。

CSS 文件代码：

```
@charset "utf-8";
/*CSS Document*/
#NavList,#NavList ul{list-style-type:none; width:90px;}
#NavList li{display:block; float:left;}
#NavList li a#one{display:block; background:url(../images/20.1.jpg)
no-repeat; width:90px; height:27px; }
#NavList li a#one:hover{background:url(../images/20.1.1.jpg) no-repeat;}
                                        /*定义鼠标经过显示背景图片*/
#NavList li a#two{display:block; background:url(../images/20.2.jpg)
no-repeat; width:90px; height:27px; }
#NavList li a#two:hover{background:url(../images/20.2.1.jpg) no-repeat;}
                                        /*定义鼠标经过显示背景图片*/
#NavList li a#three{display:block; background:url(../images/20.3.jpg)
no-repeat; width:90px; height:27px; }
#NavList li a#three:hover{background:url(../images/20.3.1.jpg) no-repeat;}
                                        /*定义鼠标经过显示背景图片*/
#NavList li a#four{display:block; background:url(../images/20.5.jpg)
no-repeat; width:90px; height:27px; }
#NavList li a#four:hover{background:url(../images/20.4.1.jpg) no-repeat;}
                                        /*定义鼠标经过显示背景图片*/
#NavList li ul{list-style-type:none; width:90px; display:none; position:
absolute; margin:0; padding:0; margin-left:90px; margin-top:-27px;}
#NavList li ul li{width:90px;}
#NavList li ul a{display:block;}
#NavList li ul a#two_one{width:90px; height:27px; background-image:url
(../images/20.2_1.jpg);}
#NavList li a#two_one:hover{background-image:url(../images/20.2_11.jpg);}
#NavList li ul a#two_two{width:90px; height:27px; background-image:url
(../images/20.2_2.jpg);}
#NavList li a#two_two:hover{background-image:url(../images/20.2_12.jpg);}
#NavList li ul a#two_three{width:90px; height:27px; background-image:url
(../images/20.2_3.jpg);}
#NavList li a#two_three:hover{background-image:url(../images/20.2_13.jpg);}
#NavList li:hover ul{display:inline;}        /*定义鼠标经过时弹出下拉菜单*/
#NavList li.sfhover ul{display:inline;}      /*定义鼠标经过时弹出下拉菜单*/
#NavList li:hover ul li ul{list-style-type:none; width:80px; display:none;
position:absolute; margin:0; padding:0; margin-left:90px; margin-top:
-19px;}
#NavList li:hover ul li ul li{width:80px;}
#NavList li:hover ul li ul a{display:block;}
#NavList li:hover ul li ul a#two_two_one{width:80px; height:19px;
background-image:url(../images/20.2_111.jpg);}
#NavList li:hover ul li a#two_two_one:hover{background-image:url
(../images/20.2_1111.jpg);}
#NavList li:hover ul li ul a#two_two_two{width:80px; height:19px;
background-image:url(../images/20.2_112.jpg);}
#NavList li:hover ul li a#two_two_two:hover{background-image:url(../images
/20.2_1112.jpg);}
#NavList li:hover ul li ul a#two_two_three{width:80px; height:19px;
background-image:url(../images/20.2_113.jpg);}
#NavList li:hover ul li a#two_two_three:hover{background-image:url
(../images/20.2_1113.jpg);}
#NavList li:hover ul li:hover ul{display:block; position:absolute;}
                                               /*定义鼠标经过时弹出下拉菜单*/
```

页面文件代码：

```
<!DOCTYPE html PUBLIC "-//W3C//DTD XHTML 1.0 Transitional//EN" "http://www
.w3.org/TR/xhtml1/DTD/xhtml1-transitional.dtd">
<html xmlns="http://www.w3.org/1999/xhtml">
```

```
<head>
<meta http-equiv="Content-Type" content="text/html; charset=utf-8" />
<title>示例 20.10</title>
<link href="../css/20.10.css" rel="stylesheet" type="text/css" />
                                        <!-- 调用外部样式表 -->
</head>
<body>
<div class="navFrame">
   <ul id="NavList">                    <!-- 插入列表开始 -->
      <li><a href="..." id="one"></a></li>
      <li><a href="..." id="two"></a>
         <ul>                           <!-- 插入第一层嵌套列表开始 -->
            <li><a href="..." id="two_one"></a></li>
            <li><a href="..." id="two_two"></a>
               <ul>                     <!-- 插入第二层列表开始 -->
                  <li><a href="..." id="two_two_one"></a></li>
                  <li><a href="..." id="two_two_two"></a></li>
                  <li><a href="..." id="two_two_three"></a></li>
               </ul>                    <!-- 插入第二层列表结束 -->
            </li>
            <li><a href="..." id="two_three"></a></li>
         </ul>                          <!-- 插入第一层嵌套列表结束 -->
      </li>
      <li><a href="..." id="three"></a></li>
      <li><a href="..." id="four"></a></li>
   </ul>                                <!-- 插入列表结束 -->
</div>
</body>
</html>
```

效果如图 20.10 所示。

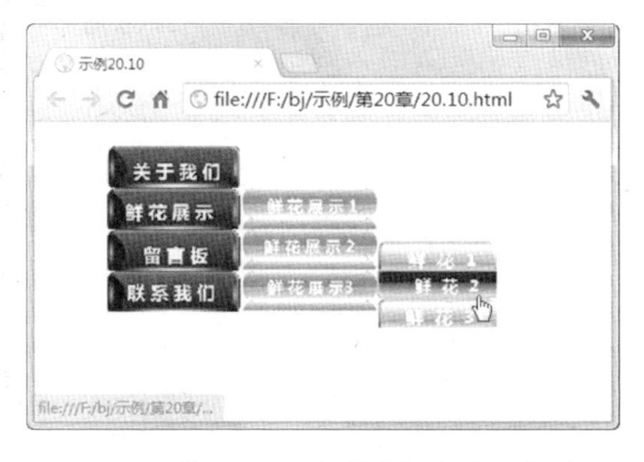


图 20.10　使用三级下拉菜单纵向放置效果图

**说明：** 示例中，当鼠标放在“鲜花展示 2”时弹出三级下拉菜单，当鼠标放在三级下拉菜单上，图片会变成其他颜色，如图 20.10 所示。

## 20.3　CSS 制作小三角形菜单

小三角形显示的菜单，是指不使用图片，而是使用 CSS 制作出小三角形的箭头来作为菜单的图标。本节将举例说明这种菜单的制作方法。

**【示例 20.11】**下面是使用 CSS 制作小三角形菜单的效果。示例使用的是外部样式表，放在 css 文件夹里，命名为 20.11.css。这里将分别给出 CSS 文件和页面文件的代码，代码如下。

CSS 文件代码：

```
@charset "utf-8";
/*CSS Document*/
*{
    margin:0;
    padding:0;
    font-size:12px;
    font-family:Verdana, "宋体", Arial;
    line-height:24px;
    list-style:none;
}
#nav
{
    margin:50px;                                        /*设置外边距*/
    border:1px dashed #F00;                             /*设置边框*/
    background:url(../images/20.6.jpg) no-repeat;       /*设置背景图片*/
    padding:50px;                                       /*设置内边距*/
}
a:link,a:visited{color:#36F;text-decoration: none;}     /*设置菜单颜色*/
a:hover,a:active{ color:#F00;}                          /*设置鼠标经过时菜单颜色*/
#nav a span                                             /*制作三角形图标*/
{
    overflow:hidden;
    border-top:6px solid #BFF2FF;
    border-left:6px solid #BFF2FF;
    border-bottom:6px solid #BFF2FF;
    height:0px; width:0px;
    margin:2px 2px 0 -10px;
    position:absolute
}
#nav a:hover span                                       /*制作鼠标经过后三角形图标*/
{

    border-top:6px solid #BFF2FF;
    border-left:6px solid #FF3300;
    border-bottom:6px solid #BFF2FF;
    overflow:hidden;
    float:left;
}
```

这是使用 CSS 制作出来的三角形图标，简洁而且可以根据需要更改颜色和大小。

页面文件代码：

```
<!DOCTYPE html PUBLIC "-//W3C//DTD XHTML 1.0 Transitional//EN" "http://www
.w3.org/TR/xhtml1/DTD/xhtml1-transitional.dtd">
<html xmlns="http://www.w3.org/1999/xhtml">
<head>
<meta http-equiv="Content-Type" content="text/html; charset=utf-8" />
<title>示例 20.11</title>
<link href="../css/20.11.css" rel="stylesheet" type="text/css" />
                                            <!-- 调用外部样式表 -->
</head>
```

```
<body>
<div id="nav">
    <h1>使用 CSS 制作小三角形菜单</h1>
    <ul>                                           <!-- 插入列表 -->
        <li><a href="..." _fcksavedurl="..." target="_blank"><span></span>
        关于我们</a></li>
        <li><a href="..." _fcksavedurl="..." target="_blank"><span></span>
        鲜花展示</a></li>
        <li><a href="..." _fcksavedurl="..." target="_blank"><span></span>
        留言版</a></li>
        <li><a href="..." _fcksavedurl="..." target="_blank"><span></span>
        联系我们</a></li>
    </ul>
</div>
</body>
</html>
```

效果如图 20.11 所示。

**技巧：** 此菜单效果，适合用来做下级菜单的效果。

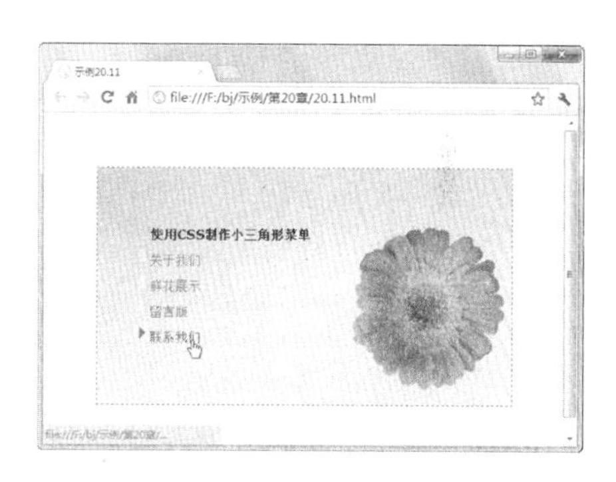

图 20.11　使用 CSS 制作小三角形菜单效果图

下面将提供几种不同方向的小三角形的制作方法，供以后制作网站使用。

【示例 20.12】下面是使用 CSS 制作不同的小三角形具体效果。示例使用的是外部样式表，放在 css 文件夹里，命名为 20.12.css。这里将分别给出 CSS 文件和页面文件的代码，代码如下。

CSS 文件代码：

```
*{ margin:0; padding:0; font-size:12px; font-family:Verdana, "宋体", Arial;
line-height:1.8; list-style:none;}
#info,#nav
{
    margin:50px;
    border:1px dashed #FF3300;                          /*设置边框*/
    background:url(../images/20.6.jpg) no-repeat;       /*设置背景图片*/
    padding:50px;
}
#info div
{
    background:#FF0000;                                 /*设置背景颜色*/
    width:0px;
    height:0px;
    overflow:hidden;
    margin-bottom:10px;
}
/*不同方向三角形的制作*/
#com_a
{
    border-top:10px solid #BFF2FF;                      /*设置上边框*/
    border-left:10px solid #FF3300;                     /*设置左边框*/
    border-bottom:10px solid #BFF2FF;                   /*设置下边框*/
}
#com_b
```

```
{
    border-top:10px solid #BFF2FF;                    /*设置上边框*/
    border-right:10px solid #FF3300;                  /*设置右边框*/
    border-bottom:10px solid #BFF2FF;                 /*设置下边框*/
}
#com_c
{
    border-top:10px solid #BFF2FF;                    /*设置上边框*/
    border-right:10px solid #FF3300;                  /*设置右边框*/
    border-bottom:10px solid #BFF2FF;                 /*设置下边框*/
    border-left:10px solid #FF3300;                   /*设置左边框*/
}
#com_d
{
    border-top:10px solid #FF3300;                    /*设置上边框*/
    border-right:10px solid #BFF2FF;                  /*设置右边框*/
    border-bottom:10px solid #FF3300;                 /*设置下边框*/
    border-left:10px solid #BFF2FF;                   /*设置左边框*/
}
#com_e
{
    border-top:10px solid #BFF2FF;                    /*设置上边框*/
    border-left:10px solid #FF3300;                   /*设置左边框*/
}
#com_f
{
    border-top:10px solid #FF3300;                    /*设置上边框*/
    border-right:10px solid #BFF2FF;                  /*设置右边框*/
    border-left:10px solid #BFF2FF;                   /*设置左边框*/
}
#com_g
{
    border-right:10px solid #BFF2FF;                  /*设置右边框*/
    border-bottom:10px solid #FF3300;                 /*设置下边框*/
    border-left:10px solid #BFF2FF;                   /*设置左边框*/
}
#com_h
{
    border-top:10px solid #FF3300;                    /*设置上边框*/
    border-bottom:10px solid #FF3300;                 /*设置下边框*/
    border-left:10px solid #BFF2FF;                   /*设置左边框*/
}
#com_i
{
    border-top:10px solid #FF3300;                    /*设置上边框*/
    border-right:10px solid #FF3300;                  /*设置右边框*/
    border-bottom:10px solid #FF3300;                 /*设置下边框*/
    border-left:10px solid #BFF2FF;                   /*设置左边框*/
}
```

**说明：**CSS 文件中，每个选择器里都设置了不同的三角形符号，符号可以自己调整大小和颜色。

页面文件代码：

```
<!DOCTYPE html PUBLIC "-//W3C//DTD XHTML 1.0 Transitional//EN" "http://www
.w3.org/TR/xhtml1/DTD/xhtml1-transitional.dtd">
<html xmlns="http://www.w3.org/1999/xhtml">
<head>
<meta http-equiv="Content-Type" content="text/html; charset=utf-8" />
<title>示例 20.12</title>
<link href="css/20.12.css" rel="stylesheet" type="text/css" />    <!--
调用外部样式表 -->
</head>
<body>
<div id="info">
    <h1>不同方向的三角形的制作</h1>
    <div id="com_a"></div>
    <div id="com_b"></div>
    <div id="com_f"></div>
    <div id="com_g"></div>
    <div id="com_c"></div>
    <div id="com_d"></div>
    <div id="com_e"></div>
    <div id="com_h"></div>
    <div id="com_i"></div>
</div>
</body>
</html>
```

效果如图 20.12 所示。

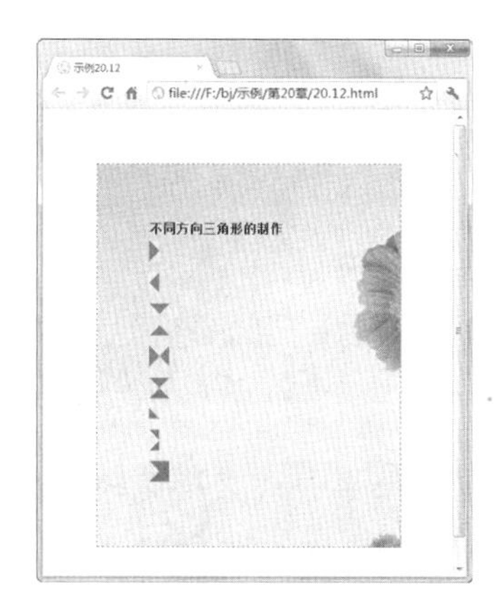


图 20.12　使用 CSS 制作不同的小三角形效果图

# 20.4　制作居中效果

在 table 标签里，使用属性 align 就可以制作一个居中效果。但是在 div 里，居中往往不是那么简单的事情。本节将介绍两种居中方式，一种是水平居中，一种是垂直居中。

## 20.4.1　制作 div 水平居中

在前面制作的博客中提到过 div 的水平居中。在实际应用中，div 的水平居中是应用非常广的。本小节将使用一个十字架的制作来体现 div 的水平居中。

【示例 20.13】下面是使用 div 制作水平居中的具体效果。示例使用的是外部样式表，放在 css 文件夹里，命名为 20.13.css。这里将分别给出 CSS 文件和页面文件的代码，代码如下。

CSS 文件代码：

```
@charset "utf-8";
/*CSS Document*/
*{ margin:0 auto; padding:0; text-align:center;}   /*设置水平居中*/
.mainfram
{
    width:150px;
    height:150px;
}
.czfram
{
    background-color:#F00;
    width:40px;
    height:150px;
}
.spfram
{
    background-color:#F00;
    width:150px;
    height:40px;
    float:inherit;                                  /*设置浮动*/
    margin-top:-100px;                              /*设置外边距*/
}
```

页面文件代码：

```
<!DOCTYPE html PUBLIC "-//W3C//DTD XHTML 1.0 Transitional//EN" "http://www
.w3.org/TR/xhtml1/DTD/xhtml1-transitional.dtd">
<html xmlns="http://www.w3.org/1999/xhtml">
<head>
<meta http-equiv="Content-Type" content="text/html; charset=utf-8" />
<title>示例 20.13</title>
<link href="../css/20.13.css" rel="stylesheet" type="text/css" />
                                                <!-- 调用外部样式表 -->
</head>
<body>
<div class="mainfram">
    <div class="czfram"></div>
    <div class="spfram"></div>
</div>
</body>
</html>
```

效果如图 20.13 所示。

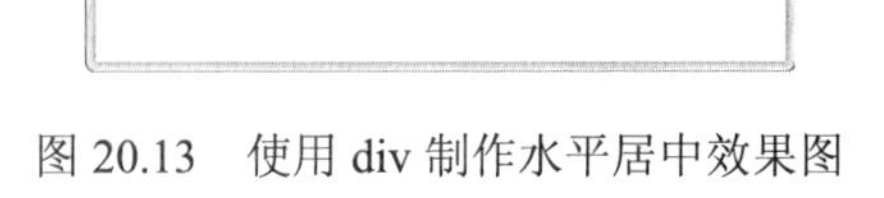


图 20.13　使用 div 制作水平居中效果图

**说明：**示例 20.13 中的图案，可以根据窗口的大小自行进行居中。

## 20.4.2　制作 div 垂直居中

div 垂直居中比 div 水平居中要难控制，本小节举例说明的是相对垂直居中。

**【示例 20.14】**下面是使用 div 制作垂直居中的具体效果。示例使用的是外部样式表，放在 css 文件夹里，命名为 20.14.css。这里将分别给出 CSS 文件和页面文件的代码，代码如下。

CSS 文件代码：

```
@charset "utf-8";
/*CSS Document*/
*{ margin:0 auto; padding:0; text-align:center;}        /*设置居中*/
.mainfram
{
    width:150px;
    height:150px;
    position:absolute;
    top:50%;
    left:50%;
    margin:-100px 0 0 -100px;
}
.czfram
{
    background-color:#F00;
    width:50px;
    height:150px;
}
.spfram
{
    background-color:#F00;
    width:150px;
    height:50px;
    float:inherit;                                    /*设置浮动*/
    margin-top:-100px;                                /*设置外边距*/
}
```

页面文件代码：

```
<!DOCTYPE html PUBLIC "-//W3C//DTD XHTML 1.0 Transitional//EN" "http://www
.w3.org/TR/xhtml1/DTD/xhtml1-transitional.dtd">
<html xmlns="http://www.w3.org/1999/xhtml">
<head>
<meta http-equiv="Content-Type" content="text/html; charset=utf-8" />
<title>示例 20.14</title>
<link href="../css/20.14.css" rel="stylesheet" type="text/css" />
                    <!-- 调用外部样式表 -->
</head>
<body>
<div class="mainfram">
    <div class="czfram"></div>
    <div class="spfram"></div>
</div>
</body>
</html>
```

效果如图 20.14 所示。

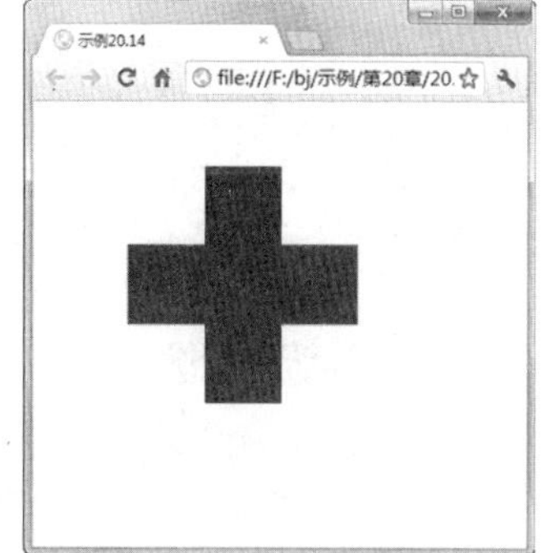


图 20.14　使用 div 制作垂直居中效果图

**说明：**示例 20.14 中的图案，可以根据窗口的大小自行进行垂直居中。

# 20.5　制作搜索引擎

使用 CSS 可以制作出漂亮的搜索引擎，是用 CSS+JavaScript 放在页面里的。本小节就来讲解利用图片来制作搜索引擎的方法。

**【示例 20.15】**下面是使用 CSS+JavaScript 制作漂亮搜索引擎的具体效果。示例使用的是外部样式表，放在 css 文件夹里，命名为 20.15.css。这里将分别给出 CSS 文件和页面文件的代码，代码如下。

CSS 文件代码：

```
@charset "utf-8";
/*CSS Document*/
body
{
    font: normal 100% 'Arial','Helvetica','Verdana',sans-serif;
                                                        /*设置字体属性*/
    color: #333;                                        /*设置字体颜色*/
}
p
{
    padding: 12px 0;                                    /*设置内边距*/
    margin: 0;                                          /*设置外边距*/
    font-size: .8em;                                    /*设置字体大小*/
    line-height: 1.5;
}
form
{
    margin: 0;                                          /*设置外边距*/
}
#search_box
{
    width: 175px;
    height: 54px;
    background: url(../images/20.81.jpg);               /*设置背景图片*/
}
#search_box #s
{
    float: left;                                        /*设置左浮动*/
    padding: 0;                                         /*设置内边距*/
    margin: 18px 0 0 34px;                              /*设置外边距*/
    border: 0;
    width: 134px;
    background: none;
    font-size: 1.1em;

}
#search_box #go
{
    float: right;                                       /*设置右浮动*/
    margin: 0px -90px 0 0;                              /*设置外边距*/
}
```

页面文件代码：

```
<!DOCTYPE html PUBLIC "-//W3C//DTD XHTML 1.0 Transitional//EN" "http://www
.w3.org/TR/xhtml1/DTD/xhtml1-transitional.dtd">
<html xmlns="http://www.w3.org/1999/xhtml">
<head>
<meta http-equiv="Content-Type" content="text/html; charset=utf-8" />
<!-- JavaScript 程序开始 -->
<script language="javascript" type="text/javascript">
$(function() {
    swapValues = [];
    $(".swap_value").each(function(i){
        swapValues[i] = $(this).val();
        $(this).focus(function(){
            if ($(this).val() == swapValues[i]) {
                $(this).val("");
            }
        }).blur(function(){
            if ($.trim($(this).val()) == "") {
                $(this).val(swapValues[i]);
            }
        });
    });
});
</script>
<!-- JavaScript 程序结束 -->
<title>示例 20.15</title>
<link href="../css/20.15.css" rel="stylesheet" type="text/css" />
    <!-- 调用外部样式表 -->
</head>
<body>
<div id="search_box">
<!-- 表单开始 -->
    <form id="search_form" method="post" action="#">
      <input type="text" id="s" value="搜索" class="swap_value" />
    </form>
  <input type="image" src="../images/20.91.jpg" width="91" height="54"
id="go" alt="搜索" title="搜索" />
</div>
</body>
</html>
```

效果如图 20.15 所示。

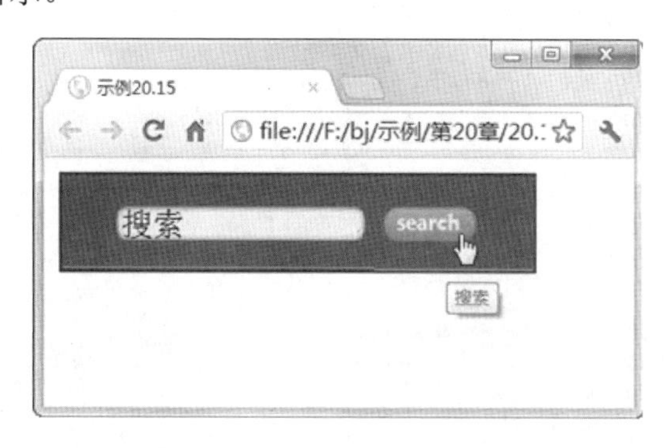


图 20.15　使用 CSS+JavaScript 制作漂亮搜索引擎效果图

**技巧：**示例 20.15 中的图片可以根据设计师设计的图片进行更改，两张图片的更改，使网站更加灵活和漂亮。

# 20.6　制作图片浏览器

制作图片浏览器，是通过 CSS+JavaScript 来共同完成的。这里将给出一个很好用的图片浏览器，当鼠标经过左边的图像时，便可以看到右边的大图。

**【示例 20.16】**下面是使用 CSS+JavaScript 制作图片浏览器的效果。示例使用的是外部样式表，放在 css 文件夹里，命名为 20.16.css。这里将分别给出 CSS 文件和页面文件的代码，代码如下。

CSS 文件代码：

```
h2,ul,li{margin:0; padding:0; list-style:none;}
img{border:0;}
.copyright{position:relative; top:520px; left:10px; width:300px; height:
200px; line-height:10px;}
.copyright a:link{color:#666666; text-decoration:none;}
.copyright a:hover{color:#CC9900; text-decoration:underline;}
.imgview{position:relative; top:0; width:850px; height:auto; min-height:
440px; background-color:#CCC; font-size:80%;}
.imgview h2{position:absolute; top:10px; left:10px; width:290px; height:
30px; background-color:#FFFFFF; color:#F00; font-size:1.2em; text-indent:
10px; line-height:30px; }
.imgview ul{position:absolute; top:50px; left:10px; z-index:999; width:
290px; height:auto; min-height:380px; background-color:#FFFFFF;}
.imgview ul li{float:left; width:82px; height:59px; margin:8px 6px 7px;
border:1px solid #DEDEDE;}
.imgview ul li strong{display:none;}
.imgview ul li:hover{cursor:pointer;}
.imgview ul li a:hover{display:block; width:100%; height:100%; text-
decoration:none;}
.imgview ul li:hover strong,
.imgview ul li a:hover strong{display:block; position:absolute; top:350px;
left:300px;    width:537px;    height:30px;    background-color:#FFFFFF;
color:#000000; text-indent:10px; line-height:30px;}
.imgview ul li:hover span img, .imgview ul li a:hover span img{position:
absolute; top:-40px; left:300px; width:537px; height:380px; }
.imgview ul li img{ width:80px; height:57px; }
.imgview .imgview-bgtext{
 position:absolute;
 top:9px;
 left:309px;
 z-index:1;
 width:538px;
 height:380px;
 border:1px solid #999999;
 color:#EFEFEF;
 font-size:5em;
 text-align:center;
 line-height:380px;
}

/*==S== hack ====*/
.imgview{
 /*lte IE 6 hack*/
_height:440px;
_font-size:75%;
```

```
}
 .imgview ul{
 /*lte IE 6 hack*/
 _height:380px;
 }
 .imgview ul:after{
 /*FF hack*/
 content:".";
 display:block;
 height:0;
 clear:both;
 visibility:hidden;
 }
 .imgview ul li{
 /*lte IE 6 hack*/
 _height:63px;
 _margin:8px 5px 7px;
 }
 .imgview .imgview-bgtext{
 /*lte IE 6 hack*/
 _width:539px;
 }
/*==E== hack =====*/
```

说明：由于图片浏览器的结构比较复杂，所以 CSS 文件的代码也会比较多，这样就使页面上的代码大大地减少了。

页面文件代码：

```
<?xml version="1.0" encoding="utf-8"?>
<!DOCTYPE html PUBLIC "-//W3C//DTD XHTML 1.0 Strict//EN" "http://www.w3.org/
TR/xhtml1/DTD/xhtml1-strict.dtd">
<html xmlns="http://www.w3.org/1999/xhtml" xml:lang="zh-cn" lang="zh-cn">
<head>
<meta http-equiv="pragma" content="no-cache" />
<!--缓存信息-->
<meta http-equiv="Content-Type" content="text/html; charset=utf-8" />
<meta http-equiv="Content-Language" content="gb2312" />
<!--编码信息-->
<meta name="robots" content="all" />
<meta name="author" content="Ghost" />
<meta name="Copyright" content="CSSForest" />
<meta name="Description" content="CSS 鲜花" />
<meta name="Keywords" content="ImgView,CSS,样式表,标准,web,Blog,博客,XHTML,
CSSForest,CSS 鲜花" />
<title>示例 20.16</title>
<link rel="Shortcut Icon" href="/favicon.ico" type="image/x-icon" />
<!-- JavaScript 程序开始 -->
<script src="http://www.google-analytics.com/urchin.javascript" type=
"text/javascript"></script>
<script type="text/javascript">_uacct = "UA-780254-5";urchinTracker();
</script>
<script language="javascript" type="text/javascript">
$(function() {
    swapValues = [];
    $(".swap_value").each(function(i){
        swapValues[i] = $(this).val();
        $(this).focus(function(){
```

```
            if ($(this).val() == swapValues[i]) {
                $(this).val("");
            }
        }).blur(function(){
            if ($.trim($(this).val()) == "") {
                $(this).val(swapValues[i]);
            }
        });
    });
});
</script>
<!-- JavaScript 程序结束 -->
<title>示例 20.16</title>
<link href="../css/20.16.css" rel="stylesheet" type="text/css" />
<!-- 调用外部样式表 -->
</head><br/>
<div class="imgview">
     <div class="imgview-bgtext">图片浏览器</div>
  <h2>图片浏览器</h2>
  <ul>
        <li title="红玫瑰"><!--[if lte IE 6]><a href="#"><![endif]-->
        <strong>红玫瑰</strong><span><img src="../images/19.12_1.jpg" alt=
        "红玫瑰" /></span><!--[if lte IE 6]></a><![endif]--></li>
        <li title="康乃馨"><!--[if lte IE 6]><a href="#"><![endif]-->
        <strong>康乃馨</strong><span><img src="../images/19.12_2.jpg" alt=
        "康乃馨" /></span><!--[if lte IE 6]--></a><![endif]--></li>
        <li title="粉玫瑰"><!--[if lte IE 6]><a href="#"><![endif]-->
        <strong>粉玫瑰</strong><span><img src="../images/19.12_3.jpg" alt=
        "粉玫瑰" /></span><!--[if lte IE 6]></a><![endif]--></li>
        <li title="红玫瑰"><!--[if lte IE 6]><a href="#"><![endif]-->
        <strong>红玫瑰</strong><span><img src="../images/19.12_4.jpg" alt=
        "红玫瑰" /></span><!--[if lte IE 6]></a><![endif]--></li>
        <li title="康乃馨"><!--[if lte IE 6]><a href="#"><![endif]-->
        <strong>康乃馨</strong><span><img src="../images/19.12_5.jpg" alt=
        "康乃馨" /></span><!--[if lte IE 6]></a><![endif]--></li>
        <li title="黄色康乃馨"><!--[if lte IE 6]><a href="#"><![endif]-->
        <strong>黄色康乃馨</strong><span><img src="../images/19.12_6.jpg"
        alt="黄色康乃馨" /></span><!--[if lte IE 6]></a><![endif]--></li>
        <li title="白色康乃馨"><!--[if lte IE 6]><a href="#"><![endif]-->
        <strong>白色康乃馨</strong><span><img src="../images/19.12_7.jpg"
        alt="白色康乃馨" /></span><!--[if lte IE 6]></a><![endif]--></li>
        <li title="粉玫瑰"><!--[if lte IE 6]><a href="#"><![endif]-->
        <strong>粉玫瑰</strong><span><img src="../images/19.12_8.jpg"
        alt="粉玫瑰" /></span><!--[if lte IE 6]></a><![endif]--></li>
        <li title="粉色康乃馨"><!--[if lte IE 6]><a href="#"><![endif]-->
        <strong>粉色康乃馨</strong><span><img src="../images/19.12_9.jpg"
        alt="粉色康乃馨" /></span><!--[if lte IE 6]></a><![endif]--></li>
    </ul>
</div>
</body>
</html>
```

在这里，如果没什么大的改动，可以直接使用，只需要把图片路径改成自己需要的路径即可。这是一个灵活性很大的图片浏览器。

效果如图 20.16 所示。

图 20.16　使用 CSS+JavaScript 制作图片浏览器效果图

# 20.7　JavaScript 小程序

在网站的制作过程中，难免会要用到一些 JavaScript 小程序来点缀网站。本节将介绍两种经常用到的 JavaScript 小程序，分别是：显示时间和鼠标跟随字体。

## 20.7.1　显示时间

在浏览网站的时候，经常看到网站上会显示当天的时间，这就是使用 JavaScript 来进行设置的。本小节将举例说明这种显示时间的制作方法。

**【示例 20.17】**下面是使用 CSS+JavaScript 显示时间的具体效果。由于这里的 CSS 定义比较少，所以示例中直接把 CSS 样式用作内部样式表使用。代码如下：

```
<!DOCTYPE html PUBLIC "-//W3C//DTD XHTML 1.0 Transitional//EN" "http://www.w3.org/TR/xhtml1/DTD/xhtml1-transitional.dtd">
<html xmlns="http://www.w3.org/1999/xhtml">
<head>
<meta http-equiv="Content-Type" content="text/html; charset=utf-8" />
<title>示例 20.17</title>
<style type="text/css">
<!--
.mainfram{ background-image:url(../images/20.10.jpg); border:1px #993300 dashed; width:300px; height:80px; padding:10px;}
.timefram{ font-size:14px; color:#CC0000;}
-->
</style>
</head>
<body>
```

```
<div class="mainfram">
    <h3>欢迎光临我的博客</h3>
    <div class="timefram">
    <!--JavaScript 脚本开始-->
        <script language=javascript>
        today=new Date();
        var h = today.getHours();
        var m = today.getMinutes();
         var n = today.getSeconds();
        var t = ("")
        function initArray(){
        this.length=initArray.arguments.length
        for(var i=0;i<this.length;i++)
        this[i+1]=initArray.arguments[i]  }
        var d=new initArray("星期日", "星期一","星期二", "星期三","星期四", "星
        期五", "星期六");
        document.write(t,"现在时间是: ",  d [today.getDay()+1]," ",today
        .getHours(),": ",today.getMinutes()+1,": ",today.getSeconds());
        </script>
    <!--JavaScript 脚本结束-->
    <!--JavaScript 脚本开始-->
        <script language=javascript>
            <!--
            now=new Date(),hour=now.getHours()
            if(hour<6){document.write("凌晨好!")}
            else if(hour<12){document.write("早上好!")}
            else if(hour<14){document.write("中午好!")}
            else if(hour<18){document.write("下午好!")}
            else if(hour<20){document.write("傍晚好!")}
            else if(hour<22){document.write("晚上好!")}
            else{document.write("夜里好!")}
            //-->
        </script>
    <!--JavaScript 脚本结束-->
    </div>
</div>
</body>
</html>
```

效果如图 20.17 所示。

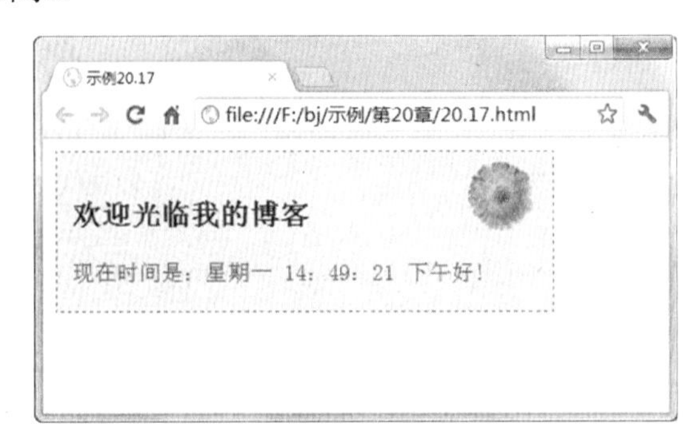


图 20.17　使用 CSS+javaScript 显示时间效果图

**说明：**示例 20.17 是一套很齐全的时间显示，当不需要某一部分的时候，直接删除即可。

## 20.7.2　鼠标跟随字体

鼠标跟随字体就是当鼠标移动的时候，文字也会跟着鼠标移动，在很多个人网站上都可以看到这种效果。本小节将介绍一种比较常见的使用 JavaScript 制作的鼠标跟随字体效果。

**【示例 20.18】**下面是使用 CSS+JavaScript 显示鼠标跟随字体的具体效果。由于这里的 CSS 定义比较少，所以示例中直接把 CSS 样式用作内部样式表使用。代码如下：

```
<!DOCTYPE html PUBLIC "-//W3C//DTD XHTML 1.0 Transitional//EN" "http://www
.w3.org/TR/xhtml1/DTD/xhtml1-transitional.dtd">
<html xmlns="http://www.w3.org/1999/xhtml">
<head>
<meta http-equiv="Content-Type" content="text/html; charset=utf-8" />
<title>示例 20.18</title>
<style type="text/css">
.spanstyle {color: #990; font-family: 宋体; font-size: 10pt; position:
absolute; top: -50px; visibility: visible;}
</style>
</head>
<body>
<script>
var x,y
var step=12                                              //调整跟随字体的字间距
var flag=0
var message="鼠标跟随字体 HTML 网站设计 JavaScript 小程序"   //填写跟随鼠标的文字
message=message.split("")
var xpos=new Array()
for (i=0;i<=message.length-1;i++) {
xpos[i]=-50
}
var ypos=new Array()
for (i=0;i<=message.length-1;i++) {
ypos[i]=-200
}
function handlerMM(e){
x = (document.layers) ? e.pageX : document.body.scrollLeft+event.clientX
y = (document.layers) ? e.pageY : document.body.scrollTop+event.clientY
flag=1
}
function www_helpor_net() {
if (flag==1 && document.all) {
for (i=message.length-1; i>=1; i--) {
xpos[i]=xpos[i-1]+step
ypos[i]=ypos[i-1]
}
xpos[0]=x+step
ypos[0]=y
for (i=0; i<message.length-1; i++) {
var thisspan = eval("span"+(i)+".style")
thisspan.posLeft=xpos[i]
thisspan.posTop=ypos[i]
}
```

```
}
else if (flag==1 && document.layers) {
for (i=message.length-1; i>=1; i--) {
xpos[i]=xpos[i-1]+step
ypos[i]=ypos[i-1]
}
xpos[0]=x+step
ypos[0]=y
for (i=0; i<message.length-1; i++) {
var thisspan = eval("document.span"+i)
thisspan.left=xpos[i]
thisspan.top=ypos[i]
}
}
var timer=setTimeout("www_helpor_net()",30)
}
for (i=0;i<=message.length-1;i++) {
document.write("<span id='span"+i+"' class='spanstyle'>")
document.write(message[i])
document.write("</span>")
}
if (document.layers){
document.captureEvents(Event.MOUSEMOVE);
}
document.onmousemove = handlerMM;
www_helpor_net();
// -->
</script>
</body>
</html>
```

**说明：** 在这里，基本上页面上的代码都是不用动的，只需要调整一下字间距，修改想要出现的文字便可以了。这里的 CSS 样式，起着很大的作用，如果去掉了，就无法显示出鼠标跟随的效果了。

效果如图 20.18 所示。

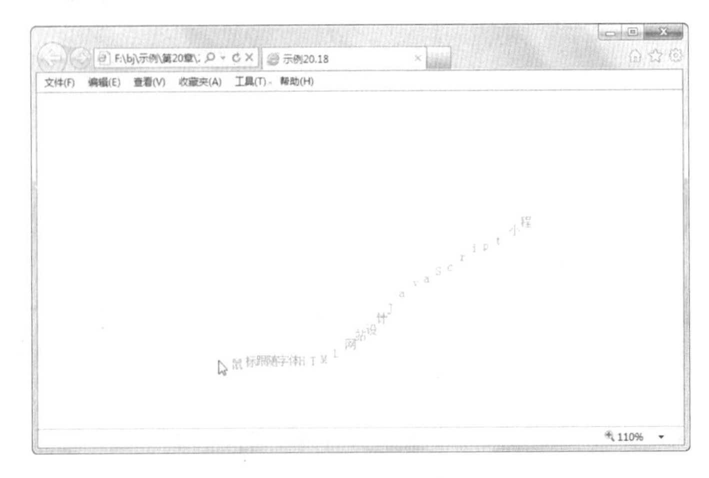


图 20.18　使用 CSS+JavaScript 显示鼠标跟随字体效果图

# 20.8　本章小结

本章主要学习了网站制作中经常会用到的一些实例，详细讲解了制作导航条、下拉菜单、小三角形菜单、居中效果、搜索引擎、图片浏览器的实现方法。还介绍了一些常见的JavaScript 小程序，这些小程序是可以直接供读者使用的。本章所提供的实例不仅可以应用到博客中，在平时制作网站的时候也会用到，所以读者需要认真学习。下一章将结合这一章和上一章的内容来制作一个完整的博客网站。

# 第 21 章　整合我的博客

本章将会把前两章所讲的示例整合在一起，形成一个完整的博客网站，以供读者参考。在整合过程中，会先整合一个一个的页面，最后再使用导航条把每个网页整合在一起形成一个网站。本章将会使用两种方式来进行整合，分别是使用 table 整合网站和使用 div+CSS 整合网站。

## 21.1　使用 table 整合我的博客

使用 table 整合我的博客，就是使用前面所讲的所有 table 实例来进行我的博客的整合。在上一章的导航条里可以看出，我的博客共分为四个页面：关于我们、鲜花展示、留言版、联系我们。本节将会对这四个页面进行整合，再通过导航条把它们链接成一个网站。为了方便整合网站，首先必须先建一个文件夹，命名为 tableBlogWeb，用来把网站上的东西全部放在文件夹里，以便使用。

### 21.1.1　整合“关于我们”页面

“关于我们”的页面和第 19 章所讲的“我的日志”页面差不多，只需要把内容和标题更换一下，再加上一个导航条就可以了。在第 20 章里讲过导航条，这里将使用里面的可以显示阴影的横向导航条来对页面进行填充。

**【示例 21.1】**下面是“关于我们”页面整合的效果。示例使用的是外部样式表，是直接选用了前面的 20.3.css。由于 CSS 文件有所改动，所以这里将分别给出 CSS 文件和页面文件的代码，代码如下。

CSS 文件代码：

```
@charset "utf-8";
/*CSS Document*/
#nav li{float:left; margin-left:30px;}
#nav span{display:none;}
#nav a{ font-size:14px;text-decoration: none; display:block;  font-weight:
bold;}
#nav a:hover { top:1px; left:1px; position:relative;  color:#ccc;}
#nav a:hover span { display:block; top:-2px; left:-2px; position:absolute;
color:#0000ff;}
```

**说明：**由于示例使用的都是前面讲过的代码，只是做了一些属性值的改变，所以在书写上，为了节省空间，示例中把代码合并在一起编写，具体格式还是需要参照前面例子比较规范的书写格式。

页面文件代码：

```
<!DOCTYPE html PUBLIC "-//W3C//DTD XHTML 1.0 Transitional//EN" "http://www
.w3.org/TR/xhtml1/DTD/xhtml1-transitional.dtd">
<html xmlns="http://www.w3.org/1999/xhtml">
<head>
<meta http-equiv="Content-Type" content="text/html; charset=utf-8" />
<title>关于我们</title>
<link href="../css/20.3.css" rel="stylesheet" type="text/css" />
</head>

<body bgcolor="#998559">
<table width="700px"  height="500px" border="0" cellspacing="0" cellpadding=
"0" align="center" background="../第 20 章/images/19.1.jpg" >
  <tr>
    <td> <img src="../images/19.1.1.jpg" width="348" height="120" /><img
    src="../images/19.1.1.jpg" alt="1" width="348" height="120" /></td>
                                                        <!--插入图片-->
  </tr>
  <tr>
    <td>
     <table width="700px" height="400px" border="1px" align="center"
     cellpadding="5px" cellspacing="0" bordercolor="#998559">
          <tr>
            <td colspan="2" align="center" bgcolor="#F6EABA">
              <div id="nav">
                     <ul>                          <!--插入列表-->
                          <li><a href="../第 20 章/about.html">关于我们<span>关于
                          我们</span></a></li>
                          <li><a href="../第 20 章/product.html">鲜花展示<span>鲜
                          花展示</span></a></li>
                          <li><a href="../第 20 章/message.html">留言版<span>留言
                          版</span></a></li>
                          <li><a href="../第 20 章/contact.html">联系我们<span>联
                          系我们</span></a></li>
                     </ul>
                </div>
            </td>
          </tr>
          <tr>
            <td width="402px" bgcolor="#F6EABA">
            <h2>关于我们</h2><hr />
 你已经使我永生，这样做是你的快乐。<br/>
这脆薄的杯儿，你不断地把它倒空，又不断地以新生命来充满。<br/>
这小小的苇笛，你携带着它逾山越谷，从笛管里
吹出永新的音乐。<br/>
在你双手的不朽的按抚下，我的小小的心，消融在无边快乐之中，发出不可言说的词调。<br/>
你的无穷的赐予只倾入我小小的<br/>
手里。时代过去了，你还在倾注，而我的手里还有余量待充满。<br/>
你已经使我永生，这样做是你的快乐。<br/>
这脆薄的杯儿，你不断地把它倒空，又不断地以新生命来充满。<br/>
这小小的苇笛，你携带着它逾山越谷，从笛管里吹出永新的音乐。<br/>
在你双手的不朽的按抚下，我的小小的心，消融在无边快乐之中，发出不可言说的词调。<br/>
你的无穷的赐予只倾入我小小的<br/>
手里。时代过去了，你还在倾注，而我的手里还有余量待充满。<br/>
            </td>
          <td width="272px" bgcolor="#F6EABA">
```

```
<table border="2px" align="center" bordercolor="#993300">
                <tr>
                    <td>
                        <a href="../images/21.1.jpg" target="_blank"><img
                        src="../images/21.1.jpg" border="0" width="200"
                        height="220" /></a>     <!--插入图片和链接-->
                    </td>
                </tr>
            </table>
        </td>
      </tr>
    </table><br />
  </td>
 </tr>
</table>
</body>
</html>
```

效果如图 21.1 所示。

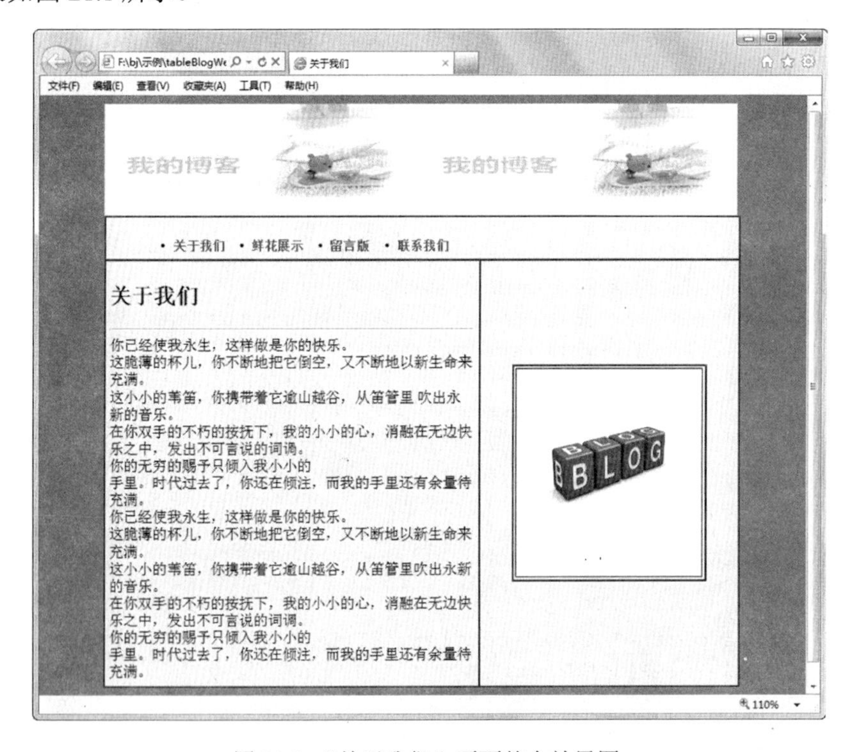


图 21.1 “关于我们”页面整合效果图

**说明**：页面代码里，为导航条做了四个链接：关于我们（aboutme.html）、鲜花展示（product.html）、留言版（message.html）、联系我们（contact.html）。

## 21.1.2　整合“鲜花展示”页面

“鲜花展示”页面是在“关于我们”页面上做修改，只要把下面的内容更换成鲜花相关的内容就可以了。在第 20 章里讲过图片浏览器，这里将使用图片浏览器显示产品相关的内容对页面进行填充。

**【示例 21.2】**下面是“鲜花展示”页面整合的效果。示例使用的是外部样式表，是直接选用了前面的 20.3.css 和 20.16.css。由于 CSS 文件没有改动的地方，所以这里只给出页面文件的代码，而页面上的代码过多，这里将分为<head>标签和<body>标签两部分进行描述。代码如下。

<head>标签代码：

```
<?xml version="1.0" encoding="utf-8"?>
<!DOCTYPE html PUBLIC "-//W3C//DTD XHTML 1.0 Strict//EN" "http://www.w3.org/
TR/xhtml1/DTD/xhtml1-strict.dtd">
<html xmlns="http://www.w3.org/1999/xhtml" xml:lang="zh-cn" lang="zh-cn">
<head>
<meta http-equiv="pragma" content="no-cache" />
<!--缓存信息-->
<meta http-equiv="Content-Type" content="text/html; charset=utf-8" />
<meta http-equiv="Content-Language" content="gb2312" />
<!--编码信息-->
<meta name="robots" content="all" />
<meta name="author" content="Ghost" />
<meta name="Copyright" content="CSSForest" />
<meta name="Description" content="CSS 鲜花" />
<meta name="Keywords" content="ImgView,CSS,样式表,标准,web,Blog,博客,XHTML,
CSSForest,CSS 鲜花" />
<title>博客日志</title>
<link rel="Shortcut Icon" href="/favicon.ico" type="image/x-icon" />
<!--JavaScript 程序开始-->
<script          src="http://www.google-analytics.com/urchin.javascript"
type="text/javascript"></script>
<script type="text/javascript">_uacct = "UA-780254-5";urchinTracker();
</script>
<script language="javascript" type="text/javascript">
$(function() {
    swapValues = [];
    $(".swap_value").each(function(i){
        swapValues[i] = $(this).val();
        $(this).focus(function(){
            if ($(this).val() == swapValues[i]) {
                $(this).val("");
            }
        }).blur(function(){
            if ($.trim($(this).val()) == "") {
                $(this).val(swapValues[i]);
            }
        });
    });
});
</script>
<!--JavaScript 程序结束-->
<title>博客日志</title>
<link href="../css/20.3.css" rel="stylesheet" type="text/css" />
<link href="../css/20.16.css" rel="stylesheet" type="text/css" />
<!--调用外部样式表-->
</head>
```

**说明**：<head>标签代码里，大多数都是使用了图片浏览器的代码，由于这里有两个需要用到 CSS 文件的地方，所以加入了两个外部样式表的连接。

<body>标签代码：

```
<body bgcolor="#998559">
<table width="700px" border="0" cellspacing="0" cellpadding="0" align=
"center" >
  <tr>
    <td><img src="../images/19.1.1.jpg" width="350" height="120"/><img
    src="../images/19.1.1.jpg" width="350" height="120"/></td>
  </tr>
  <tr>
    <td>
     <table width="700"height="400px" border="1px" align="center"cellpadding=
     "5px" cellspacing="0" bordercolor="#998559">
          <tr>
            <td width="700px" colspan="1" align="center" bgcolor="#F6EABA" >
              <div id="nav" >
                    <ul >
                         <li><a href="21.1.html">关于我们<span>关于我们</span>
                         </a></li>
                         <li><a href="product.html">鲜花展示<span>鲜花展示
                         </span></a></li>
                         <li><a href="message.html">留言版<span>留言版</span>
                         </a></li>
                         <li><a href="contact.html">联系我们<span>联系我们
                         </span></a></li>
                    </ul>
                 </div>
            </td>
          </tr>
          <tr>
            <td width="700" height="400px" bgcolor="#F6EABA">
              <h2>鲜花展示</h2><hr />
                    <div class="imgview">
                      <div class="imgview-bgtext">我们的产品</div>
                      <h2>我们的产品</h2>
                      <ul>
          <li title="红玫瑰"><!--[if lte IE 6]><a href="#"><![endif]-->
          <strong>红玫瑰</strong><span><img src="../images/19.12_1.jpg" alt=
          "红玫瑰" /></span><!--[if lte IE 6]></a><![endif]--></li>
          <li title="康乃馨"><!--[if lte IE 6]><a href="#"><![endif]-->
          <strong>康乃馨</strong><span><img src="../images/19.12_2.jpg" alt=
          "康乃馨" /></span><!--[if lte IE 6]></a><![endif]--></li>
          <li title="粉玫瑰"><!--[if lte IE 6]><a href="#"><![endif]-->
          <strong>粉玫瑰</strong><span><img src="../images/19.12_3.jpg" alt=
          "粉玫瑰" /></span><!--[if lte IE 6]></a><![endif]--></li>
          <li title="红玫瑰"><!--[if lte IE 6]><a href="#"><![endif]-->
          <strong>红玫瑰</strong><span><img src="../images/19.12_4.jpg" alt=
          "红玫瑰" /></span><!--[if lte IE 6]></a><![endif]--></li>
          <li title="康乃馨"><!--[if lte IE 6]><a href="#"><![endif]-->
          <strong>康乃馨</strong><span><img src="../images/19.12_5.jpg" alt=
          "康乃馨" /></span><!--[if lte IE 6]></a><![endif]--></li>
          <li title="黄色康乃馨"><!--[if lte IE 6]><a href="#"><![endif]-->
          <strong>黄色康乃馨</strong><span><img src="../images/19.12_6.jpg"
```

```
        alt="黄色康乃馨" /></span><!--[if lte IE 6]></a><![endif]--></li>
        <li title="白色康乃馨"><!--[if lte IE 6]><a href="#"><![endif]-->
        <strong>白色康乃馨</strong><span><img src="../images/19.12_7.jpg"
        alt="白色康乃馨" /></span><!--[if lte IE 6]></a><![endif]--></li>
        <li title="粉玫瑰"><!--[if lte IE 6]><a href="#"><![endif]-->
        <strong>粉玫瑰</strong><span><img src="../images/19.12_8.jpg" alt=
        "粉玫瑰" /></span><!--[if lte IE 6]></a><![endif]--></li>
        <li title="粉色康乃馨"><!--[if lte IE 6]><a href="#"><![endif]-->
        <strong>粉色康乃馨</strong><span><img src="../images/19.12_9.jpg"
        alt="粉色康乃馨" /></span><!--[if lte IE 6]></a><![endif]--></li>
    </ul>

            </div>
          </td>
     </table>
    </td>
  </tr>
</table>
</body>
</html>
```

效果如图 21.2 所示。

图 21.2　“鲜花展示”页面整合效果图

## 21.1.3　整合“留言版”页面

“留言版”页面只需要在“鲜花展示”页面上进行修改就可以了，只要把下面的内容更换成留言版相关的内容。在第 19 章里讲过留言版，这里将使用留言版表单内容显示留言版相关的内容对页面进行填充。

**【示例 21.3】**下面是“留言版”页面整合的效果。示例使用的是外部样式表，是直接选用了前面的 20.3.css 和 19.9.css。由于 CSS 文件里只有 19.9.css 有所改动，所以这里只给出 19.9.css 文件代码和页面文件的代码。代码如下。

19.9.css 文件代码：

```
@charset "utf-8";
/*CSS Document*/
.formfram{ width:400px; margin:20px;}
ul{
    list-style-type:none;
}
li
{
    margin-bottom:10px;
    font-size:14px;
}
input, textarea
{
    border:1px solid #996600;
    background:#fff;
}
input, textarea
{
    star : expression(onmouseover=function(){this.style.backgroundColor=
    "#FFF0D2"},
    onmouseout=function(){
    this.style.backgroundColor="#fff"
    })
}
.in80 {width:80px;}
.in120 {width:120px;}
.in250 {width:250px;}
.submitfram{border:0; margin-top:10px;}
```

页面文件代码：

```
<<!DOCTYPE html PUBLIC "-//W3C//DTD XHTML 1.0 Transitional//EN" "http://www
.w3.org/TR/xhtml1/DTD/xhtml1-transitional.dtd">
<html xmlns="http://www.w3.org/1999/xhtml">
<head>
<meta http-equiv="Content-Type" content="text/html; charset=utf-8" />
<title>关于我们</title>
<link href="../css/20.3.css" rel="stylesheet" type="text/css" />
<link href="../css/19.9.css" rel="stylesheet" type="text/css" />
                                    <!--调用外部样式表-->
</head>
<body bgcolor="#998559">
<table width="700px" height="490px" border="0" cellspacing="0" cellpadding=
"0" align="center" >
  <tr>
    <td> <img src="../images/19.1.1.jpg" width="350" height="120" /><img
    src="../images/19.1.1.jpg" alt="1" width="350" height="120" /></td>
                                    <!--插入图片-->
  </tr>
  <tr>
    <td>
     <table width="700px" height="400px" border="1px" align="center"
     cellpadding="5px" cellspacing="0" bordercolor="#998559">
         <tr>
           <td colspan="2" align="center" bgcolor="#F6EABA">
             <div id="nav">
                  <ul>          <!--插入列表-->
```

```
                        <li><a href="aboutme.html">关于我们<span>关于我们
                        </span></a></li>
                        <li><a href="product.html">鲜花展示<span>鲜花展示
                        </span></a></li>
                        <li><a href="message.html">留言版<span>留言版</span>
                        </a></li>
                        <li><a href="contact.html">联系我们<span>联系我们</span>
                        </a></li>
                    </ul>
                </div>
            </td>
          </tr>
          <tr>
            <td bgcolor="#F6EABA">
              <h2>留言版</h2><hr />
                <div class="formfram">
<form method="post" action="">
    <ul>
      <li>姓     名:
        <input class="in80" type="text" /></li>          <!--设置输入框-->
        <li>联系电话:

         <input class="in120" type="text" /></li>         !-- 设置输入框-->
        <li>联系地址:
          <input class="in250" type="text" /></li>        <!--设置输入框-->
        <li><textarea name="textarea" id="textarea" cols="45" rows="5">请
        输入留言内容</textarea></li>                      <!--设置输入文本域-->
        <li>
            <input class="submitfram"  width="60px"  height="22px" type=
            "image" name="imageField" id="imageField" src="../images/
            19.10.jpg" />                                 <!--设置提交按钮-->
             
            <input class="submitfram" width="60px"  height="21px" type=
            "image" name="imageField" id="imageField" src="../images/
            19.11.jpg" />                                 <!--设置重置按钮-->
        </li>
    </ul>
</form>
 </div>
            </td>
            <td width="440px" bgcolor="#F6EABA">
                  <table border="2px" align="center" bordercolor="#993300">
                  <tr>
                      <td>
                          <a href="../tableBlogWeb/images/message_1.jpg"
                          target="_blank"><img src="../images/21.2.jpg" width=
                          "200"height="200"  border="0" /></a>
                      </td>
                  </tr>
              </table>
            </td>
        </table><br />
    </td>
  </tr>
</table>
</body>
</html>
```

效果如图 21.3 所示。

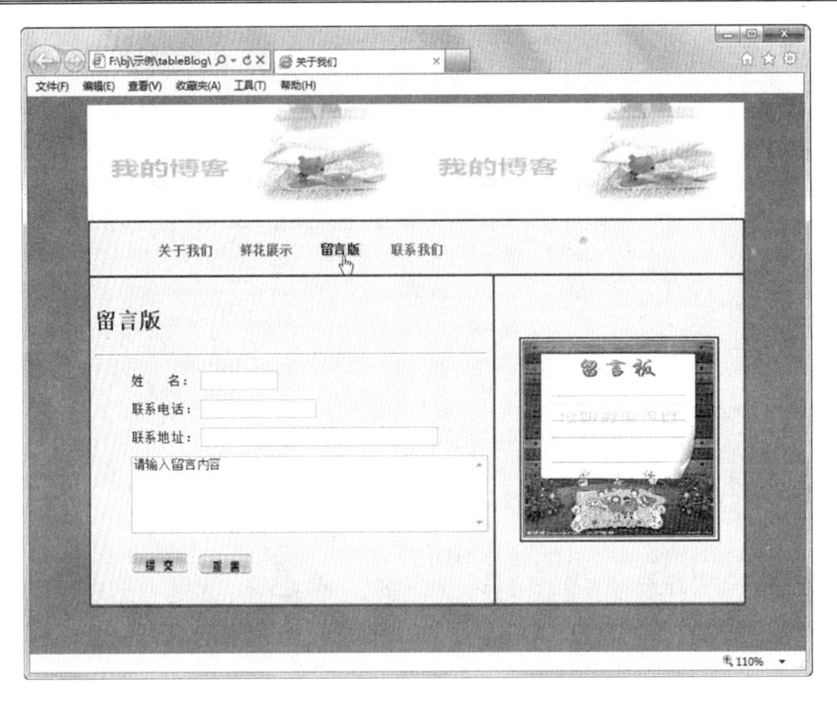


图 21.3 “留言版”页面整合效果图

## 21.1.4　整合“联系我们”页面

“联系我们”页面只需要在“留言版”页面上修改即可，只要把下面的内容更换成“联系我们”相关的内容。“联系我们”的内容会比较少，本示例将在后面增加第 7 章的滚动字幕，使页面更丰富。

**【示例 21.4】**下面是“联系我们”页面整合的具体效果。示例使用的是外部样式表和内部样式表，是直接选用了前面的 20.3.css。由于 CSS 文件里没有改动，所以这里将不给出 CSS 文件的代码，只给出页面的全部代码。代码如下：

```
<!DOCTYPE html PUBLIC "-//W3C//DTD XHTML 1.0 Transitional//EN" "http://www
.w3.org/TR/xhtml1/DTD/xhtml1-transitional.dtd">
<html xmlns="http://www.w3.org/1999/xhtml">
<head>
<meta http-equiv="Content-Type" content="text/html; charset=utf-8" />
<title>博客日志</title>
<link href="../css/20.3.css" rel="stylesheet" type="text/css" />
<style type="text/css">
<!--
.contactfram{font-size:14px; line-height:24px; margin-left:40px;}
.contactfram a{ text-decoration:none; color:#993300; font-weight:bold;}
-->
</style>
</head>
<body bgcolor="#998559">
<table width="700px" border="0" cellspacing="0" cellpadding="0" align=
"center" background="images/19.1.jpg" >
  <tr>
    <td><img src="../images/19.1.1.jpg" width="350" height="120" /><img
```

```
    src="../images/19.1.1.jpg" alt="1" width="350" height="120" /></td>
                                        <!--插入图片-->
  </tr>
  <tr>
    <td>
     <table width="700px" border="1px" align="center" cellpadding="5px"
cellspacing="0" bordercolor="#998559">
        <tr>
          <td colspan="2" align="center" bgcolor="#F6EABA">
            <div id="nav">
                  <ul>              <!--插入列表-->
                      <li><a href="aboutme.html">关于我们<span>关于我们</span>
                      </a></li>
                      <li><a href="product.html">产品展示<span>产品展示</span>
                      </a></li>
                      <li><a href="message.html">留言版<span>留言版</span>
                      </a></li>
                      <li><a href="contact.html">联系我们<span>联系我们</span>
                      </a></li>
                  </ul>
              </div>
          </td>
        </tr>
        <tr>
          <td width="526px" bgcolor="#F6EABA">
            <h2>联系我们</h2><hr />
                <br />
              <div class="contactfram">
              联系电话：187********<br />
                联系地址：XXXXXXXXXXXX<br />
              E-mail: <a href="mailto:33627323772@126.com">33627323772
              @126.com</a><br />
              </div>
          </td>
          <td width="440px" bgcolor="#F6EABA" rowspan="2">
<table border="2px" align="center" bordercolor="#993300">
                <tr>
                    <td>
                        <a href="../images/21.3.jpg" target="_blank"><img
                        src="../images/21.3.jpg" border="0" width="200"
                        height="200"/></a>          <!--插入图片-->-->
                    </td>
            </tr>
              </table>
          </td>
        </tr>
        <tr>
          <td width="526px" bgcolor="#F6EABA" align="center">
              <marquee id="mar" onfinish="setTimeout('mar.outerHTML=mar
              .outerHTML', 1000)" width=300px" height="50px" behavior=
              "slide" onmouseover=this.stop() onmouseout=this.start()
              scrollAmount=1 scrollDelay=1 loop="-1">
              <table>
                  <tr>
                      <td>欢迎光临我的博客，请提出宝贵意见</td>
                  </tr>
              </table>
          </marquee>
            </td>
```

```
        </tr>
      </table><br />
    </td>
  </tr>
</table>
</body>
</html>
```

效果如图 21.4 所示。

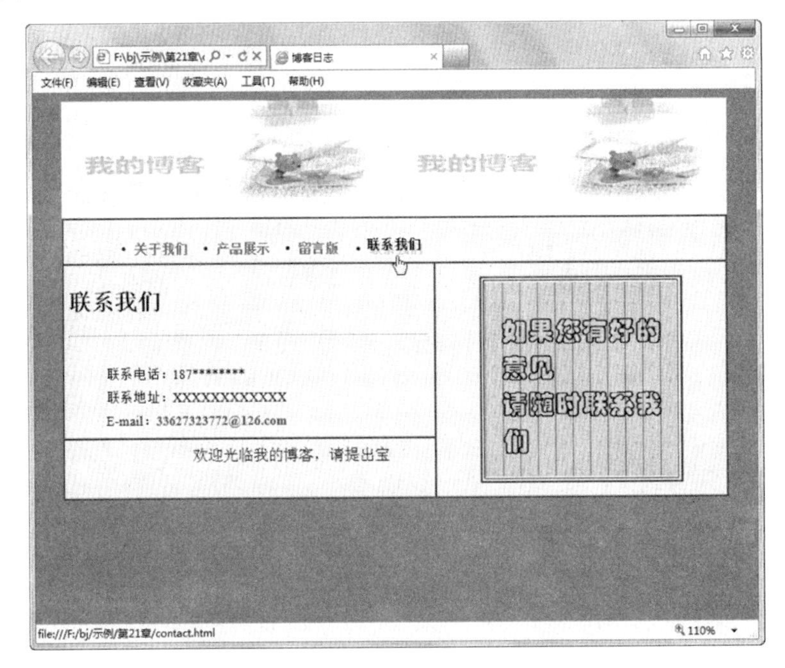


图 21.4　“联系我们”页面整合效果图

**技巧：** 学习完前面的四个页面后，记得把相关的页面、图片等文件都要放在同一个文件夹里，这样，就可以形成一个网站了。通过导航条，单击可以查看到每个页面，这就是一个简单的网站。

# 21.2　使用 div+CSS 整合网站

使用 div+CSS 整合我的博客，就是使用前面所讲的所有 div+CSS 实例来进行我的博客的整合。这里讲述的网站整合页面效果会和前面的 table 页面整合的效果类似，在前面说的四个页面的基础上，这里会增加一个日志页面。在这里，先为这个网站建一个文件夹，命名为 divBlogWeb。

## 21.2.1　整合“关于我们”页面

“关于我们”页面，显示效果会和前面使用 table 的显示效果大致一样，这里的导航条会增加一栏“最新日志”的菜单项目。

**【示例 21.5】**下面是“关于我们”页面整合的具体效果。示例使用的是之前 20.3.css 和 19.3.css，由于两个代码都做了改动，所以这里将给出两个 CSS 文件的代码和页面代码。代码如下。

20.3.css 文件代码：

```
@charset "utf-8";
/*CSS Document*/
*{ margin:0 auto; padding:0;}
#nav{margin-top:10px; margin-left:110px;}
#nav ul{ list-style-type:none;}
#nav li{float:left; margin-left:36px;}
#nav span{display:none;}
#nav a{font-size:14px; text-decoration:none; display:block; font-weight:
bold; color:#663300;}
#nav a:hover{top:1px; left:1px; position:relative; color:#ccc;}
#nav a:hover span{ display:block; top:-2px; left:-2px; position:absolute;
color:#663300;}
```

19.3.css 文件代码：

```
@charset "utf-8";
/*CSS Document*/
body{ background:#998559;}                          /*设置页面整体背景颜色*/
.mainfram{width:700px; }
.headfram{height:120px; background:url(../images/19.1.1.jpg) repeat;}
.titlefram{
    width:700px;
    border:#998559 2px solid;                       /*设置边框*/
    background-color:#cc9966;
    padding-top:15px;                               /*设置内上边距*/
}
.contentfram{
    width:700px;
    border:#998559 2px solid;
    background-color:#cc9966;
    border-top:0px;                                 /*设置上边框为零*/
    clear:both;                                     /*设置清除浮动*/
}
.leftfram
{
    width:402px;
    fon-size:14px;
    padding:20px;                                   /*设置内边距*/
    float:left;                                     /*设置左浮动*/
    text-align:left;                                /*设置字体靠左*/
    border-right:#998559 2px solid;
    line-height:24px;                               /*设置行高*/
    color:#333333;
}
.rightfram{
    float:right;                                    /*设置右浮动*/
    margin-right:40px;                              /*设置外右边距*/
    background:url(../images/19.2.1.jpg) no-repeat;
    width:148px;
    height:220px;
    border:#993300 2px solid;
```

```
    margin-top:60px;                                    /*设置外上边距*/
}
.clearfram{clear:both;}                                 /*清除浮动*/
h2{ text-align:left; padding:5px 50px; font-family:"华文新魏", "宋体";
color:#990000;}
hr{height:2px;}
```

说明：在页面上，使用 div+CSS 制作的网页，会比用 table 制作的更加丰富和细腻，在本例中，便可以体验到这一点。

页面文件代码：

```
<!DOCTYPE html PUBLIC "-//W3C//DTD XHTML 1.0 Transitional//EN" "http://www
.w3.org/TR/xhtml1/DTD/xhtml1-transitional.dtd">
<html xmlns="http://www.w3.org/1999/xhtml">
<head>
<meta http-equiv="Content-Type" content="text/html; charset=utf-8" />
<title>博客日志</title>
<link href="19.3.css" rel="stylesheet" type="text/css" />
                                              <!--调用外部链接-->
<link href="20.3.css" rel="stylesheet" type="text/css" />
                                              <!--调用外部链接-->
</head>
<body>
<div class="mainfram">
  <div class="headfram"></div>
    <div class="titlefram">
        <div id="nav">
            <ul>                              <!--插入列表-->
                <li><a href="about.html">关于我们<span>关于我们</span></a>
                </li>
                <li><a href="product.html">鲜花展示<span>鲜花展示</span></a>
                </li>
                <li><a href="news.html">最新日志<span>最新日志</span></a>
                </li>
                <li><a href="message.html">留言版<span>留言版</span></a></li>
                <li><a href="contact.html">联系我们<span>联系我们</span></a>
                </li>
            </ul>
         </div>
         <div class="clearfram"></div>
     </div>
    <div class="contentfram">
            <h2>关于我们</h2><hr />
                   <div class="leftfram"><br />
                   你已经使我永生，这样做是你的快乐。<br/>
这脆薄的杯儿，你不断地把它倒空，又不断地以新生命来充满。<br/>
这小小的苇笛，你携带着它逾山越谷，从笛管里吹出永新的音乐。<br/>
在你双手的不朽的按抚下，我的小小的心，消融在无边快乐之中，发出不可言说的词调。<br/>
你的无穷的赐予只倾入我小小的手里。时代过去了，你还在倾注，而我的手里还你已经使我永生，
这样做是你的快乐。<br/>
这脆薄的杯儿，你不断地把它倒空，又不断地以新生命来充满。<br/>
<br/>
         </div>
         <div class="rightfram"></div>
    <div class="clearfram"></div>
    </div><br />
```

```
</div>
</body>
</html>
```

效果如图 21.5 所示。

图 21.5 “关于我们”页面整合效果图

**说明：** 页面代码里，为导航条做了五个链接：关于我们（aboutme.html）、鲜花展示（product.html）、最新日志（news.html）、留言版（message.html）、联系我们（contact.html）。

## 21.2.2 整合“鲜花展示”页面

“鲜花展示”页面只需要在“关于我们”页面上做修改即可，只要把下面的内容更换成“鲜花展示”相关的内容。在第 19.4 节里讲过图片的排列，这里将使用图片的排列显示鲜花相关的内容对页面进行填充。

**【示例 21.6】** 下面是“鲜花展示”页面整合的具体效果。示例使用的是外部样式表，是使用了前面的 20.3.css、19.3.css 和 19.12.css。由于 20.3.css 和 19.3.css 文件没有改动的地方，所以这里只给出 19.12.css 和页面文件的代码。代码如下。

19.12.css 文件代码：

```
@charset "utf-8";
```

```
/*CSS Document*/
.imgfram
{
    border:2px #996666 solid;           /*设置边框*/
    width:132px;
    height:200px;
    margin:8px;                         /*设置外边距*/
    text-align:center;                  /*设置居中显示*/
    float:left;                         /*设置浮动*/
    background-color:#F6EABA;
}
```

页面文件代码：

```
<!DOCTYPE html PUBLIC "-//W3C//DTD XHTML 1.0 Transitional//EN" "http://www
.w3.org/TR/xhtml1/DTD/xhtml1-transitional.dtd">
<html xmlns="http://www.w3.org/1999/xhtml">
<head>
<meta http-equiv="Content-Type" content="text/html; charset=utf-8" />
<title>博客日志</title>
<link href="19.3.css" rel="stylesheet" type="text/css" /><!--调用外部链接-->
<link href="20.3.css" rel="stylesheet" type="text/css" /><!--调用外部链接-->
<link href="19.12.css" rel="stylesheet" type="text/css" /><!--调用外部链接-->
</head>
<body>
<div class="mainfram">
  <div class="headfram"></div>
    <div class="titlefram">
        <div id="nav">
            <ul>            <!--插入列表-->
                <li><a href="about.html">关于我们<span>关于我们</span></a>
                </li>
                <li><a href="product.html">鲜花展示<span>鲜花展示</span></a>
                </li>
                <li><a href="news.html">最新日志<span>最新日志</span></a>
                </li>
                <li><a href="message.html">留言版<span>留言版</span></a></li>
                <li><a href="contact.html">联系我们<span>联系我们</span></a>
                </li>
            </ul>
        </div>
        <div class="clearfram"></div>
     </div>
    <div class="contentfram">
            <h2>鲜花展示</h2><hr />
                <div class="leftfram">
                 <div class="imgfram"><img src="../images/19.12_1.jpg"
                 width="100px" height="100px" /><br />红色康乃馨</div>
                                       <!--插入图片-->
    <div class="imgfram"><img src="../images/19.12_2.jpg" width="100px"
    height="100px"/><br />向日葵</div>   <!--插入图片-->
    <div class="imgfram"><img src="../images/19.12_3.jpg" width="100px"
    height="100px"/><br />粉玫瑰</div>   <!--插入图片-->
    <div class="imgfram"><img src="../images/19.12_4.jpg" width="100px"
    height="100px"/><br />白玫瑰</div>   <!--插入图片-->
    <div class="imgfram"><img src="../images/19.12_5.jpg" width="100px"
    height="100px"/><br />康乃馨</div>        <!--插入图片-->
    <div class="imgfram"><img src="../images/19.12_6.jpg" width="100px"
```

```
    height="100px"/><br />黄色康乃馨</div>    <!--插入图片-->
    <div class="imgfram"><img src="../images/19.12_7.jpg" width="100px"
    height="100px"/><br />白色康乃馨</div>    <!--插入图片-->
    <div class="imgfram"><img src="../images/19.12_8.jpg" width="100px"
    height="100px"/><br />粉玫瑰</div>        <!--插入图片-->
    <div class="imgfram"><img src="../images/19.12_9.jpg" width="100px"
    height="100px"/><br />粉色康乃馨</div>    <!--插入图片-->
                </div>
        <div class="rightfram"></div>
     <div class="clearfram"></div>
    </div><br />
</div>
</body>
</html>
```

效果如图 21.6 所示。

图 21.6 “鲜花展示”页面整合效果图

## 21.2.3　整合“最新日志”页面

“最新日志”页面也是在“关于我们”页面上稍作修改即可，只要把下面的内容更换成日志相关的内容就可以了。在第 19 章里有讲过横向日志列表，这里将使用横向日志列表显示日志相关的内容对页面进行填充。

**【示例 21.7】**下面是“最新日志”页面整合的具体效果。示例使用的是外部样式表，是使用了前面的 20.3.css、19.3.css 和 19.6.css。由于 20.3.css 和 19.3.css 文件没有改动的地方，所以这里只给出 19.6.css 和页面文件的代码。代码如下。

19.6.css 文件代码：

```
@charset "utf-8";
/*CSS Document*/
.listfram{height:360px;}
.listfram ol{list-style-type:none; padding:10px;}
.listfram li
{
    display:block;                                      /*定义列表横向排列*/
    float:left;                                         /*定义列表横向排列*/
    height:20px;
    width:150px;
    font-size:14px;                                     /*设置字体大小*/
    padding-left:30px;                                  /*设置内边距*/
    padding-top:10px;                                   /*设置内边距*/
    margin-top:7px;                                     /*设置外边距*/
    border-bottom:dotted 1px #996600;                   /*设置边框*/
    background:url(../images/21.5.jpg) no-repeat;       /*设置背景图*/
}
```

页面文件代码：

```
<!DOCTYPE html PUBLIC "-//W3C//DTD XHTML 1.0 Transitional//EN" "http://www
.w3.org/TR/xhtml1/DTD/xhtml1-transitional.dtd">
<html xmlns="http://www.w3.org/1999/xhtml">
<head>
<meta http-equiv="Content-Type" content="text/html; charset=utf-8" />
<title>博客日志</title>
<link href="19.3.css" rel="stylesheet" type="text/css" /><!--调用外部链接-->
<link href="20.3.css" rel="stylesheet" type="text/css" /><!--调用外部链接-->
<link href="19.6.css" rel="stylesheet" type="text/css" /><!--调用外部链接-->
</head>

<body>
<div class="mainfram">
  <div class="headfram"></div>
    <div class="titlefram">
        <div id="nav">
            <ul>                              <!--插入列表-->
                <li><a href="about.html">关于我们<span>关于我们</span></a>
                </li>
                <li><a href="product.html">鲜花展示<span>鲜花展示</span></a>
                </li>
                <li><a href="news.html">最新日志<span>最新日志</span></a>
                </li>
                <li><a href="message.html">留言版<span>留言版</span></a></li>
                <li><a href="contact.html">联系我们<span>联系我们</span></a>
                </li>
            </ul>
        </div>
        <div class="clearfram"></div>
    </div>
    <div class="contentfram">
            <h2>最新日志</h2>
            <hr />
                <div class="leftfram">
                <div class="listfram">
                        <ol>                        <!--插入列表-->
                            <li>日志栏目 1</li>
```

```
                                <li>日志栏目 2</li>
                                <li>日志栏目 3</li>
                                <li>日志栏目 4</li>
                                <li>日志栏目 5</li>
                                <li>日志栏目 6</li>
                                <li>日志栏目 7</li>
                                <li>日志栏目 8</li>
                                <li>日志栏目 9</li>
                                <li>日志栏目 10</li>
                                <li>日志栏目 11</li>
                                <li>日志栏目 12</li>
                            </ol>
                        </div>
                    </div>
        <div class="rightfram"></div>
     <div class="clearfram"></div>
   </div><br />
</div>
</body>
</html>
```

效果如图 21.7 所示。

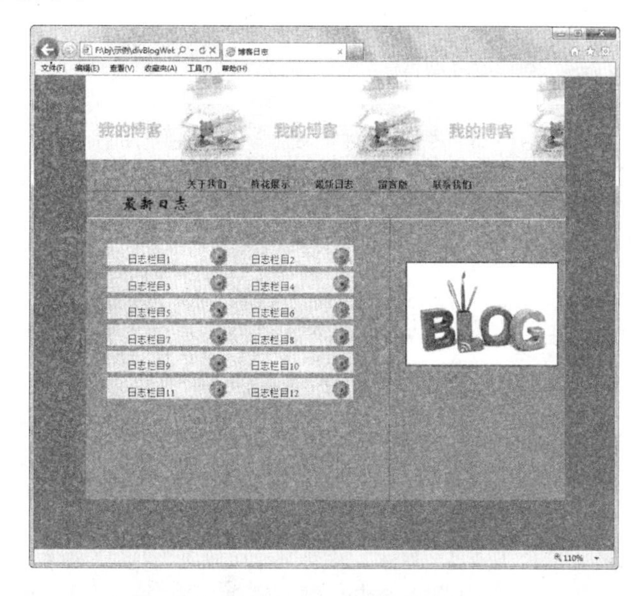

图 21.7 “最新日志”页面整合效果图

## 21.2.4　整合“留言版”页面

“留言版”页面也只需要在“关于我们”的页面上稍作修改，只要把下面的内容更换成留言版相关的内容就可以了。这里使用的留言版表单会和 table 里的一样。

**【示例 21.8】**下面是“留言版”页面整合的具体效果。示例使用的是外部样式表，是使用了前面的 20.3.css、19.3.css 和 19.9.css。由于 20.3.css 和 19.3.css 文件没有改动的地方，所以这里只给出 19.9.css 和页面文件的代码。代码如下。

19.9css 文件代码：

```
@charset "utf-8";
/*CSS Document*/
.formfram{ width:402px; margin:20px; height:340px;}
.formfram ul{list-style-type:none; }
.formfram li{margin-bottom:10px; font-size:14px;}
input, textarea{border:1px solid #996600; background:#fff;}
input, textarea
{
    star : expression(onmouseover=function(){this.style.backgroundColor=
    "#FFF0D2"},
    onmouseout=function(){
    this.style.backgroundColor="#fff"
    })
}
.in80 {width:80px;}
.in120 {width:120px;}
.in250 {width:250px;}
.submitfram{border:0; margin-top:10px;}
```

页面文件代码：

```
<!DOCTYPE html PUBLIC "-//W3C//DTD XHTML 1.0 Transitional//EN" "http://www
.w3.org/TR/xhtml1/DTD/xhtml1-transitional.dtd">
<html xmlns="http://www.w3.org/1999/xhtml">
<head>
<meta http-equiv="Content-Type" content="text/html; charset=utf-8" />
<title>博客日志</title>
<link href="19.3.css" rel="stylesheet" type="text/css" /><!--调用外部链接-->
<link href="20.3.css" rel="stylesheet" type="text/css" /><!--调用外部链接-->
<link href="19.9.css" rel="stylesheet" type="text/css" /><!--调用外部链接-->
</head>
<body>
<div class="mainfram">
  <div class="headfram"></div>
    <div class="titlefram">
        <div id="nav">
            <ul>                    <!--插入列表-->
                <li><a href="aboutme.html">关于我们<span>关于我们</span></a>
                </li>
                <li><a href="product.html">鲜花展示<span>鲜花展示</span></a>
                </li>
                <li><a href="news.html">最新日志<span>最新日志</span></a>
                </li>
                <li><a href="message.html">留言版<span>留言版</span></a></li>
                <li><a href="contact.html">联系我们<span>联系我们</span></a>
                </li>
            </ul>
        </div>
        <div class="clearfram"></div>
     </div>
    <div class="contentfram">
            <h2>留言版</h2><hr />
                <div class="leftfram">
                <div class="formfram">
                    <form method="post" action="" >
                        <ul>                    <!--插入列表-->
                            <li>您的名字：
                              <input class="in80" type="text" /></li>
```

```
                                        <!--设置输入框-->
                            <li>联系电话：<input class="in120" type="text" />
                            </li>               <!--设置输入框-->
                            <li>联系地址：<input class="in250" type="text" />
                            </li>               <!--设置输入框-->
                              <li><textarea name="textarea" id="textarea"
                            cols="45" rows="5">请输入留言内容</textarea></li>
                                                <!--设置输入文本域-->
                              <li>
                                  <input class="submitfram" type="image"
                            name="imageField" id="imageField" src="../
                            images/19.10.jpg" />      <!--设置提交按钮-->
                                  <input class="submitfram"  type="image"
                                  name="imageField" id="imageField" src="../
                                  images/19.11.jpg" /><!--设置重置按钮-->
                              </li>
                          </ul>
                        </form>
                      </div>
                    </div>
          <div class="rightfram"></div>
        <div class="clearfram"></div>
      </div><br />
</div>
</body>
</html>
```

效果如图 21.8 所示。

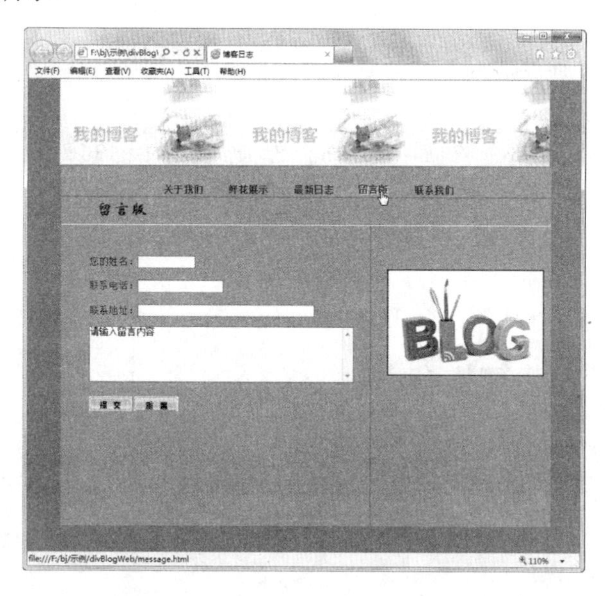


图 21.8 “留言版”页面整合效果图

## 21.2.5　整合“联系我们”页面

“联系我们”页面也是在“关于我们”页面上做修改，只要把下面的内容更换成“联系我们”相关的内容就可以了。这里使用的“联系我们”会在 table 里的“联系我们”的基础上再加上一个网站地图。

**【示例 21.9】**下面是“联系我们”页面整合的具体效果。示例使用的是外部样式表，是使用了前面的 20.3.css、19.3.css 和 19.8.css。由于 20.3.css 和 19.3.css 文件没有改动的地方，所以这里只给出 19.8.css 和页面文件的代码。代码如下。

19.8.css 文件代码：

```
@charset "utf-8";
/*CSS Document*/
dl{ margin-left:40px;}
dt
{
    background:url(../images/19.9.jpg) no-repeat;  /*设置背景图*/
    font-size:14px;                                /*设置字体大小*/
    padding-left:20px;                             /*设置内边距*/
    height:25px;
}
```

页面文件代码：

```
<!DOCTYPE html PUBLIC "-//W3C//DTD XHTML 1.0 Transitional//EN" "http://www
.w3.org/TR/xhtml1/DTD/xhtml1-transitional.dtd">
<html xmlns="http://www.w3.org/1999/xhtml">
<head>
<meta http-equiv="Content-Type" content="text/html; charset=utf-8" />
<title>博客日志</title>
<link href="19.3.css" rel="stylesheet" type="text/css" /><!--调用外部链接-->
<link href="20.3.css" rel="stylesheet" type="text/css" /><!--调用外部链接-->
<link href="19.8.css" rel="stylesheet" type="text/css" /><!--调用外部链接-->
<style type="text/css">
<!--
.contactfram{font-size:14px; line-height:24px; margin-left:40px;}
.contactfram a{ text-decoration:none; color:#993300; font-weight:bold;}
.marqueefram{height:50px; width:200px; padding-top:3px;}
-->
</style>
</head>

<body>
<div class="mainfram">
  <div class="headfram"></div>
    <div class="titlefram">
        <div id="nav">
            <ul>                                            <!--插入列表-->
                <li><a href="about.html">关于我们<span>关于我们</span></a>
                </li>
                <li><a href="product.html">鲜花展示<span>产品展示</span></a>
                </li>
                <li><a href="news.html">最新日志<span>新闻动态</span></a>
                </li>
                <li><a href="message.html">留言版<span>留言版</span></a></li>
                <li><a href="contact.html">联系我们<span>联系我们</span></a>
                </li>
            </ul>
        </div>
        <div class="clearfram"></div>
  </div>
    <div class="contentfram">
```

```
        <h2>联系我们</h2><hr />
              <div class="leftfram">
              <div class="contactfram">
               联系电话：187********<br />
               联系地址：XXXXXXXXXXXXXX<br />
               E-mail: <a href="mailto:253544738872@126.com">
               253544738872@126.com</a><br />
               </div>
               <hr />
               <h2 style="margin-left:-20px;">网站地图</h2>
               <dl>                          <!--插入列表-->
                   <dt>关于我们</dt>
                   <dt>鲜花展示</dt>
                   <dt>最新日志</dt>
                   <dt>留言版</dt>
                   <dt>联系我们</dt>
               </dl>
               <hr />
               <marquee id="mar" onfinish="setTimeout('mar.outerHTML=
               mar.outerHTML', 1000)" width="350px" height="30px"
               behavior="slide" onmouseover=this.stop() onmouseout=
               this.start() scrollAmount=1 scrollDelay=1>
            <div class="marqueefram">欢迎光临我的博客</div>
        </marquee>
              </div>
    <div class="rightfram"></div>
   <div class="clearfram"></div>
  </div><br />
</div>
</body>
</html>
```

效果如图 21.9 所示。

图 21.9 “联系我们”页面整合效果图

**技巧**：到这里，已经把网站的五个页面都制作完了，通过导航条，就可以看到制作出来的每个页面了，这就是一个简单的 div+CSS 网站。

学习完制作网站之后，可以通过上面提供的一些例子，来做更多、更好的网站。当然，做出一个好的网站不止要掌握前面说的这些东西，还应该不断地去学习更多的东西，如 JavaScript、CSS，都是必须好好学习的对象。

## 21.3　本 章 小 结

本章通过制作一个完整的博客网站，把前面所学的知识全部都复习了一遍，来让读者对前面所学的知识有进一步的了解。本章是这本书的最后一章，通过综合地学习网站的制作，可以掌握到一个网站的制作过程。学习完本章之后，相信读者已经掌握了如何去制作一个好看的能实现基本功能的静态网站了。在以后的网站制作中，要充分运用前面所讲的知识，这样才会熟能生巧。